系统科学教程

段晓君　林　益　赵城利　编著

科学出版社

北京

内 容 简 介

　　本书从回顾系统科学发展历史开始,以集合论为数学工具,以统一的视角阐述系统科学概念、理论与方法;详细介绍了系统科学的历史、特点及分类;并深入阐述系统科学核心理论,包括自组织理论、混沌、分形、复杂适应系统理论、开放复杂巨系统理论、复杂网络理论等;通过实际案例研究,阐述了运用系统科学理论解决实际问题的思想与方法,培养系统科学思维,提高系统方法解决问题的实际能力.

　　本书可供系统科学相关学科专业的本科生、研究生以及从事系统科学教学研究的老师使用,也可供相关领域科技工作者阅读参考.

图书在版编目(CIP)数据

系统科学教程/段晓君,林益,赵城利编著. —北京:科学出版社,2019.7
ISBN 978-7-03-061019-5

Ⅰ.①系… Ⅱ.①段… ②林… ③赵… Ⅲ.①系统科学-教材 Ⅳ.①N94

中国版本图书馆 CIP 数据核字(2019)第 067271 号

责任编辑:胡庆家 李　萍 / 责任校对:彭珍珍
责任印制:吴兆东 / 封面设计:无极书装

科 学 出 版 社 出版
北京东黄城根北街 16 号
邮政编码:100717
http://www.sciencep.com

北京九州迅驰传媒文化有限公司印刷
科学出版社发行　各地新华书店经销
*
2019 年 7 月第　一　版　开本:720×1000　B5
2024 年 4 月第五次印刷　印张:23 1/4　插页:1
字数:468 000
定价:149.00 元
(如有印装质量问题,我社负责调换)

前　　言

——复杂中寻找简单　简单中涌现神奇

1978 年的中国,徐迟的报告文学《哥德巴赫猜想》让人们认识了陈景润和他终身致力摘取的数学王冠上的明珠:"1+1"的证明问题.时至今日,系统科学学科及其蕴含的 1+1>2 的基本思想,也被越来越多的大众熟知.

现代科学学科分支越来越细,学科交叉越来越多.随着科学的发展和认识的深入,人们发现在许多系统中存在非线性作用且不满足可加性,呈现出不可逆性和敏感性,不能利用传统还原论的方法进行分析.面对这些挑战,系统科学应运而生,其最根本的特点是"涌现性":大量个体依照若干简单规则相互作用形成的整体具有的复杂性质,即整体的功能大于各组成部分功能之和(1+1>2).系统科学的基本任务是探索复杂性,寻找不同类复杂系统中蕴含的简单规律.利用系统科学原理,人们可以解释大千世界中许多纷繁复杂的现象并为其背后系统提供调控机理.

作者有多年讲授研究生课程"系统科学"的经历,对这门课程已有若干年的教学经验.在教学过程中,感觉系统科学课程包含的内容非常广泛,时常困惑如何讲授才能在内容上收放自如.由于系统科学复杂性处于研究前沿,故希望本书不仅传授知识,更要激发学生自己去认真感悟、自主学习、独立思考.经过作者们的讨论,考虑结合许国志《系统科学》等书的基础,增加集合论角度作为系统科学数学框架的补充,对系统的基本概念和特征进行分析.

作者尝试在教学中引入集合论思路,对系统概念和特征进行了新的阐述与证明,并鼓励学生利用集合论数学工具去理解分析系统,既可对系统概念和特征进行描述,也可依托不同专题进行分析.教学实践表明,解决问题的过程可以给学习过程带来深入的思考和触动,也进一步激发了学生的学习兴趣,让他们感觉有研究的成就感.教授课程的讲义几经修改,即为现在的书稿.这几年学生上课时做的案例,部分经修改后也收入本书中,在此一并表示感谢.

从贝塔朗菲创始一般系统论以来,本书采用的集合论方法在历史上具有相当的地位.系统科学的发展在过去的近百年间经历了浮浮沉沉.类似地,微积分的发展实际上也经历了很多困难,因此我们有信心逐步推动系统科学的发展.特别是当今对复杂系统认知和调控的急迫需求,必将促使系统科学的进一步发展与繁荣.

本书第 1—6 章及第 10 章的部分内容由段晓君执笔,第 1,2,4,5,7,8 章的部分内容由林益执笔,第 7,8 章的部分内容和第 9 章由赵城利执笔.全书由段晓君统稿.

　　本书引用了许多学者的研究成果(见各章参考文献).感谢系统科学领域前辈及专家们的奠基性工作.感谢郭雷院士对《系统学是什么》的宣讲与解惑,作者受益匪浅.易东云教授、朱炬波教授、周海银教授等对材料梳理提出了建设性意见与建议,周海银教授的系统科学授课资料、王丹副教授的数学建模案例资料为本书提供了良好的基础素材,在此表示诚挚的谢意.

　　本书的出版得到了"国防科技大学研究生一流课程体系建设项目"的资助,在此表示衷心感谢.

　　限于作者水平,疏漏之处在所难免,恳请读者批评指正.

作　者

2018 年 3 月

目　　录

彩图

第1章 系统科学概述

系统科学是研究系统的结构、环境与功能的普适关系、演化与调控一般规律的科学,是一门新兴的综合性、交叉性学科[1-6]. 随着科学技术的不断发展,系统已经成为一个科学概念,而系统科学作为一门独立的学科已成为现代科学的重要组成部分. 它包括系统论、信息论、控制论、耗散结构论、突变论、协同学、混沌、分形、运筹学、系统工程等许多分支学科,是20世纪中叶以来发展最快的综合性横断学科.

贝塔朗菲[7](von Bertalanffy, 1901~1972)开创了系统科学基本概念研究的先河. 在20世纪20年代,贝塔朗菲开始领悟到不同领域和不同学科之间存在某种相同的性质,因此萌发了将各种对象作为系统、用统一的语言加以描述的思想,即现代系统思想. 受Defey提出的开放性概念启发,作为一般系统论的支柱之一,贝塔朗菲于1932年提出了开放系统理论. 他在1937年芝加哥的一次哲学讨论会上,提出一般系统论这个核心概念;1954年发起成立了国际一般系统论学会;1968年发表的代表作《一般系统论:基础、发展和应用》,总结了一般系统论的概念、方法和应用,是系统理论方面的经典著作. 贝塔朗菲的一般系统论属于系统科学的基础理论研究,主要集中在系统思想、系统同构、开放系统和系统哲学等方面.

之后,系统科学经历了繁荣的发展阶段. 本章拟从学科发展的时间维和空间维角度介绍对系统科学认知的概貌. 其后的第2章将从系统认知维和工具方法维等不同角度介绍对系统科学特征的分析及描述.

1.1 定义与学科方向

系统科学[8-12]以不同领域的复杂系统为研究对象,从系统和整体的角度,探讨复杂系统的性质和演化规律,目的是揭示各种系统的共性和在演化过程中所遵循的共同规律,发展优化和控制系统的方法,并进而为系统科学在工程、生物、经济、社会等领域的应用提供理论依据. 系统科学的发展离不开对具体系统的探讨,并通过对具体系统的结构、功能及其演化性质的研究,寻求复杂系统的一般机理与演化规律;同时系统科学的新的思想和方法又深刻地影响着许多实际系统的研究,涉及自然科学和社会科学的许多领域,成为众多工程技术科学发展的理论基础.

系统科学的主要学科方向[8]包括系统理论、系统分析与集成和复杂系统建模与调控,涵盖了系统科学基础理论和应用两个基本层次. 系统理论着重于从理论层面研究复杂系统的基本性质和演化机理,系统分析与集成可以看作系统科学的应用层面,通过研究提供改造系统的手段和方法,而复杂系统建模与调控则强调发展针对复杂系统的调控方法,是沟通理论与应用的桥梁.

当前系统科学研究的重点在于探索复杂系统的涌现性行为,即研究如何从微观行为和微观的相互作用得到宏观结构与功能.

《辞海》(1989 年版)界定系统科学内容如下:

系统科学:以系统及其机理为对象,研究系统的类型、性质和运动规律的科学.系统科学于 20 世纪 40 年代末产生,包括五个方面的内容(图 1.1):

(1) 系统概念,即关于系统的一般思想和理论;

(2) 一般系统理论,即用数学的形式描述和确定系统的结构和行为的纯数学理论;

(3) 系统理论分论,指为了解决各种特点的系统结构和行为的一些专门学科,如图论、博弈论、排队论、控制论、信息论等;

(4) 系统方法,即为了对系统对象进行分析、计划、设计和运用时所采用的具体应用理论及技术的方法步骤,主要指系统分析和系统工程;

(5) 系统方法的应用,即将系统科学的思想和方法应用到各个具体领域中去.

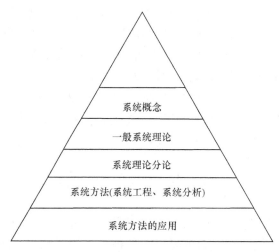

图 1.1　系统科学的金字塔结构

1960 年以后关于非平衡系统自组织理论的产生和发展,丰富了一般系统理论.系统科学具有重要的方法论意义,促进了现代科学的整体化趋势.

钱学森对系统科学的建立与发展作出了重大贡献.他应用系统思想和系统方法一直致力于探求事物发展更一般的规律性.他在总结、概括已有的系统研究成果的基础上,于 20 世纪 70 年代末首次提出了系统科学体系的层次结构.钱学森认为,系统科学是以系统为研究和应用对象的一个科学技术的门类.如同自然科学、社会科学等一样,它是现代科学技术体系中一门新兴的科学技术体系.系统科学由

三个层次、多门学科和技术所组成[9]:

（1）工程技术层次——系统工程、自动化技术、通信技术,是直接改造客观世界的知识. 系统工程是组织管理系统的技术. 根据系统类型不同,有各类系统工程,如农业系统工程、经济系统工程、社会系统工程等.

（2）技术科学层次——运筹学、信息论和控制论,是指导工程技术的理论.

（3）基础科学层次——系统学,是研究系统的基本属性与一般规律的学科,是一切系统研究的基础理论. 系统学正在建立之中,系统科学通向哲学的桥梁是系统论或称系统观,属于哲学范畴.

郭雷院士[10]在《系统学是什么》中一文指出,系统学应该包括下述"五论"中的主要内容:系统方法论、系统演化论、系统认知论、系统调控论、系统实践论. 并且,上述"五论"内容是密切关联并且相互影响的,只是侧重点不同.

1.2　系统科学发展简史

系统科学作为一门科学有其产生、发展、形成的过程. 由于这门科学是一门横断学科,它涉及自然科学中数学、物理学、化学等多个学科领域,还涉及工程技术的多个部门,甚至与社会科学的不少学科也有联系,因此,系统科学发展的历史与整个人类发展历史紧密相连. 它的产生可以追溯到原始社会. 古代人类认识自然界首先就是从自然的整体认识开始的,也可以说系统思想是指导人们认识自然的第一个理论. 但是系统科学体系的完整建立又吸纳了当代科学技术的最新成就. 从总体上看来,系统科学的发展大体上经历了三个阶段[1-6],即:系统思想的产生和形成;定量的系统科学在应用学科层次上的建立;综合的系统科学体系的构建.

1.2.1　系统思想的产生和形成——系统科学的初级阶段

古代人类的生产水平低下,对自然灾害的抵御能力很差,他们从整体上来认识世界,把人的生老病死与自然界的现象联系在一起形成了"天人合一"的世界观. 这种世界观中包含系统的思想,体现在相应的哲学著作中. 老子论述事物的统一、转化等,指出,"天下万物生于有,有生于无""无,名天地之始;有,名万物之母""道生一,一生二,二生三,三生万物". 后来王安石将世界演化的顺序又解释为"天一生水""地二生火""天三生木""地四生金""天五生土""五行,天所以命万物者也",认为世界上的事物由天地生出五行,然后再形成万物. 他们用阴阳、五行、八卦的观点来统一自然界的各种现象,统一人类与自然. 我们可以把它们看成是整体观点、运动变化观点、综合观点等系统思想的具体体现.

古希腊哲学家德谟克利特把宇宙看成一个统一的整体,从整体上进行研究,并把宇宙看成是由原子组成的,原子的运动和相互作用构成了整个宇宙的运动变化,并发表了《宇宙大系统》的专著. 可以认为这是最早采用"系统"这个词的著作. 无论是中国古代的思想家,还是外国古代的思想家都是从整体上研究世界. 他们往往在几个领域都有较高的造诣,是多个学科的专家,如古希腊的亚里士多德、阿基米德,中国的老子、墨子等. 这时期科学发展的特点在于不同学科的研究紧密联系在一起,科学与哲学的研究联系在一起. 系统思想中的整体观点、运动变化观点、相互联系与相互作用的观点充分指导了当时科学研究的主要观点. 特别需要指出的是,这时的系统思想是被动树立起来的,人们无法了解到自然界复杂现象的原因,因此只能从总体及宏观上采用思辨的方法来研究事物. 系统思想的建立与发展,与生产水平较低下及科学技术还不十分进步紧密联系在一起. 虽然整体上运用系统科学观点研究自然界是在初级阶段人类被动选择的观点与方法,但是系统科学方法已经使人类在科学技术和生产发展方面取得了辉煌的成就.

在工程上,中国古代李冰父子修建的四川都江堰水利枢纽工程,不仅是当时世界水利建设史上的杰出成果,也是系统科学观点的一次伟大的实践. 整个工程由三个大的主体工程构成:"鱼嘴"——岷江分水工程,"飞沙堰"——分洪排沙工程,"宝瓶口"——引水工程. 从而将排洪、排沙、引水等多项功能集中在一个大工程项目中,与之配套的还有 120 多个附属工程,形成一个统一的整体,发挥了排沙、泄洪、灌溉等多方面的作用. 可以认为没有"鱼嘴"分水工程,大量的沙石就不可能排入外江;而没有"宝瓶口"引水工程,水形不成回旋流,泥沙无法越过"飞沙堰"排泄出去;而没有"飞沙堰"工程将泥沙排走,"宝瓶口"将被泥沙堆集无法发挥引水作用,水也不能进入成都平原. 都江堰水利工程从总体上进行设计和建造,使它在较多方面长期发挥作用,一直到现在都江堰还在为四川平原的农业生产做出贡献.

在医学方面,我国中医理论也充分体现了系统科学的思想. 古代中医理论"黄帝内经"强调了人体各器官之间的联系、生理现象与心理现象的联系、身体状况与自然环境的联系,把人的身体结构看作自然界的一个组成部分,认为人体的各个器官是一个有机的整体;用阴阳五行学说来说明五脏之间相互依存、相互制约的关系;将自然现象、生理现象、精神活动三者结合起来分析疾病根源,在治疗上将人的养生规律与自然界的规律联系在一起,提出了"天人相应"的治疗原则,这实际上是强调了系统内各子系统之间的关系作用,系统与环境之间的关系作用. 中医在诊断病症时采用切脉方式,将人看成一个整体;利用人体发生病变时,影响到血液循环情况,从手腕处脉搏跳动的速度快慢、力量大小等特点来判断出现病变的部位及程度. 中医在治疗疾病时所用的针灸方法,也是将人体看成一个各器官相互作用但又紧密联系的整体,很多不同器官的疾病都可以通过在外在相应部位针灸达到治愈. 可以看到,无论诊断还是治疗,中医都是把人作为一个整体,认为人体各部分之间存在着紧密的联系,而且这种联系的物质依托不仅有在人体解剖学上观察到的神经、血管等实际各器官的联系通道,还有被称为经络的通道. 按照中医理论,经络将人体连成一个统一的整体,是人体各部分之间联系的重要通道;而只有在人成为一个整体时经络才存在,否则经络不能单独存在.我们知道一旦对人进行解剖,观察身体的各部分组织时,经络也就不存在了.以系统科学的整体观点、系统观点为基础的中医理论一直在医学上具有重要的地位.

随着生产的不断发展,人类对自然界的认识越来越深刻.在一定的历史阶段,却产生了忽略系统整体特性研究的倾向.如 16~18 世纪,以对人体的认识为例,通过解剖学,人们不仅对人体各部分的构造有了深刻的了解,分清了人体各个器官,而且还找到血液循环、神经网络、淋巴组织等联系渠道.对每一部分了解的深入,对每一种具体联系渠道的讨论,使人们忽略了对整体的分析,忽视了各个局部在系统整体中的作用.

忽略系统整体与局部在性质上的区别,是具体科学研究的深入对系统科学发展带来的负面影响.由于对自然界认识的深入,学科分类越来越细,各学科的研究人员无法对所有学科都有所了解,只能成为其学科的专业人才.

从经济发展上来看,不论是奴隶制、封建制社会,还是资本主义发展初期,一般生产规模都较小,生产设备都比较简单,比较容易形成生产的协调发展.当时只要加大劳动强度就可以提高生产.自然资源充足,有取之不尽、用之不竭的感觉.由于生产造成的环境污染可以通过自然净化作用得到恢复,因此这个时期人们只重视个别机器的改进,忽视整体的效益,只重视加大生产强度,不考虑综合利用,不考虑资源配置.这就从客观需求上放松了以系统整体为对象的系统科学的研究.实际上,系统科学经过一段早期的辉煌发展时期以后,虽然在一些局部的、工程的、具体的方面有一些成就,但从整体上处于停滞阶段;作为一种思维方式逐渐被形而上学所代替.正如恩格斯所指出的那样:在希腊人那里——正因为他们还没有进步到对自然界的解剖、分析——自然界还被当作一个整体从总的方面来考察.自然现象的总联系还没有在细节方面得到证明,这种联系对希腊人来说是直观的结果.这里就存在着希腊哲学的缺陷,由于这些缺陷,它在以后必须屈服于另一种观点.

1.2.2 定量的系统科学在应用学科层次上的建立

像任何科学的发展都是由生产的发展来促进,都是从对实际应用的研究开始一样,系统科学的发展也是由于生产的发展需要而发展的.第二次世界大战前后是系统科学应用层次迅速发展时期,第二次世界大战以后逐渐形成了系统科学在应用学科层次上的理论——控制论、运筹学、信息论.

第二次世界大战之前人们对系统科学应用的研究已经开始,最突出的例子有两个.一个是 A. K. Erlarg 提出的电话平衡模型理论.在 20 世纪的初期电话事业得到了很大发展.人们在架设电话线路时需要考虑电话的使用效率:线路太少,出现多部电话集中在一条线路上拥挤,无法通话;线路太多又会出现线路长时间闲置,造成浪费. Erlarg 利用对比方法建立模型巧妙地解决了这一问题. 他将一个电话通信系统与一个水的气液平衡系统相对照:将一部电话被拿起使用对应于一个水分子从气态跑到液态,一部电话停止通话对应于一个水分子从液态又回到气态. 已知单位时间一部正在通话的电话用毕的概率为 λ(即通话时间为 $1/\lambda$),单位时间电话被使用的概率为 μ,利用气液平衡时,单位时间从液态跑向气态的分子数与从气态跑回液态的分子数相同的关系可列出:

$$P_{i-1}\mu = p_i i\lambda \tag{1.1}$$

其中 P_i 表示在系统中有 i 个水分子处在液态的概率. 将这一细致平衡的普遍关系式反复使用可以得到

$$P_n = \frac{\mu}{\lambda n}P_{n-1} = \left(\frac{\mu}{\lambda n}\right)\frac{\mu}{\lambda(n-1)}P_{n-2} = \cdots = \left(\frac{\mu}{\lambda}\right)^n \frac{1}{n!}P_0 \tag{1.2}$$

由于概率分布满足归一化条件 $\sum\limits_{i=0}^{n} P_i = 1$,故

$$P_0\left(1 + \frac{1}{1}\left(\frac{\mu}{\lambda}\right) + \frac{1}{2!}\left(\frac{\mu}{\lambda}\right)^2 + \cdots + \frac{1}{n!}\left(\frac{\mu}{\lambda}\right)^n\right) = 1$$

$$P_0 = 1 \Big/ \left(1 + \frac{1}{1}\left(\frac{\mu}{\lambda}\right) + \frac{1}{2!}\left(\frac{\mu}{\lambda}\right)^2 + \cdots + \frac{1}{n!}\left(\frac{\mu}{\lambda}\right)^n\right) \tag{1.3}$$

令 $\rho = \mu/\lambda$,则有 Euler 公式:

$$P_i = \left(\frac{\rho^i}{i^i}\right) \Big/ \left(1 + \rho + \frac{\rho^2}{2!} + \cdots + \frac{\rho^n}{n!}\right) \tag{1.4}$$

在电话机平均使用率 μ 和平均通话时间 $1/\lambda$ 已知的前提下,给定拿起话机线路畅通的概率(如 $P = 0.9$)时,对于 N 条电话线的线路可装 i 部电话机. 通常 $\mu > \lambda$. 利用统计方法计算出的 Erlarg 公式表明:当我们增加线路 N 时,对固定的电话机系统,其全部使用的通话概率较大;当增加电话机、其他参数不变时,通话概率降低. 这个例子不仅是一个系统工程应用的范例,而且有着重要的实际意义. 这里给出的 Erlarg 公式到现在仍然是电话部门设计通信线路的基础依据. 后来类似问题研究的内容发展成排队论;而且在解决问题的方法上,建立模型的过程也为一般系统工程建立模型提供了参考.

　　另一个例子是美国科学家 W. Leontief 提出的投入产出模型. 国民经济中各个部门的关系非常复杂,一种产品的产量影响着多种产品的生产,同时又受着多种产品的制约. 但是对大部分产品来讲,在短时期内单位产出的投入量,即生产单位产品对各种生产要素的消耗量,具有相对的稳定性. 这是由于各种原料、辅助材料、动力等的消耗量是由生产技术水平、管理水平、自然条件等因素决定的. 短期内这些因素不会发生根本性的变化. 即使有部分产品的消耗系数变化较大,只要对变动的规律性有了了解,也容易确定. Leontief 的投入产出模型研究和分析国民经济各个

部门(各类产品)在产品的生产与消耗之间的数量依存关系,对于科学的安排、预测和分析经济活动有很大的作用. 这种方法以 Leontief 在 1936 年发表的论文《美国经济系统中的投入与产出的数量关系》为代表;之后 Leontief 又出版了《美国经济结构 1919—1929》(1941 年)和《美国经济结构研究》(1953 年). 这些论文和著作不仅系统地提出了投入产出方法,并且根据美国公布的经济统计资料编制了美国经济相关年份的投入产出表. 投入产出方法在经济分析中起了重要的作用. Leontief 因此获得了 1973 年的诺贝尔经济科学奖,其方法也被普遍采用.

第二次世界大战中运筹方法、控制方法、博弈方法都得到了很大的发展. 由于战争的需要,各种实际问题被提出:如何布置炮火系统以便更好防御敌方飞机的空袭,如何搜索目标以便发现潜艇,如何计算火炮发射提前量以便对付高速飞行的飞机,等等. 这些问题既是实践性非常强的具体问题,又具有很强的理论价值. 大批科学家转到了为国防、军事服务的方向上来,使得一些军事上的科学研究问题得以很快地解决,并从中提出一些新的概念方法. 第二次世界大战结束以后,科学工作者回到和平环境,他们将战时研究的实际问题进行理论上的提高和升华,建立起了运筹学(operational research, OR)、管理科学(management science)、控制论(cybernetics)及信息论(information theory)等系统科学在应用基础层次上的学科群体,具体地反映为:第二次世界大战期间从事雷达和防空火力控制系统研究的N·维纳(N. Wiener)在 1948 年出版了名著《控制论,或关于在动物和机器中控制与通信的科学》,建立了控制论;美国数学家 C. E. 香农(C. E. Shannon)在 1948 年发表了论文《通信的数学理论》,在 1949 年发表了论文《噪声下的通信》. 这两篇著名论文奠定了信息论的基础. 20 世纪 50 年代出版了各种运筹学方法的著作和论文,其中美国的 H. H. 古德和 R. E. 麦克霍尔出版了第一本以《系统工程》命名的专著. 之后运筹学迅速发展,现已成为适应性非常强、有完整数学理论的技术性学科. 这些学科的建立已经使系统科学从思辨方法论层次发展成定量化学科.

一门学科的发展必须要有经济技术作为动力. 第一次世界大战以后,生产和科学的进一步发展从两个角度把系统科学重新摆到人们面前. 一方面,生产规模扩大,单纯依靠增加劳动强度已不可能再提高生产力;产品的高度复杂化要求组织现代化. 一项生产任务的完成要求多个部门配合. 例如,美国阿波罗号宇宙飞船的设计制作涉及上百万人、二百多所大学、一百多家公司,耗资 240 亿美元. 在这个项目中,依靠科学家个人创造性劳动的成果逐渐变少. 大多是多学科、大批专家的联合攻关研究. 其中关键在于组织、协调,在于各个生产工序的衔接,在于如何使整体达到最优,也就是利用系统科学的思想,利用系统科学的方法进行研究生产. 另一方面,由于自然资源有限,经济发展的生产提高不仅是经济、生产本身的问题,还要研究整体优化、资源配置、社会持续发展等问题;要从生产和消费、资金和劳动力、资源利用与环境污染等多个方面来分析问题,要从自然科学、社会科学多个角度来研究问题. 就是经济发展本身,资本主义初期的自由竞争已逐渐发展成现代国家宏观调控手段加强,对生产财富进行二次分配,特别是国际贸易使世界各国的经济发展也成为一个整体. 种种情况表明:系统科学所提倡讨论的整体与局部的关系、整体优化等理论已经成为生产与科学发展的强大理论支柱. 这一阶段系统科学发展的特点在于:

(1) 由于数学工具大量应用,系统科学已经从方法论的科学变成了一门实际应用的科学、一门精确的科学.

(2) 由于技术基础、应用技术的研究发展很快,针对各式各样的问题,人们提出了各式各样的方法. 这些方法在解决实际问题中有很大的优越性,但是综合的方法、普遍适用的理论还未形成,还未建立起一个理论体系.

(3) 在主导思想上已从原来整体考虑、总体分析、认识事物发展到调控系统使之达到总体的优化.

1.2.3 综合的系统科学体系的构建

物理学以前讨论的系统是可逆的、可退化的. 牛顿第二定律、热力学第二定律判定了系统的演化方向和特点. 这类自然系统的演化方向与生物界、社会科学中普遍存在的发展、进化等演化现象相矛盾,人们无法用统一的方法来研究自然界系统与社会系统. A. Kyre 在《牛顿学说的综合观念和影响》一文中写道:“我曾经说过,现代科学早已把分割天体和地球之间的壁垒推倒,并且由两者结合起来,统一成为一个整体宇宙. 这是千真万确的. 但是我还曾经说过,现代科学对宇宙进行的研究表明:它研究另外一个世界,即量的世界,一个奇妙的几何世界. 在这个世界中一切事物都有其位置,但是却没有人的位置,它用这个世界取代我们赖以生存、爱慕、传宗接代、充满感性认识的质的世界. 两个世界,也可以说两个真理;或者说没有任何真理.”另一位科学家 E. P. Wigner 也表示了类似的看法:“近代科学中最重要的间隙是什么? 显然是物理科学同精神科学的分离,实际上物理学家和心理学家之间毫无共同之处——或许,物理学家为心理学方面较肤浅的研究提供的某些工具可以除外,而心理学家警告物理学家要小心所隐藏的欲望影响他的思考和发现.”

20 世纪 70 年代,耗散结构理论、协同学提出了解决复杂自然系统的理论与方法,为统一自然系统和社会系统、建立系统科学准备了材料. 普利高津(I. Prigogine)的耗散结构理论指出:开放系统在远离平衡态时,由于同外界进行物质、能量、信息的交换,所以可以形成某种有序结构. 在自然界的物理、化学系统中可以发现存在着与生物学一样的进化现象,并可以利用耗散结构来统一讨论. 哈肯(H. Haken)提出协同学,认为复杂系统的相变是子系统之间的关联、协调作用的结果. 协同学中的序参量(order parameter)概念和役使原理是解决系统向有序方向演化的有效方法. 在讨论自然系统向有序方向演化的问题时,运用数学上的突变论、微分方程的稳定性理论、生物学中的超循环理论等进行研究;在研究非线性系统演化时,又提出混沌、分岔、分形等新概念并发展了相应的理论.

1984 年,在诺贝尔物理学奖获得者盖尔曼(M. Gell-Mann)和安德森(P. Anderson)、诺贝尔经济学奖获得者阿罗(K. Arrow)等的支持下,聚集了一批从事物理、经济、理论生物、计算机等学科的研究人员,组织了圣塔菲研究所(Santa Fe Institute,SFI),专门从事复杂科学的研究,试图由此找到一条通过多学科间的融合来解决复杂性问题的道路.圣塔菲研究所的主要研究方向包括:复杂系统的物理机制,进化系统的涌现和创新,复杂系统的信息处理与计算,人类行为的动力学及量化研究,生物系统的涌现、组织与动力学等.圣塔菲研究所是一个以复杂性为中心研究问题的不受传统科研体制束缚的场所,是一个以基础理论研究为主、非营利的研究机构.圣塔菲研究所从 1994 年开始,一年举办一次展示复杂性研究最新成果的讲座;开发了一个名为 Swarm 的软件平台,为复杂性模拟仿真提供了方便的手段和环境;出版了上百种专著,发行了杂志《复杂性》(*Complexity*);试图通过对大量具体系统的研究,总结出一些普适的规律. 经济学家阿瑟(W. Brian Arthur)在经济学界首次研究了现代经济的收益递增现象;计算机科学家 J. Holland(霍兰德)首创了遗传算法而享有盛名;兰顿研究了"人工生命";考夫曼研究了医学.在圣塔菲研究所的研究成果中,复杂适应系统理论是最具有价值的一个.圣塔菲研究所成立十周年时,Holland 教授在圣塔菲研究所的乌拉姆系列讲座上以《隐藏的秩序》(*Hidden order*)为题作了演讲.在这个报告中,Holland 在多年研究复杂系统的基础上,提出了关于复杂适应系统的比较完善的理论.复杂适应系统理论的基本思想是"适应产生了复杂性".关于复杂系统适应性的研究、自组织的探讨以及人工生命的研究,对系统生长、演化的贡献,直接推动了系统科学中一些基本问题的研究.

贝塔朗菲的一般系统论,将整体性作为系统的核心性质,实行自上而下的集中控制,且把生物体的机体性视为整体性的典范;而圣塔菲研究所研究的则是多主体的无中心系统,实行自下而上的分散协调[17].

1987 年,物理学家 P. Bak,C. Tang 和 K. Wiesenfeld 提出自组织临界性,用于描述和解释自然界中极为常见的 $1/f$ 噪声谱等复杂行为. 自组织临界是指一类开放的、动力学的、远离平衡的、由多个单元组成的复杂系统,能通过漫长的自组织过程演化到临界态,处于临界态的一个微小的局域扰动会通过类似"多米诺效应"的机制放大,其效应可能会延伸到整个系统,形成一个大的雪崩. 临界性的特征为,处于临界态的系统中会出现各种大小的"雪崩"事件,并且"雪崩"的大小在时间尺度和空间尺度上均服从幂律分布. 自组织临界的经典模型是沙堆模型.

所有这些自然科学的新概念、新方法、新理论有一个共同特点:讨论复杂的自然系统内部各子系统之间相互作用为非线性作用时呈现出来的演化的新现象. 通过分析可以看到,它们既适用于讨论自然现象,又适合讨论某些社会现象,可以作为讨论自然与社会两类完全不同的客观现象的统一理论,又可以作为构建系统科学基本理论的主要内容之一.

另外,复杂任务的提出,大系统、巨系统、分布参数系统等研究提出的新问题,加快了系统科学应用层次上的发展.传统的以传递函数方法研究单机自动化的古典控制论,发展成用状态空间概念、动态规划、卡尔曼滤波、极大值原理等组成的现代控制理论,用以解决工业自动化的问题.非线性规划、整数规划以及博弈论、随机过程分析等大量新的非线性的运筹学方法,以及现代信息理论和信息技术都使控制论、运筹学、信息论等技术基础层次上的学科发展得更成熟更完善;也为系统科学体系的建立准备了大量丰富的材料.在具体应用方面人们更多地注重研究社会系统、经济系统.针对这类系统的分析,钱学森等提出将理论分析与计算机结合采用定性、定量相结合的综合集成研究方法,又提出人机结合,从定性到定量的科学研讨厅体系,使我们有可能解决社会大系统的演化问题.

当前复杂性科学研究的热点包括自组织行为、系统相变、涌现现象等.复杂系统的建模和分析方法初步综合如下[1-5]:

耗散结构理论(dissipative structure theory)(I. Prigogine,1969);

协同学(synergetics)(H. Haken,1969);

突变论(catastrophe theory)(R. Thom,1972);

超循环论(hypercycle)(M. Eigen,1979);

混沌动力学(chaotic dynamics)(李天岩 & J. Yorke,1975;R. May,1976;M. J. Feigenbaum,1978);

分形几何学(fractal geometry)(B. B. Mandelbrot,1977,1982);

非线性(混沌)时间序列分析(nonlinear time series analysis)(N. H. Packard et al. ,1980;F. Takens,1981);

自组织临界(self-organized criticality)理论(Bak et al. ,1986);

混沌控制(chaos control)(E. Ott et al. ,1990)与混沌同步(chaos synchronization)(T. L. Carroll & L. M. Pecora,1990);

符号动力学(symbolic dynamics)(N. Metropolis et al. ,1973;J. Milnor & E. Thurston,1977);

时空混沌(spatiotemporal chaos)(K. Kaneko,1984);

人工生命(artificial life)系统与复杂适应系统(complex adaptive system)理论(J. Holland,1994);

神经网络(neural networks)(T. Hopfield,1982);

元胞自动机(cellular automata)(S. Wolfram,1986);

遗传算法(genetic algorithms)(J. Holland,1975;A. L. Goldberger,1989);

综合集成研讨厅体系模型(钱学森,1980~1990);

复杂网络(complex networks)(D. J. Watts & S. H. Strogatz,1998;A. L. Barabási & R. Albert,1999).

等等.

综上所述,我们看到系统科学的基础理论、技术基础、应用技术三个层次近年来都有了巨大的发展.并且我国著名学者钱学森教授在 20 世纪 80 年代提出了系统科学体系的框架,分析了不同层次上的学科内容,提出了它们之间的联系,使系统科学走上了全面发展的新阶段.系统科学理论体系现在正处于一个飞速发展的阶段.这个阶段的特点表现如下.

(1) 各种与系统科学有联系的理论在相应的学科中有着很大发展.混沌、分形等非线性科学已经成为当前科学发展的前沿之一.随机控制以及多层次、多目标复杂系统的递阶控制也已是自动化领域中的研究热点.

(2) 综合不同学科中的先进理论,构建系统科学理论框架的工作已经展开.通过分析不同学科领域中理论之间的差异寻找其共同的特点,并按照复杂系统演化的观点将不同领域中的理论和方法归纳总结成统一的理论.在这中间还必须提出一些新的概念、新的方法.

(3) 由于生产发展的需要,对各类实际复杂系统的研究工作在系统科学观点的指导下进一步深入.人工智能系统、经济运行系统、人脑系统等各类复杂系统有其自身的特点,也需要按照新的观点来进行分析.从系统科学的角度来讨论问题,就可以站得更高,对问题分析得更深入.对这些复杂系统的分析不仅是对系统理论的应用,同时在研究中所采用的新方法、所得到的新结论也会丰富系统理论本身的内容,使系统理论真正成为解决复杂系统演化问题的理论.

1.3　现代科学技术体系下的系统科学[1,2]

20 世纪以来,现代科学技术的迅猛发展和高度分化与综合的发展趋势,给科学分类带来很多新问题、新情况,增加了学科分类的难度和复杂性.从各门学科的研究方法来看,几乎每一种新的方法提出来很快就被运用到其他学科中去;而且各门学科之间的研究方法已经没有多大的区别,旧的学科分类的矛盾日益暴露出来,它已经给科学发展带来一定的阻碍.现在需要根据新的情况从新的角度来分析学科分类问题,建立一种能适应现代科学技术发展的新的科学技术体系.

钱学森提出了建立新学科体系的原则,并在此分类原则基础上提出了九大学科部类.他所提出的学科分类原则主要如下.

(1) 各个学科所面对、研究的对象都是客观实际,不同学科之间的差别不在于研究对象,而在于它们研究的角度不同,研究的侧面有所侧重.

(2) 一个学科内的各种知识之间存在着纵向的区别,一般需将某学科内知识分为基础理论、技术基础、实际应用三个层次. 基础理论是指在这一个学科中最基本的内容,反映客观世界本质. 例如,在物理学中反映电磁现象本质的学科知识为电动力学,它描述电磁场的性质特点及服从的规律. 技术基础是指将基础理论具体到某种特定环境条件下所出现的具体的性质、特点的分析与讨论. 例如,场是电磁现象最本质的方面,我们平时所讨论的电路实际上是对场比较集中部分的一种近似理论. 在有线连接的部分,电磁场主要存在于导线附近,电子不再是在整个场中运动而仅局限在导线之内运动. 讨论此条件下的电磁场的性质则由电工学所代替. 电工学既是一种特定条件下的电磁理论的具体和近似,又是有导线连接的大量实际强电现象的理论基础. 实际应用大多指某一项技术,它带有强烈的应用色彩. 比如电机原理、变压器等. 它以技术基础学科为依托,更多地分析讨论技术问题. 将学科知识从纵向分成三个层次有利于我们对学科发展的认识. 一般说来实际应用层次的知识发展最快,内容最多,与生产结合最紧密,而且一个学科的形成往往是由实际应用层次的发展引起的,它是学科知识中最活跃的一部分. 基础理论层次的知识发展最缓慢,一旦这一层次的理论建立起来则标志着这一学科成熟,并被认为有完整的框架,而且基础理论的建立必将大大推动技术基础和实际应用两个方面的发展.

(3) 学科分类体系不应有千古不变的模式. 随着科学的发展,人类的知识将不断完善,不断发展,逐渐形成体系. 所以学科分类不应该是先搭好一个框子然后把所有知识硬性地装进去. 与学科本身的发展一样,学科分类的研究也是一个不断深入、不断完善的过程.

根据上述原则钱学森提出了现代科学技术九大学科部类体系. 在这个学科体系中马克思主义哲学是最抽象、最基础的层次. 马克思主义哲学通过"桥梁"与九个学科部类相联系;每个学科部类又分成基础理论、技术基础、实用技术三个层次. 九大学科部类的形成与建立也是一个不断完善发展的过程,在1986年钱学森首先提出来的是数学、自然科学、社会科学、系统科学、人体科学、思维科学六大部类,以后逐渐增加,不断完善、丰富,一直到1990年左右增加了行为科学、文学艺术、军事科学,共形成九大学科部类. 钱学森对每个学科部类的具体学科内容提出了自己的意见,构成了一个现代科学技术的网状结构图. 从中我们可以看到各门学科包括的内容,发展的完善、成熟程度,以及它们之间的相互联系. 通过分析还能找出当前科学发展的重点、热点. 现代科学技术体系相互关系图(图1.2)是对科学从宏观上了解的一个参考.

	数学哲学 / 数学科学	自然辩证法 / 自然科学	历史唯物主义 / 社会科学	系统论 / 系统科学	人天观 / 人体科学	认识论 / 思维科学	社会论 / 行为科学	审美观 / 文艺 艺术	军事哲学 / 军事科学
马克思主义哲学									
基础理论	代数分析 几何拓扑	物理学 生物学 力学 化学	经济学 社会学 民族学	系统学	生理学 心理学 神经学	思维学 信息学	伦理学 行为学	美学	战略学
技术基础	计算数学 应用数学	化工原理 机械原理 电工学	资本主义经济理论 社会主义理论	控制论 运筹学	病理学 药理学 免疫学	情报学 模式识别	道德理论 社会主义	音乐理论 文艺理论	指挥学
应用技术	统筹方法 速算技术	硫酸生产工艺 齿轮技术	企业经营管理 社会工程	系统工程	心理咨询技术 内科学	密码技术 人工智能	公共关系学 人际关系学	文学技巧 绘画方法	战术训练 军事工程

图 1.2　现代科学技术体系相互关系图（钱学森）[1]

　　根据钱学森的观点,九大学科部类分别反映研究客观世界的不同角度.数学是从数和形的数量关系来研究客观世界.自然科学是从客观物质运动的角度,从能量转移和变化的角度研究客观世界.客观物质之间的相互作用,只有引力相互作用、电磁相互作用、强相互作用、弱相互作用四种.它们是物质产生各种运动变化的原因所在.自然科学也研究这些相互作用的特点及性质.社会科学是从人类社会发展运动的角度研究客观实际,是从人的社会行为整体这一角度来研究客观实际.人类社会的发展虽然千变万化,但在其背后也存在着固有的规律.例如,经济基础决定上层建筑,生产力推动生产关系的变革,同时又受其他因素的制约.这些基本规律就像牛顿第二定律那样决定了社会发展的趋势及速度;当然也同牛顿定律一样有适用条件.系统科学是从整体与局部的关系角度来研究客观实际,讨论系统整体的优化,讨论系统结构与功能的关系,讨论系统的稳定性等.人体科学从人的角度来研究客观世界,讨论人体本身的特点、性质、规律,研究客观世界对人体的影响及其相互关系.思维科学从人认识世界的角度来研究客观实际.认识是人类特有的活动,是人类大脑活动的内容.故思维科学与人脑研究密不可分,但思维科学不是研究人脑活动的物质过程,也不是研究其中能量传递等现象,而是研究思维本身的特点,研究思维的规律.行为科学是从人的社会性角度来研究社会,研究人的群体行为,研究人个体行为与群体表现之间的关系.生物界不少动物是群居,它们都有个体之间交往,都会在不同程度上存在着群体行为.因此行为科学研究的对象不仅包含人在内,还包括昆虫的组织结构、哺乳动物的生活规律.文学艺术是从美与丑的角度来研究客观实际.表面上看起来文学艺术中的美与丑也仅是人类的感觉,实际不然.从美与丑的角度分析客观实际至少涉及很多有生命的现象.军事科学是从集团之间斗争的角度来研究客观实际.

　　上述学科部类基本上将所有知识进行了划分.但我们也要指出由于科学技术的复杂性,可以看到某些具体学科有时很难将其归属到哪一类,成为交叉学科.例如,建筑学,关于房屋结构、材料等内容属于自然科学中力学的内容,而且可以认为是静力学的重要应用方向.建筑物的设计、布局则更多属于文学艺术类.美学是建筑学所主要考虑的内容.建筑物的大小安排、房屋的布局还同人体科学、行为科学有联系.可以说建筑学是与多门学科发生联系的一门综合学科.同时也可以看出:按照新的学科分类办法需要对传统的学科(按照研究对象进行分类的学科)进行改造,使其能体现出在研究角度、研究方法等方面的不同特点.

1.4　相关系统思想

　　系统科学的创立和发展除了需要社会发展提供推动力、科学发展提供前期知识准备外,还需要借助哲学的帮助以冲破传统思想的束缚,确立新的科学范式和方法论. 受到系统科学家重视的哲学思想涵盖哲学的多个角度. 辩证法的普遍联系原理和关于事物运动发展的原理是系统科学没有言明的基本前提. 一些以数学为背景的系统[14], 诸如莫萨洛维克[15]、怀莫尔[13]、克勒[16]等的工作大都与广义系统有关. 以控制论、信息论、运筹学等为背景的系统理论技术性具体结果较多. 以下以经典的系统研究相关核心内容为引子, 介绍相关哲学思想.

1. 一般系统论

贝塔朗菲的一般系统论[6,17]力图研究各种系统的一般方面、一致性和同型性, 要阐明或导出适用于一般化系统或其子系统的模型、原理和规律. 由于历史条件的限制, 贝塔朗菲主要研究了三种系统理论:机体系统理论、开放系统理论、动态系统理论. 在机体系统理论中他批判了机械论与活力论, 认为生物体是一种稳态开放系统, 具有整体性、动态结构、能动性和组织等级. 这种工作属于对生物科学的卓越见解, 可以作为一系列新开拓工作的引导, 但是真正系统研究还有待开展. 开放系统理论是指考虑输入、输出和状态的系统, 它解释了系统有关的稳态、等终极性、有序性的增加等总体概念. 动态系统理论是通过特殊的常微分方程组来解释系统的一些典型性质:整体性、加和性、竞争性、机械化、集中化、终极性等. 贝塔朗菲最重要的理论贡献之一是把涌现性引入系统科学, 并借用亚里士多德的命题"整体大于部分之和"来表述, 这个工作对系统科学的发展产生了全面而持久的影响, 其哲学基础是辩证法. 还原论和整体论、分析思维和综合思维, 始终是科学发展中的两对矛盾, 数百年来的科学发展一直崇尚还原论而贬斥整体论, 重视分析思维而轻视综合思维. 建立系统科学, 开辟复杂性研究, 必须重新审视这两对矛盾, 超越还原论和分析思维, 在现代科学基础上重新确立整体论和综合思维的主导地位.

2. 耗散结构

普利高津的耗散结构理论是利用局域平衡假设、连续介质力学描述、稳定性理论、分岔数学理论、涨落理论来研究的一种非平衡的热力学. 其重点在于研究所谓耗散结构形成的特征或条件, 特别是力学、物理与化学中的扩散过程与化学反应过程. 他发现了结构、功能、涨落、开放系统、远离平衡等之间典型的但主要属物理科学范围内的联系, 而推广于生物、社会、经济等其他非物理系统.

普利高津没有以物理学新进展去否定辩证唯物论, 而是以这种新进展把辩证唯物论对机械论的批判引向深入. 创立耗散结构需要哲学提供指导的主要问题是以下若干对矛盾:存在和演化, 有序和无序, 平衡和非平衡, 可逆和不可逆, 确定性和不确定性等. 把握这些矛盾当然需要遵循辩证思维, 从普利高津的著作中可以看出, 存在和演化是最核心的矛盾. 研究封闭系统是存在的科学, 研究开放系统才可能是演化的科学;研究平衡态的是存在的科学, 研究非平衡态的才可能是演化的科学;研究线性系统的是存在的科学,研究非线性系统的才可能是演化的科学;研究可逆过程的是存在的科学,研究不可逆过程的才可能是演化的科学;研究确定性系统的是存在的科学,研究不确定系统的才可能是演化的科学,等等. 在物理学向演化科学的转变中,普利高津的工作迈出了决定性的一步. 他的哲学依据,正是辩证唯物主义关于"自然界的历史发展的思想".

3. 协同学

哈肯的协同学原意是研究一般系统中子系统的协同过程,但是实际上研究的主方程是表示系统的概率分布随时间变化的方程所能表征的系统的协同过程或自组织过程. 协同学用数学建模的方式求得了一种支配原理,按泛系观来看就是一种泛对称原理:慢变量支配快变量. 它的推导在于对主方程的特有数学简化. 正如哈肯自己所说的:在物理或化学中,序参数的确定相对来说要容易一些. 但当处理一个复杂的系统如工厂的生产过程或者群体动力学或者经济系统时,一个重要的任务,就是如何识别慢变量与快变量.

与普利高津不同,哈肯的著作中没有明确评论过辩证唯物主义,但他坚信科学唯物主义. 哈肯强调协同学包括不同层次和侧面,在协同学的哲学方面,所关心的是对于自然的解释和理解. 他承认协同论有两大哲学基础,即对立统一规律和量变质变规律.

哈肯关注很多对立统一的范畴:部分与整体的关系;用分析还是综合的办法去处理复杂系统;量与质的关系及其转变;组织或控制自组织与自我调节的关系;有序如何从无序中产生;秩序的产生过程是由单向因果律决定还是由循环因果律决定;等等. 在诸多矛盾中,最具独创性的是哈肯关于自组织与他组织的分析,其思想贡献可以归结为四点:①哈肯在系统研究中最早揭示自组织与他组织这对矛盾;②一方面强调自组织与他组织之间对立的情形,另一方面也强调两者之间可以合作;③指出自组织与他组织的划分是相对的,不存在绝对的分界线;④指出自组织与他组织可以相互转化,并用数学模型描述了这种转化.

4. 超循环

艾根(M. Eigen)的超循环理论研究生物大分子的自组织机理,其重点在于探索由非生命分子到生命个体进化中超循环的作用. 艾根把循环反应网络分成三个等级:第一个层次是转化反应循环,在整体上它是个自我再生过程;第二个层次称为催化反应循环,在整体上它是个自我复制过程;第三个层次就是所谓的超循环,超循环是指催化循环在功能上循环耦合联系起来的循环,即催化超循环. 实际上在超循环组织中,并不要求所有组元都起着自催化剂的作用,一般地说,只要此循环中有一个环节是自复制单元,此循环就能表现出超循环的特征. 超循环的特征就是：不仅能自我再生，自我复制，而且还能自我选择，自我优化，从而向更高的有序状态进化."艾根的工作有坚实的数理化基础，可看成是分子生物学与分子生物物理学领域中的进化论，它是一种特殊领域内的系统理论.

5. 综合集成方法[1]

钱学森提出把还原论和整体论方法结合起来[1]，以形成适合复杂巨系统研究的系统论方法. 他经过反复研讨，形成了综合集成方法（meta-synthetics），该方法是方法论上的一种创新，既从整体到部分由上而下，又自下而上由部分到整体，实质是把专家体系、数据与信息体系，以及计算机体系有机结合起来，构成高度智能化的人机结合系统. 综合集成方法[1,11]的理论基础是思维科学，方法基础是系统科学与数学，技术基础是以计算机为主的现代信息技术，哲学基础是马克思主义的实践论和认识论.

具体有以下特点[1,11]：

（1）根据开放的复杂巨系统的复杂机制和变量众多的特点，把定性和定量研究有机地结合起来，从多方面的定性认识上升到定量认识.

（2）由于系统的复杂性，把科学理论和经验知识结合起来，把人对客观事物的零星经验知识集中起来，解决问题.

（3）根据系统思想，把多种学科结合起来进行研究.

（4）根据复杂巨系统的层次结构，把宏观研究和微观研究统一起来.

6. 系统学"五论"及平衡概念下的复杂性内涵[10]

本节介绍《系统学是什么》一文[10]的主要观点.

文献[10]指出，正是还原论与整体论的统一使系统论超越还原论成为可能. 还原论与整体论如何统一可以从三方面的结合来考虑：一是整体指导下的还原与还原基础上的综合相结合；二是机理分析与功能模拟相结合；三是系统认知与系统调控相结合. 系统学中最简单和基本的原理是系统的结构与环境共同决定系统的功能. 系统功能反过来也会影响其结构和环境，它们往往是相互影响的双向关系. 系统环境包括自然环境与社会环境，系统结构包括物理结构与信息结构，不同时空尺度和层次结构一般对应不同模式和功能. 为了理解系统行为，可通过深化内部结构认知，也可利用外部观测信息，或两者并用；为了提高系统功能，可增强组分的个体功能，也可优化组分的相互关联，或两者并施. 特别地，优化组分的相互关联意味着对系统结构进行调整或调控，以使系统达到所期望的整体功能或目的. 这往往通过动态调整系统的可控变量或要素，使其自身或其关联"平衡"在一定范围内达到. 显而易见，任何调控策略都依赖系统状态、功能和环境，这就需要研究系统的信息、认知、调控与不确定性因素处理等问题.

　　文献[10]认为,系统学应该包括下述"五论"方面的主要内容:

　　一是系统方法论. 系统学中不同性质的问题所适用的方法论也不同,方法论指导具体研究方法的选用. 例如,演绎与归纳、还原与综合、局部与整体、定性与定量、机理与唯象、结构与功能、确定与随机、先验与后验、激励与抑制、理论与应用等相互结合或互补的方法论等,重点是能够超越还原论的方法论.

　　二是系统演化论. 研究在给定环境或宏观约束下,系统层级结构与相应功能在时间和空间中的涌现与演化. 特别地,研究系统状态(或性质)在时空中生灭、平衡、稳定、运动、传递、相变、转化、适应、进化、分化与组合、自组织与选择性随机演化等规律,包括各种自组织理论、稳定性与鲁棒性理论、动力系统理论、混沌理论、突变理论、多(自主)体系统、复杂网络、复杂适应系统等.

　　三是系统认知论. 研究系统机理或属性的感知、表征、观测、分类、通信、建模、估计、学习、识别、推理、检测、模拟、预测、判断等智能行为的理论与方法,包括认知科学、建模理论、估计理论、学习理论、通信理论、信息处理、滤波与预测理论、模式识别、自动推理、数据科学与不确定性处理等.

　　四是系统调控论. 研究系统要素的(动态)平衡性与系统结构和功能关系的普适性规律,以及系统的结构调整、机制设计、运筹优化、适应协同、反馈调控、合作与博弈等,包括优化理论、控制理论与博弈理论等.

　　五是系统实践论. 这是系统学应用于各门具体学科和领域时的相应理论. 由于人类任何具体实践活动都属于系统问题,因而离不开系统实践论指导.

　　关于复杂性科学的核心内涵,文献[10]提出,是关于复杂系统微观关联与宏观功能之间时空演化、预测与调控规律的认识. 且复杂性宜借助一个概念来定义. 在系统学众多基本概念中,平衡(balance)概念可担当此任. 平衡意味着数量(质量)均等或空间(属性或操作)对称等,它是大自然中"最小能量原理""最小作用量原理""守恒原理"和"对称性"法则的客观反映.

　　系统中成对(对立、独立或互补)要素之间(张力)的平衡是其秩序之本,而非平衡则是运动变化之源. 即使对运动或变化现象甚至创新行为,也往往可溯源为某种平衡需求;而对非平衡系统,其演化方向也往往是新的平衡或动态平衡. 此外,系统成对要素的平衡(非平衡)程度直接影响或决定着系统的对称、守恒、秩序、稳定、涌现、突变、生灭、演化、进化、反馈、适应、调控、博弈、竞争、合作、公正等基本性质. 可以说,平衡涉及认识世界与改造世界的几乎一切问题,包括人自身的生理与心理问题. 因此,平衡概念具有本质性、基础性和普适性.

　　在此基础上,复杂性可以针对系统中要素(属性)的平衡性与系统整体(结构)功能之间的关系来定义. 第一,当我们希望预测系统状态演化时,系统要素的平衡程度往往是预测的重要依据,复杂性可定义为系统状态或行为的不可预测性. 第二,当我们希望保持系统功能时,注意到系统的稳态功能一般需要系统成对(多对)

要素的制约或互补来保障,复杂性可定义为系统的功能关于系统要素平衡程度的灵敏性(脆弱性或非鲁棒性).第三,当我们希望改变系统功能时,现有要素的平衡性需要暂时被打破,复杂性可定义为通过调整系统要素的平衡性而实现系统新功能的困难性.基于平衡概念给出的复杂性定义显然与系统功能(或目的)密切关联,与其他复杂性定义(如计算复杂性、描述复杂性、有效复杂性、通讯复杂性等)显著不同.并且,复杂性主要研究系统成对要素的平衡性与宏观功能的关系,平衡度的不同将会导致系统宏观功能的不同,或导致系统“稳态”(homeostasis)演化,以及系统旧稳态的打破与新稳态的“涌现”等.这里的复杂性定义还体现了系统学微观和宏观之间的辩证统一和相互影响的特性,从而为避免还原论局限留了空间.

关于系统要素的平衡的实现,是复杂性研究的一个关键问题,具体实现途径往往因系统性质和类型的不同而异.举例来讲,平衡或是在给定环境条件约束下通过系统要素之间的竞争达到(竞争平衡或从竞争到合作平衡),或是在整体目标引导调控、或外部环境影响下系统要素之间适应调整、协同优化或互补共存的结果(适应平衡、协同平衡或互补平衡),或是由系统外部因素的调控作用与系统内部要素的竞争行为所共同决定(调控竞争平衡或纵横双向平衡),或是正反馈激励与负反馈抑制共同作用的结果(正负反馈平衡),或是这些情形的某种组合或混合等.

7. 综合微观分析

欧阳莹之提出了综合微观分析(synthetic micro-analytics)的方法[18],廓清了孤立论、微观还原论与综合微观分析的区别.从本体论上讲,组合系统由组分组成,组分可通过代表它们的理论和概念变得可以理解.

(1)孤立论认为系统理论以自己的方法被加以理想化和推广,且它们与组分理论是没有联结的.如果没有合适的理论表述,组合概念就变得模棱两可.孤立论认为系统作为一个有机整体是不可分拆的.

(2)微观还原论认为系统和组分的概念相关紧密,因此系统理论可有可无,用组分的术语单独进行表述即可.但没有系统概念,组合的概念就比较虚幻,除了相互作用的集合外,没有整体的涌现.

(3)综合微观分析构成一个宽泛的理论结构,包含两类关于系统行为的解释:用系统理论术语表述的宏观解释,以及联系系统和组分理论的微观解释.这种联系包括演绎、定义、近似和不可缺少的、关于结构形成的独立假设.综合微观分析结合了自上而下观点和自下而上观点,微观解释本质上同时应用了组分理论和系统理论.系统表述中的组分概念通常被解释为微观机制,组分表述中的系统概念有时解释为宏观约束.

8. 小结

系统科学的研究对象是一般系统,主要揭示一般系统的同构性问题,即各个不同性质的系统之间所表现出的存在方式和运动方式上的一致规律,所有系统共同遵守的规律.按照事物性和系统性的区别,系统科学集中研究系统的系统性性质,而非事物性性质.

系统科学,特别是复杂系统科学以其独特的思维方式和科学的自然观、时空观,以有机和生命的意义理解世界,探索以往科学未曾涉猎的领域,揭示更广阔的真实世界.

科学的本质很大一部分展现为揭示世界的不确定性.系统科学的认知方法对于世界的认识提供了新的方式.从哲学和科学应用的角度而言,建立系统科学是现代科学辩证统一的历史需要.研究系统科学是科学思维方式转变的结果.系统科学是建设信息社会的智力工具.作为学科而言,系统科学发展的重要性不言而喻.系统科学家从不同的方向和领域范围给出了系统科学的目标和方法,包括在学科内及跨学科间使用系统和模型的概念,并寻求超越学科的结构相似性、一体化综合概念和跨学科的普适的科学语言等.

系统科学特别是复杂性研究可能带来的影响表现在以下四个方面:①更好地理解大部分复杂系统以及它们的动力学原理,以便给设计和管理复杂系统的行业或部门提供支持;②更好地控制动态社会技术系统的生产方法;③更好地了解工程系统存在的复杂环境;④更好地设计、建造和管理多层次复杂人工系统.

思 考 题

1. 描述系统科学的历史发展轨迹.
2. 形成系统科学学科的动力是什么?
3. 系统科学方法论发展的启发是什么?
4. 尝试找一种现象,在物理或化学系统、生物系统、社会系统中均存在此现象,并思考其中的联系和不同.
5. 系统科学与其他学科之间的关系是什么?
6. "一叶障目,不见森林",请结合自己的体验,用系统观点来简单分析这种情形.
7. 找找我国历史中关于系统的论述,分析其产生背景.

参 考 文 献

[1] 钱学森. 创建系统科学. 上海:上海交通大学出版社,2007.
[2] 许国志. 系统科学. 上海:上海科技教育出版社,2000.
[3] 苗东升. 系统科学精要. 北京:中国人民大学出版社,1998.
[4] 李士勇,等. 非线性科学与复杂性科学. 哈尔滨:哈尔滨工业大学出版社,2006.

［5］许国志. 系统科学与工程研究. 上海：上海科技教育出版社，2000.

［6］谭璐，姜璐. 系统科学导论. 北京：北京师范大学出版社，2013.

［7］冯·贝塔朗菲. 一般系统论：基础、发展和应用. 北京：清华大学出版社，1987.

［8］系统科学学科评议组. 系统科学一级学科博士、硕士学位基本要求. 上海：全国系统科学学科建设研讨会，2016.

［9］戴中器. 中国大百科全书·自动控制与系统工程. 北京：中国大百科全书出版社，1991.

［10］郭雷. 系统学是什么. 系统科学与数学，2016，36(3)：291-301.

［11］黄欣荣. 复杂性科学的研究方法. 重庆：重庆大学出版社，2006.

［12］郭雷等. 系统科学进展. 北京：科学出版社，2017.

［13］Lin Y. General Systems Theory：A Mathematical Approach. New York：Kluwer Academic and Plenum Publishers，1999.

［14］Mesarovic M D. Views on general systems theory. Rev. Arvore，1964，29(1)：95-104.

［15］Wymore W. A Mathematical Theory of Systems Engineering：The Elements. New York：John Wiley，1967.

［16］Klir G. An Approach to General Systems Theory. New York：van Nostrand Reinhold，1969.

［17］陈一壮. 论贝塔朗菲的"一般系统论"与圣菲研究所"复杂适应系统理论"的区别. 山东科技大学学报(社会科学版)，2007，9(2)：5-8.

［18］欧阳莹之. 复杂系统理论基础. 田宝国，等译. 上海：上海科技教育出版社，2002.

第 2 章　系统的基本概念与特征

本章介绍系统科学涉及的相关概念和特征[1-19,31]；从动态角度描述了系统的动态结构和变化；基于元素、关系及属性的界定，结合环境的影响，定义了与时间有关的动态集合的系统概念[7]；并从复杂性语义出发，总结了国内外学者对复杂性的部分定义，在前人的分类基础上，综合了复杂性的概念分类，说明了复杂性研究方法.

2.1　系统的基本概念

2.1.1　系统与非系统

英文中系统一词（system）来源于古代希腊文（systεmα），意为部分组成的整体. 古希腊哲学家德谟克利特所著《宇宙大系统》是最早采用同一词的书.

由于研究范围和研究重点的不同，不同学科对系统常有不同的定义. 系统科学研究其共同具有的与组成成分基质无关的特性. 系统科学研究的系统，主要有以下几种定义.

定义 2.1　系统是相互联系、相互作用的多元素的复合体. 如果一个对象集合中至少有两个可以区分的对象，所有对象按照可以辨认的特有方式相互联系在一起，就称该集合为一个系统.

贝塔朗菲给出的系统概念是基于基础科学的层次，所强调的是系统各元素之间的相互作用以及系统对各元素的综合作用.

定义 2.2　系统是由相互作用、相互制约的各部分组成的具有特定功能的整体.

基于技术科学层次，钱学森的定义强调系统的功能. 从技术科学看，研究设计、组建管理系统是为了实现系统特定的功能目标，是否具有特定功能，是各个系统相互区别的本质特性.

综合以上二者，可给出综合的简洁定义.

定义 2.3　系统是由相互关联、相互作用、相互制约的部分组成的具有一定结构和功能的有机整体.

依托集合论，可以给出系统定义描述如下[1-2,6].

定义 2.4　如果一个对象集合（A）中至少有两个可以区分的对象，所有对象按照可以辨认的特有方式相互联系在一起(R),则称该集合为一个系统,记为 $S=(A,R)$,即系统由元素集和关系集组成.集合中包含的对象,称为系统的组分,最小的组分即为系统的元素.

类似地,可以给出子系统和非系统满足的条件.

子系统 S_i 满足以下条件:

(1) S_i 是系统的一部分;

(2) $S_i \subset S$ 本身就是一个系统,满足系统的基本要求.

子系统一般具有如下基本特征:

(1) **系统性**:子系统不是一般的部分,也不仅仅是整系统的组分,它本身是系统.

(2) **隶属性**:子系统是整系统的一部分,整系统还有其他子系统.

(3) **局域性**:与整系统比较,子系统的重要特点是其具有局域性.不同的子系统具有不同的空间、构成成分和内部关联.

非系统 N 如果满足以下两个条件之一:

(1) N 中只有一个不可再分的对象;

(2) N 中不同对象之间没有按一定方式联成一体,

则称 N 为一个非系统.

2.1.2　组分、元素与要素[2,31]

深入系统内部精细地研究系统,必然涉及组分、部分、元素、要素等概念.了解一个系统,需深入内部确定它有哪些组分.

组分不同于部分,部分不一定是组分.属于系统而又小于系统的对象,都是系统的部分.但部分不一定具有结构意义,不一定是系统的结构单元;组分则是系统的结构单元,必须具有结构意义.随意对系统进行划分或切割,得到的都是系统的部分,一般不是系统的组分."破镜难圆"即因为镜子的碎片不是镜子的组分,没有结构单元的特性.按照系统的结构特征划分出来的部分才是系统的组分,如人体的骨骼、肌肉、血液等.组分是系统科学的基本概念之一.组分有大小之分,组分的组分一般还可能是系统的组分.学院是大学的组分;系所是学院的组分,也是大学的组分;教研室是系的组分,同时也是学院和大学的组分.

最小的组分,即不能或无须再细分的组分,称为元素.元素的根本特征是具有基元性,即作为最基层的组分而不能或无须再细分这种特性.人体系统的元素是细胞,社会系统的元素是个人,化学系统的元素是原子,等等.元素一定是组分,但组分不一定是元素.

元素是物理、化学等精确科学常用的基本概念.系统科学很少讲元素,更多的是使用要素概念,讲要素分析而非元素分析.系统科学在两种意义上使用要素概念. 一是相对元素概念来提要素,重要的元素是要素,次要的元素可以忽略不计. 但是,很多系统难以划分出实在的组分,或者从实际的组分出发难以对系统作出有效描述. 而通过寻找某些影响系统行为特性的非实在因素,往往能给予系统以有效的描述. 如对于一篇论文,很难分析其哪个字是关键,但可以分析其素材、论据、结论等实在性因素. 二是相对因素概念讲要素,重要的因素即要素,次要因素可以忽略不计. 复杂系统,特别是涉及人文因素的系统,或无法准确有效地划分实在性组分,或通过分析这些实在性组分难以获得对系统整体意义的了解,因此,考察那些非实在性要素才具有意义. 实际上,系统科学更多的是把系统的某些变量作为要素,通过考察这些变量的特点、变化、相互关系等来了解系统的整体特性.

一个系统的组分或要素一般有两种:构材件和连接件. 以建造房屋为例,砖瓦木石是构材件,灰泥、钉子是连接件. 简单系统的结构分析往往把连接件忽略不计,只考虑构材件. 但较为复杂的系统组分中的连接件不能忽略,有些系统的连接件甚至比构材件组分更重要,如城市的交通就是城市系统中起连接作用的组分.

对于涉及人文社会问题的系统,区分软要素和硬要素是必要的. 战争作为系统,军队编制、武器装备等是硬要素,士气、文化水平等是软要素. 硬要素容易受重视,软要素容易被忽略. 实际上,软要素也是很重要的因素,必须得到相当的注意.

2.1.3　结构与子系统[2,31]

组分和结构是两个紧密联系而又不同的概念. 组分仅指系统的基本的或主要的组成部分(硬要素)或构成要素(软要素),但是不涉及它们的关系. 结构才涉及而且只涉及组分之间的关系. 换言之,结构是组分或要素之间关联方式的总和,其关注的是组分之间的结合方式及其形成的整个框架或构型. "总和"是理论完备性的需要,组分之间客观存在的关联互动方式都属于结构;但是,实际上不可能也没有必要找出所有可能的关联互动方式,这时结构指的是本质的、主要的关联方式,而组分之间大量次要的关联一般被忽略不计.

如此界定的结构和组分是两个相互联系而又不同的概念. 结构不能脱离组分而单独存在,结构需以组分为载体才能表现出来;而组分一旦离开结构就不再是组分. 不了解结构无法确定组分,不了解组分也无从谈论结构.

一个系统的结构通常包含多方面的内涵,需要从多个视角去考察. 如国家作为一个系统,需要从民族结构、阶层结构、行政结构等多方面去分析.

考察系统结构时应注意生成关系和非生成关系. 学校作为一个系统,师生关系、同学关系、教师之间的同事关系等是生成关系,而学生之间的同乡等关系是非生成关系. 生物机体作为系统的生成关系,是细胞之间、器官之间的生物学联系和作用,物理学意义上的联系和作用属于非生成关系. 一般而言,具有决定意义的是生成关系,但某些系统的非生成关系也可能产生不可忽视的影响,因而也是系统结构分析应当关注的内容.大型社会组织中常有非组织团体,是由该社会组织的非生成关系连接而成的,组织理论通常将非组织团体作为重要研究内容.

一般可从以下三方面对系统作结构分类.

(1) 框架结构和运行结构.

框架结构:组分之间固定的连接方式,也即系统处于尚未运行和停止运行时各组分之间的基本连接方式.

运行结构:系统在运行中显示的组分互动方式,即系统处于运行过程中所体现出来的组分之间的相互依存、相互支持、相互制约的方式.

如汽车作为系统,车身、发动机、方向盘以及其他附件等组分之间的相对位置、连接固定方式、空间布局等是框架结构.汽车开动行驶过程中各组分之间的互动协调方式是运行结构.

(2) 空间结构和时间结构.

现实的系统及其组分都存续运行于一定的时间和空间中,组分之间的关联只能通过空间形式或时间形式表现出来,因而就有了空间结构和时间结构的概念.

空间结构:组分在空间的排列或配置方式,即组分在空间中的分布方式,以及由此而形成的相互支持和相互制约的关系.

时间结构:组分在时间流程中的关联方式,即系统作为过程在时间维的展开.时间结构有不同时期、阶段的划分;不同时期和阶段之间的关联、衔接和过渡的方式即为时间结构.

如房屋的结构即为空间结构,人生的幼年、青年、中年、老年之间的过渡,即为时间结构.还有时空混合结构,如树的年轮.

(3) 硬结构和软结构.

尽管组分之间的联系有很多种类,但大体可以分为两种.一种是显式的,易于直接感触、描述和把握,这种联系称为硬联系.另一种是潜在的,难以直接感触、描述和把握,这种联系称为软联系.前者的总和是硬结构,后者的总和是软结构.系统原则上都同时具有硬结构和软结构.框架结构是硬结构,运行结构包括一定的软结构.如电脑硬件的连接方式是它的硬结构,软件即程序的连接方式是它的软结构.机械系统一般无须考虑软结构,但是有机系统一般都必须考虑软结构,人文系统尤其应重视其软结构.如管理系统的成败往往取决于其软结构.

几种典型的结构包括:链式结构、环形结构、嵌套结构、塔式结构、树状结构、网络结构等.

2.1.4　层次

与子系统相比,对于了解系统结构,层次是一个更为重要的概念.层次关系是局整关系的重要内容.层次是一个难以准确定义的概念,直至目前深刻而系统的层次理论还没有建立起来.

　　系统至少有两个层次,即组分(或局部)层次和整体层次.整体层次属于高层次,组分层次属于低层次.没有中间层次的系统较为简单.至少包含三个层次的系统,即存在介于组分和系统整体之间的层次,称为层次结构系统.

　　现实存在的系统几乎都具有层次结构,或者具有层次结构是系统的常态.层次划分与子系统的划分密切相关.

　　层次结构的观点有助于理解涌现性.从层次的观点解释涌现性将在 2.2.1 小节进行介绍.层次是系统科学的基本概念,认识系统结构的重要工具,层次分析是结构分析的重要方面.

2.1.5　环境

　　组分与结构是系统的内部规定性,系统与环境的关联互动方式是系统的外部规定性.只有同时了解二者,才能完整地认识系统.

　　定义 2.5　一个系统之外的一切与该系统相关联的事物构成的集合称为这个系统的环境.系统 S 的环境 E 是指 S 之外一切与 S 具有不可忽略的联系的事物的全体的集合.

　　系统在一定环境中产生、运行、演化.系统的结构、状态、属性、行为多与环境有关,因此系统对环境存在依赖性.环境与系统的相互关系是系统的外部规定性,同样元素在不同环境下形成不同的结构,甚至性质亦有所改变,所以环境是决定系统整体涌现性的重要因素.在一定的环境条件下,系统只有涌现出特定的整体性,才能与环境相适应;随着环境的改变,系统会产生新的整体涌现性.环境复杂性是造成系统复杂性的重要根源,因此,研究系统必须研究它的环境及它同环境的相互作用.环境对系统涌现性的作用将在 2.2.1 小节进行介绍.

　　环境有其客观性和相对性.

　　定义 2.6　把系统与环境分开来的集合,称为系统的边界.

　　从空间看,边界是把系统与环境分开的所有点的集合(曲线、曲面或超曲面).从逻辑上看,边界是系统的形成关系从起作用到不起作用的界限,规定了系统组分之间特有的关联方式起作用的最大范围.

　　边界的存在是客观的,但有的系统边界很明确,有的不明确.根据研究问题的不同,可选择不同的研究面,确定不同的边界,确定不同的系统.此时系统可以定义成:按照所关心的问题,从互相联系的事物中、相对孤立出来的、作为研究对象的一部分事物.

　　任何系统都是从环境中相对划分出来的.应当承认系统与环境划分的确定性、系统内部与外部差别的确定性.但这种确定性有程度上的不同,系统与环境的划分有相对性.

定义 2.7 系统能够同环境进行交换的属性称为开放性,系统阻止自身同环境进行交换的属性称为封闭性.

开放有利于系统的生存发展;封闭是系统生存发展必要的保障条件,是非消极因素. 系统性是开放性与封闭性的适当统一.

按系统与环境的关系,系统可分为开放系统和封闭系统两大类.

系统对外开放有主动开放和被动开放之分. 系统的开放性必须凭借特定的内在结构才能展现出来. 这可以从国家的对外开放得到例证.

边界概念对理解开放与封闭的帮助在于:封闭系统边界是完全封闭、连续的,没有进出通道;开放系统的边界往往有间断点,具有可以进出的通道.

2.2 系统的特征

简单强调系统科学是关于整体性的科学,可能引起误解. 有两类整体性:一类是加和整体性,整体是各个孤立元素的总和,如物理对象系统的重量等;另一类是组合整体性,或非加和整体性. 所谓组合性特征,从元素的角度,指同一元素处于整体内部和整体外部时特征不同. 如人体器官在活的人体中和解剖离开人体后的特点是不同的. 就整体而言,组合性整体特征指依赖于部分之间特定关系的特征. 如果要理解系统的特征,不仅要知道部分,还要了解部分之间的关系.

应该指出,任何系统都具有加和性和整体性. 只要涉及质量或能量等特性,由于物质不灭和能量守恒,整体必定等于部分之和. 对于这类加和性整体,自然科学已经有透彻的研究,不是系统科学关注的问题.

非加和性更科学的说法是涌现性.

2.2.1 系统的涌现性

(1) 整体涌现性.

系统整体具有而其元素或组分的总和不具有的特征,称为系统的整体涌现性. 或者说,组分间一旦按照某种方式整合为系统便会呈现出来,而一经分解为独立组分便不复存在的特征,即为整体涌现性.

系统涌现性还有一种简单的直观说法:"1+1>2",即整体大于部分之和. 这里的整体大于部分之和不仅仅理解为系统的定量特征,还有系统的定性特征.

系统涌现性归根结底源于三种效应:规模效应、结构效应、环境效应. 综合而言,整体涌现性是一种系统效应. 其中,组分的基质、特点是造就系统整体特性的实在基础. 给定了组分,就决定了系统可能具有的整体特性的范围.

系统科学是关于整体涌现性的科学. 它研究:什么是整体涌现性,涌现性的根源,涌现性产生的机制和规律,整体涌现性的主要表现,如何描述整体涌现性,如何利用系统的整体涌现性,等等.

(2) 规模与涌现性.

规模首先指系统组分的多少. 系统规模也指其占据空间的大小,或地域分布范围的广狭等. 放在时间维中考察,系统的规模指过程的长短.

规模大小的不同可能对系统的属性和行为产生不可忽视的影响,这种影响称为系统的规模效应. 如蚁群、蜂群均是在一定规模下产生出新的社会行为.

(3) 结构、层次与涌现性.

组分是产生系统涌现性的实在基础,但组分齐备只是形成整体涌现性的必要前提,仅仅把组分汇集起来不一定会产生整体涌现性. 现实的整体涌现性是通过诸多组分相互关联、相互作用、相互制约、相互激发而产生出来的,即通过系统的结构方式激发的结果. 换言之,对于整体涌现性的形成,组分是基础,结构是主导. 相同的建筑材料,采用不同的设计和施工可以得到迥然不同的建筑物. 同样的字词,不同的排列组合可得到不同的文学作品.

结构效应的一个重要方面,是层次效应. 涌现性的另一种解释是高层次具有低层次没有的特性. 新层次根源于出现了新的涌现性. 作为描述系统结构的概念,层次反映的是系统通过整合、组织而产生系统整体涌现性所历经的台阶. 在多层次结构系统中,从元素质到系统质的飞跃不是一次完成的,而是通过中间层次由低到高逐步实现的. 复杂系统不可能一次完成从元素性质到系统整体性质的涌现,需要通过一系列中间等级的整合而逐步涌现出来,每个涌现等级代表一个层次. 低层次隶属和支撑高层次,高层次包含或支配低层次. 层次结构是系统复杂性的基本来源之一. 层次提供了系统研究的参照系.

出现新的涌现性不一定产生了新的层次. 由相同元素组成的系统在内外因素作用下改变了结构,必然丧失原结构对应的涌现性,出现由新结构决定的另一种涌现性,却没有形成新的层次.

从层次观点看,每种涌现性都是从低层次事物的相互作用中激发提升起来的,如同泉水从地下冒出来. 对于自行组织的系统,涌现性可以称为"自涌性". 不过,人工系统也有涌现性.

(4) 环境与涌现性.

系统的整体涌现性不仅取决于内在的组分和结构,而且取决于外在的环境.

首先,系统的形成、持续和演化发展需要从环境中获取资源和条件. 一方面,系统组分的形成、维持、成长和发挥作用均需要从环境中获取支持. 如国家体育运动员的确定方式就是例证之一. 任何系统自身的资源都很有限,大量资源需要从环境中获取. 另一方面,组分整合即系统结构建立的过程必须以环境为参照物,以尽可能适应环境和利用环境为准则. 就是说,结构模式的确立无法离开环境,结构是在系统与环境的互动中建立的. 系统对于环境中获取的素材进行改造、制作以形成组分,同时也建立组分之间特定的互动方式,以确保系统能够从环境中获得必要的资源和条件.

其次,环境对系统的塑造不仅在于提供资源和条件,还在于施加约束和限制.约束和限制固然有不利于系统生成、发展的消极一面,但也有有利于系统生成、发展的建设性作用.系统要从无限的环境中分离出来,成为一个确定的对象,并能够维持自身,就必须要有必要的限制和约束.约束对于系统的塑造是提供资源所不可替代的.如校规校纪对于学生是一种约束,限制了某些自由,但对学生的健康成长必不可少.理论上,每个系统特殊的组分和特殊的结构,不仅跟环境提供的特殊资源和条件有关,也跟环境施加的特殊限制和约束有关.如同样智力的儿童在不同环境下的成长,可能会导致其未来职业道路和个人成就的区别相当大.另外,环境提供的竞争也是一种塑造.在互为竞争对手的同时也互相提供了生存方式.如学术争论往往就是由对方的思辨观点激发了自己的观点.环境中往往还存在系统的敌对势力压迫或破坏系统,它们对系统也具有特殊而重要的塑造作用.如北冰洋的严寒对于该地区生物的生存造成了严酷的环境,但同时也造就了该地区生物的系统适应性.

总之,无论环境对系统提供的是资源和条件,还是施加的限制或压迫,都会产生环境效应,对于系统整体涌现性的形成不可或缺.

另外,塑造是相互的,系统对环境也有影响.环境是由环境中的所有系统和非系统事物共同构成或塑造的.一个系统从存在到不存在,必定引起环境的变化;外来者进入环境,必定引起环境变化,进而引起系统的变化.系统只要在变化,就会对环境造成影响,或多或少、或快或慢地引起环境的回应性变化.这是系统塑造环境的基本方式.就如人类系统的进化会反过来改变地球环境.系统对环境的塑造作用也有正负两个方向:正面塑造指系统行为对环境的建设性作用,负面塑造指系统行为导致的环境破坏和污染.

2.2.2　系统的其他特征

除了最重要的涌现性特征外,系统的特征还包括以下几点.

(1) 整体性.

系统是由相互依赖的若干部分组成的,各部分之间存在着有机的联系,构成一个综合的整体,以实现一定的功能.这表现为系统具有集合性,即构成系统的各个部分可以具有不同的功能,但要综合起来实现系统的整体功能.因此,系统不是各部分的简单组合,而要有统一性和整体性,要充分注意各组成部分或各层次的协调和连接,提高系统的有序性和整体的运行效果.

(2) 相关性.

系统中相互关联的部分或部件形成"部件集","集"中各部分的特性和行为相互制约和相互影响,这种相关性确定了系统的性质和形态.

（3）目的性和功能.

大多数系统的活动或行为可以完成一定的功能,但不一定所有系统都有目的,例如,太阳系或某些生物系统.人造系统或复合系统都是根据系统的目的来设定其功能的,这类系统也是系统工程研究的主要对象.例如,经营管理系统要按最佳经济效益来优化配置各种资源;军事系统为了保全自己、消灭敌人,就要利用运筹学和现代科学技术研制武器、组织作战.

（4）环境适应性.

一个系统和包围该系统的环境之间通常都有物质、能量和信息的交换;外界环境的变化会引起系统特性的改变,相应地,引起系统内各部分相互关系和功能的变化.为了保持和恢复系统原有特性,系统必须具有对环境的适应能力,例如,反馈系统、自适应系统和自学习系统等.

（5）动态性.

物质和运动是密不可分的.各种物质的特性、形态、结构、功能及其规律性,都是通过运动表现出来的.要认识物质首先要研究物质的运动,系统的动态性使其具有生命周期.开放系统与外界环境有物质、能量和信息的交换,系统内部结构也可以随时间变化.一般来讲,系统的发展是一个有方向性的动态过程.

（6）有序性.

由于系统的结构、功能和层次的动态演变有某种方向性,所以系统具有有序性的特点.一般系统论的一个重要成果是把生物和生命现象的有序性和目的性同系统的结构稳定性联系起来.也就是说,有序能使系统趋于稳定,有目的才能使系统走向期望的稳定系统结构.

2.2.3　系统的功能

定义 2.8　系统行为所引起的、有利于环境中某些事物乃至整个环境存续与发展的作用,称为系统的功能.

功能是系统行为对其功能对象生存发展所作的贡献.系统的整体涌现性,起码体现在功能上,整体具有部分及简单加和没有的功能;功能是一种整体特性.

功能也常用于子系统,指子系统对整系统存续发展所负的责任、所作的贡献.所谓的系统的功能结构是指功能子系统的划分及相互关联方式.

功能与结构密切相关,但系统的功能是由结构和环境共同决定的（环境提供功能对象）.

功能（function）与性能（performance）的区别在于:性能指系统在内部相干和外部联系中表现出来的特性和能力.性能一般不是功能,功能是一种特殊性能.性能是功能的基础,提供系统发挥功能的客观依据;功能是性能的外化,只能在系统行为过程中表现出来,在系统作用于对象的过程中进行观测评价. 例如,水的流动性是一种性能,利用水的流动性进行运输、发电是水的功能. 性能可以在系统与对象分离的条件下观测评价.

系统性能的多样性决定其功能的多样性.

总之,元素、结构、环境三者共同决定系统功能. 环境给定后,才可说结构决定功能. 假若需要组建具有特定功能的系统,必须选择具有必要性能的元素,选择最佳的结构方案,选择或创造适当的环境条件.

2.2.4 系统的属性

事物或对象的属性就是事物或对象自身具有的、通过其存在和运行体现出来的规定性. 我们研究系统,主要关心其作为系统所特有的属性. 即使是类属性,在每个具体系统中也会呈现一定的特点和个性.

系统属性有层次的不同,研究系统要区分浅层属性和深层属性、表观属性和内蕴属性. 区分它们的主要方式是看可否能够从外部直接观察、测试和度量. 不过它们之间也是互相联系的,可以通过表观属性来了解深层属性.

系统的属性多种多样,包括多元性、相关性、整体性、局域性、开放性、封闭性、非加和性、可靠性、秩序性、过程性、阶段性、动态性、复杂性等等.

研究系统有两个基本视角:共时性视角和历时性视角. 当使用共时性视角来研究系统时,选定某个时刻或撇开时间因素,观察系统在空间分布上呈现的特征. 当使用历时性视角来研究系统时,从时间维考察系统,在不同时刻观察系统的属性及其随时间的变化规律.

一种划分系统的重要方法是定性特性和定量特性. 系统的属性具有质和量两个方面. 作为描述对象的任何系统都既有定性特性,又有定量特性. 要对系统做有效的定量描述,关键是找准系统的特征量. 对于系统的一种性质进行度量而得到的数值,称为系统的参数或参量. 参数或参量是系统定性性质的数量表现,分为常量和变量两种. 在实际问题中,常量和变量的划分具有相对性.

对于系统描述、研制等而言,定性特性的定量化一般是关键. 对系统的定性描述如果没有相应的定量刻画,没有足够的数据支持,这样的描述是不完善的. 不过,不同系统定量描述的可行性有很大差别. 例如,自然系统较为容易定量化,社会系统定量化的可能性就小一点.

了解系统的定性属性也是了解定量属性的基础. 系统的任何量都是对某种定性属性的度量. 任何定性属性都有其量的表现.

在系统的定量化描述中常见的变量有四种:环境量、输入量、输出量和状态量. 由环境输入系统的量同时跟系统自身特性有关,由系统输出给环境的量也与环境有关. 输入量、输出量和状态量是三类基本系统量. 选定必要的系统量,用适当的模型将三者关系表现出来,是定量化系统理论的基本任务.

状态是指系统的那些可以观察和识别的状况、态势、特征. 状态是刻画系统定性性质的概念,但状态一般可以用若干称为状态量的系统定量特性来表征. 系统的状态量可以取不同数值,称为状态变量. 状态变量的选择要求:客观性(状态变量需具有特定的系统意义,能表征系统的基本特征和行为)、完备性(状态变量足够多,能够全面刻画系统状态)和独立性(任一状态变量都不能表示为其他状态变量的函数).

系统还有一类重要属性是持存性和演化性.

现实的系统都生存运行于一定的空间和时间中,依赖于一定的条件;如果空间和时间或条件发生某些变化,系统会或多或少有所变化. 但系统会在外界环境改变不大的情况下保持自身的基本特征,这可称为系统的持存性. 系统的持存性取决于组分的持存性、结构的持存性和环境的持存性.

现实系统的持存性是相对的. 系统可能发生的变化即为演化. 这里演化(evolution)指的是系统的结构、状态、特性、行为、功能等随着时间的推移而发生的变化. 演化是系统的普遍特性,只要时间尺度足够大,任何系统都是演化系统. 系统是在内部动力和外部动力共同推动下演化的. 系统演化有两种基本方式:狭义的演化和广义的演化. 这里狭义的演化仅指系统由一种结构或形态向另一种结构或形态的转变. 广义的演化包括系统的产生、发育,结构或形态的转变、老化、退化及消亡的整个过程.

在广义系统演化的过程中,系统的产生指系统从无到有;系统的发展(维生)指系统的生存延续的能力;系统的转变指系统存续能力有限,转变是基本属性;系统消亡指系统寿命有限.

系统演化有两种基本方向:由低级到高级、由简单到复杂的进化或由高级到低级、由复杂到简单的退化. 二者是互补的. 任何系统的发生、发展、转变和消亡都是作为过程来展开的. 过程的观点是系统科学观点的主要内容,即系统都应作为过程来研究. 只要观察的时间尺度足够大,任何系统都可作为过程而展开;每个演化都是过程,不过应考虑在特定的时间尺度下,系统变化是否显著.

2.3　系统的分类

系统有不同的类型,系统科学是研究一般系统及其子类的学科. 这里不同系统的子类对应不同的学科分支.

2.3.1　基于规模和复杂性的分类

撇开组分的特殊基质,就系统的整体特性进行划分,按照这种系统分类进行分门别类的研究,形成的是系统科学的分支学科和体系结构.

鉴于规模是系统的一个重要属性,系统规模(主要指组分的数量)有大小之别,规模不同带来系统特性的显著差异.系统科学按照规模将系统划分为小系统、中等系统、大系统、巨系统等类别,也有超大系统和超巨系统的说法.

将系统规模和系统的复杂性结合起来,钱学森给出系统的如下分类方法:简单系统、简单巨系统、复杂巨系统.复杂巨系统又分为一般复杂巨系统和特殊复杂巨系统.

(1) 子系统个数少,相互作用简单,基本上采用通常解析方法处理的系统称为简单系统,它包括力学系统、电学系统等.

(2) 子系统数目多,相互作用比较简单,系统会呈现出某些整体新的性质的系统称为简单巨系统,它包括热力学系统、流体系统、化学反应系统、各种大型复杂的人造设备等.

(3) 子系统数目多,相互作用复杂,甚至出现多层次的相互作用的系统称为复杂巨系统.它们包括生物系统、生态系统、人体系统等.它们的主要特点在于层次增多,相互关系复杂,除较少的关系外,我们虽然对其中多数的相互作用关系有所了解,但仍没能全面掌握这些系统的演化规律.

(4) 特殊复杂的巨系统,即社会系统,这类系统包括人在内,现在还未研究清楚人的思维的规律,而由大量的人组成的系统的性质则更难以定量刻画,这类系统包括经济系统、军事系统、教育系统等各类社会科学研究的系统.

贝塔朗菲给出的一种分类,将系统分为一般系统与特殊系统.他认为:"存在着适用于一般化的系统或它的子级模型、原理和定律;这些模型、原理和定律与系统的特殊类别、组成系统的要素性质以及要素之间的关系或'力'的性质无关."这里的特殊系统指的是一般系统的不同子类,同样不涉及系统组分的具体基质.作为一般系统的子类,特殊系统是按照规模、结构、行为、功能等系统特性划分类别.

2.3.2 基于数学模型的分类

对系统建立定量化模型,借助数学工具进行定量化研究对了解系统特性及演化非常有帮助.由此,系统科学非常重视按照数学模型给出的系统分类,主要有以下几种:

(1) 连续系统与离散系统.基本变量连续变化的是连续系统,基本变量按照某种间隔不连续取值的是离散系统.

(2) 时变系统与时不变系统.描述系统的数学模型中,参量随时间变化则称为时变系统,否则为时不变系统.

(3) 线性系统与非线性系统.可用线性模型描述的为线性系统,必须用非线性模型描述的是非线性系统.实际系统都是非线性系统,但非线性程度有所不同.可以用局部线性化的方法或线性化加微扰的方法来研究非线性系统.

(4) 静态系统与动态系统. 状态变量不随时间变化的是静态系统,否则称为动态系统.

2.3.3 其他分类

世界万物都以系统方式存在. 一切学科的研究对象是以系统方式存在的,不同学科研究的是不同性质的系统.

事实上,现代科学就是按照对象系统的不同而划分出来的. 例如,研究自然系统的是自然科学,研究社会系统的是社会科学,等等. 同时,自然科学还可以按照其组成物质属性的不同进行分类,相应形成不同的学科. 这种分类方法突出的是对象组分的基质特性,而不是对象的系统性、整体性.

其他的系统分类方法包括:开放系统和封闭系统;实体系统和抽象(概念)系统;自然系统和人造系统;简单系统和复杂系统;有控制的系统和无控制的系统;自组织系统和他组织系统;物理系统和事理系统;过程系统和非过程系统;确定性系统和不确定性系统;适应性系统与非适应性系统;软系统与硬系统等.

以下举几个具体分类案例.

(1) 开放系统和封闭系统. 封闭系统是一个与外界无明显联系的系统,环境仅仅为系统提供了一个边界,不管外部环境有什么变化,封闭系统仍表现为其内部稳定的均衡特性. 封闭系统的一个实例就是密闭罐中的化学反应,在一定初始条件下,不同反应物在罐中经化学反应达到一个平衡态. 开放系统是指在系统边界上与环境有信息、物质和能量交互作用的系统,例如,商业系统、生产系统或生态系统,这些都是开放系统. 在环境发生变化时,开放系统通过系统中要素与环境的交互作用以及系统本身的调节作用,使系统达到某一稳定状态. 因此,开放系统通常是自调整或自适应的系统.

(2) 实体系统和抽象(概念)系统. 所谓实体系统,是指以物理状态的存在作为组成要素的系统. 这些实体占有一定空间,如自然界的矿物、生物,生产部门的机械设备、原始材料等. 与实体系统相对应的是抽象概念系统,它是由概念、原理、假说、方法、计划、制度、程序等非物质实体构成的系统,如管理、法制、教育、文化系统,等等. 近年来,概念系统逐渐被称为软科学系统,并日益受到重视. 以上两类系统在实际中常结合在一起,以实现一定功能. 实体系统是概念系统的基础,而概念系统又往往对实体系统提供指导和服务. 例如,为实现某项工程实体,需提供计划、设计方案和目标分解,对复杂系统还要用数学模型或其他模型进行仿真,以便抽象出系统的主要因素,并进行多个方案分析,最终付诸实施. 在这一过程中,计划、设计、仿真和方案分析等都属于概念系统.

(3) 自然系统和人造系统. 原始的系统都是自然系统,如天体、海洋、生态系统等. 人造系统都是存在于自然系统之中的,如人造卫星、海运船只、机械设备等. 人造系统和自然系统之间存在着界面,两者互相影响和渗透. 自然系统是一个高阶复杂的均衡系统,如季节周而复始地变化形成的气象系统、食物链系统、水循环系统等. 自然系统中的有机物、植物与自然环境保持了一个平衡态. 在自然界中,物质流的循环和演变是最重要的. 自然环境系统没有尽头,没有废止,只有循环往复,并从一个层次发展到另一个层次. 原始人类对自然系统的影响不大;但近几百年来,科技发展很快,它既造福于人类,又带来危害,甚至灾难,引起了人们极大的关注. 近年来,人造系统对自然系统的不良影响已成为人们关注的重要问题. 例如,埃及阿斯旺水坝是一个典型的人造系统,水坝解决了埃及尼罗河洪水泛滥问题,但也带来一些不良影响,如东部的食物链受到破坏,渔业减产;尼罗河流域土质盐碱化加快,发生周期性干旱,影响了农业,河水污染使附近居民的健康受到影响等. 但如能运用系统工程方法来全面考虑,统筹安排,有可能得到一个既解决洪水问题又尽量减少损失的更好方案. 系统工程所研究的对象,大多是既包含人造系统又包含自然系统的复合系统. 从系统的观点讲,对系统的分析应自上而下地而不是自下而上地进行. 例如,研究系统与所处环境,环境是最上一级,先注意系统对环境的影响,然后再进行系统本身的研究,系统的最下级是组成系统的各个部分或要素. 自然系统常常是复合系统的最上一级.

2.4 基于动态集合论的系统概念描述与特征分析

2.4.1 引言

系统科学的研究目标是将一系列相关事物或对象的全体从整体的角度研究各个组成部分间的相互作用以及由这些相互作用所导致的整体性质或行为,这些事物或对象的全体即成为一个系统. 为了研究不同的系统的行为,目前已经发展了许多共同的理论基础[8-10],Zadeh 认为系统科学的主要任务在于研究系统的组织和结构[10],即系统的组成部分是如何相互联系起来的;林益[6]从集合论出发,建立了以集合论为描述框架和基础的一般系统论,完成了对系统的基本概念和特征的基础分析,将系统科学的基本概念和基本特征建立于严格的数学基础之上.

一般系统论[6]认为,系统就是由一系列组成元素,以及这些组成元素间的相互关系所构成的整体,即系统可以表示为如下的有序对

$$S=(M,R) \tag{2.1}$$

其中集合 $M=\{m_i|i\in I\}$ 是系统 S 的各个组成部分,称系统的元素集合,其全部元素以互相可区别的方式用指标集合 I 加以索引;集合 R 是系统的关系集合,它的每个元素都是元素集合 M 的某个笛卡儿积的一个子集. 如果一个关系 $r\in R$ 是

$M\times M$ 的一个子集,那么关系 r 就称为一个二元关系;如果一个关系 $r\in R$ 是 $M\times M\times M$ 的一个子集,那么关系 r 就称为一个三元关系……系统的元素集和关系集完整地描述了系统的各个组成部分,以及各个组成部分的相互关系. 以此为基础,一般系统论对层次系统、时间系统等均作了有效的刻画.

由于将系统的元素集合作了高度的抽象,系统的组成部分间唯一的区别就是它们的指标不同,因此适用于描述系统的各个部分具有相同性质的系统,即一般系统论的描述(2.1)抓住了系统元素的共性,忽略系统元素的个性. 然而,对于实际的系统而言,其元素的个性有着根本的重要性,系统元素的个性不仅影响系统的组成,也影响着系统的结构和功能,并导致系统的演化等动态行为. 例如,单纯的氧气或氢气组成的系统与同时由氧气和氢气组成的系统有着本质的不同:由单纯一种气体组成的系统,其元素间的作用即气体分子间的排斥力或吸引力;而混合气体组成的系统除了具备上述性质外,还会在一定的条件下发生化合反应:

$$2H_2+O_2 = 2H_2O \tag{2.2}$$

化合反应后的系统与化合反应前的系统不仅其组成元素不同,其元素间的相互关系也发生了变化;更重要的是化合反应后的系统发生进一步的化学反应的性质与之前的系统有着根本的不同. 将化合反应前的系统记为 $S_0=(M_0,R_0)$,将化合反应后的系统记为 $S_1=(M_1,R_1)$,则显然有 $M_0\neq M_1,R_0\neq R_1$. 系统 S_1 与 S_0 有很大的不同,首先,其组成成分发生了变化,系统的组成成分新添加了 H_2O 分子;其次,系统 S_1 元素间的作用方式与 S_0 元素间的作用方式有着根本的不同. 系统 S_1 元素间除了气体分子的相互作用外,还添加了液体分子和气体分子、液体分子和液体分子的相互作用.

通过这个例子,我们发现仅仅通过系统的元素集合和关系集合尚不足以完全地描述系统的行为,尤其是系统的变化和系统的演化行为. 由于一般系统论将 H_2 和 O_2 都同时抽象为 S_0 中的元素集,忽略了二者在其他方面的差异,当这种差异对系统的演化不起显著作用时,(2.1)的描述是恰当的;但不可否认的是,存在着大量的系统,系统元素的个体特性导致系统元素的相互作用将对系统的结构、功能及演化发挥重要的作用,正如(2.2)中的两种气体的差异一样.

因此,我们需要一种系统的理论来处理这种问题,需要对系统的元素集和关系集作进一步的描述,以描述和处理系统元素的差异以及由此导致的演化过程[7].

2.4.2 系统的属性

由于一般系统论[6]严格的数学语言在讨论系统理论时很有帮助,我们这里将继续使用此工具. 为简单起见,这里不讨论集合为空集的情形,且假设集合有良好的定义,即不讨论诸如"R 是所有不包含自身的集合的集合"等悖论情形,对集合论和一般系统论的严格数学理论感兴趣的读者可以参看文献[6].

正如 2.4.1 小节所讨论的,这里将主要关心系统的各个部分的差异:系统元素的差异和系统元素作用关系的差异.我们将这种差异用系统的属性来描述,系统的属性就是系统的组成元素及其相互作用关系的特定性质,以及由这些性质所体现的系统整体行为和演化特征.

如果采用数学的抽象语言,系统的属性就是指关于系统的元素、关系集合或系统本身的一系列命题.由于系统元素之间、系统元素关系之间以及不同的系统之间的差异,这些命题间存在着极大的差别.例如,同一个命题可能在某些元素上成立,而在另外一些元素上不成立,我们就说系统的某些元素具有该项属性而另外一些元素不具有该项属性.再如,某个命题可以表示成元素集合到实数集合的一个映射,不同的元素可能被映射到不同的实数值,这时我们称系统的元素存在着差异.

此外,系统是随时间动态演化的,其元素、元素关系以及元素或关系的属性都可能随着时间变化,因此我们考虑系统的一般化描述时,必须将时间因素考虑进来.这样一来,系统的结构体现为给定时刻中系统的关系集合和属性集合的全体,系统的演化则体现为系统的元素集、关系集和属性集随时间的变化.

综上所述,我们关心的系统可以描述为如下定义.

定义 2.9 系统的元素 M_t,元素间的相互作用 R_t,系统的属性 Q_t,即系统 S_t 可表示为

$$S_t = (M_t, R_t, Q_t), \quad t \in T \tag{2.3}$$

这里的 T 是实数区间 $[0, +\infty)$ 的一个连通子集,表示系统的存续范围,为简便计称为系统的存在时间.

需要强调的是,我们不仅研究系统随着时间的演化,也可以研究系统在某些条件连续变化前提下的演化,例如,温度、密度等条件的连续变化,这时的 T 可用于表示这些外界条件的变化.

系统的元素集合是由系统的基本组成单位构成的,这些组成部分对 $\forall t \in T$ 是确定的,因此可以用统一的索引集合来标记,即

$$M = \{m_{t,a} \mid a \in I, t \in T\} \tag{2.4}$$

系统 $t \in T$ 时刻的元素集合为

$$M_t = \{m_{t,a} \in M \mid a \in I\}, \quad t \in T \tag{2.5}$$

显然,它是 M 的一个子集.如果对任意 $t \in T$,均有 $M_t = M$,我们就说系统的元素集合是固定的.

系统元素间的最简单关系是二元关系,即两两相互作用,这种关系可以用系统元素集合的二维笛卡儿积的子集来表示,即

$$R_{t,2}^0 = \{(m_{t,a}, m_{t,b}) \in M_t \times M_t \mid t \in T, a, b \in I\} \tag{2.6}$$

依照作用性质的不同,一个系统内部可能存在不同的二元关系.不同的二元关系,对应不同的二维笛卡儿积的子集,可以分别以 $R_{t,2}^1$, $R_{t,2}^2$ 等加以区分,所有的二元关

系可以记为

$$R_{t,2} = \{R_{t,2}^k \mid k \in K_2\} \tag{2.7}$$

其中 K_2 是所有二元关系的索引集.类似地,系统内还存在三元关系

$$R_{t,3}^0 = \{(m_{t,a}, m_{t,b}, m_{t,c}) \in M_t \times M_t \times M_t \mid t \in T, a, b, c \in I\} \tag{2.8}$$

所有的三元关系记为

$$R_{t,3} = \{R_{t,3}^k \mid k \in K_3\} \tag{2.9}$$

更高阶的关系可以类似定义.为了描述方便,定义系统的一元关系如下:

$$R_{t,1}^0 = \{(m_{t,a}) \in M_t \mid t \in T, a \in I\} \tag{2.10}$$

以及所有一元关系的全体

$$R_{t,1} = \{R_{t,1}^k \mid k \in K_1\} \tag{2.11}$$

系统的关系集合定义为所有这些关系的总和,即

$$R_t = \{R_{t,l} \mid l \in N\} \tag{2.12}$$

这样一来,系统的元素集合实际上已经包含于系统的关系集合之中.为了与文献[1]保持一致,在(2.3)中仍然采用记号 M_t 明确指出系统的元素集合.但在谈到系统的属性时,我们将仅仅提及系统关系集的属性,它包含了系统的元素的属性.

系统的属性 Q_t 是关于系统的关系集的一系列命题:

$$Q_t = \{q_t \mid q_t \text{ 是 } R_t \text{ 上的一个命题}\} \tag{2.13}$$

毫无疑问,这些命题展现了系统方方面面的性质.例如,物理系统中的元素质量

$$\mu_t : R_t \to R^+ \tag{2.14}$$

它在一元关系集系统的元素上的取值为单个质点元素的质量,而在多个元素的关系集上的取值为其质量之和,即

$$\mu_t((m_{t,1}, m_{t,2}, \cdots, m_{t,n})) = \sum_{k=1}^n \mu_t(m_{t,k})$$

$$\forall (m_{t,1}, m_{t,2}, \cdots, m_{t,n}) \in R_{t,n}, \quad m_{t,i} \neq m_{t,j}, \quad 1 \leqslant i \neq j \leqslant n, \quad n \in N \tag{2.15}$$

以系统的网络模型为例,该模型只考虑系统的二元关系和一元关系.将系统的所有元素建模为点的集合,元素间的关系建模为网络中的边的集合,这样一个系统就和一个网或者图联系起来了.系统中不同的二元关系类型,就对应到网络中不同类型的边,这在网络理论中称为边的属性;系统中不同一元关系对应到网络中的点的不同属性,例如,点的大小、点上的流的强弱等.我们如果忽略不同边的类型的差别,将所有的边一视同仁,则网络可以表示为 $G = (V, E, Q)$,其中 V 是所有点的集合,E 是所有边的集合,序对 (V, E) 完整描述了网络的拓扑结构,这对于某些应用来说已经足够了;但是如果研究的系统比较特别,比如铁路网络、人际关系网络等,

我们就需要对更多的关系建模. 这时属性集合 Q 就用于描述诸如铁路网络中站点的大小、站点之间的通行状况、运输能力等; 人际网络中每个人的权威程度、相互间的关系紧密程度等.

事实上, 这里定义的系统(2.3)是文献[6]研究的一般系统(2.1)的一个推广. 换言之, 我们可以将(2.1)描述为(2.3)的形式, 具体如下.

将所有元素集合看作是静止的, 因此 $\forall t \in T$, 有 $M_t \equiv M, R_t \equiv R$. 比较有意思的是属性的引入方式, 我们可以在系统元素集合 M 的笛卡儿积 $\prod M$ 上引入一个命题 q_0, 使得

$$q_0(r) = \begin{cases} 1, & r \in R, \\ 0, & \text{否则}, \end{cases} \quad \forall r \in \prod M \qquad (2.16)$$

取 $Q = \{q_0\}$, 即属性集合为一个单元素集合, 这样一来系统(2.1)便被表示为(2.3)的形式了. 这里属性 q_0 描述了系统元素的笛卡儿积中的每个"关系"是否在系统的"关系" R 中出现. 本质上这是将系统关系集的定义从属性的角度作了新的阐述, 即系统的关系集是元素集的笛卡儿积的一个子集, 其中每个关系的存在与否的判定, 可用一个命题 q_0 加以描述, 而这种描述, 就是系统的一种属性. 因此, 一般系统论其实已经隐含性地引入了系统属性的概念, 我们这里只是将其明确化而已. 我们感兴趣的系统往往具有多种属性, 这里的主要贡献在于将属性集合的定义 Q 更一般化了, 使得它不仅仅包含(2.16)属性所定义的 q_0.

2.4.3 子系统

就像集合有自己的子集合一样, 系统也有自己的子系统. 系统的子系统可以从系统的元素集合、系统的关系集等方面来构造. 简言之, 系统的子系统就是其元素集、关系集、属性集均为当前系统相应集合的子集的系统, 同时满足将当前系统的属性命题限制于子系统时与子系统的属性一致.

定义 2.10 记 $s_t = (m_t, r_t, q_t)$, $S_t = (M_t, R_t, Q_t)$, 若

$$m_t \subseteq M_t, \quad r_t \subseteq R_t, \quad Q_t|_{s_t} = q_t, \quad \forall t \in T \qquad (2.17)$$

则称 s_t 为 S_t 的子系统, 记为

$$s_t < S_t, \quad t \in T \qquad (2.18)$$

这里借用了数学中的小于符号, 因为子系统关系可以看作一个偏序关系. 类似地, 当(2.17)不成立时, s_t 不是 S_t 的子系统, 记为 $s_t \not< S_t, t \in T$.

记 S_t 的所有子系统的集合为 $\mathbb{S}_t, t \in T$, 即

$$\mathbb{S}_t = \{s_t < S_t \mid t \in T\} \qquad (2.19)$$

对任意系统(2.3), 取其元素集合的子集 $A = \{A_t \subseteq M_t \mid t \in T\}$, 并将集合的关系集合 R_t 和属性集合 Q_t 限制到 A_t, 即得到由子集 A 诱导出的子系统:

$$S|_A = (A_t, R_t|_{A_t}, Q_t|_{(A_t, R_t|_{A_t})}), \quad t \in T \tag{2.20}$$

命题 2.1　$S|_A$ 是由 A 的元素生成的 S 最大的子系统.

证明　设 $s = (A_t, r_{t,A}, q_{t,A}) < S$ 是任意一个由 A 的全部元素生成的子系统,按照(2.17),我们有 $r_{t,A} \subseteq R_t, Q_t|_{(A_t, r_{t,A})} = q_{t,A}$,又按照关系集合的定义,有 $r_{t,A} \in \prod A_t$(这里的乘法表示集合的笛卡儿积),因此 $r_{t,A} \subseteq R_t|_{A_t}$,再由(2.20),我们有 $(Q_t|_{(A_t, R_t|_{A_t})})|_{(A_t, r_{t,A})} = q_{t,A}$,于是得到 $s < S|_A$.　　　　　　　　　证毕.

命题 2.2　如果元素集合 $B \subseteq A \subseteq M$,则 $S|_B < S|_A$.

证明　按照(2.20),我们有 $S|_B = (B_t, R_t|_{B_t}, Q_t|_{(B_t, R_t|_{B_t})}), t \in T, B \subseteq A$ 意味着 $B_t \subseteq A_t, \forall t \in T$,导致 $R_t|_{B_t} \subseteq R_t|_{A_t}$,进而 $R_t|_{B_t} \subseteq (R_t|_{A_t})|_{B_t}, (Q_t|_{(A_t, R_t|_{A_t})})|_{(B_t, R_t|_{B_t})} = Q_t|_{(B_t, R_t|_{B_t})}$,于是 $S|_B < S|_A$.

命题 2.3　系统 S 的子系统全体按照子系统关系"$<$"构成一个偏序集.

证明　由命题 2.2 即得.

设子系统 $S^1 < S, S^2 < S$,则集合 $\mathbb{S}^1 - \mathbb{S}^2 = \{s | s < S^1, s \not< S^2\}$ 中的子系统是 S^1 的子系统但不是 S^2 的子系统. 类似地,$\mathbb{S}^2 - \mathbb{S}^1 = \{s | s < S^2, s \not< S^1\}$ 中的子系统是 S^2 的子系统但不是 S^1 的子系统. 记 $\mathbb{S}^1 \triangle \mathbb{S}^2 = \{s | s < S^1, s \not< S^2\} \cup \{s | s < S^2, s \not< S^1\}$ 为上述两个集合的并,其中的子系统是 S^1 或 S^2 的子系统. 类似地,记 $\mathbb{S}^1 \cap \mathbb{S}^2 = \{s | s < S^1, s < S^2\}$ 为 S^1 及 S^2 的共同子系统的全体,即 $\mathbb{S}^1 \cap \mathbb{S}^2 = \{s | s < S^1, s < S^2\}$ 中的每个子系统同时是 S^1 及 S^2 的子系统.　　　　　　　　　证毕.

命题 2.4　设子系统 $S^1 < S, S^2 < S$,则 $\mathbb{S}^1 \cup \mathbb{S}^2 = \{s | s < S^1\} \cup \{s | s < S^2\}$ 是 $\mathbb{S}|_{M^1 \cup M^2}$ 的子集.

证明　偏序集 $(\mathbb{S}|_{M^1 \cup M^2}, \subseteq)$ 的极大元是 $S|_{M^1 \cup M^2}$,满足 $\forall s \in \mathbb{S}|_{M^1 \cup M^2}$,均有 $s < S|_{M^1 \cup M^2}$. 反之,$\forall s < S|_{M^1 \cup M^2}$,均有 $s \in \mathbb{S}|_{M^1 \cup M^2}$. 由于 $S^1 < S|_{M^1} < S|_{M^1 \cup M^2}, S^2 < S|_{M^2} < S|_{M^1 \cup M^2}$,因此 $\forall s \in \mathbb{S}^1 \cup \mathbb{S}^2$,均有 $s \in \mathbb{S}|_{M^1 \cup M^2}$.　　　　　　　　　证毕.

这个命题的含义是,两个子系统的所有子系统的并集 $\mathbb{S}^1 \cup \mathbb{S}^2$,是其元素集合的并集 $M^1 \cup M^2$ 生成的系统的所有子系统所组成的集合 $\mathbb{S}|_{M^1 \cup M^2}$ 的子集.

命题 2.5　对任意给定的两个系统 S^1 和 S^2,总是存在系统 S^{12},使得 $S^1 < S^{12}, S^2 < S^{12}$.

证明　不失一般性,设 $S^1 = (M^1, R^1, Q^1), S^2 = (M^2, R^2, Q^2)$,定义

$$\begin{cases} M^{12} = M^1 \cup M^2 \\ R^{12} = R^1|_{M^1 - M^2} \cup R^2|_{M^2 - M^1} \cup (R^1|_{M^1 \cap M^2} \cap R^2|_{M^1 \cap M^2}) \end{cases} \tag{2.21}$$

易见 $R^{12} \subseteq \prod M^{12}$,且 $R^{12}|_{M^1} = R^1, R^{12}|_{M^2} = R^2$.

另外,对任意 R^1 或 R^2 上的命题 q^1 及 q^2 引入 R^{12} 上的命题 $q^{12,1}$ 及 $q^{12,2}$,使得

$$q^{12,1}|_{R^1} = q^1, \quad q^{12,2}|_{R^2} = q^2 \tag{2.22}$$

即对所有 R^1 或 R^2 上的命题都给出了一个"拷贝",这是考虑到两个命题即 q^1 和 q^2 在二者的交集 $R^1 \bigcap R^2$ 可能存在不一致的情况,这时我们将两个命题视为 S^{12} 中的不同命题;如果二者在这个交集上是一致的,或可以转化为一致,此时可以将这两个命题合并成 S^{12} 上的一个命题. 将所有这些命题记为 Q^{12},即

$$Q^{12} = \{q^{12,i} \mid q^{12,i}\mid_{R^i} = q^i, q^i \in Q^i, i = 1, 2\} \tag{2.23}$$

综上,我们构造了系统 $S^{12} = (M^{12}, R^{12}, Q^{12})$,满足 $S^1 < S^{12}, S^2 < S^{12}$.   证毕.

根据这个命题可以得出结论,我们在研究系统间的相互作用或相互关系时,总是可以将其视为某个更大的系统的子系统来考虑. 另一方面,这个命题也间接证明了,任意两个系统总是存在相互作用的,这种相互作用体现为,它们可以共同作为某个系统的子系统.

2.4.4 系统间的相互作用

系统元素间存在的某种相互作用可以用关于元素间二元关系的某个命题来加以描述. 我们称系统元素 m_1 和 m_2 关于属性 $q \in Q$ 存在相互作用是指命题 q 在关系集 (m_1, m_2) 上成立.

系统间的相互作用是系统元素间相互作用的自然推广. 根据 2.4.3 小节的讨论,我们将在子系统的框架下讨论系统间的相互作用. 设 $S_i < S, i = 1, 2$,现在考虑两个子系统间的相互作用.

定义 2.11 系统 S_1 对系统 S_2 关于属性 $q \in Q$ 存在**弱作用**是指,对任意 $m_2 \in M_2$,均存在 $m_1 \in M_1$ 使得命题 q 在关系 $r = (m_1, m_2)$ 上成立. 在不致混淆时我们常略去 q 称系统 S_1 对系统 S_2 有弱作用. 若同时系统 S_2 对系统 S_1 也有弱作用,称系统存在弱相互作用.

定义 2.12 系统 S_1 对系统 S_2 关于属性 $q \in Q$ 存在**强作用**是指,对任意 $m_2 \in M_2$,任取 $m_1 \in M_1$ 都使得命题 q 在关系 $r = (m_1, m_2)$ 上成立,在不至混淆时我们常略去 q 称系统 S_1 对系统 S_2 有强作用. 若同时系统 S_2 对系统 S_1 也有强作用,称系统存在强相互作用.

从定义可见,强相互作用要求两个系统的元素间存在两两相互作用,这是比弱相互作用更高的要求.

定义 2.13 考虑系统 S 的子系统 s,所有与其元素存在弱相互作用的系统元素的总和称为系统 s 在系统 S 中的环境,记为 E^s.

2.4.5 基于动态集合论的系统性质分析

1. 系统的基本性质

考虑系统 $S_t^1 = (M_t^1, R_t^1, Q_t^1), t \in T^1$ 和 $S_t^2 = (M_t^2, R_t^2, Q_t^2), t \in T^2$.

定义 2.14　系统 S_t^1 和 S_t^2 相同是指

$$M_t^1 = M_t^2, \quad R_t^1 = R_t^2, \quad Q_t^1 = Q_t^2, \quad T^1 = T^2 \qquad (2.24)$$

系统 S_t^1 和 S_t^2 在时间段 $T \subseteq T^1 \bigcap T^2$ 是相同的是指

$$M_t^1 = M_t^2, \quad R_t^1 = R_t^2, \quad Q_t^1 = Q_t^2, \quad t \in T \qquad (2.25)$$

定义 2.15　系统 S_t^1 可类等嵌入 S_t^2 是指存在映射 $f: T^1 \to T^2$, 使得 $\forall t_1 \in T_1$, 有 $t_2 = f(t_1) \in T_2$, 满足

$$M_{t_1}^1 = M_{t_2}^2, \quad R_{t_1}^1 = R_{t_2}^2, \quad Q_{t_1}^1 = Q_{t2}^2 \qquad (2.26)$$

映射 f 称为时间嵌入映射. 若系统 S_t^1 可类等嵌入 S_t^2 且 S_t^2 可类等嵌入 S_t^1, 则称 S_t^1 与 S_t^2 是类等的. 两个相等的系统也是类等的系统, 它们的时间嵌入映射就是恒等映射. 显然, 类等的系统之间存在一一对应关系, 只是在时序上存在差别.

定义 2.16　系统 $S_t = (M_t, R_t, Q_t)$, $t \in T$ 是循环的或周期的是指, 如果存在时间 $t_c > 0$, 使得 $S_{t+t_c} = S_t$, $\forall t \in T$, t_c 称为 S_t 的一个周期, 显然 $n t_c$, $\forall n \in N$ 也是 S_t 的一个周期. S_t 的所有周期的最小值如果大于零, 则称为 S_t 的最小正周期, 记为 T_c.

2. 系统的涌现性

系统的涌现性是指作为整体的系统, 具有其组成部分所没有的性质, 这种性质可能在某个时刻突然表现出来. 就系统自身来看, 整体涌现性主要是由它的组成成分按照系统的结构方式相互作用、相互补充、相互制约而激发出来的, 是一种组分之间的相干效应, 即结构效应、组织效应.

为明确起见, 我们用 P 来表示这个性质, 它定义在整个系统 S 之上. 由于系统的动态特性, 系统的元素集合、关系集合、属性集合以及和环境间的相互作用都在不断变化, 因此 P 的取值也将随之改变. 令

$$P(S_t) = \begin{cases} 1, & \text{如果系统具备该性质,} \\ 0, & \text{否则,} \end{cases} \qquad \forall t \in T \qquad (2.27)$$

它满足

$$P(s_t) = 1 \Rightarrow P(S_t) = 1, \quad \forall s < S, \quad \forall t \in T \qquad (2.28)$$

即一旦其某个子系统具有该性质, 系统 S 即具有该性质. 此即命题"整体大于部分之和"的另一种表现形式. 相应地, 也存在某些性质, 子系统具备而整体不具备, 例如, $P^{-1}(1) = \{s < S | s \neq S\}$, 即表示除 S 本身之外所有子系统的全体, 这里的上标 -1 表示求逆运算. 这时, 对任意的 $s \in P^{-1}(1)$, 均有 $s < S$, $P(s) = 1$, 但是 $P(S) = 0$, 即不满足 (2.28) 式.

性质 P 是系统 S 的整体涌现性是指,对任意子系统 $s<S$ 均有 $P(s_t)=0$, $\forall t\in T$,但是至少存在某个 $t_0\in T$ 使得 $P(S_{t_0})=1$.

在传统的静态系统描述中,还有另一种涌现性的定义,考虑一个单调上升的子系统序列 $\varnothing\neq s^1<s^2<\cdots<s^k<s^{k+1}<\cdots<S$,存在某个 k_0 使得

$$P(s^k)=0, \quad \forall k<k_0; \quad P(s^{k_0})=1 \tag{2.29}$$

这个时候称系统 S 具有涌现性 P. 简言之,S 的组成部分 s^k,$k<k_0$ 均不具备该性质,而只有“整体” s^{k_0} 才具有该性质. 通过分析不难发现,这是动态系统中涌现性质的一个特例,我们完全可以将这里的上标 k 看作时间指标 T 的一个子集,子系统序列 $\{s^k|k=1,2,3,\cdots\}$ 不过是动态系统序列的一个子列而已,令 $S_t=s^k$,$t=1,2,3,\cdots$,根据(2.29)式,有 $P(S_t)=0,t<k_0,t=1,2,3,\cdots,P(S_{k_0})=1$,即 k_0 是性质 P 的涌现时刻.

3. 系统的稳定性

系统的稳定性是指动态系统的某种度量在时间尺度上的持续性或连续性,即在小扰动下该度量不会发生大的变化. 以单个质点的轨道系统为例,该系统关注质点在外力作用下的运行轨道. 如果在轨道的非临界点加以扰动,则其轨道仍与原来的轨道相差无几;但是如果在轨道的不稳定极值点加以扰动,则扰动值的微小变化可能导致后续轨道发生极大的偏差. 因此,只有稳定临界极值点的运行轨道是稳定的;而具有不稳定极值点如鞍点的轨道系统就是不稳定的系统.

一般地,设系统 S 的某个属性 $q\in Q$,满足 $q:S_t\mapsto R$,$\forall t\in T$. 取 $t_0\in T$,若对任意 $\varepsilon>0$ 都存在 $\delta_{t_0,\varepsilon}>0$ 使得

$$|q(S_{t_0})-q(S_t)|<\varepsilon, \quad \forall t\in(t_0-\delta_{t_0,\varepsilon},t_0+\delta_{t_0,\varepsilon}) \tag{2.30}$$

则称系统 S 的属性 q 在 $t_0\in T$ 是局部时间稳定的.

若系统 S 的属性 q 在任意 $t\in T$ 都是时间稳定的,则称系统属性 q 是整体时间稳定的或一致时间稳定的. 具体地,$\forall\varepsilon>0$,存在 $\delta_\varepsilon>0$ 使得

$$|q(S_{t_1})-q(S_{t_2})|<\varepsilon, \quad \forall t_1,t_2\in T, \quad |t_1-t_2|<\delta_\varepsilon \tag{2.31}$$

则称系统的属性 q 是整体时间稳定的或一致时间稳定的. 在不至于导致混淆的情况下,常常略去 q,将上述稳定性分别称为系统在 $t_0\in T$ 的局部稳定性和一致稳定性.

此外,还可以定义系统结构的稳定性. 取 $d\in Q$ 使得 $d:\mathbb{S}_t\mapsto R^+$,$t\in T$ 满足

(1) $d(\varnothing)=0$;

(2) $\forall S^1<S,S^2<S$,若 $S^1<S^2$,则 $d(S^1)\leqslant d(S^2)$;

(3) $\forall S^1<S,S^2<S$,若 $S^1\triangle S^2=\varnothing$,则 $d(S^1\bigcup S^2)=d(S^1)+d(S^2)$.

易见这里定义的 d 可用于度量 S 的子系统间的差异. 对任意取定的 $S^1 < S$,以及 $\forall S^2 \in \mathbb{S}$,属性值 $d(S^1 \Delta S^2)$ 的取值越大, S^2 和 S^1 的差别就越大. 利用满足上述性质的 $d \in Q$,对给定的 $s \in \mathbb{S}$ 和实数 $\delta > 0$ 可以定义 s 的 δ 邻域 $Nbrs_d(s, \delta)$ 如下:

$$Nbrs_d(s, \delta) = \{s' \in \mathbb{S} \mid d(s \Delta s') < \delta\} \tag{2.32}$$

系统 S 的属性 q 在子系统 $s < S$ 附近相对于 $d \in Q$ 的结构稳定性是指,对任意 $\varepsilon > 0$,均存在 $\delta_s > 0$ 使得

$$|q(s) - q(s')| < \varepsilon, \quad \forall s' \in Nbrs_d(s, \delta_s) \tag{2.33}$$

类似地,可以定义系统在其所有子系统处的局部结构稳定性和一致结构稳定性.

如果系统是一致时间稳定的和一致结构稳定的,就称系统是一致稳定的系统.

4. 系统的演化

关于系统演化的研究主要关心的是系统随时间的变化规律. 从严格的意义上来讲,一切系统都可以用动态系统(2.3)来描述,那些看起来不随时间变化的系统从动态系统的观点来看要么是由于所考虑的时间范围 T 过于短暂,要么是由于系统的演化过于缓慢,因而给人以静态系统的错觉.

系统的演化主要有两种方式:一是系统由一种结构或形态向另一结构或形态的转变;二是系统从无到有的形成(发生),从不成熟到成熟的发育. 这两种演化方式都可以用动态系统(2.3)来加以说明. 设所考虑的系统由(2.3)所描绘. 第一种演化方式即系统的关系集 R_t 和属性集 Q_t 的演化,第二种相当于系统的元素集 M_t 的演化. 这两种演化方式是动态系统演化的两种特例.

5. 系统的边界

边界是系统和环境的界限. 与系统内部的组成部分相比较,系统的边界与环境存在着更强的与环境的相互作用. 回顾定义 2.13 所给出的有关系统的环境的定义,可以给出系统边界的定义. 现设 $s < S$ 是系统 S 的一个子系统,动态子系统记为 $s_t = (m_t^s, r_t^s, q_t^s)$. 为简便,现给定一个时刻,简记系统为 $s = (m_s, r_s, q_s)$,它在 S 中的外部环境记为 $E^s = \{m_s, r_s, q_s \mid m_s = M \backslash m_s, r_s = R \backslash r_s, q_s = Q \backslash q_s\}$.

定义 $\mu(r) \in Q_t$,即 $\mu(r): R_t \rightarrow R^+$ 表明系统元素关系强度的属性. 给定强度属性阈值 μ_0,结合系统弱作用的定义(定义 2.11),可得如下集合:

$$r_b = \left\{ r \in \bigcup_{s \in E^s} (r_s \cap r_{\bar{s}}) \mid \mu(r) \geqslant \mu_0 \right\} \tag{2.34}$$

则 r_b 是系统 s 中与环境相互作用强度不小于 μ_0 的全部关系的集合. 令

$$m_b = \{m \in m_s \mid \exists k \in N, \exists r \in r_b, \text{ s.t. } m = proj_k(r)\} \tag{2.35}$$

则 m_b 是系统 s 中与环境相互作用强度不小于 μ_0 的全部元素的集合. 令 $q_b = q_s |_{m_b}$,

$$\partial s = (m_b, r_b, q_b) \tag{2.36}$$

则 $\partial s < s$ 且 ∂s 是系统 s 在 S 中的边界系统,其与环境 E^s 的作用强度不小于 μ_0,而 s 中其余元素构成的子系统与环境 E^s 的相互作用强度均严格小于 μ_0.

如果在系统演化的过程中 ∂s 具有很好的稳定性,就说系统的边界是明确的;否则,就说系统的边界是模糊的. 换言之,取 $t_0 \in T$,若对任意 $\varepsilon > 0$ 都存在 $\delta_{t_0, \varepsilon} > 0$,使得

$$|q(\partial s_{t_0}) - q(\partial s_t)| < \varepsilon, \quad \forall t \in (t_0 - \delta_{t_0, \varepsilon}, t_0 + \delta_{t_0, \varepsilon}) \tag{2.37}$$

就说系统的边界在 $t_0 \in T$ 是时间明确的;否则,称系统的边界在 $t_0 \in T$ 是时间模糊的. 不难看出,(2.37)式是根据边界系统 ∂s 的稳定性来定义系统边界的模糊性的. 因此,边界系统在一个时间点是稳定的对应于系统边界在该时刻的确定性,边界系统是局部时间稳定的对应于系统边界的局部时间确定性,等等. 类似还可定义系统边界的结构明确性等.

2.4.6　小结

传统集合论主要描述系统的静态结构和关系. 作为系统概念的定义,本节[7]从更细节的角度结合时间演化描述了系统的动态结构和变化;基于元素、关系及属性的界定,结合环境的影响,定义了与时间有关的动态集合的系统概念. 基于此,对系统的一些基本性质重新进行了描述、分析和应用,同时与已有的系统集合论定义进行了比较[7].

2.5　系统复杂性[66]

美国著名理论物理学家、夸克理论的创建者、诺贝尔奖获得者、圣塔菲研究所三位发起人之一的盖尔曼(M. Gell-Mann)在《夸克与美洲豹——简单性和复杂性的奇遇》一书中指出:"在我看来,亚瑟塑造的夸克和美洲豹的形象完全表达了我所称之为简单与复杂自然界的两个方面:一方面,是关于物质和宇宙的基本物理规律;另一方面,是我们直接观察到的包括我们自身在内的世界之纷繁的结构. "

简单与复杂是对系统的两种不同属性的高度概括. 简单是指事物或规律具有普遍的、基本的、不变的共同属性,即共性;而复杂是指事物或规律具有特殊的、多样的、变化的、个别的属性,即个性. 简单性(simplicity)可以有统一的形式,但复杂性(complexity)则有多种类型. 随着人们探索宇宙、自然的进一步深入,事物或规律的简单与复杂有时也是互相转化的. 人类探索的过程,就是不断从简单到复杂又到简单,如此不断循环. 每一个循环都不是简单的重复,而是人们认识深度、层次不断提高的过程.

现代科学的一个重大挑战是沿着阶梯从基本粒子物理学和宇宙学到复杂系统领域,探索兼具简单性与复杂性、规律性与随机性、有序与无序的混合事物. 我们应

该了解,随着时间的推移,早期宇宙的简单性、规律性与有序性如何导致后期宇宙中许多有序无序中间条件的形成,从而使得诸如生物这样的复杂适应系统及其他一些事物的存在成为可能.我们必须从简单性与复杂性的观点来考虑宇宙及其客观事物的规律与随机性模式的生成.

系统科学的核心即探究复杂性,即研究构成复杂系统的众多组分或子系统之间及其与环境之间相互作用下,系统演化产生整体涌现性的机理和一般规律.

2.5.1　复杂性语义简析

霍金认为"21 世纪是复杂性科学的世纪"[11].复和杂两字的本意,分别包含有序和无序含义,由此显示出其复杂性[12].对应复合度的英语 complicated 意味着很难解开,复合度高的系统通常指互相牵连,难以展开成更简单的系统,即复合物、混合体;而复杂性对应的 complexity 意味着很难分析,复杂系统则是指相互依赖的系统,减少部分或者系统分解后不能运转,每个组件的行为依赖于其他组件的行为,即系统有复杂性.从词义分析可知高复合度的系统未必有相对应的高复杂性,从而避免用还原论思想解释复杂性.

2.5.2　复杂性的界定

复杂性科学是关于复杂系统的微观联系及宏观功能时空演化、预测及控制规律的科学[3].至今复杂性并没有统一的定义.一般而言,复杂性是指,一个开放的复杂系统由组分(子系统)多、种类多、层级结构多、不确定因素多,导致系统在演化过程中和环境交互作用,呈现出的复杂的动态行为特性和突现的整体特性.这些特性不能用传统的还原论方法来描述和处理.经统计,现对复杂性的定义已有 45 种之多,并且总结出了复杂系统的十大特征[12,14].

信息论创始人之一 Weaver[15]将复杂性界定为有组织和无组织两类.Lorenz 认为复杂性即对初始条件的敏感依赖性[12].Simon 给出了层级复杂性的概念,他将复杂性与系统的层次结构联系起来,认为进化着的复杂性往往表现为层级结构并且层次系统比规模相当的非层次系统进化速度快很多[16].普利高津[17]《探索复杂性》中主要是指系统的自组织.美国人工生命之父 Langton(兰顿)把复杂性理解为混沌的边缘,即复杂性最可能处在有序和无序状态之间[12].Buck 等[18]认为可把复杂性理解为自组织临界性.Holland[19]认为复杂性是"隐秩序",适应性造就复杂性.法国的 Morelan 认为"复杂性是辩证法的统一",可视复杂性为有序和无序的对立统一[12].

20 世纪三四十年代,Godel,Turing 等数理学家在研究数学问题的可解性时提出了计算问题,而后到 60 年代逐渐发展成计算复杂性理论[12];之后 Kolmogorov 等[20,21]提出了算法复杂性,即用描述符号序列的最短程序长度来度量该序列的复杂度,但具体应用时难以计算且具有一定的主观性. Cramer[22]将复杂性定义为系统可能状态数目的对数,此定义具有一定的主观性. 他还以算法复杂性为基础定义了亚临界复杂性、临界复杂性和根本复杂性. 随之又有了代数复杂性的概念[12],用求解问题所需的计算次数来度量复杂度. 算法复杂性及引申都是利用随机性度量复杂性,而盖尔曼利用对系统规律性的简述长度来衡量有效复杂性[12,23]. 有效复杂性处在有序和无序的中间地带. 文献[24]用无序函数(图 2.1)来定义系统的复杂性,对于非平衡态,利用系统的无序函数及与平衡态的距离可度量系统的复杂性. 如果系统到达平衡态,即最混乱状态;或者完全有序,即距平衡态最远,则系统的复杂性消失[24].

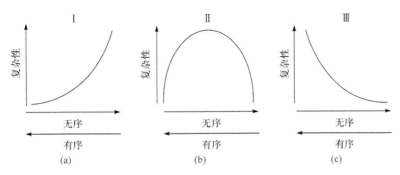

图 2.1　用无序函数刻画复杂性的三个类别[24]

　　构成系统不同的元素也会影响自身复杂性,Dodder 和 Dare 将复杂性特点概括为:静态复杂性、动态复杂性、信息复杂性[25]. Manson[26]把复杂性研究分为算法复杂性、确定性复杂性和集成复杂性. Wade 和 Heydari[11]从三个角度给出了复杂性的定义. ①行为复杂性:将系统看成是一个黑箱,复杂性可基于系统输出的规律性和随机性来度量,用香农信息熵来定量描述系统的复杂性;②结构复杂性:基于系统的结构进行复杂性的测量和定义,一般而言,组成系统的单元数量越大、种类越多、构成系统的子系统结构层次越多、互相牵制,则系统结构越复杂;③建构复杂性:系统预测输出的难度决定了系统的复杂性. 另外,系统设计与控制有关的复杂性,可分为结构复杂性、动力系统复杂性、构造复杂性[27].

　　钱学森[28,29]以系统再分类为基础,认为系统的复杂性包括子系统间的通信方式、子系统的定性模型、不同内容表达及获取相应知识,结构的改变等. 颜泽贤等[12,30]认为复杂性是超越层级间的不能直接还原的关系. 苗东升[12,31]对汉语中"复杂"一词从分形的角度进行了解读,并且探讨了十三类复杂性根源. 文献[32]中提到圣塔菲研究所的科学家们对复杂性的理解概括为:复杂性科学是研究复杂系统在特定规则下产生有组织性的行为. 成思危[33]将复杂性分为物理复杂性、生物复杂性和经济社会复杂性三个方面. 郝柏林[34]指出复杂性介于不确定和有序之间. 吴彤[35]提出的客观复杂性包括：结构复杂性、边界复杂性和运动复杂性. 杨永福[36]对复杂性概念和进化机制进行分析后，将复杂性分为结构复杂性、功能复杂性和组织复杂性三类. 宋学峰[37]将复杂性科学研究按系统复杂性的客观性和相对性分为自然科学和组织行为科学两大学派，前一学派认为复杂性存在于客观系统中；而后者则认为复杂性源自于人的大脑. 文献[38]梳理了钱学森形成独到的复杂性研究思路和方法论的历程，以钱学森的观点，复杂性实际上是开放式的复杂巨系统的动力学，是巨正则复杂系统的特征. 金菊良等[39]认为，系统复杂性主要是指系统与子系统之间、子系统与子系统之间、要素与系统之间、要素与要素之间的关系呈现的各种不确定性，以及系统与外部环境之间的关系呈现出的各种不确定性. 文献[40]提到不确定性是导致结构问题转化为非结构化问题或演变成复杂问题的主要因素. 以复杂性命名的系统理论有复杂网络理论[41]等.

20世纪80年代中期，Larry Tesler 在一段采访中对复杂性守恒定律（也称泰斯勒定律）进行了讨论，根据复杂性守恒定律，每个计算机应用程序都有其内在复杂度. 这一观点主要应用在交互设计领域，复杂性在设计者和使用者两者之间进行分配，也反映出复杂度守恒定律的普适性.

2.5.3 复杂性的特征

复杂系统有别于一般简单系统的关键在于组成系统的部分之间的相互作用、相互联系的含义不同. 复杂系统其组成部分一般非同质，且具有多层次结构，不仅各个部分之间相互作用，而且子系统之间、层次之间都存在复杂的相互作用，尤其是存在强非线性的相互作用. 这样，为了理解复杂系统的行为，不仅要理解系统各个部分如何共同作用导致系统的整体行为，还要理解各个部分自身的行为. 如果不了解系统各部分的行为，就不可能了解复杂系统的整体行为. 复杂系统之所以复杂，就是因为系统的部分难以理解和分析，尤其是以人作为个体的系统更是如此. 因此，对复杂系统的描述，重点在于对系统单元（个体）行为的描述.

复杂系统有如下特征.

（1）非线性.

构成复杂系统的一部组分或全部组分必须具有非线性特性. 非线性的实质在于事物之间的相互作用. 这说明相互联系的事物不仅具有单方面的影响，而且是相互影响、相互制约和相互依存的；非线性的相互作用使得复杂系统的演化变得丰富多彩. 因此，非线性被称为复杂性之源，即非线性导致复杂性.

（2）多样性.

一般而言，自然复杂系统、生物系统、经济系统、生态系统等的整体行为（或）特性都具有多样性，这种多样性一方面是由于构成系统的各组成因素之间的相互作用，另一方面也包括各组成因素与环境之间的相互作用. 相互作用的多样性导致系统总体行为的多样性. 系统性能的多样性决定了系统功能的多样性.

（3）多层性.

复杂系统往往具有多层次、多功能的层级结构. 每一层次均构成上一层次的组元, 同时也有助于系统某一功能的实现. 复杂系统的多个层次之间一般不存在叠加原理, 每形成一个新层次, 就会涌现新的性质. 一般说来, 越是复杂的系统, 层次就越多, 因此, 多层次性或多尺度性是刻画复杂系统复杂程度的一个基本特性.

（4）涌现性.

涌现性是系统整体的一种特性, 但整体的特性不一定都是涌现出来的. 整体的那些只需通过累加得到的特性不是涌现性, 只有那些依赖于部分之间特定关系的特征, 即所谓构成特征, 才是涌现性. 涌现性是复杂系统演化、进化过程中所具有的一种整体特性.

（5）不可逆性.

经典物理的基本定律对时间具有可逆性. 然而, 自然界中许多复杂系统在随时间的演化过程中都具有不可逆性. 例如, 一粒种子长成的植物, 不会再回到原来的种子; 瞬息万变的气候也不会反演.

（6）自适应性.

复杂系统具有进化特征, 系统进化指系统的组分、规模、结构或功能等随时间的推移朝着有利于自身存在的方向自我调整、自主适应内外环境变化. 在不断适应环境的过程中系统变得更加复杂. 这正体现了 Holland 创立复杂适应系统概念的精髓.

（7）自组织临界性.

自组织临界性是指复杂系统在远离平衡的临界态上, 并不像通常遵循一种平缓的、渐近的演化方式, 而是以阵发的、混沌的、类似雪崩的方式演化. 例如, 地震、海啸, 还有社会变革和经济危机等都是雪崩式的演化. 沙堆模型就是一个典型的显示自组织临界性的系统. 有关自组织临界性的理论已经广泛应用于太阳耀斑、火山爆发、经济学、生物演化、湍流以及传染性疾病传播等领域的研究.

（8）自相似性.

复杂系统中存在着层次不同的相似性. 例如, 生物系统、社会系统和管理系统等都是开放的复杂系统, 在发展演化过程中, 都要受到外界环境的影响. 这些系统又都是生命系统、智能系统, 它们具有自适应环境的能力, 在发展演化过程中, 逐渐形成、改变和完善各自的结构. 然而, 这类复杂系统的宏观结构都具有不同层次的自相似结构. 自相似性可以指复杂系统不同层次结构, 也可以指系统形态、功能和信息三个方面.

（9）开放性.

所谓系统具有开放性是指系统本身与系统周围的环境有物质、能量、信息的交换.开放性能使系统组分(子系统)之间以及系统本身与环境之间相互作用,并能不断向更好地适应环境的方向发展变化.

(10) 动态性.

具有自组织、自调整的复杂系统都具有某种动力,这种动力使它们与集成电路等复杂物体有着本质的区别.复杂系统的动态性更具自发性,更无秩序,也更活跃,不过这种动态性与混沌相差甚远.混沌理论指出,极其简单的动力规律能够导致极其复杂的行为表现,但混沌理论本身仍然无法解释结构和内聚力,以及复杂系统自组织的内聚力,即混沌理论无法说明复杂性.复杂系统却具有将秩序和混沌融入某种特殊平衡的能力,其平衡点通常被称为混沌边缘——一个系统中的各种因素无法真正静止在某一个状态中,但也不会动荡至解体的地位.混沌边缘是复杂系统能够自发调整和存活的地带.

复杂系统的变化大多借助三种途径进行:

第一种途径是系统的自组织,这是复杂系统的一个关键特征.自组织使系统能够改变内部的结构以更好地适应环境,使系统在学习过程中一点点改变其内部结构.

第二种途径是系统的耗散性,即系统在与其他一个或多个组织相互作用的时候,通过内部扰动和外部的力量,使得系统进入一个更高层次的组织状态.经济系统就其与环境的关系发生大的转换来说,是耗散结构的.例如,在工业革命过程中,新技术引入某一产业将会引起经济内部结构迅速发生变化.

第三种途径是自组织临界,即复杂系统具有在随机变化和停滞之间保持平衡的能力.一个系统能够达到临界点,不必对系统采取任何行动就可使之位于崩溃边缘.自组织临界是系统自组织的一种形式,在这种情况下,内部结构的调整速度太快以致系统不能适应,但为了最终的生存,系统又必须适应.对自组织临界点的研究大多局限于生态系统和生物系统,对经济系统的研究较少.

2.5.4　复杂性的分类

美国匹兹堡大学 Rescher[12,42] 以本体论和认识论为框架,将复杂性概念分为组分复杂性(构成复杂性和分类复杂性)、结构复杂性(组织复杂性和层级复杂性)、功能复杂性(操作复杂性和通用复杂性)以及形式复杂性(描述复杂性、生成复杂性和计算复杂性),然而此分类中并没有考虑系统的规模、演化过程、行为预测、功能保持与控制等.郭雷[13] 创造性地将复杂性与平衡概念关联,并从功能角度对复杂性进行分类.根据 Rescher[42] 的基本分类框架、郭雷[13] 的功能角度对复杂性的分类以及国内外对复杂性定义的分析,我们尝试重新总结系统复杂性概念的分类,具体见表 2.1.

表 2.1　复杂性概念的分类

层面	复杂性的分类	
本体论模型	组分复杂性	构成复杂性
		分类复杂性
		规模复杂性
	结构复杂性	组织复杂性
		层次复杂性
		过程复杂性
	功能复杂性	预测复杂性
		保持复杂性
		调控复杂性
认识论模型	描述复杂性	计算复杂性
		算法复杂性
		有效复杂性

第一,组分复杂性:复杂系统拥有数目繁多的组分,组分间有着多样且复杂的相互作用,要素与要素之间的关系呈现出各种不确定性.个体的适应性以及之间非线性的相互作用是决定系统复杂性的重要因素[43].其一,构成复杂性:系统演化过程中,构成系统的不同因素会影响其自身复杂性;其二,分类复杂性:组分个体要素之间的变异以及其在空间分布上的不规则性,以及异质导致组分的种类姿态万千而引起的系统复杂性.其三,规模复杂性:单元数量越大,单元类型越多,系统则因自身规模的增大而更复杂.

第二,结构复杂性:复杂性会随着关联结构中从属性和多样性的提高,以及联结数量和强度提高而增加,整合生成结构复杂性[44].其一,组织复杂性:组织形态复杂度的提高带来了组织结构的多样性和复杂性,开放系统在演化过程中结构状态的横向、纵向和空间分布的差异越大,系统复杂性越高.其二,层次复杂性:系统不同层级间的作用差别很大,构成系统的子系统结构层次越多,系统结构越复杂.其三,过程复杂性:在复杂系统进化和演化过程中,系统内部的组成要素间相互作用的复杂关系、系统与环境边界交互作用及系统与外部环境间的复杂作用都会产生复杂性.系统通过自组织、耗散行为和自组织临界,不断变革内部结构以及外部环境的关系,可能会出现分岔、混沌等现象,因而会在演化过程中产生复杂性[44].系统的结构组合方式越复杂、层次越多、组分越多,系统也会越复杂.

第三,功能复杂性:针对系统中要素(属性)的平衡性与系统整体(结构)功能之间的关系来定义[13].其一,预测复杂性:当预测系统状态演化时,复杂性可定义为系统状态或行为的不可预测性[13].系统的预测复杂性与观测者能力、系统自身、概念、表象以及环境等因素有很大的关系.就某一个系统而言,观测者对系统关键的要素如安全性、能达性、可行性和自适应等定义的不同理解以及环境的作用等,对系统模型的建立和预测有着重要的影响.文献[45]从不确定性的角度分析了预测复杂性.其二,保持复杂性:当希望保持系统功能时,复杂性可定义为系统的功能关于系统要素平衡程度的灵敏性(脆弱性或非鲁棒性)[13].其三,调控复杂性[13]:当改变系统功能时,复杂性可定义为如何实现系统新功能或所需功能的难度.如何根据功能对系统的要素进行合理分配,将会直接影响到系统功能的复杂性.如果从控制理论的角度看,系统的复杂性与系统的能控性、可观性和能达性均密切相关,系统设计必须平衡系统性能与复杂性之间的关系.随着系统结构、功能和规模的增加,系统中各部分之间的直接耦合与间接耦合以及系统对于自身运行结果的反馈使得系统越来越复杂,通过合理定义和量化系统复杂性,可以采取有效措施降低系统复杂性以追求更优的设计与控制效果[27].

第四,描述复杂性:从描述系统状态的工作量、信息量及存储量角度出发定义系统的复杂性.其一,计算复杂性:解决一个问题所耗费的时间以及该过程中需要的计算机存储量带来的时间长度、操作及代价消耗等引起的复杂性.其二,算法复杂性:解决问题过程中的精确描述、步骤、规则、方法以及仿真程序等的无规则表示的随机性.其三,有效复杂性:对系统规律性认识的表述长度来衡量系统的复杂性.描述复杂性是以数学的复杂性理论和信息理论为形式表现出来的,认为系统的复杂性就是描述系统特征的复杂性[20].

在三维空间中,我们的分类可以看作是以基元、功能维、结构维为基准,以描述复杂性为手段体现具体表示过程来定义系统的复杂性,如图2.2所示.

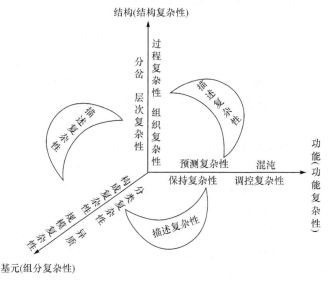

图2.2　复杂性分类及哲学层面的关联图

　　在上述分类中,除学科角度复杂性分类[33]外,主要的复杂性定义和类型基本可以纳入到此复杂性概念分类体系之中.

2.5.5　复杂性的度量

　　除了系统复杂性的定义之外,更具挑战性的就是如何衡量系统的复杂性.系统复杂性的定性、定量的分析和计算方法、度量工具等方面均会面临相应的困难,以下做一简述.

　　第一,针对组分复杂性,主要分析系统的构成因素以及相互间作用结果的排列组合方式.Wolfram[46]以形式语言理论为基础,用元胞自动机状态的个数来度量动力系统的复杂性.广义自由度[47]是一种分形的维度,我们可以通过它来刻画组分复杂性.

　　第二,针对结构复杂性,尹建东等[48]指出拓扑熵、混沌和一些拓扑传递属性可用来刻画一个动力系统的复杂性;另外,基于动力学的非线性和物理学的非平衡态,可用不稳定性、多定态、分岔、对称破缺、长程秩序等概念描述系统的复杂性[31];文献[49]基于信息熵理论,从结构、功能分配和过程控制逻辑复杂性等方面对系统复杂性进行度量,利用正交投影方法解决了结构复杂性的多维度度量问题;而文献[37]运用五种指数方法对系统结构复杂性进行了度量,这些指数都是按照组织行为学派的观点,从心理学角度提出的,是对复杂性的一种定性刻画,定量化程度不太高;文献[27]从系统结构角度,将信息系统进行结构层次划分,然后针对层内及层间的基本单元和相互关系进行复杂性测量,主要利用 Petri 网、熵等方法.随着复杂网络理论的发展,复杂拓扑结构图、网络也运用于描述软件系统的复杂性.进化的复杂性往往表现为层级结构,在动态演化过程中具有近可分解性这一性质,可简化对复杂系统的描述,在寻求对复杂系统的理解时,可利用两种主要描述类型,状态描述和过程描述,二者也可互相转化[16].

　　第三,针对功能复杂性,分类进行说明.就预测复杂性而言,针对获知组成要素之间的相互作用和行为的困难,可以通过约简系统状态空间、均化系统元素等来降低预测系统未来行为的困难[11].对于系统功能的保持,信息熵是刻画系统信息量的一个度量,主要用于度量信息的不确定性,适用于分析系统在信息传输、转化过程中存在不确定性的问题.针对调控复杂性,可从功能实现和功能分配两个方面对系统功能复杂性进行度量.利用系统复杂性实现系统控制及设计主要应从系统结构的角度(系统大小、模块耦合性和划分)对系统进行研究,特别值得注意的是系统中的间接耦合、反馈循环及涌现性和突变性等[27].

　　第四,针对描述复杂性,可以从信息科学和计算科学的角度给以量化[30].关于计算复杂性、算法复杂性、有效复杂性[50-52],2.5.2 小节已经进行了相关描述.乔姆斯基把串行语言分成从简单到复杂的四类,就有了对形式语言的复杂性测度,基于此,即有语法复杂性定义[12]. Crutchfield 和 Young[53,54]提出了基于统计力学的统计复杂性,在此基础上,将随机因素引入自动机,构造随机自动机 ε 机,以 ε 机的计算能力度量动力系统的复杂程度,不过构造 ε 机的建模过程计算量大;Shinner[55]基于有序度与无序度,给出一种系统通用的复杂性度量方法,方法简单但偏笼统,难以反映系统的内在特征;还有比较经典的结构化程序复杂性度量方法[27],如Halstead 复杂性度量、McCabe 度量法等. 另有基于数据复杂性的度量工具[56].

特别值得一提的是熵,该度量工具应用较广,在以上四类复杂性中均可应用,它可以忽略层次结构直接度量系统体系结构的复杂性. 系统的熵值影响因素包括:系统中元素数量、类型以及元素间关系的复杂程度,所以常用信息熵来衡量系统的复杂性. 就模型的复杂性而言,可以用参数个数、曲率、信息准则等来刻画参数模型的复杂性,用广义自由度、熵等刻画非参数模型的复杂性,不过广义自由度是一种经验性的研究工具. 另外,通过算法信息容量[25]来衡量系统的复杂性也有广泛的应用,可用最少的信息量来描述算法的复杂性、最短的计算程序来表示被度量的系统.

系统复杂性的度量需要通过数学模型来进行定性和定量研究. 在描述和解决复杂性问题过程中,将涉及有序性和无序性、离散性和连续性、结构确定性和内在随机性、结构稳定性和机理多变性、初值敏感性和结果规律性等具有对立统一性的数学范畴. 这一研究所涉及的工具至少包括代数学、图论、拓扑学、模糊数学、复杂网络、微分动力系统、概率论与数理统计、科学计算、随机过程、动态规划、微分对策等数学工具,以及信息论、控制论和决策论、运筹学、最优控制理论、大系统理论等其他相关理论[13].

在统计学中,统计模型的复杂度其实就是赋范空间的复杂度,大致可认为是与样本无关的复杂度及与样本相关的复杂度. 在不考虑样本的情况下,可以通过度量熵、VC 维[57]、广义链[58]和极值不等式[59]等来刻画模型的复杂性;而与样本有关的复杂度,我们从复杂性角度给出非参数估计的基础,即经验过程与概率集中不等式,可以通过经验过程、Radermacher 过程[60]和对称不等式[59]来度量模型的复杂度,当然,在此过程中,可由与样本无关的复杂度所控制. 结合有限信息系统的辨识过程,可比较辨识算法的收敛性、最优性及空间复杂性[61],可基于此进一步理解有限信息系统的复杂度. 显然,在考虑统计模型的复杂度时,可从模型的分类复杂性、过程复杂性、调控复杂性、描述复杂性、计算复杂性以及有效复杂性角度出发来衡量它的复杂度.

接下来以案例形式不加证明地给出一个函数熵的上界[59],由此来度量系统模型的复杂性.

例 2.1（Holder 球）　设 $\chi \subset R^d$ 是有界、非空凸集内部,Holder 球[59]$C_M^\alpha(\chi)$定义为连续函数 $f:\chi \to R, \|f\|_\alpha \leqslant M$ 所组成的集合,α 为实数,

$$\| f \|_a = \max_{k \leqslant \underline{a}} \sup_x | D^k f(x) | + \max_{k \leqslant \underline{a}} \sup_{x,y} \frac{| D^k f(x) - D^k f(y) |}{\| x - y \|^{a - \underline{a}}}, \quad D^k = \frac{\partial \sum k_i}{\partial x_1^{k_1} \cdots \partial x_d^{k_d}},$$

$\underline{a} = [\alpha]$（取整），$k = (k_1, k_2, \cdots, k_d)$，$k_\cdot = k_1 + \cdots + k_d$，此时对任意的 $\varepsilon > 0$，有 $\lg N(\varepsilon,$

$C_1^a(x), \| \cdot \|) \leqslant K_{a,d,\chi} \left(\frac{1}{\varepsilon} \right)^{\frac{d}{\alpha}}$，其中 K 是仅与 α, d, χ 相关的常数，$\lg N(\varepsilon, C_1^a(x),$

$\| \cdot \|)$ 为覆盖熵，由此可知，在分析该类函数模型时，d 越大，熵越大；α 越大，熵越小．即规模（组分复杂性）越大，系统越复杂；结构（结构复杂性）越稳定，系统越简单．也可通过 d, α 的大小来预测系统的复杂性，亦可通过函数熵上界的几种定义[59]来判断函数的复杂性．

以下从概率分布的角度来分析从简单到复杂的涌现性．

例 2.2（简单到复杂的涌现性——从泊松到幂律） 复杂网络的研究方法一般是将复杂系统简化为节点及连接节点的边的集合[62]．网络的无尺度性质通常是指度或入度服从幂律分布．Matthew 效应或偏好依附机制常被认为是导致无尺度性质的原因．早在 1965 年，Price 发现了引文网络中的 Matthew 效应（称之为累积效应），并建立了相应的数学模型，预测了引文网络入度分布尾端的幂律性质[63]．Price 模型中，节点获得新引用的概率与已获得的引用加上某一常数成正比，与 BA 模型[64]类似．

Price 模型与 BA 模型均为全局自组织网络，连边基于节点对网络节点度信息的全面掌控，这与大多数真实网络演化行为不符．引文与合作[63-65]等网络中的节点行为大部分是基于局部信息，这些模型生成同等节点规模网络的度分布和真实网络差距很大．如部分论文与作者引用次数等指标只有非常少的部分服从幂律，而绝大部分服从广义泊松分布，并且两个分布之间有一个过渡过程．何种机理能生成这个过程，运用假设检验方法，可以验证通过一系列泊松分布叠加可生成幂律分布[63-65]．这是一个从简单到复杂的涌现过程（图 2.3）．

由上述可知，随着模型的不同（组分复杂性），系统的复杂性也会改变；由泊松分布到幂律分布（结构复杂性），这是系统从简单到复杂的改变过程；此过程又存在着系统节点连接能力的多样性（功能复杂性）和表述的多样性（描述复杂性）．

2.5.6 复杂性科学的理论构成

复杂性科学是探究复杂系统的复杂性（来源、表现），研究构成复杂系统的众多组分（子系统）之间及其与环境之间相互作用下，系统演化产生整体涌现性（特性、特征、行为、功能）的机理和一般规律的科学．

因为复杂系统涉及自然、物理、生物、社会、经济、环境、生态、工程等众多领域和学科，所以复杂性科学是一门多学科交叉的新兴学科．复杂性科学打破了经典科

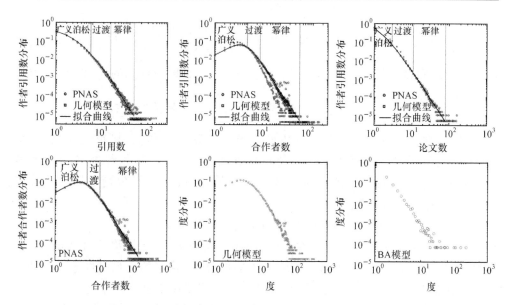

图 2.3　社会网络中局部自组织的几何图模型通过系列泊松分布叠加为幂律分布

学中的线性、均衡、简单还原论的传统思维模式,建立了非线性、非均衡、复杂整体论的崭新思维模式.

复杂性科学的理论来源包括现代系统科学的各分支,非线性科学的各学科和人工生命研究的各领域[12].

20 世纪 40 年代先后出现的系统论、控制论、运筹学、信息论、博弈论和系统工程等学科,是为处理复杂性而提出的第一批理论和技术. 20 世纪 70 年代,控制工程和系统工程界提出了大系统理论,以处理大系统和简单巨系统. 这之前主要是分析系统的结构功能等,属于静态分析. 而从普利高津提出耗散结构理论开始,系统理论关心的焦点从存在走向了演化. 由耗散结构理论、协同学、突变论、超循环理论、混沌理论、分形理论等构成的自组织理论,强调系统自身的演化. 20 世纪 80 年代,以钱学森为代表的中国系统科学界提出了开放的复杂巨系统理论,明确提出系统的不可还原性,并创造性地提出了定性和定量相结合的综合集成方法. 而美国圣塔菲研究所的兴起,复杂适应系统理论、遗传算法、元胞自动机等令人瞩目的成就,标志着复杂性范式的初步形成.

2.5.7　复杂系统研究方法[1,12]

复杂系统的研究,以复杂系统自身特点为出发点,以系统方法论的哲学思想为指导,坚持对立统一的辩证法,对复杂系统中的组分与整体、整体与环境的相互作用和相互联系,通过整体的、辩证的、定量与定性的分析和综合,把握复杂系统演化过程的机理、条件、规律及整体涌现性. 复杂性科学的理论构成示意图见图 2.4[12].

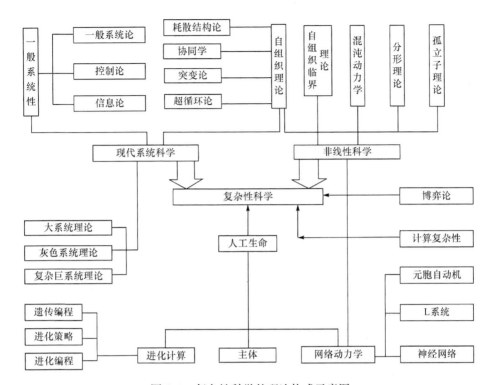

图 2.4 复杂性科学的理论构成示意图

从哲学意义上,研究复杂性需要把还原论方法和整体论方法有机结合起来,形成适合复杂性科学所需要的新方法论.这方面,文献[12]提出融贯论,并指出已有学者做过有效尝试,如钱学森的综合集成方法论和美国学者欧阳莹之提出的综合微观分析:"假设我们将对系统及组分的描述想象成截然不同的二维概念平面,分别称为宏观平面和微观平面.微观还原论抛弃了宏观平面,整体论抛弃了微观平面,而孤立论抛弃了两个平面之间的联系.它们都是简化的、有缺陷的.实际存在的关于组合的科学理论更复杂.它们开辟了一个三维概念空间,既包含微观平面,又包含宏观平面,并希望通过填补两者之间的空白达到合并两者的目的.这就是综合微观分析方法."[23]形象而言,

整体论方法:$1+0=1$.

还原论方法:$1+1 \leqslant 2$.

综合集成方法:$1+1 > 2$.

具体而言,综合集成研究方法包括如下几点.

(1) 定性判断和定量计算相结合.复杂系统由于存在多层次和非线性等特点,因此在系统演化过程中呈现多样性和多变性.同简单的线性系统相比,难以建立精确的数学模型进行定量描述.因此必须采取定性判断和定量计算相结合的方法.这里定性判断是指:对系统演化过程中的动向、走向、发展变化趋势等动态行为给出准确的描述和判断.在正确的定性描述的基础上,借助定量描述才能使定性描述深刻化、精确化.由 Poincaré(庞加莱)开创的定性数学是描述系统定性性质的有力工具.

(2)微观分析与宏观综合相结合.系统的整体是由局部构成的,局部行为又受整体的约束、支配.系统描述包括局部描述和整体描述两个方面.在系统整体观指导下的局部描述和综合所有局部描述的整体描述相结合是研究复杂系统的基本方法之一.

简单系统的元素同系统整体在尺度上的差别还构不成微观和宏观的差别.当简单巨系统出现了微观和宏观的划分的时候,系统从微观描述过渡到宏观描述通常采用统计描述方法.复杂系统,尤其复杂巨系统尚缺乏有效的统计描述方法,但通过微观分析了解系统的层次结构,通过宏观综合了解系统的功能结构及其涌现过程,这种微观分析同宏观综合的原则仍然适用于复杂系统.

(3)还原论与整体论相结合.所谓还原论是把整体分成部分去研究,从部分的微观结构和局部机制中寻求对整体宏观特性的说明.还原论实质上是一种分析——重构把握整体的方法.理论研究表明,随着科学越来越深入到更小尺度的微观层次,我们对物质系统的认识越来越精细,但对整体认识反而越来越模糊.许多复杂系统、复杂现象来源于整体的涌现性.而当整体被分解为部分时涌现性已经不复存在.因此还原论无法揭示复杂现象的奥秘.整体论认为系统内部各个组分之间的相互作用、相互联系决定着系统整体的宏观行为.不将系统还原到元素层次,不了解局部的精细结构,对系统整体的认识缺乏科学性.没有整体论的观点,不能从整体上把握系统行为.

(4)确定性描述与不确定性描述相结合.复杂系统内部一般都包含一些不确定的量,如随机变量、模糊变量,还有一些不完全信息等,必须用非确定方法来描述,如概率统计、模糊集、粗糙集等方法.

(5)科学推理与哲学思辨相结合.科学理论来源于生活、生产实践经验和科学实践检验的概念系统.科学家在表述科学理论时,一般会将概念加以形式化,再符号化,用逻辑关系表示成严密的公理化系统.有时科学理论也会出现不完善甚至奇异的现象.面对这种情况必须进行哲学思考,对系统演化过程中出现的个别现象、偶然性与必然性,应用对立统一、否定之否定等规律加以思考和辩证认识.只有这样才能把握复杂系统研究的正确方向.

(6)计算机模拟与专家智能相结合.复杂系统一般难以建立精确的数学模型,所以使用传统方法对复杂系统问题的求解或优化遇到极大困难.通过计算机模拟,可设计多种智能优化算法,如遗传算法、免疫算法、微粒群算法等.为了实现对复杂系统问题的求解或优化,可以通过计算机系统模拟所研究的复杂系统演化过程,即使用计算机系统模拟所研究的复杂系统演化过程,也就是运用计算智能系统去逼近复杂系统的动态行为.

2.5.8　小结

本节从复杂性语义出发,总结了国内外学者对复杂性的部分定义,并在前人的分类基础上,重新综合了复杂性的概念分类,说明了复杂性研究方法.综上所述,系统复杂性暂无统一的定义,研究工具多角度多方面,并不唯一.实际上,试图给出跨层次、跨语境的一般意义的复杂性是很难的.因为复杂性是依赖相关环境和语境的,只有在特定情境和参照系下才可对复杂性进行测度[12].但在不同情境下可以发展不同建模及描述方式,如可以将复杂系统表述为一个包含异质结点、异质边和多层子图结构的超图,系统可看作更大系统的子图,环境可看作其补图;也可以从系统的规模、结构、非线性、开放性以及时间与控制层面上定义复杂性等;或可以借助其替代模型进行分析,比如基于仿真的方法,基于机理与应用的方法等.不同的研究目的及环境下,复杂性将会被赋予更多的涵义.

在复杂性科学的群体中,大体包括以下内核理论[12]:现代系统科学中的耗散结构理论、协同学、超循环理论、突变论、复杂系统理论;非线性科学中的稳定性理论、混沌理论、分形理论等;以及系统模拟和优化涉及的进化编程、遗传算法、人工生命、元胞自动机等.这些可视为复杂性科学的内核.因此,后续章节主要介绍相关内核理论.

思　考　题

1. 为什么说系统是一切事物存在的方式之一? 如何理解系统和非系统?

2. 结合实例阐述整体涌现原理.查阅资料并思考对微观还原论的理解.

3. 中国宋代著名诗人苏东坡有一首诗:"若言琴上有琴声,放在匣中何不鸣?若言声在指头上,何不于君指上听?"请结合这首诗解释整体涌现效应.

4. 从合作与竞争的角度举例并分析系统的涌现性.

5. 从动态平衡的角度举例并分析系统的涌现性.

6. 在未考虑时间与系统涌现性的情况下,经典的集合论定义系统为一个集合的有序对 $S=(M,R)$.阅读 2.3 节与 2.5 节,体会定义扩展的特点.

7. 以输入、输出的动态过程来分析系统的概念.

8. 深入挖掘系统的结构、关联与环境的界定与关系.

9. 涌现性可能是由环境改变引起系统组分关联变化而引起的.试从水的形态变化进行分析.

10. 举例说明无生命系统的规模涌现效应(如沙堆自组织临界效应).

11. 查阅资料和文献,找找系统科学目前的研究热点(如复杂性等)文献并阅读.

12. 环境与系统的边界如何界定? 试讨论之.

13. 体会系统概念和特征,查找一下研究系统的方法,你能否找到更好的方法?

14. 如何理解"把复杂性当作复杂性来处理"? 这是否意味着否定科学描述的简化原则?

15. 从结构和功能的演变两方面理解复杂性.

16. 结合复杂系统的演化特点之一举例说明复杂系统研究的发展趋势.

17. 找一个例子展示数字 3 和复杂性之间的关系.

参 考 文 献

[1] 许国志. 系统科学. 上海:上海科技教育出版社,2000.

[2] 苗东升. 系统科学精要. 北京:中国人民大学出版社,1998.

[3] 李士勇,等. 非线性科学与复杂性科学. 哈尔滨:哈尔滨工业大学出版社,2006.

[4] 许国志. 系统科学与工程研究. 上海:上海科技教育出版社,2000.

[5] 冯·贝塔朗菲. 一般系统论:基础、发展和应用. 北京:清华大学出版社,1987.

[6] Lin Y. General Systems Theory:A Mathematical Approach. New York:Kluwer Academic Publishers,2002.

[7] Duan X J, Lin Y. Systems defined on dynamic sets and analysis of their characteristics. Advances in Systems Science and Application,2013,13(1):21-36.

[8] Mickens R E. Mathematics and Science. Singapore:World Scientific,1990.

[9] Quastler H. Theoretical and mathematical biology. New York,Toronto,London,1965

[10] Zadeh L. From circuit theory to systems theory. Proc. IRE,1962,50:856-865.

[11] Wade J,Heydari J. Complexity:Definition and reduction techniques. The Complex Systems Design Management Conference,Paris,France,2014,1234(18):213-226.

[12] 黄欣荣. 复杂性科学的研究方法. 重庆:重庆大学出版社,2006.

[13] 郭雷. 系统学是什么. 系统科学与数学,2016,36(3):291-301.

[14] 谭璐,姜璐. 系统科学导论. 北京:北京师范大学出版社,2013.

[15] Weaver W. Science and complexity. Rockfeller Foundation,New York City,American Scientist,1948,36:536-544.

[16] 司马贺. 人工科学——复杂性的构造:层级结构. 美国哲学学会会议,1962,106:467-482.

[17] 尼科里斯,普利高津. 探索复杂性. 罗久里,译. 成都:四川教育出版社,1986.

[18] 巴克. 大自然如何工作. 李炜,等译. 武汉:华中科技大学出版社,2001.

[19] 霍兰. 从混沌到有序. 陈禹,等译. 上海:上海科技教育出版社,2001.

[20] Kolmogorov A. Three approaches to the quantitative definition of information. Problems of Information Transmission,1965,1(1):1-7.

[21] Ming L, Paul V. An Introduction to Kolmogorov Complexity and Its Applications. Texts in Computer Science. New York: Springer, 2008.

[22] Cramer F. Chaos and Order: The Complex Structure of Living Systems. New York: VCH Publish, 1993: 340-345.

[23] 欧阳莹之. 复杂系统理论基础. 田宝国, 等译. 上海: 上海科技教育出版社, 2002.

[24] Shiner J S, Davison M. Simple measure for complexity. Phys. Rev. E, 1999, 59 (2): 1459-1464.

[25] Dodder R, Dare R. Complex adaptive systems and complexity theory: Inter-related knowledge domains. ESD. 83: Research Seminar in Engineering Systems, MIT, Cambridge, MA, USA, 2000.

[26] Manson M. Simplifying complexity: A review on complexity theory. Geoforum, 2001, 32: 405-414.

[27] Fischi R, Nilchiani R, Wade J. Dynamic complexity measures for use in complexity-based system design. IEEE Systems Journal, 2017, 4(11): 2018-2027.

[28] 钱学森, 于景元, 戴汝为. 一个科学新领域——开放的复杂巨系统及其方法论. 自然杂志, 1990, 13(1): 3-10.

[29] 卢明森. 钱学森思维科学思想. 北京: 科学出版社, 2012.

[30] 颜泽贤. 复杂系统演化论. 北京: 人民出版社, 1993.

[31] 苗东升. 系统科学大学讲稿. 北京: 中国人民大学出版社, 2001.

[32] 戴汝为, 沙飞. 复杂性问题研究综述: 概念及研究方法. 自然杂志, 1995, 17(2): 73-77.

[33] 成思危. 复杂性科学探索. 北京: 民主与建设出版社, 1999.

[34] 郝柏林. 复杂性的刻画与"复杂性科学". 物理, 2001, 30(8): 466-471.

[35] 吴彤. 科学哲学视野中的客观复杂性. 系统辩证学学报, 2001, 9(4): 44-47.

[36] 杨永福. 复杂性的起源与增长. 复杂性科学学术会议, 2001.

[37] 宋学峰. 系统复杂性度量方法. 系统工程理论与实践, 2002, 22(1): 10-14.

[38] 苗东升. 钱学森复杂性研究述评. 西安交通大学学报(社会科学版), 2004, 24(4): 67-71.

[39] 金菊良, 魏一鸣. 复杂系统广义智能评价方法与应用. 北京: 科学出版社, 2008.

[40] 顾基发, 唐锡晋. 综合集成系统建模. 复杂系统与复杂性科学, 2004, 1(2): 32-40.

[41] 郭雷, 许晓鸣. 复杂网络. 上海: 上海科技教育出版社, 2006.

[42] Rescher N. Complexity: A philosophy overview. Technological Forecasting & Social Change, 1998, 60(3): 305.

[43] 狄增如. 系统科学视角下的复杂网络研究. 上海理工大学学报, 2011, 33(2): 112-116.

[44] 李士勇. 非线性科学与复杂性科学. 哈尔滨: 哈尔滨工业大学出版社, 2006.

[45] 亨利・N・波拉克. 不确定的科学与不确定的世界. 李萍萍, 译. 上海: 上海科技教育出版社, 2005.

[46] Wolfram S. Computation theory of cellular automata. Communications in Mathematical Physics, 1984, 96(1): 15-57.

[47] Ryan J T, Taylor J. Degreees of freedom in lasso problems. The Annals of Statistics, 2012,

　　　　40(2):1198-1232.

[48] 尹建东,周作岭. 熵极小动力系统的复杂性. 数学物理学报,2015,35A(1):29-35.

[49] 崔鹏亮,王海峰,陈建译,等. 基于信息熵的列控系统复杂性度量方法. 铁道学报,2015,
　　　　37(9):54-61.

[50] 大卫·吕埃勒. 机遇与混沌. 刘式达,梁爽,李滇林,译. 上海:上海科技教育出版社,2005.

[51] M·盖尔曼. 夸克与美洲豹——简单性和复杂性的奇遇. 杨建邺,等译. 长沙:湖南科学技术
　　　　出版社,1998.

[52] N·维纳. 控制论. 郝季仁,译. 北京:科学出版社,2009.

[53] Crutchfield J P. The calculi of emergence:Computation,dynamics,and induction. Physica D,
　　　　1994,75(1-3):11-54.

[54] Crutchfield J P, Young K. Inferring statistical complexity. Phys. Rev. Lett. ,1989,63(2):
　　　　105-108.

[55] Shiner J S, Matt D, Landsberg P T. Simple measure for complexity. Physical Review E,
　　　　1999,59(145):1459-1464.

[56] 刘伟,葛世伦,王念新,等. 基于数据复杂性的信息复杂度测量. 系统工程理论与实践,
　　　　2013,33(12):3198-3208.

[57] Vapnik V N. 统计学习理论的本质. 张学工,译. 北京:清华大学出版社,2000.

[58] Talagrand M. The Generic Chaining. New York:Springer,2005.

[59] Vandervaart A,Wellner J. Weak Convergence and Empirical Processes with Applications to
　　　　Statistics. New York:Springer,1996.

[60] Bartlett B,Bousquet O,Mendelson S. Local rademacher complexities. The Annals of Statis-
　　　　tics,2005,33(4),1497-1537.

[61] 赵延龙,张纪峰,Wang L Y,等. 有限信息系统辨识综述. 2009 中国自动化大会暨两化融合
　　　　高峰会议,2009.

[62] 汪秉宏,周涛,王文旭,等. 当前复杂系统研究的几个方向. 复杂系统与复杂性科学,2008,
　　　　5(4):21-28.

[63] de Solla Price D J. Networks of scientific papers. Science,1965,149(3683):510-515.

[64] Barabási A L, Albert R. Emergence of scaling in random networks. Science. 1999,286:
　　　　509-512.

[65] Xie Z,Ouyang Z Z,Li J P. A geometric graph model for coauthorship networks. J. Informetr. ,
　　　　2016,10:299-311.

[66] 段晓君,尹伊敏,顾孔静. 系统复杂性及度量. 国防科技大学学报,2019,41(1):191-198.

第 3 章　稳定性与突变论

在第 2 章介绍了系统基本概念和特征的基础上,针对系统演化性态,本章重点讲述系统稳定性、吸引子、分岔和突变论相关内容.

线性系统与非线性系统是基于系统的数学性质给出的系统分类,既适用于动态系统,也适用于静态系统.线性系统理论的研究已经比较成熟.当代系统科学研究的重点在于探讨非线性系统.但研究非线性系统有时需借助局部线性系统分析结果,因此本章也会介绍相关线性系统分析结论.

能够用线性数学模型描述的系统,称为线性系统.线性系统的基本特性(输出响应特性、状态响应特性、状态转移特性等)都满足叠加原理.

如果 $f(x)$ 满足以下条件(k 为常数):

(1) **加和性**　$f(x_1+x_2)=f(x_1)+f(x_2)$;

(2) **齐次性**　$f(kx)=kf(x)$,

则称 f 为线性的.例如,线性关系、线性变换、线性运算、线性函数、线性泛函、线性方程等.满足叠加原理是线性操作区别于非线性操作的基本标志.

连续动态系统的数学模型使用的是微分方程.这里微分方程刻画系统的动态变量对状态变量的依存关系以及状态变量之间的相互影响.

如果状态变量只是时间的函数,与空间分布无关,称为集中参数系统,用常微分方程描述.如果状态变量同时依赖时间和空间分布,称为分布参数系统,用偏微分方程描述.这里主要讨论常微分方程组描述的系统.

若系统的状态变量为 $X=(x_1,\cdots,x_n)^{\mathrm{T}}$,则集中参数线性系统可描述如下:

$$\frac{dX}{dt}=AX \tag{3.1}$$

该模型有两个基本来源:①有些系统的非线性因素微弱,近似满足线性假设;②许多系统具有较强的非线性因素,线性假设不成立,根据基本假设只能建立非线性数学模型.但如果我们关心的主要是系统的局部性质(系统在某一点附近的行为),非线性模型又满足连续性和光滑性要求,就可在该点附近将它线性化,得到类似的线性系统,用以描述系统的局部行为.

3.1　系统的稳定性[1-4]

稳定性是系统理论中的一个基本概念,是讨论系统演化状态性质的重要内容.

日常生活中,我们观察的事物多是稳定的,不稳定的状态很快会消失.

方程的每一个解表示系统的一个行为过程,其解在相空间(状态变量描述空间)所描述的点(相点)的集合,称为系统的一条相轨道,简称轨道或流线.系统的演化过程表现为相点在轨道上的运动,体现各个状态变量在时间演化过程中的相互依存关系.

若无外部驱使,系统保持不变的状态或可以反复回归的状态集,称为系统的定态.定态包括平衡态(不动点:中心点、结点、焦点、鞍点等)、周期态、拟周期态、混沌态等.

系统理论中,一般会接触到三种稳定性:状态稳定性(即解的稳定性)、轨道稳定性和结构稳定性.

3.1.1　稳定性概念

每个系统都会受到环境或系统内部的各种扰动,从而使系统结构、状态、行为发生改变,这种改变的大小反映系统的维生能力.

系统的稳定性(stability)是指系统的结构、状态、行为当受到外来环境或自身的小扰动时仍保持不变或微小改变的属性.

系统的一个状态如果不稳定,在物理上是难以长期保持的,至多在某个动态过程中瞬间出现.

一个系统的状态空间如果没有稳定的定态,则系统无法正常运行,无法实现其功能目标.

从演化角度看,若一个系统的所有状态在所有条件下都是稳定的,系统就没有变化、发展和创新.只有原来的状态、结构、行为模式在一定条件下失去稳定性,才能有新的整体涌现性.

稳定是发展的前提,新状态和结构如果不稳定,就无法取代旧状态和结构.稳定性问题是动态系统理论的首要问题.动态系统理论的稳定性研究总是围绕状态和由状态构成的轨道这两个概念进行的.它们能够间接表征系统的组分关联方式和整体行为模式是否稳定.

稳定性的数学定义

一般来说,稳定性的定义是相对的,即相对于什么对象具有稳定的性态.

就系统的稳定性而言,主要是指演化方程的解的稳定性,因为演化方程的每一个解表现为系统的一个行为的演化过程.

以下我们讨论状态稳定性(即解的稳定性)、轨道稳定性和结构稳定性.重点研究状态稳定性.

1. 状态稳定性

定义 3.1 Lyapunov(李雅谱诺夫)稳定性

令 $\Phi(t)$ 为向量微分方程 $\dfrac{dX}{dt}=F(X,C)$ 的一个解,$X(t)$ 为任何初态扰动 $X_0=X(t_0)$ 引起的解. 如果对于每一个足够小的 $\varepsilon>0$,总有 $\delta=\delta(\varepsilon)>0$,只要在 $t=t_0$ 时满足:$|X_0-\Phi(t_0)|<\delta$,就有 $|X(t)-\Phi(t)|<\varepsilon$ 对所有的 $t\geqslant t_0$ 成立,则称 $\Phi(t)$ 是 Lyapunov 稳定的.

定义 3.2 Lyapunov 渐近稳定性

假设 $\Phi(t)$ 为向量微分方程 $\dfrac{dX}{dt}=F(X,C)$ 的一个解,$X(t)$ 为任何初态扰动 $X_0=X(t_0)$ 引起的解. 如果 $\Phi(t)$ 是 Lyapunov 稳定的,并且满足:$\lim\limits_{t\to\infty}|X(t)-\Phi(t)|=0$,则称 $\Phi(t)$ 是 Lyapunov 渐近稳定的.

注记 3.1 非线性系统

$$\frac{dX}{dt}=F(X,C) \tag{3.2}$$

解的稳定性,可以转换为讨论零解的稳定性. 假设 $X(t)$ 和 $\Phi(t)$ 含义和定义 3.1 中保持一致,令 $Y(t)=X(t)-\Phi(t)$,则上述方程可以转换为

$$\frac{dY(t)}{dt}=G(X,C) \tag{3.3}$$

其中,$G(X,C)=F(X,C)-F(\Phi,C)=F(Y+\Phi,C)-F(\Phi,C)$,显然,$G(0,C)=0$. 从而(3.2)式的解对应为(3.3)式的解 $Y=0$.

注记 3.2 解的 Lyapunov 渐近稳定性是比稳定性更高的一种稳定性. 前者只要求在初始扰动足够小的情况下,引起的解的偏离也足够小,但不要求最终消除偏离. 但渐近稳定性要求,随着系统走向终态,解的偏离将消失.

Lyapunov 稳定性示意图见图 3.1.

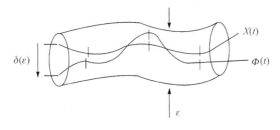

图 3.1　Lyapunov 稳定性示意图

例 3.1　考虑系统

$$\begin{cases} \dfrac{dx}{dt}=ax-y^2 \\ \dfrac{dy}{dt}=2x^3y \end{cases} \qquad (3.4)$$

其中 a 为参数.可以说明:

(i) 当 $a<0$ 时,零解是 Lyapunov 渐近稳定的;

(ii) 当 $a=0$ 时,零解是 Lyapunov 稳定,但不是 Lyapunov 渐近稳定的;

(iii) 当 $a>0$ 时,零解不是稳定的.

解　考虑一个正定的结构方程:$V(x,y)=x^4+y^2$,可以知道

$$\dot{V}=4ax^4\begin{cases} >0, & a>0 \\ =0, & a=0 \\ <0, & a<0 \end{cases} \qquad (3.5)$$

因此,根据定理 3.1,可知有相应的零解稳定与否的对应结论.

由于 Lyapunov 稳定性要求太严格,它限定两个解在同一时刻必须相互接近.为了放松限制,以下介绍轨道稳定性.

2. 轨道稳定性

定义 3.3　Poincaré 稳定性(轨道稳定性)

假设 Γ 为方程(3.2)的解的 $\Phi(t)$ 相轨,Γ' 是另一个解 $X(t)$ 对所有 t 定义的轨道.若对于任意的 $\varepsilon>0$,存在 $\delta(\varepsilon)>0$,使得只要

$$|\Phi(t)-X(\tau)|<\delta(\varepsilon)$$

对某个 τ 成立,则存在某个 $t(t')$ 使得

$$|\Phi(t)-X(t')|<\varepsilon$$

对所有的 $t>0$ 成立,则称 Γ 是 Poincaré 稳定的.

定义 3.4　Poincaré 渐近稳定性

在定义 3.3 的基础上,假设当 $t\to\infty$ 时,$\Gamma'\to\Gamma$,则称 Γ 是 Poincaré 渐近稳定的.

轨道稳定性,描述了系统在解空间中的轨道对初始条件依赖的敏感程度,即如果初始条件的改变不会使新轨道偏离原轨道太远,可称其为轨道稳定的.两个解需经历相同的历史,但时间尺度可不同,即两条轨道可以有不同的时间密度.

从相空间看,一个定态的稳定性,就是它附近轨道的稳定性.而系统的稳定性是指系统行为在受到扰动后能否消除偏离,因此,系统的一个定态是否稳定,可通过它周围的所有轨道的终态来判定.

3. 结构稳定性

结构稳定性是指系统对参数依赖的敏感程度.相对于状态稳定性关注系统局

部的性质,结构稳定性是对系统整体结构变化的讨论. 系统存在多个定态解时,有的定态解稳定,有的不稳定,系统的结构是由这些稳定和不稳定的定态解的集合所决定的. 当参数改变时,系统定态解的个数及其稳定性会发生变化,系统的结构也就有了相应的改变. 所以,当我们考虑系统的结构,就是研究当参数变动时,系统定态解稳定性的变化,或系统状态稳定性的变化. 而引起状态稳定性发生变化的参数点,就是所谓临界点.

　　对于结构稳定性问题,可以转化为分析在不同参数条件下,系统定态解的稳定性问题. 利用状态稳定性来讨论结构稳定性,利用系统的局部性质来分析系统的整体性质,体现了系统科学从局部到整体的思想,也是系统科学研究问题的方法和特点之一.

3.1.2　状态稳定性判定

　　稳定性的判定是动态系统理论的重要问题之一. 一个系统的动力学方程只要正确反映系统的运动规律,方程本身就必然包含判别系统稳定性的足够信息. 提取这些信息的途径:一是求方程的解,二是由方程的结构和参数直接提取. 考虑到系统动力学方程的信息可以通过解或者通过结构及参数进行表达,因此提取这些信息的途径包括.

　　下面以一个简单线性系统进行分析.

　　考虑简单线性系统 $\dfrac{dx}{dt}=ax$ 通解为

$$x(t)=ce^{at}$$

c 是由初态确定的积分常数,a 为特征指数. 特征指数 a 的正负将决定两种完全不同的行为.

　　当 $a>0$ 时 $x(t)$ 向无穷发散,系统不稳定. 当 $a<0$ 时 $x(t)$ 收敛于平衡态 $x=0$,系统稳定(图 3.2).

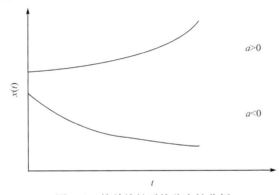

图 3.2　简单线性系统稳定性分析

　　根据特征值来判别系统稳定性的方法对线性系统普遍适用.

　　具体判别方法如下：

　　(1) 如果线性系统的特征方程 $\det(A-\lambda E)=0$ 的所有特征根的实部都是负数，系统是渐近稳定的；

　　(2) 至少有一个特征根的实部为正数时，系统是不稳定的；

　　(3) 所有特征根的实部均为非正数，但至少一个为 0 时，系统可能稳定，也可能不稳定，称为临界情形，需要有更精致的判据.

　　对非线性系统而言，与线性系统不同，非线性系统由某个解的稳定与否一般不能断定其他解的稳定与否.

　　当考察的是局部稳定性时，如果系统演化方程满足连续光滑性要求，通用的处理方法是在给定点附近把非线性方程组展开，略去高次项，得到一个同维的线性方程组，关于这个线性系统的稳定性的结论，也就是非线性系统局部稳定性的结论.这种方法称为非线性系统的线性稳定性分析，也称为 Lyapunov 第一方法，在系统科学中有广泛应用.

　　下面介绍直接分析一般演化系统状态稳定性的常用方法——Lyapunov 第二方法，即 Lyapunov 函数方法.以下给出 Lyapunov 稳定性准则.

　　定理 3.1　　Lyapunov 稳定性准则

　　对于非线性系统 $\dfrac{dX}{dt}=F(X,C)$，如果存在连续可微正定函数 $V(x)$，使得

　　(1) 函数 $V(x)$ 沿着轨道的全导数是非正的，即

$$\frac{dV}{dt} = \sum_{i=1}^{n} \frac{\partial V}{\partial x_i} \frac{\partial x_i}{\partial t} = \sum_{i=1}^{n} \frac{\partial V}{\partial x_i} f_i \leqslant 0 \tag{3.6}$$

则系统的零解是稳定的；

　　(2) 函数 $V(x)$ 沿着轨道的全导数是负定的，即

$$\frac{dV}{dt} = \sum_{i=1}^{n} \frac{\partial V}{\partial x_i} f_i < 0 \tag{3.7}$$

$V(x)$ 的全导数作为 x 的函数是非正的，则系统的零解是 Lyapunov 渐近稳定的.

　　函数 $V(x)$ 称为 Lyapunov 函数.

　　定理的证明参见文献[10].

　　注记 3.3　　Lyapunov 第二方法的判定是充分的，但不必要.若系统零解是渐近稳定的，则必存在 Lyapunov 函数.

　　注记 3.4　　Lyapunov 函数的构造是判定系统稳定性的关键.对于一般非线性系统，没有构造 $V(x)$ 的一般方法.但对于线性系统，寻找相应的 Lyapunov 函数有如下方法.

　　定理 3.2　　线性系统 Lyapunov 函数构造准则

　　如果 n 阶线性系统 $\dfrac{dX}{dt}=AX$ 的特征根 λ_i 满足：$\forall i \neq j, \lambda_i + \lambda_j \neq 0$，则对任意负

定(正定)矩阵 C,均有唯一的二次型 $V(x) = X^{\mathrm{T}}BX$,使得沿线性系统的全导数有

$$\frac{dV}{dt} = X^{\mathrm{T}}CX \tag{3.8}$$

且 B 满足 $A^{\mathrm{T}}B + BA = C$.

定理说明,对于给定的 C,可通过求解以上的矩阵方程得到矩阵 B,从而得到 Lyapunov 函数 $V(x)$.

例 3.2　下列的方程有形如 $V(x,y) = ax^2 + by^2$ 的 Lyapunov 函数:

$$(1) \begin{cases} \dfrac{dx}{dt} = -xy^2, \\[2mm] \dfrac{dy}{dt} = -yx^2; \end{cases} \qquad (2) \begin{cases} \dfrac{dx}{dt} = -x + xy^2, \\[2mm] \dfrac{dy}{dt} = -2x^2y - y^3. \end{cases}$$

3.1.3　二维线性系统的定态解性质

不动点的稳定性有如下几类.

(1) 焦点(focus)型不动点.

周围布满螺旋型的相轨道,从附近任一初态开始的轨道都是以不动点为极限点的螺旋线,分为稳定和不稳定两种情形.

(2) 结点(node)型不动点.

周围布满非螺旋型的相轨道,在正规情形下,相轨道是指向不动点的直线,分为稳定和不稳定两种情形.

(3) 中心点(center)型不动点.

不动点周围布满周期不同的闭合轨道,以领域内任何点为初态,系统将出现围绕不动点的周期运动. 中心点是稳定的,但非渐近稳定.

(4) 鞍点(saddle)型不动点.

两条相轨道从相反方向向不动点收敛,两条相轨道不动点沿相反方向向外发散. 鞍点在整体上是不稳定的.

极限环(周期轨道)的稳定性有如下几类.

(1) 稳定的极限环.

附近一切轨道都螺旋式地收敛于极限环,即所有环外轨道都向内卷,所有环内轨道都向外卷.

(2) 不稳定的极限环.

一切轨道都螺旋式地向远离极限环的方向发散,即所有环外轨道都向外卷,所有环内轨道都向内卷.

(3) 单侧稳定的极限环.

或者外部轨道收敛于极限环而内部轨道远离极限环;或者外部轨道发散于极

限环而内部轨道收敛于极限环.

　　下面,我们以二维线性系统的不动点稳定性为例分析不动点的类型[9]. 考虑:

$$\frac{d}{dt}\begin{pmatrix} x \\ y \end{pmatrix} = A\begin{pmatrix} x \\ y \end{pmatrix} \tag{3.9}$$

这样的二维线性系统,其中,$A = \begin{pmatrix} a & b \\ c & d \end{pmatrix}$,满足 $\det(A) = \begin{vmatrix} a & b \\ c & d \end{vmatrix} \neq 0$;容易知道 $(0,0)$ 是系统(3.9)的唯一的初等奇点(平衡点). 下面的讨论主要是基于此假设,对 $(0,0)$ 稳定性的讨论.

　　作可逆线性变换:

$$\begin{pmatrix} x \\ y \end{pmatrix} = T\begin{pmatrix} \xi \\ \eta \end{pmatrix} \quad (\det(T) \neq 0)$$

则系统(3.9)可以转化为

$$\frac{d}{dt}\begin{pmatrix} \xi \\ \eta \end{pmatrix} = T^{-1}AT\begin{pmatrix} \xi \\ \eta \end{pmatrix} \tag{3.10}$$

　　根据线性代数知识,数域中任何一个二次型都可以经过非退化的线性变换,变为二次标准形. 因此,选取适当的 T,可使 $T^{-1}AT$ 成为 A 的若当标准形,易得到 (ξ,η) 平面上关于系统(3.10)的相图. 再通过 T^{-1} 的作用,返回到 (x,y) 平面上,从而得到系统(3.9)的相图.

　　为了简单起见,这里我们仅考虑系统(3.10)的相图. 假设 $T^{-1}AT$ 是实的若当标准形,则 $T^{-1}AT$ 应该具有以下的几种结构之一:

$$\begin{pmatrix} \lambda & 0 \\ 0 & \mu \end{pmatrix}, \quad \begin{pmatrix} \lambda & 0 \\ 1 & \lambda \end{pmatrix}, \quad \begin{pmatrix} \alpha & -\beta \\ \beta & \alpha \end{pmatrix}$$

其中 λ,μ,β 都不为零. 下面对每种情况都分别进行讨论.

　　情形一:

$$T^{-1}AT = \begin{pmatrix} \lambda & 0 \\ 0 & \mu \end{pmatrix} \quad (\lambda\mu \neq 0)$$

　　此时

$$\begin{cases} \dfrac{d\xi}{dt} = \lambda\xi, \\ \dfrac{d\eta}{dt} = \mu\eta, \end{cases} \quad \begin{cases} \xi = A_1 e^{\lambda t}, \\ \eta = A_2 e^{\mu t}, \end{cases} \quad \eta = C|\xi|^{\mu/\lambda} \tag{3.11}$$

　　可大致分为三种情况讨论(图3.3):

　　(1) $\lambda = \mu$,此时 ξ,η 退化为 $\eta = C|\xi|$,$(0,0)$ 结点称为系统的星型结点:

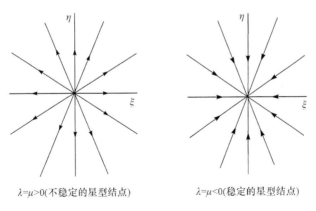

$\lambda=\mu>0$(不稳定的星型结点)　　　　$\lambda=\mu<0$(稳定的星型结点)

图 3.3　星型结点示意图

轨线的特点:

所有的轨线都是半射线,且都趋近或是远离平衡点;

当 $\lambda=\mu>0$ 时,$(0,0)$ 为不稳定的星型结点;

当 $\lambda=\mu<0$ 时,$(0,0)$ 为稳定的星型结点.

(2) $\lambda\mu>0$,此时曲线族除了 ξ 轴和 η 轴外,都是以 $(0,0)$ 为顶点的"抛物线": 当 $|\mu/\lambda|>1$ 时,它们与 ξ 相切;当 $|\mu/\lambda|<1$ 时,它们与 η 轴相切.每一条曲线都被 $(0,0)$ 分割成了系统的两条轨线.此时的 $(0,0)$ 称为系统的两向结点,如图 3.4 所示.

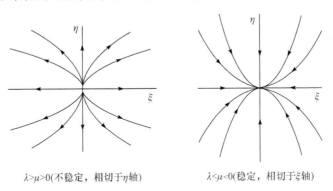

$\lambda>\mu>0$(不稳定,相切于 η 轴)　　　　$\lambda<\mu<0$(稳定,相切于 ξ 轴)

图 3.4　结点示意图

轨线的特点:

当 $\mu,\lambda<0$ 时,平衡点是渐近稳定的;当 $\mu,\lambda>0$ 时,平衡点是不稳定的.

所有的轨线在趋于或远离平衡点的过程中,除了个别的轨线外,它们都有相同的公切线切于平衡点;具有这种性质的点称为结点.

(3) $\lambda\mu<0$,此时的曲线族除了在 $\xi=0,\eta=0$ 以外,是一个以它们为渐近线的"双曲线"族,系统的轨线是由正负 ξ,η 轴和上述的"双曲线"族所组成的.沿着每一

条"双曲线"形轨线,当$t \to \infty$时,$(\xi(t),\eta(t))$均远离$(0,0)$点,如图 3.5 所示.

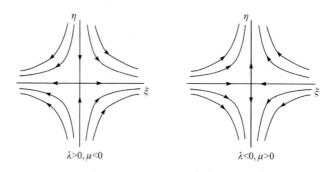

$$\lambda>0,\mu<0 \qquad\qquad \lambda<0,\mu>0$$

图 3.5　鞍点示意图

轨线特点:

总存在着两条相向、正向趋近平衡点的相轨,两条反向趋近平衡点的相轨;

其他所有的轨线都是先向平衡点靠近,在一定的距离后又远离平衡点;

这时的平衡点是不稳定的,称为鞍点.

情形二:

$T^{-1}AT = \begin{pmatrix} \lambda & 0 \\ 1 & \lambda \end{pmatrix}$ $(\lambda \neq 0)$,即矩阵有二重的非零实特征根,且相应的若尔当块

是二阶的. 此时轨线图如图 3.6 所示.

$$\begin{cases} \dfrac{d\xi}{dt}=\lambda\xi, \\[2mm] \dfrac{d\eta}{dt}=\xi+\lambda\eta, \end{cases} \qquad \begin{cases} \xi=Ae^{\lambda t} \\[1mm] \eta=(At+B)e^{\lambda t} \end{cases} \tag{3.12}$$

$$\eta=C\xi+\frac{\xi}{\lambda}\ln|\xi| \quad \text{和} \quad \xi=0 \tag{3.13}$$

$$\lim_{\xi\to0}\eta=0, \quad \lim_{\xi\to0}\frac{d\eta}{d\xi}=\begin{cases} +\infty, & \lambda<0 \\ -\infty, & \lambda>0 \end{cases} \tag{3.14}$$

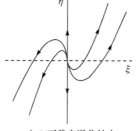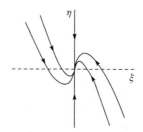

$$\lambda>0(\text{不稳定退化结点}) \qquad\qquad \lambda<0(\text{稳定退化结点})$$

图 3.6　退化结点示意图

轨线的特点:

η 轴的上、下轴都是轨线;

所有的其他的轨线都是越过 ξ 轴而相切于 η 轴;

所有的轨线都是沿着同一个方向趋向或是远离平衡点;

当 $\lambda<0$ 时,平衡点是渐近稳定的,当 $\lambda>0$ 时,平衡点是不稳定的;

此时的平衡点称为退化结点.

情形三:

$T^{-1}AT=\begin{pmatrix}\alpha & -\beta \\ \beta & \alpha\end{pmatrix}(\beta\neq0)$,即矩阵有一对共轭的复特征根.

$$\begin{cases}\dfrac{d\xi}{dt}=\alpha\xi-\beta\eta \\ \dfrac{d\eta}{dt}=\beta\xi+\alpha\eta\end{cases} \tag{3.15}$$

此时,进行极坐标变换

$$\begin{cases}\xi=r\cos\theta \\ \eta=r\sin\theta\end{cases}$$

$$\begin{cases}\dfrac{d\xi}{dt}=\cos\theta\dfrac{dr}{dt}-r\sin\theta\dfrac{d\theta}{dt} \\ \dfrac{d\eta}{dt}=\sin\theta\dfrac{dr}{dt}+r\cos\theta\dfrac{d\theta}{dt}\end{cases}$$

从而,系统可以化简为

$$\begin{cases}\dfrac{dr}{dt}=\alpha r \\ \dfrac{d\theta}{dt}=\beta\end{cases} \tag{3.16}$$

因此

$$\begin{cases}r=Ae^{\alpha t}, \\ \theta=\beta t+C_0,\end{cases} \quad r=Ce^{(\alpha/\beta)\theta} \tag{3.17}$$

这里的 $C\geq0$,β 的符号决定轨线的盘旋方向:当 $\beta>0$ 时,轨线沿逆时针旋绕;当 $\beta<0$ 时,轨线沿顺时针旋绕. 相图按照 α 的不同符号分为三类,如图 3.7 所示.

轨线的特点:

当 $\alpha=0,\beta>0$ 时,轨线为一族同心圆,$(0,0)$ 稳定,但不是渐近稳定,$(0,0)$ 称为中心点,其他的情况则是所有的轨线都是一族对数螺旋线;

当 $\alpha<0$ 时,轨线趋近平衡点,此时的 $(0,0)$ 是渐近稳定的,$(0,0)$ 称为焦点;

当 $\alpha>0$ 时,轨线远离平衡点,此时的 $(0,0)$ 是不稳定的,$(0,0)$ 亦称为焦点.

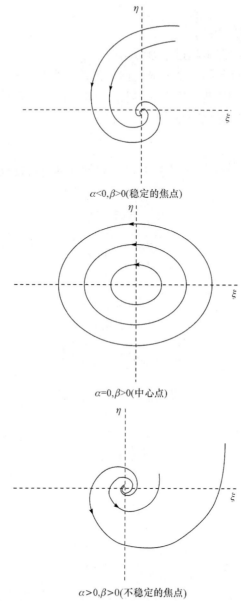

$\alpha<0,\beta>0$(稳定的焦点)

$\alpha=0,\beta>0$(中心点)

$\alpha>0,\beta>0$(不稳定的焦点)

图 3.7　焦点和中心点示意图

综上,对于系统(3.10),记

$$\begin{cases} p=\mathrm{tr}(T^{-1}AT)=\lambda+\mu=a+d \\ q=\det(T^{-1}AT)=\lambda\mu=ad-bc \end{cases}$$

可以得到以下结果:

(1) 当 $q<0$ 时,$(0,0)$为鞍点(不稳定);

（2）当 $q>0$ 且 $p^2>4q$ 时，$(0,0)$ 为双向结点；

（3）当 $q>0$ 且 $p^2=4q$ 时，$(0,0)$ 为单向结点或是星型结点；

（4）当 $q>0$ 且 $0<p^2<4q$ 时，$(0,0)$ 为焦点；

（5）当 $q>0$ 且 $p=0$ 时，$(0,0)$ 为中心点.

至于 $(0,0)$ 相关的稳定性，可以参照图 3.8 得出.

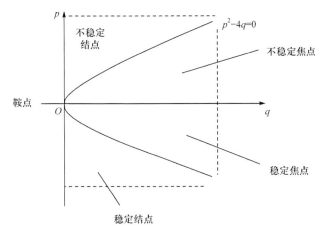

图 3.8　二维线性系统相空间不动点性态

对于高维的线性系统，由于其相空间的轨线图太复杂，难以作出具体的描述，因此一般情况下只考虑系统的稳定性，不对稳定的类型再加以分类.

3.1.4　平面非线性自治系统及等倾线[5-8]

等倾线法是求取相轨迹的一种作图方法，不需要求解微分方程. 对于求解困难的非线性微分方程，图解方法尤为实用. 基于等倾线法画相平面轨迹的原理，可以多步递推求取 $(x^{(m)}, x^{(m+1)})$ 相平面上相轨迹点（$m=n-2, n-3, \cdots, 1$），最终求取 $(x, \dot{x})$ 相平面上的相轨迹点，从而实现高阶非线性微分系统相平面的相轨迹图，求得系统的运动过程.

等倾线在解决系统问题时有三个应用：利用等倾线绘制相轨迹图，基于等倾线法求解高阶非线性微分方程，利用垂直等倾线和水平等倾线判断奇点附近的定性结构.

1. 等倾线的基本概念

定义 3.5　对于二维自治系统

$$\begin{cases} \dfrac{dx}{dt}=P(x,y) \\[2mm] \dfrac{dy}{dt}=Q(x,y) \end{cases} \tag{3.18}$$

若点 (x_0,y_0) 使 $P(x_0,y_0)=0,Q(x_0,y_0)=0$，则称 (x_0,y_0) 为系统的平衡点，或者称为奇点.

定义 3.6　对常系数齐次线性系统

$$\begin{cases} \dfrac{dx_1}{dt}=a_{11}x_1+a_{12}x_2 \\[2mm] \dfrac{dx_2}{dt}=a_{21}x_1+a_{22}x_2 \end{cases} \tag{3.19}$$

它的向量形式是

$$\frac{dx}{dt}=Ax \tag{3.20}$$

其中 $x=\begin{bmatrix} x_1 \\ x_2 \end{bmatrix}$，$A=\begin{bmatrix} a_{11} & a_{12} \\ a_{21} & a_{22} \end{bmatrix}$.

如果用 T,D 分别表示矩阵 A 的迹 $\mathrm{tr}A$ 和矩阵 A 的行列式，并且设 $\Delta=T^2-4D$，则对于系统(3.20)的平衡点 $O(0,0)$，当 $D\neq0$ 时，称 $O(0,0)$ 为初等奇点；当 $D\equiv0$ 时，称 $O(0,0)$ 为高次奇点[1].

初等奇点分类如下：

(1) 当 $D<0$ 时，平衡点为鞍点；当 $D>0,\Delta>0,T<0(>0)$ 时，平衡点为稳定(不稳定)结点.

(2) 当 $D>0,\Delta<0,T<0(>0)$ 时，平衡点为稳定(不稳定)焦点.

(3) 当 $D>0,T=0$ 时，平衡点为中心.

定义 3.7　设 (x_0,y_0) 是系统(3.18)的平衡点，作平移变换：

$$\xi=x-x_0,\quad \eta=y-y_0$$

得到 (ξ,η) 的微分系统

$$\begin{cases} \dfrac{d\xi}{dt}=a_{11}\xi+a_{12}\eta+(p_{11}\xi^2+2p_{12}\xi\eta+p_{22}\eta^2+\cdots) \\[2mm] \dfrac{d\eta}{dt}=a_{21}\xi+a_{22}\eta+(q_{11}\xi^2+2q_{12}\xi\eta+q_{22}\eta^2+\cdots) \end{cases} \tag{3.21}$$

其中

$$\begin{cases} a_{11}=P_x(x_0,y_0),\quad a_{12}=P_y(x_0,y_0) \\ a_{21}=Q_x(x_0,y_0),\quad a_{22}=Q_y(x_0,y_0) \end{cases} \tag{3.22}$$

变换后的系统以 $(0,0)$ 为平衡点. 舍去方程中的非线性项，得到一个常系数线性系统

$$\begin{cases} \dfrac{d\xi}{dt}=a_{11}\xi+a_{12}\xi \\[2mm] \dfrac{d\eta}{dt}=a_{21}\eta+a_{22}\eta \end{cases} \tag{3.23}$$

称它为系统(3.18)在平衡点(x_0,y_0)处的线性近似系统.

定义 3.8　系统(3.18)中使$\dot{x}=P(x,y)=0$的曲线,称为系统的水平等倾线; 使$\dfrac{dy}{dt}=Q(x,y)=0$的曲线,称为系统的垂直等倾线.

2. 利用垂直等倾线和水平等倾线判断奇点附近的定性结构

若以下非线性系统

$$\begin{cases} \dfrac{dx}{dt}=x(1-x)\left(x-\dfrac{y+a}{b}\right) \\ \dfrac{dy}{dt}=x-y \end{cases}$$

可针对$\dfrac{dx}{dt}=x(1-x)\left(x-\dfrac{y+a}{b}\right)=0$与$\dfrac{dy}{dt}=x-y=0$画出相关的直线,直线交点

即为三个可能的不动点:$(0,0),(1,1),\left(\dfrac{a}{b-1},\dfrac{a}{b-1}\right)$. 在满足

$$x(1-x)\left(x-\dfrac{y+a}{b}\right)=0$$

的三条直线上,考虑y方向的变化趋势,且在满足$x-y=0$的直线上,考虑x方向的变化趋势,可得到等倾线变化形式如图 3.9 所示.

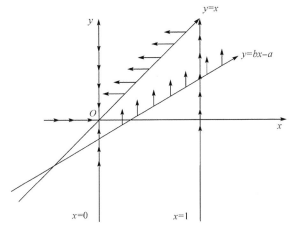

图 3.9　等倾线图

可以看到,$(0,0)$为上述系统的一个稳定不动点.

3. 利用等倾线绘制系统相图

等倾线法的基本思想是先确定相轨迹的等倾线,进而绘出相轨迹的切线方向

场,然后从初始条件出发,沿方向场逐步绘制相轨迹[2].

考虑下列常微分方程描述的二阶时不变系统:

$$\frac{d^2x}{dt^2}=f\left(x,\frac{dx}{dt}\right) \tag{3.24}$$

其中 $f\left(x,\frac{dx}{dt}\right)$ 是 $x(t)$ 和 $\frac{dx}{dt}(t)$ 的线性或非线性函数.

若已知 $x(t)$ 和 $\frac{dx}{dt}(t)$ 的时间响应曲线如图 3.10 所示,则可根据任一时间点的

$x(t)$ 和 $\frac{dx}{dt}(t)$ 的值,得到相轨迹上对应的点,并由此获得一条相轨迹.

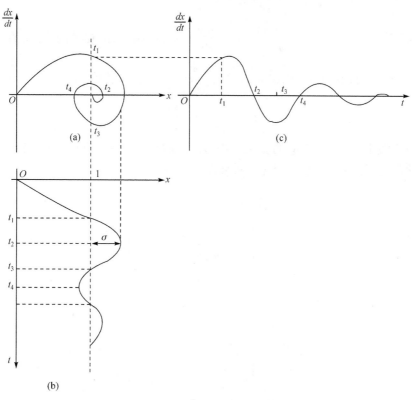

图 3.10　$x(t),\frac{dx}{dt}(t)$ 及其相轨迹曲线

由式(3.24)得

$$\frac{d^2x}{dt^2}=\frac{d\left(\frac{dx}{dt}\right)}{dt}=\frac{d\left(\frac{dx}{dt}\right)}{dx}\frac{dx}{dt}=\frac{dx}{dt}\frac{d\frac{dx}{dt}}{dx}=f\left(x,\frac{dx}{dt}\right) \tag{3.25}$$

从而得相轨迹微分方程：

$$\frac{d\left(\dfrac{dx}{dt}\right)}{dx}=\frac{f(x,\dot{x})}{\dot{x}} \tag{3.26}$$

该方程给出了相轨迹在相平面上任一点 $\left(x,\dfrac{dx}{dt}\right)$ 处切线的斜率. 取相轨迹切线的斜率为某一常数 α，得等倾线方程

$$\dot{x}=\frac{f\left(x,\dfrac{dx}{dt}\right)}{\alpha} \tag{3.27}$$

　　由该方程可在相平面上作一条曲线，称为等倾线，当相轨迹经过该等倾线上任一点时，其切线的斜率都相等，均为 α. 取 α 为若干不同的常数，即可在相平面上绘制出若干条等倾线，在等倾线上各点处作斜率为 α 的短直线，并以箭头表示切线方向，则构成相轨迹的切线方向场.

　　在图 3.11 中，已绘制某系统的等倾线和切线方向场，给定初始点 $\left(x_0,\dfrac{dx_0}{dt}\right)$，则相轨迹的绘制过程如下：

　　由初始点出发，按照该点所在的等倾线的短直线方向作一条小线段，并与相邻一条等倾线相交；由该交点起，并按该交点所在等倾线的短直线方向作一条小线段，再与其相邻的一条等倾线相交；按此步骤依次做下去，就可以获得一条从初始点出发，由各小线段组成的折线，最后对该折线作光滑处理，即得到所求系统的相轨迹.

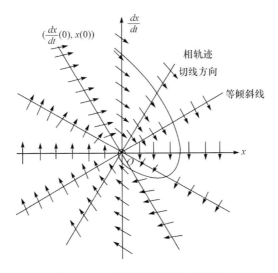

图 3.11　用等倾线法绘制相轨迹

使用等倾线绘制相轨迹时应注意：

（1）两个坐标轴应选用相同的比例尺，以便于根据等倾线斜率准确绘制等倾线上一点的相轨迹切线.

（2）对于一维二阶系统，在相平面的上半平面，由于 $\frac{dx}{dt}>0$，则 x 随 t 增大而增加，相轨迹的走向应是由左向右；在相平面的下半平面 $\frac{dx}{dt}<0$，则 x 随 t 增大而减小，相轨迹的走向应由右向左.

（3）一般地，等倾线分布越密，则所作的相轨迹越准确. 但随着所取等倾线的增加，绘图工作量增加，同时作图产生的累积误差也增大. 为提高作图精度，可采用平均斜率法，即取相邻两条等倾线所对应的斜率的平均值为两条等倾线间直线的斜率.

例 3.3　用等倾线法绘出下列一维二阶线性系统的相轨迹

$$\frac{d^2 x}{dt^2}+2\xi\omega_n\frac{dx}{dt}+\omega_n^2 x=0$$

解　由微分方程式得

$$\frac{d^2 x}{dt^2}=f\left(x,\frac{dx}{dt}\right)=-2\xi\omega_n\frac{dx}{dt}-\omega_n^2 x$$

故等倾线方程为

$$\alpha=\frac{-2\xi\omega_n\frac{dx}{dt}-\omega_n^2 x}{\dot{x}}$$

或

$$k=\frac{\frac{dx}{dt}}{x}=-\frac{\omega_n^2}{\alpha+2\xi\omega_n}$$

等倾线是过相平面原点的一些直线，k 为等倾线的斜率. 当 $\xi=0.5,\omega_n=1$ 时，相轨迹如图 3.12 所示.

例 3.4　用等倾线法绘出下列二维一阶线性系统的相轨迹

$$\begin{cases}dx=y\\ dy=x-y\end{cases}$$

解　等倾线方程为

$$\alpha=\frac{dy}{dx}=\frac{x-y}{y}$$

且系统存在特殊曲线. 令 $y=kx,\alpha=k$，代入等倾线方程，有

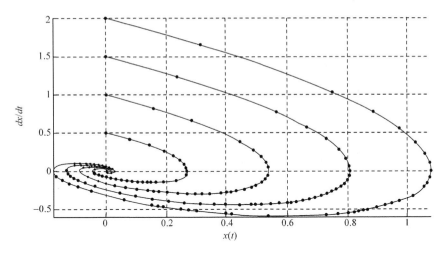

图 3.12　$\xi=0.5, \omega_n=1$ 时, 系统 $\dfrac{d^2x}{dt^2}+2\xi\omega_n\dfrac{dx}{dt}+\omega_n^2x=0$ 的相轨迹

$$k=\left.\frac{x-y}{y}\right|_{y=kx}=\frac{x-kx}{kx}=\frac{1-k}{k}$$

解之, 得

$$k_1=\frac{-1+\sqrt{5}}{2},\quad k_2=\frac{-1-\sqrt{5}}{2}$$

即系统存在两条特殊曲线 $y=k_1x$ 和 $y=k_2x$. 利用等倾线法画出系统的相轨迹如图 3.13 所示.

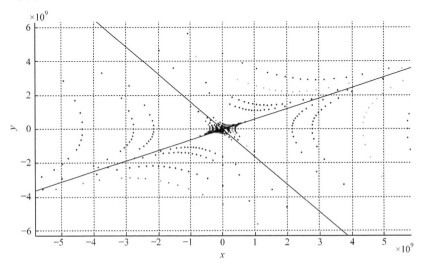

图 3.13　二维一阶系统的相轨迹图

4. 利用等倾线解高阶微分方程

相平面法是分析非线性系统最常用的方法,它既能提供稳定性信息,又能提供时间响应的信息. 相平面上相轨迹反映系统本身的结构和参量,而与初始状态无关,特别适用于分析非线性系统在不同初始条件下或非周期信号输入作用下的瞬态响应特性. 但相平面只适用于一阶、二阶线性环节组合而成的非线性系统分析,对于高阶线性环节组合而成的非线性系统则较难.

利用等倾线法画相平面轨迹的作图原理,实现一种多步递推求取 $(x^{(m)}, x^{(m+1)})$ 相平面上相轨迹点 $(m=n-2, n-3, \cdots, 1)$,最终求取 $(x, \dot{x})$ 相平面上的相轨迹点,从而实现高阶非线性控制系统相平面的相轨迹作图,求得系统的运动过程.

设高阶非线性控制系统微分方程为

$$\frac{d^n}{dt^n}x(t)+a_1(x)\frac{d^{n-1}}{dt^{n-1}}x(t)+\cdots+a_{n-1}(x)\frac{d}{dt}x(t)+a_n(x)x(t)=f(x) \quad (3.28)$$

式中 $a_i(x), i=1,2,\cdots,n$ 为系统的结构参数,或为常数,或为 x 的函数;$f(x)$ 为 x 的非线性函数;$x(t)$ 是 n 阶可微的,且微分方程已进行首一处理.

令

$$\begin{aligned}
y_1(t) &= x(t) \\
y_2(t) &= \frac{d}{dt}x(t) \\
&\vdots \\
y_n(t) &= \frac{d^{n-1}}{dt^{n-1}}x(t)
\end{aligned} \quad (3.29)$$

则将原方程转换为一个 n 元一阶方程组

$$\begin{cases}
\dfrac{dy_1(t)}{dt}=y_2(t) \\[2mm]
\dfrac{dy_2(t)}{dt}(t)=y_3(t) \\[2mm]
\quad\vdots \\[2mm]
\dfrac{dy_{n-1}(t)}{dt}=y_n(t) \\[2mm]
\dfrac{dy_n(t)}{dt}=f(x)-a_n(x)y_1(t)-a_{n-1}(x)y_2(t)-\cdots-a_1(x)y_n(t)
\end{cases} \quad (3.30)$$

假设已知初始条件

$$x(0)=x_0,\ \frac{d}{dt}x(0)=x_0^{(1)},\cdots,\frac{d^{n-1}}{dt^{n-1}}x(0)=x_0^{(n-1)} \quad (3.31)$$

即

$$y_{10}=y_1(0)=x_0,y_{20}=y_2(0)=x_0^{(1)},\cdots,y_{n0}=y_n(0)=x_0^{(n-1)} \quad (3.32)$$

利用三个步骤可得到 $\left(x,\dfrac{dx}{dt}\right)$，即 (y_1,y_2) 相平面上相轨迹：

(1) 作相平面 $(x^{(n-2)},x^{(n-1)})$ 或 (y_{n-1},y_n) 上的相轨迹，如图 3.14 所示，图中初始点为 $(x_0^{(n-2)},x_0^{(n-1)})$，记为 A 点. 相平面上过 A 点和坐标原点的直线斜率为

$$p_{n-2}=\frac{x_0^{(n-1)}}{x_0^{(n-2)}} \quad (3.33)$$

过 A 点相轨迹切线斜率为

$$q_{n-2}=\frac{d(d^{n-1}x(0)/dt^{n-1})}{d(d^{n-2}x(0)/dt^{n-2})}=\frac{d^n x(0)/dt^n}{d^{n-1}x(0)/dt^{n-1}}$$

$$=\frac{f(x_0)-a_n(x_0)x_0-a_{n-1}(x_0)x_0^{(1)}-\cdots-a_1(x_0)x_0^{(n-1)}}{x_0^{(n-1)}} \quad (3.34)$$

过 A 点作一条斜率为 q_{n-2} 的短直线作为相轨迹的切线，并根据相轨迹按顺时针方向运动的特点，在短直线上取一点(图 3.14)作为相轨迹的第二点，且 A,B 两点的距离为 $h=|AB|$(h 的大小决定相轨迹的作图精度)，由 h 及 q_{n-2} 可以得到 B 点的坐标 $(x_1^{(n-2)},x_1^{(n-1)})$，其计算公式如下：

$$\begin{cases} q_{n-2}=\tan\theta\geqslant 0, \quad \theta\in[0,\pi] \\ x_1^{(n-2)}=x_0^{(n-2)}+\text{sign}(x_0^{(n-1)})h\cos\theta \\ x_1^{(n-1)}=x_0^{(n-1)}+\text{sign}(x_0^{(n-1)})h\sin\theta \\ \text{sign}(f)=\begin{cases}1, & f\geqslant 0 \\ -1, & f<0\end{cases} \end{cases} \quad (3.35)$$

和

$$\begin{cases} q_{n-2}=\tan\theta< 0, \quad \theta\in[0,\pi] \\ x_1^{(n-2)}=x_0^{(n-2)}-\text{sign}(x_0^{(n-1)})h\cos\theta \\ x_1^{(n-1)}=x_0^{(n-1)}-\text{sign}(x_0^{(n-1)})h\sin\theta \\ \text{sign}(f)=\begin{cases}1, & f\geqslant 0 \\ -1, & f<0\end{cases} \end{cases} \quad (3.36)$$

(2) 作相平面 $(x^{(n-3)},x^{(n-2)})$ 或 (y_{n-2},y_{n-1}) 上的相轨迹，起点为 $C(x_0^{(n-3)},x_0^{(n-2)})$，则过 C 点和坐标原点的直线斜率为

$$p_{n-3}=\frac{x_0^{(n-2)}}{x_0^{(n-3)}} \quad (3.37)$$

过 C 点相轨迹的切线斜率为

$$q_{n-3}=\frac{d(d^{n-2}x(0)/dt^{n-1})}{d(d^{n-3}x(0)/dt^{n-2})}=\frac{d^{n-1}x(0)/dt^{n-1}}{d^{n-2}x(0)/dt^{n-2}}=\frac{x_0^{(n-1)}}{x_0^{(n-2)}}=p_{n-2} \quad (3.38)$$

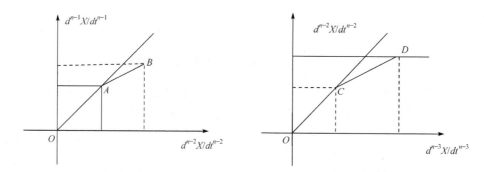

图 3.14　$(d^{n-1}X/dt^{n-1}, d^{n-2}X/dt^{n-2})$ 和 $(d^{n-2}X/dt^{n-2}, d^{n-3}X/dt^{n-3})$ 的相平面

同样地，过 C 点以斜率 q_{n-3} 按顺时针方向作一条短直线，在短直线上取一点 D 作为相轨迹的第二点. 注意到 D 点在相平面 (y_{n-3}, y_{n-2}) 上的纵坐标应等于 B 点在相平面 (y_{n-2}, y_{n-1}) 上的横坐标，即 $D_{y_{n-2}} = x_1^{(n-2)}$. 于是由 q_{n-3} 与 $D_{y_{n-2}} = x_1^{(n-2)}$ 可得到 $D_{y_{n-3}}$，即

$$D_{y_{n-3}} = x_1^{(n-3)} = x_0^{(n-3)} + \frac{x_1^{(n-2)} - x_0^{(n-2)}}{q_{n-3}} \tag{3.39}$$

（3）作相平面 $(x^{(n-4)}, x^{(n-3)})$ 或 (y_{n-3}, y_{n-2}) 上的相轨迹，起点为 $(x_0^{(n-4)}, x_0^{(n-3)})$，按照步骤（2）确定相相轨迹点的方法可得到相平面 $(x^{(n-4)}, x^{(n-3)})$ 上第二点的坐标 $(x_1^{(n-4)}, x_1^{(n-3)})$. 按步骤（2），（3）的方法可以递推求出 $x_1^{(n-5)}, x_1^{(n-6)}, \cdots$, $x_1^{(1)}, x_1$ 的值，于是得到相平面 $(x, \dot{x})$ 上的第二个点.

然后将 $x_1, x_1^{(1)}, \cdots, x_1^{(n-1)}$ 作为新的起点，根据上述方法从第一步开始求相轨迹下一点的坐标 $x_2^{(n-1)}, x_2^{(n-2)}, \cdots, x_2^{(1)}, x_2$，从而确定相平面 $(x, \dot{x})$ 上相轨迹的第三点. 如此不断循环，便可用等倾线法画出高阶非线性系统 $(x, \dot{x})$ 相平面上的相轨迹.

例 3.5　设某系统高阶非线性微分方程为

$$\frac{d^3}{dt^3} x(t) + 6 \frac{d^2}{dt^2} x(t) + 11 \frac{d}{dt} x(t) + 6x(t) = x^2 + 2$$

初始条件为 $[x(0), x^{(1)}(0), x^{(2)}(0)] = [1.5, 2, 1]$.

用等倾线法绘制的系统的相平面 $(x, x^{(1)})$ 的相轨迹如图 3.15 所示，系统的时域解 $x(t)$ 如图 3.16 所示.

在图 3.15 和图 3.16 中，实线表示的是用等倾线方法得到的图形，虚线表示的是用龙格-库塔方法求解获得的图形，两种结果非常接近，说明基于等倾线解高阶非线性微分方程的方法的求解精度较高，同时也提供了一种利用等倾线绘制高阶非线性系统相平面的方法.

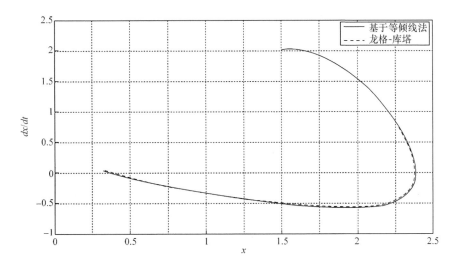

图 3.15 系统相平面 $(x, x^{(1)})$ 的相轨迹图

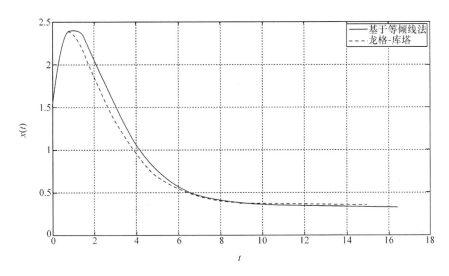

图 3.16 系统时域解 $x(t)$

5. 小结

本小节介绍了等倾线在解决系统问题时的应用:利用等倾线绘制相轨迹图,基于等倾线法求解高阶非线性微分方程,利用垂直等倾线和水平等倾线判断奇点附近的定性结构.

数值算例表明等倾线法求取相轨迹是一种很实用的方法,不仅可以画出二阶系统 $(x, \dot{x})$ 相平面上的相轨迹,而且可以通过多步递推求取 $(x^{(m)}, x^{(m+1)})$ 相平面上相轨迹点($m=n-2,n-3,\cdots,1$),最终求取高阶微分方程($x,\dot{x}$)相平面上的相轨迹点.所得结果与龙格-库塔方法所得结果很接近,说明基于等倾线绘制的系统相图有比较好的精度.

3.2　吸引子与分岔[1-3]

3.2.1　吸引子与目的性

提出吸引子概念是为了描述系统的目的性(系统的一种动力学特性).系统从暂态向稳定定态的运动过程,即系统寻找目的的过程,系统的定态不是单纯由系统自身决定的,还同环境紧密相关.

不同的领域关于吸引子的定义是不同的.

定义 3.9　动态系统的吸引子

动态系统相轨空间中满足如下三个属性的点的集合,称为动态系统的吸引子(attractor),也称为汇(sink).

(1) 终极性.

吸引子代表系统演化行为达到的终极状态.在这些状态里,不再具有改变这种状态的动力(必为系统的定态).

(2) 稳定性.

在这些系统状态上,它们本身具有抵制干扰、保持自身特性的能力,体现系统自身质的规定性(必为稳定定态).

(3) 吸引性.

系统的这些状态对周围的其他状态或轨道具有吸引性.

从映射角度也可以定义吸引子概念如下:

(1) 假设 f 为一给定的映射.若集合 X^* 满足 $f(X^*)=X^*$,则称 X^* 为 f 的不变集.

(2) 若 X^* 为 $f:R^n \rightarrow R^n$ 的非空不变集,x 满足 $f^n(x) \rightarrow x^* \in X^*$,则称 x^* 为不变集 X^* 的吸引点.不变集 X^* 的吸引点的全体称为 X^* 的吸引域,记为 $A(X^*)$.若存在开集 U 使得 $A(X^*) \supset U \supset X^*$,则称 X^* 为 f 的一个吸引子,其中,$f^n(x)=f(f^{n-1}(x))$.

终极性和稳定性都比较容易理解,究竟什么是吸引性呢?

定义 3.10　吸引性

对于动态系统的解 $\Phi(t)$,$X(t)$ 为系统满足 $X(t_0)=x_0$ 的任意解.若 $\exists \delta_0 > 0$,使得当 $|X(t_0)-\Phi(t_0)| < \delta_0$ 时,

$$\lim_{t \rightarrow \infty} |X(t)-\Phi(t)| = 0 \tag{3.40}$$

注记 3.5　吸引性与稳定性是两个相互独立的属性. 例如,自治系统的中心点是稳定的,但不具有吸引性. 也存在有吸引性而不满足 Lyapunov 稳定性要求的定态. 例如,系统

$$\theta' = 1 - \cos\theta$$

中,$\theta = 0$ 为不动点,对 $t \to \infty$ 时所有轨道均有吸引力. 但非 Lyapunov 稳定的.

常见的吸引子包括:

(1) 焦点和结点,代表系统的平衡运动;

(2) 极限环,代表系统的周期运动;

(3) 环面,代表拟周期运动;

(4) 奇怪吸引子(strange attractor),代表系统的混沌运动;

(5) 混沌边缘(edge of chaos),代表介于有序(前三类)和混沌之间的运动体制.

针对吸引域,有一种形象说法,每个吸引子在相空间都在自己周围划分出一定的"势力范围",凡是以那个范围内的点为初态而开始的轨道都趋向于该吸引子. 相空间中这样的点集合,称为吸引子的"吸引域".

相对应地,还可以定义排斥子.

定义 3.11　相空间还存在一类特殊的点或点集合,它们对于周围的任何轨道均是排斥的,从附近任何点开始的轨道随着时间的展开将离开该点或点集合而远去,称为"排斥子"(也称为源 source,与上文的汇相对应).

定义 3.12　取定控制参量的一组数值,在相空间用几何图形直观表示出系统所有可能的定态,标明定态的类型、个数、分布以及每个定态周围的轨道特性和走向,这种图像称为系统的相图(phase portrait).

线性系统只可能有不动点型定态,不可能有极限环或其他更复杂的定态. 线性系统至多可能有一个吸引子. 当存在吸引子时,线性系统的整个相空间都是它的吸引域,吸引子刻画了系统在整个相空间的行为特征. 而非线性系统相图比线性系统的相图丰富得多,各种不动点和平面、空间极限环、奇怪吸引子、混沌边缘均可能出现.

非线性系统常是多种定态并存. 多个吸引子并存,必然把整个相空间划分为不同的吸引域.

同一系统具有多个吸引子,标明系统有多种演化结果(终态). 初态落在哪个吸引域,系统就以哪个吸引子为终态(目的态)而演化. 因此,系统初态的选择就决定其演化结果.

建立系统演化方程后,吸引子理论(动态系统理论)主要讨论系统如下问题:

(1) 是否有吸引子;

(2) 有多少吸引子;

（3）有哪些类型的吸引子；

（4）吸引子在相空间如何分布，即如何划分吸引域；

（5）与控制参数有何关系.

3.2.2　分岔

状态空间是在给定控制参量的前提下建立的. 控制参量的不同取值代表不同的系统. 在参量空间研究的是具有相同系统结构（相同数学结构的演化方程）的系统族.

控制参量的变化，不改变系统演化方程的数学结构，但能改变系统（尤其是非线性系统）的动力学特性、系统相图结构、系统的定态（从无到有、从有到无），稳定性、定态类型、个数及其在相空间分布.

系统稳定性是指在状态空间研究系统状态（系统解）随时间演化的稳定性.

而系统结构的稳定性是指在控制参量空间研究系统定性特征（定态类型、个数及稳定性）的变化. 具体而言，如果给定控制参量的小的扰动，不会引起系统相图的定性性质（定态的类型、个数、稳定性等）的变化，则系统结构是稳定的，否则称系统结构是不稳定的.

定义 3.13　分岔（bifurcation）

对于非线性自治系统 $\dfrac{dx}{dt} = F(x, c)$，如果控制参量 c 在某个值 c_0 附近的微小改变，将引起系统如下之一的定性性质的改变：

（1）定态的创生或消亡；

（2）稳定性的转变；

（3）原稳定性的定态失去稳定性，同时产生一个或几个新的属于同一类型的稳定定态；

（4）由某一定态改变为其他类型的定态；

（5）相空间中定态的分布发生改变.

这种现象称为分岔现象，c_0 称为系统的一个分岔值（点）.

如 van der Pol 方程，$c=0$ 为其分岔点，说明 $c>0$ 与 $c<0$（正阻尼与负阻尼）系统存在着本质的差别：

$c>0$ 时，存在稳定极限环；

$c=0$ 时，系统有唯一定态 $(0, 0)$，为其中心点；

$c<0$ 时，系统有唯一平衡点 $(0, 0)$.

线性系统也可能出现分岔（只能出现情形（1），（2））；分岔是非线性系统的普遍现象.

确定分岔发生的条件、分岔点的类型与个数、判别分岔解的稳定性是研究动态系统的重要内容.

1. 鞍结分岔

讨论一阶系统 $\dfrac{dx}{dt}=a+x^2$，a 为参量.

$a>0$ 时，系统没有定态；

$a=0$ 时，有唯一定态；

$a<0$ 时，有两个定态，其中 $x=-\sqrt{-a}$ 是稳定的，$x=\sqrt{-a}$ 是不稳定点.

控制参量的变化，引起系统定态的创生或消亡，且产生的定态是半稳定的. 这样的分岔点称为鞍结点，这样的分岔称为鞍结分岔（saddle-node bifurcation）.

2. 跨临界分岔

考察系统

$$\frac{dx}{dt}=ax-x^2 \tag{3.41}$$

不动点为 $x_1=0$，$x_2=a$.

$a>0$ 时，$x_2=a$ 稳定，$x_1=0$ 不稳定；

$a<0$ 时，$x_1=0$ 稳定，$x_2=a$ 不稳定.

因此，$a=0$ 为其分岔点，且这种分岔是由于定态稳定性发生转换. 这样的分岔称为跨临界分岔（transcritical bifurcation），这样的分岔点称为跨临界分岔点.

3. 叉式分岔

考虑 $\dfrac{dx}{dt}=ax-x^3$.

当 $a<0$ 时，有唯一稳定平衡点 $x=0$；

当 $a>0$ 时，有三个平衡点：

$$x_1=0,\quad x_2=\sqrt{a},\quad x_3=-\sqrt{a} \tag{3.42}$$

且第一个解不是稳定的，后两个解为稳定的.

因此，$a=0$ 为分岔点. 当 a 从负值增大跨越分岔点时，系统既有新的定态的创生，又有稳定性的交换，且不动点的创生或消亡总是成对出现. 这样的分岔点称为叉式分岔点，这样的分岔现象称为叉式分岔（pitchfork bifurcation）.

叉式分岔有两种：一种是超临界（supercritical）叉式分岔，特点是控制参量由小到大超越临界点时出现分岔. 另一种是亚临界（subcritical）叉式分岔，特点是控制参量由大到小超越临界点时出现分岔.

4. 单焦点分岔为极限环

连续动态系统中,不动点的分岔发生在特征值 λ 的实部 $\mathrm{Re}\lambda=0$ 处.

如果有两个复共轭特征值

$$\lambda_1=\lambda'+\mathrm{i}\omega, \quad \lambda_2=\lambda'-\mathrm{i}\omega \tag{3.43}$$

在复平面由上方或下方穿过虚轴. 在 λ' 由负变正的过程中, $\lambda'=0$ 为分岔点,分岔前的定态为一个稳定焦点,分岔后该点失稳,生出一个稳定极限环,称为 Hopf 分岔,如图 3.17 所示.

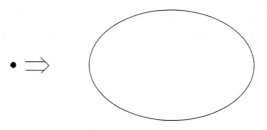

图 3.17　稳定焦点失稳生成稳定极限环的示意图

许多情形下,控制参量的改变可能引起原来稳定的极限环失稳,分岔出新的极限环. 一种典型情形是单个实数变正,原极限环失稳,分岔出两个新的稳定极限环,如图 3.18 所示.

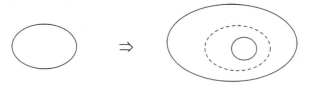

图 3.18　极限环失稳生成两个稳定极限环的示意图

5. 环面分岔

控制参量变化还可能引起从极限环分岔出环面,或者从环面分岔出另一同维环面(类似于从极限环分岔出新的极限环),或者从低维环面分岔出高维环面.

6. 有序吸引子分岔出奇怪吸引子

不动点、极限环和环面都属于简单有序运动的吸引子. 控制参量的进一步变化还有可能导致平庸吸引子失稳,出现奇怪吸引子.

一般情况下,在控制变量的变化全过程中,系统会出现系列前后相继的分岔,而且系统后续演化所建立的定态,与前面所经历的分岔路径密切相关.

当系统在分岔点上存在两个或两个以上的稳定新解时,系统选择新的稳定解进行演化的基本方式有两种:

一是在没有外力作用下,新解是成对称出现的,有相同选择机会,新解的确定由偶然因素决定,这时称为自发对称破缺选择;

二是外部环境中存在作用,新稳定解不对称,系统将在外部因素诱导下打破对称而做出选择,这时称为诱导对称破缺选择.

3.3　突　变　论

从经典物理学的牛顿定律到爱因斯坦的相对论,基本上是研究各种连续的渐变过程.然而,自然界还存在跳跃式不连续的突然变化的瞬时过程,突变论就是研究各种不连续变化的数学模型.

3.3.1　突变[1-3]

系统的演化行为可分为渐变与突变两种方式.客观世界存在着两种不同的基本形式:一种是光滑的连续的不断变化,如有机体的连续生长、地球绕太阳连续不断地旋转、江水的连续流动等.基于微积分的理论对系统演化行为的渐变可以给予充分的描述.

另一种变化是不连续的飞跃,如细胞的分裂,火山、泥石流、山体滑坡、地震、海啸的爆发等.这些事物从性状的一种形式突然跃迁到根本不同形式的不连续变化,都包含突然变化的瞬时过程,将这种过程称为突变.基于微分方程定性理论的动力学对研究系统演化行为的突变可起到指导性作用.

"突变"在不同领域有不同的含义.在生物遗传学中,突变意味着遗传物质发生变异而影响其形状表现.系统演化概念中,突变意味着系统定性性质的突然改变.而渐变相对于突变而言是指系统定性性质随时间的缓慢演化以及控制参量的不显著变化.

突变现象造成的不连续变化过程,导致传统微积分无能为力.法国托姆(R. Thom)教授在总结前人研究的基础上,于 1969 年发表了有关突变论的论文《生态学的拓扑学模型》,1972 年又出版了《结构稳定性与形态发生学》名著.该书用拓扑学、奇点和稳定性等数学理论来研究自然界和社会现象中的多种形态、结构的非连续突变,系统阐述了突变理论,奠定了突变理论的基础,标志着突变论的诞生.托姆由于其突出贡献获得了菲尔兹奖.

突变现象表现出的一个共同特点是外界条件的微变导致系统宏观状态的剧变,这只有在非线性系统中才能出现.在线性系统中,外界条件的连续变化只能导致系统状态成比例连续变化;在非线性系统中,外界条件的连续变化可以导致系统状态不连续的突变.突变论是研究系统的状态随外界控制参数连续改变而发生不连续变化的数学理论,是用拓扑学的方法对分支理论的发展.它提供了一种研究跃迁、不连续性和突然质变的更普遍的数学方法.因此,可认为突变理论是研究不连续变化的数学模型.

突变是系统状态的一种客观变化方式,既有其灾难性的一面,需加以控制,又有其积极的一面,需正确加以引导,使其向有利于系统整体涌现性的一方面进行突变.

从系统科学的角度看,渐变导致突变对应着结构稳定与结构不稳定的相互转化.处处结构稳定的系统不可能发生突变,处处结构不稳定的系统不可能存在.既存在结构稳定的区域又存在结构不稳定区域的系统才可能出现从渐变到突变的转化.

3.3.2　奇点理论与拓扑等价[1-3]

突变理论的数学基础主要涉及现代数学中的群论、流形、映射的奇点理论,特别是拓扑学方法.

所谓奇点是相对正则点而言的.一般来说,正则点是大量的,而奇点则是个别的.

突变理论主要考虑某种系统或过程,从一种稳定态到另一种稳定态的跃迁.所谓稳定态是指系统或过程某一状态的持续出现.一个系统所处的状态可用一组参数来描述,当系统处于稳定态时,该系统状态的某个函数取唯一的极值,如能量取极小、熵取极大值等.当参数可在某个范围内变化时,该函数如果存在多个极值时,系统必定处于不稳定状态.

从数学的角度考虑一个系统是否稳定,常需求出某函数的极值,即求函数导数为零的点,这点就是最简单的奇点,或称临界点.

设函数为 $F_{uv}(x)=0$,其中 u,v 为参数.求函数 $F_{uv}(x)$ 的临界点就是当给定 u,v 时,求下列微分方程的解,

$$\frac{dF_{uv}(x)}{dx}=0 \tag{3.44}$$

如果可以得到一个或几个临界点 x,临界点可视为参数 u,v 的单值或多值函数,记为 $x=l(u,v)$.显然,这样的函数在几何上可以确定一个三维欧氏空间,即 (u,v,x) 中的一个曲面,即临界点的集合,称临界曲面.使函数取极值的点称为稳定点,临界点不一定是稳定点,所以临界点可能使系统稳定或不稳定.

如果两个几何对象之一可以连续变形到另一个无任何撕裂或无不同点的黏合,一一对应,则将它们看作拓扑等价.如果两个几何对象拓扑等价,则经拓扑变换后它们的性质会保持不变,即结构稳定.例如,对于一个动力系统,如果控制参数连

续变化,相空间的奇点数目以及吸引子、排斥子的性质不变.尽管奇点周围轨线分布形状发生了变化,我们认为它的结构没变,即变化前后是拓扑等价的.

突变理论是在更一般的意义上研究分支点集的拓扑结构不变性.

3.3.3　势函数与剖分引理[1-3]

奇点的稳定性可由势函数的二阶导数来确定,势函数的极小值点为吸引子,极大值点为排斥子.势函数的梯度 $\nabla V=0$ 确定了奇点,而奇点的性质由它的二阶偏导数矩阵(3.46)来确定,其中

$$V_{ij}=\frac{\partial^2 V}{\partial x_i \partial x_j}, \quad i,j=1,2,\cdots,n \tag{3.45}$$

矩阵

$$\begin{bmatrix} \frac{\partial^2 V}{\partial x_1^2} & \frac{\partial^2 V}{\partial x_1 \partial x_2} & \frac{\partial^2 V}{\partial x_1 \partial x_3} & \cdots & \frac{\partial^2 V}{\partial x_1 \partial x_n} \\ \frac{\partial^2 V}{\partial x_2 \partial x_1} & \frac{\partial^2 V}{\partial x_2^2} & \frac{\partial^2 V}{\partial x_2 \partial x_3} & \cdots & \frac{\partial^2 V}{\partial x_2 \partial x_n} \\ \vdots & \vdots & \vdots & & \vdots \\ \frac{\partial^2 V}{\partial x_n \partial x_1} & \frac{\partial^2 V}{\partial x_n \partial x_2} & \frac{\partial^2 V}{\partial x_n \partial x_3} & \cdots & \frac{\partial^2 V}{\partial x_n^2} \end{bmatrix} \tag{3.46}$$

称为 Hessian 矩阵.

若 Hessian 矩阵的行列式 $\det(V_{ij})\neq 0$,则由 $\nabla V=0$ 确定的奇点,称为孤立奇点(或称 Morse 奇点). Hessian 矩阵是对称的,经过线性变换(如正交变换)可化为对角阵,对角元 $\omega_1,\omega_2,\cdots,\omega_n$ 为 Hessian 矩阵的特征值.

奇点与控制参数有关,故特征值也是控制参数的函数.如果在控制参数 u_1, $u_2,\cdots,u_m$ 取某些特定值时 $\omega_i,i=1,\cdots,l$ 为 0,则 Hessian 矩阵就不是满秩矩阵,此时由 $\nabla V=0$ 确定的奇点是非孤立奇点(或非 Morse 奇点),l 是 Hessian 矩阵的余秩数,Hessian 矩阵的秩为 $n-l$.

势函数 $V(\{x_i\},\{u_a\})$ 可在奇点附近按照 Taylor 级数展开.假定奇点取在相空间原点,这样的展开式中常数项可取为 0.由奇点的定义,一阶偏导数 $\nabla V=0$.于是

$$V(\{x_i\},\{u_a\}) = \sum_{i=1}^n \omega_i x_i^2 + O(x_i^3) \tag{3.47}$$

假如上式已通过线性变换将 Hessian 矩阵化为对角形,Hessian 矩阵的秩为 n,则奇点性质会完全由 Hessian 矩阵的特征值 ω_i 来决定.高次项不起作用,这时的势函数称为 Morse 势,它的结构是稳定的.

如果 Hessian 矩阵的秩为 $n-l$,则 $\omega_i,i=1,\cdots,l$ 为 0,二阶偏导数不能决定状

态变量 $x_1, x_2, \cdots, x_l$ 的奇点性质,必须考虑势函数对其的三阶偏导数.这样,余秩数为 l 的 Hessian 矩阵可将势函数分为 Morse 部分和非 Morse 部分,即

$$V(\{x_i\}, \{u_a\}) \approx \sum_{i=1}^{n} \omega_i x_i^2 + V_{NM}(x_i^3) \tag{3.48}$$

其中 $\sum_{i=1}^{n} \omega_i x_i^2$ 是孤立奇点对应的 Morse 部分,$V_{NM}(x_i^3)$ 是非孤立奇点对应的非 Morse 部分,即势函数对变量的三阶偏导数或更高阶次的项.

这里结构不稳定的状态变量只限于 $x_i, i=1, \cdots, l$,其余状态变量均与势函数的性质无关,因而可忽略.这一结果表明,势函数可剖分为 Morse 部分和非 Morse 部分;同时,状态变量也相应剖分为两部分:与结构稳定有关的实质性变量和与结构无关的非实质性变量.这一结论称为剖分引理,在分析突变类型时,可将第二部分略去不考虑.因此,可能出现的突变类型的数目不取决于状态变量的数目,而取决于实质性变量的数目 l,即 Hessian 矩阵的余秩数.

3.3.4　突变的主要特征

突变现象的基本特征如下.

(1) 多稳态.

突变系统一般具有两个或两个以上的稳定定态.参数空间的一点可以对应系统的多重定态解,因此,系统才可能在渐近稳定的定态解之间跃迁,出现突变.多重定态解的根源是系统的非线性,因此,突变只有在非线性系统中才会出现.

一个参量的一维系统的折叠突变只有一个稳定定态,一维系统两个控制参量的尖拐突变具有两个稳定定态.

(2) 不可达性.

在不同稳定定态之间存在不稳定的定态(极大点、中叶),它们在实际上是不可能实现的定态.

(3) 突跳.

在分岔曲线的尖点,系统从一个稳定定态到另一个稳定定态的转变是突然完成的.

(4) 滞后.

在非尖点处,系统的突变(从一个稳定态到另一个稳定态的转变)不是立即发生,且这种滞后现象随着控制参量不同的变化方向而不同.

(5) 发散.

在分岔点附近系统终态对控制参量变化路径的敏感依赖性,称为发散.从参量空间看,系统的最终走向只在分岔曲线附近才敏感.

3.3.5　基本突变类型[1-3]

当实质性状态变量不多于 2,余秩数不大于 4 时,所有可能出现的突变类型,托姆称之为初等突变或基本突变.

假定一个系统的动力学可以由一个光滑的势函数导出,托姆用拓扑学方法证明了:可能出现性质不同的不连续构造的数目并不取决于状态变量的数目,而取决于控制变量的数目.按照托姆突变理论分类定理,自然界和社会现象中的大量不连续现象,可由某些特定的几何形状来表示.只要控制参量的个数不超过 5,那么按某种意义的等价性分类,总共有 11 种突变类型.但发生在三维空间和一维时间的四个因子控制下的初等突变,概括起来只有 7 种性质的基本类型,见表 3.1.

表 3.1　基本突变类型表

突变类型	控制参数数目	势函数
折叠(fold)	1	$V(x)=x^3+ux$
尖拐	2	$V(x)=x^4+ux^2+vx$
燕尾	3	$V(x)=x^5+ux^3+vx^2+wx$
蝴蝶	4	$V(x)=x^6+tx^4+ux^3+vx^2+wx$
椭圆脐	3	$V(x,y)=x^3-xy^2+w(x^2+y^2)+ux+vy$
双曲脐	3	$V(x,y)=x^3+y^3+wxy+ux+vy$
抛物脐	4	$V(x,y)=y^4+x^2y+wx^2+ty^2+ux+vy$

根据 $\nabla V=0$ 可以确定平衡曲面,进一步得到初等突变的基本类型图如图 3.19 所示.

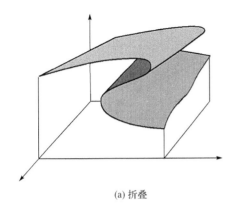

(a) 折叠

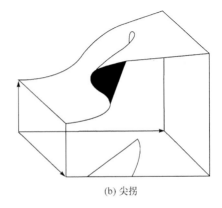

(b) 尖拐

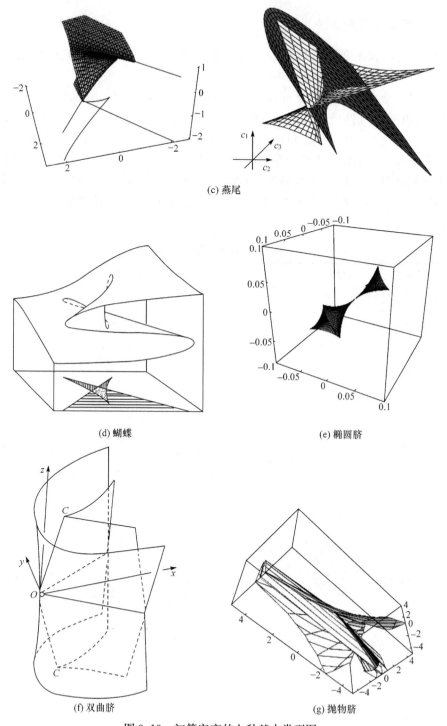

(c) 燕尾

(d) 蝴蝶　　　　　　　　　　　(e) 椭圆脐

(f) 双曲脐　　　　　　　　　　(g) 抛物脐

图 3.19　初等突变的七种基本类型图

　　梯度系统(有势系统)的突变称为初等突变,其基本类型主要由控制参量的个数决定.

　　这里讨论的突变主要是系统状态随控制参量的变化而发生的突变,甚至将突变等价于分岔.显然,分岔是一种突变,但突变不仅仅是分岔.

　　例 3.6　考虑梯度系统:$\dfrac{dx}{dt}=f(x)$.其势函数如下:

$$V(x)=x^4+ax^2+bx \tag{3.49}$$

该系统的不动点(唯一类型的定态)满足方程

$$4x^3+2ax+b=0 \tag{3.50}$$

它在相空间与参量空间的乘积 a-b-x 为曲面 M.从原点开始,在 $a\leqslant0$ 的半空间中,M 有一个逐渐展开的三叶折叠区,上下叶为 $V(x)$ 的极小点,中叶是 $V(x)$ 的极大点,如图 3.20 所示.

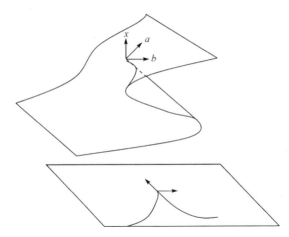

图 3.20　势函数不动点及分岔点图

　　折叠曲面的二条棱(上叶与中叶,中叶与下叶的分界线)具有重要的动力学意义:在上下叶上,$V(x)$ 稳定,在中叶上,$V(x)$ 不稳定.两条棱的方程满足式(3.50)及

$$12x^2+2a=0 \tag{3.51}$$

故而:$x^2=-\dfrac{a}{6}$,又 $b^2=4x^2\,(a+2x^2)^2$,即

$$8a^3+27b^2=0 \tag{3.52}$$

它在 a-b 平面上为过$(0,0)$的尖拐曲线,其上每点都是系统的分岔点,称为系统的分岔曲线.

3.4　案　　例

3.4.1　系统稳定性分析案例

本节介绍种群模型,以微分方程为工具分析种群的稳定性、增长与变化规律,包括 Malthus 模型、Logistic(逻辑斯蒂)模型及可开发的单种群模型、弱肉强食模型等.

1. Malthus 模型

设 $p(t)$ 表示给定的物种在时刻 t 的总数;$r(t,p)$ 表示该物种在时刻 t 出生率与死亡率之差,称为自然增长率.

假设 r 为常数,则种群的增长规律可以用以下微分方程表示:

$$\frac{dp}{dt}=r \cdot p(t) \qquad\qquad (3.53)$$

(3.53)式称为单一种群的 Malthus 模型,若设初值为 $p(t_0)=p_0$,则(3.53)式的解为

$$p(t)=p_0 e^{r(t-t_0)} \qquad\qquad (3.54)$$

由于其增长形式为指数形式,故该模型又称为指数增长模型.

在这个模型下,种群中个体数量翻一番的时间是固定的:

$$2p_0=p_0 e^{rt} \Rightarrow t=\frac{\ln 2}{r}$$

Malthus 模型的不合理性在于没有反映出以下情形,即当种群群体庞大到一定程度时,群体中个体之间要为有限的生存空间及资源而进行竞争.因此线性微分方程(3.53)必须再加上一个竞争项.

2. Logistic 模型

用某种昆虫做实验,结果表明,单位时间内两个成员发生冲突的次数的统计平均与 p^2(种群数目的平方)成比例,故这个竞争项的一个合理的选择是 $-bp^2$,其中 b 是常数.

$$\frac{dp}{dt}=rp-bp^2 \qquad\qquad (3.55)$$

此模型称为阻滞增长模型,是由比利时数学家 Verhulst 在 1838 年提出的,又称为 Logistic 模型.

当初值 $p(t_0)=p_0$ 给定时,(3.39)式的解为

$$p(t)=\frac{rp_0}{bp_0+(r-bp_0)e^{-r(t-t_0)}}$$

其变化曲线见图 3.21.

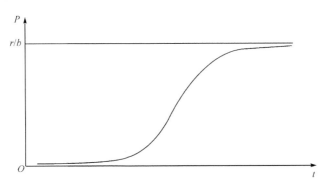

图 3.21　Logistic 模型解的趋势

注意到 $p(t)\to\dfrac{r}{b}(t\to\infty)$，于是，不论取什么初值，群体规模总是小于并且趋于极限值 r/b，这个极限值的实际意义是环境资源对该种群的最大容纳量，记为 $N=r/b$，则方程 (3.39) 可以写为更常见的形式

$$\frac{dp}{dt}=rp\left(1-\frac{p}{N}\right)$$

其中 r 是固有增长率，N 是环境资源对该种群的最大容量.

上述 Logistic 模型曾被用于对 1790~1950 年美国人口的数量作预测，与实际数据相当吻合，误差不超过 2.5%.

3. 可开发的单种群模型

考察一个渔场，我们要建立一个在有捕捞条件下鱼的总量所满足的方程，并且在稳定的前提下讨论如何控制捕捞使持续产量最大.

记 t 时刻渔场鱼的总量为 $p(t)$，r 为固有增长率，N 为环境资源允许的最大鱼量，且满足以下假设：

(1) 在无捕捞条件下，$p(t)$ 服从 Logistic 模型

$$\frac{dp}{dt}=f(p)=rp\left(1-\frac{p}{N}\right) \tag{3.56}$$

(2) 单位时间的捕捞量 h 与渔场鱼量成正比，比例系数为 k，表示单位时间捕捞率. 于是

$$h(p)=kp$$

模型建立如下.

记 $F(p)=f(p)-h(p)$,则在有捕捞条件下渔场鱼量的增长模型为

$$\frac{dp}{dt}=F(p)=rp\left(1-\frac{p}{N}\right)-kp \tag{3.57}$$

由本问题的目标出发,我们关心的是渔场中鱼量达到稳定的平衡状态时的情形,而不必知道每一时刻的鱼量变化情况,故不需要解出方程,只需要讨论方程(3.57)的平衡点并分析其稳定性.平衡点即为满足 $F(p)=0$ 的点.

令 $F(p)=rp\left(1-\frac{p}{N}\right)-kp=0$,解得(3.57)的两个平衡点为

$$p_0=N\left(1-\frac{k}{r}\right),\quad p_1=0$$

容易算出

$$F'(p_0)=k-r,\quad F'(p_1)=r-k$$

称平衡点 p^* 是稳定的是指:对方程(3.57)的任一个解 $p=p(t)$,恒有

$$\lim_{t\to\infty}p(t)=p^* \tag{3.58}$$

判断平衡点 p^* 是否稳定,可以通过(3.58)式判别,但这需要解方程(3.57).

另一种判别法是根据一阶近似方程判断

$$\frac{dp}{dt}=F(p)=F'(p^*)(p-p^*)$$

近似方程(3.58)的一般解为

$$p(t)=Ce^{F'(p^*)t}+p^*$$

于是有下述结论:

若 $F'(p^*)<0$,则 p^* 是稳定平衡点.

若 $F'(p^*)>0$,则 p^* 不是稳定平衡点.

由于 $F'(p_0)=k-r,F'(p_1)=r-k$,所以

(1) 当 $k<r$ 时,$F'(p_0)<0,F'(p_1)>0$,p_0 是稳定平衡点,p_1 不是;

(2) 当 $k>r$ 时,$F'(p_0)>0,F'(p_1)<0$,p_1 是稳定平衡点,p_0 不是;

这里 $k<r$ 的意义是:捕捞强度不超过增长率,则鱼群数量会趋于一个稳定非零值,注意这里 p_1 为 0;$k>r$ 的意义是:当捕捞强度超过增长率,则鱼群数量会趋于零值.

当捕捞适度(即 $k<r$ 时),可使渔场产量稳定在

$$p_0=N\left(1-\frac{k}{r}\right)$$

从而获得持续产量 $h(p_0)=kp_0$.

而当捕捞过度(即 $k>r$ 时),渔场产量将减至 $p_1=0$,破坏性捕捞,从而是不可持续的.

注意到任意小于 r 的 k 都可以达到稳定,那么到底 k 为多少可以使得产量最大呢?就要求函数 h 的最值.如何控制捕捞强度 k,使得持续产量 $h(p_0)=kp_0$ 最大?

由于

$$h(p_0)=kp_0=N\left(1-\frac{k}{r}\right)\cdot k$$

$$\frac{dh}{dk}=N\left(1-\frac{2k}{r}\right)=0 \Rightarrow k_m=\frac{r}{2}$$

对应地,

$$h_m=\frac{r}{2}N\left(1-\frac{1}{2}\right)=\frac{rN}{4}, \quad p_m=\frac{N}{2}$$

因此可得结论如下:

当控制捕捞强度 $k_m=\dfrac{r}{2}$,使渔场产量 p_m 保持在最大鱼量 N 的一半时,可以

获得最大的持续产量 $h_m=\dfrac{rN}{4}$.

4. 弱肉强食模型

弱肉强食模型,生态学上称为食饵(prey)-捕食者(predator)系统,简称为 P-P 系统[11-13].

20 世纪 20 年代中期,意大利生物学家 D'Ancona 研究鱼类种群间的制约关系.在研究过程中,他偶然注意到了在第一次世界大战时期,地中海各个港口的捕鱼资料中,鲨鱼等(捕食者)鱼类的比例有明显的提高(表 3.2).

表 3.2 鲨鱼比例变化数据

年份	1914	1915	1916	1917	1918	1919	1920	1921	1922
鲨鱼比例/%	11.9	21.4	22.1	21.2	36.4	27.3	16.0	15.9	14.8

由于无法解释这种现象,于是他求助于著名意大利数学家 Volterra,希望能帮助建立一个 P-P 系统的数学模型,来解释这种现象.

建立的 Volterra 模型如下.

设食饵数量为 $x_1(t)$,捕食者数量为 $x_2(t)$.

第一步:只考虑食饵.假定大海的资源非常丰富,食饵之间不存在竞争,则 $x_1(t)$ 将以固有增长率 r_1 的速度无限增长,即:$x_1'=r_1x_1$.

第二步:考虑到捕食者的存在,食饵的增长将受到限制,设降低的程度与捕食者数量成正比,即

$$x_1' = x_1(r_1 - \alpha_1 x_2) \tag{3.59}$$

比例系数 α_1 反映捕食者的捕食能力.

第三步:捕食者离开食饵无法生存,设其自然死亡率为 $r_2(>0)$,则 $x_2' = -r_2 x_2$. 而食饵为它提供食物的作用相当于使其死亡率降低,促进了其增长. 设这个作用与食饵数量成正比,于是

$$x_2' = x_2(-r_2 + \alpha_2 x_1) \tag{3.60}$$

比例系数 α_2 反映食饵对捕食者的供养能力.

方程(3.59),(3.60)表示在正常的情况下,两类鱼相互之间的影响关系.

解方程组

$$\begin{cases} x_1' = x_1(r_1 - \alpha_1 x_2) = 0 \\ x_2' = x_2(-r_2 + \alpha_2 x_1) = 0 \end{cases}$$

得到方程组(3.59),(3.60)的平衡点为

$$P_0 = \left(\frac{r_2}{\alpha_2}, \frac{r_1}{\alpha_1}\right), \quad P_1 = (0,0)$$

仍用线性化的方法研究平衡点的稳定性.

$$a_{11} = f_{x_1} = r_1 - \alpha_1 x_2, \quad a_{12} = f_{x_2} = -\alpha_1 x_1$$
$$a_{21} = g_{x_1} = \alpha_2 x_2, \quad a_{22} = g_{x_2} = -r_2 + \alpha_2 x_1$$

对于 $P_1(0,0)$点,$a_{11} = r_1, a_{12} = 0, a_{21} = 0, a_{22} = -r_2$,故特征根满足有 $\lambda_1 = r_1$,$\lambda_2 = -r_2$,此时两个特征根为异号实数,故 $P_1(0,0)$点不稳定.

对于 $P_0 = \left(\frac{r_2}{\alpha_2}, \frac{r_1}{\alpha_1}\right)$,$a_{11} = 0, a_{12} = -\frac{\alpha_1 r_2}{\alpha_2}, a_{21} = \frac{\alpha_2 r_1}{\alpha_1}, a_{22} = 0$,特征方程为

$$\lambda^2 + r_1 r_2 = 0$$

此时,两个特征根是共轭复数,实部为 0,故无法直接判断平衡点稳定性.

为分析解的渐进行为,一种变通方法是到相空间中去分析解轨迹的图形. 在(3.59),(3.60)中消去 dt,得

$$\frac{dx_1}{dx_2} = \frac{x_1(r_1 - \alpha_1 x_2)}{x_2(-r_2 + \alpha_2 x_1)}$$
$$\Rightarrow \frac{-r_2 + \alpha_2 x_1}{x_1} dx_1 = \frac{r_1 - \alpha_1 x_2}{x_2} dx_2$$
$$\Rightarrow -r_2 \ln x_1 + \alpha_2 x_1 = r_1 \ln x_2 - \alpha_1 x_2 + C_1$$
$$\Rightarrow (x_1^{r_1} e^{-\alpha_2 x_1})(x_2^{r_2} e^{-\alpha_1 x_2}) = C$$

进一步,有定理 3.3.

定理 3.3 当 $x_1, x_2 > 0$ 时,方程

$$(x_1^{r_1} e^{-\alpha_2 x_1})(x_2^{r_2} e^{-\alpha_1 x_2}) = C \tag{3.61}$$

定义了一族封闭曲线. 如图 3.22 所示.

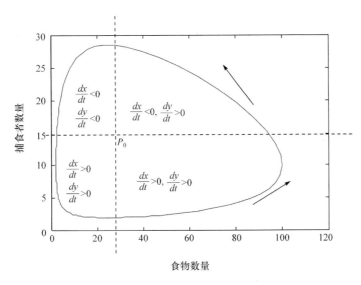

图 3.22　弱肉强食模型的解趋势

图中轨线是一族以平衡点 P_0 为中心的封闭曲线,方向为逆时针方向(由导数符号确定),且封闭轨线对应着方程(3.61)的周期解,所以 P_0 是不稳定的,可用一个周期内的平均值作为食饵与捕食者的近似值.

$$\overline{x}_1 = \frac{1}{T}\int_0^T x_1(t)dt = \frac{1}{T}\int_0^T \frac{1}{\alpha_2}\left(r_2 + \frac{\frac{dx_2}{dt}}{x_2}\right)dt = \frac{r_2}{\alpha_2} = x_1^0$$

$$\overline{x}_2 = \frac{1}{T}\int_0^T x_2(t)dt = \frac{1}{T}\int_0^T \frac{1}{\alpha_1}\left(r_1 - \frac{\frac{dx_1}{dt}}{x_1}\right)dt = \frac{r_1}{\alpha_1} = x_2^0$$

图 3.22 说明,随着食物数量增加,捕食者数量也增加,而捕食者数量不断增加导致食物数量减少,当食物减少到一定程度,影响到捕食者的数量,捕食者数量开始下降,由于捕食者数量的不断下降,食物的数量又开始增加,所以它们构成了一个循环.

模型解释如下:

(1) 捕食者死亡率的下降($r_2\downarrow$)或食饵对捕食者的供养能力的增加($\alpha_2\uparrow$),都将导致食饵的减少($x_1\downarrow$).

(2) 食饵增长率的下降 ($r_1\downarrow$),或捕食者的掠食能力的增加($\alpha_1\uparrow$),都将导致捕食者数量的减少($x_2\downarrow$).

(3) 周期性可以解释为当食用鱼大量增加时,鲨鱼由于有了丰富的食物而大量增加,从而大量的食用鱼被吞吃,数量急剧减少,反过来造成鲨鱼的减少,而鲨鱼的减少又促使食用鱼大量增加,如此循环往复,形成周期性.

下面用这个模型解释为什么战争时期捕捞量下降有利于鲨鱼繁殖的问题.

设表示捕捞能力的系数为 e,则相当于食饵的自然增长率由 r_1 下降为 r_1-e,捕食者的死亡率由 r_2 增加为 r_2+e.用 $y_1(t)$ 和 $y_2(t)$ 表示这种情况下食饵和捕食者的数量,平均数量为

$$\bar{y}_1=\frac{r_2+e}{\alpha_2}, \quad \bar{y}_2=\frac{r_1-e}{\alpha_1}$$

于是,$\bar{y}_1$ 关于 e 递增,$\bar{y}_2$ 关于 e 递减.捕捞得越多,则食用鱼数量增加;捕捞的越少,则食用鱼数量减少.这样,Volterra 模型便解释了 D'Ancona 提出的问题.

3.4.2　突变论应用[1-3]

对于能够定量描述的动力学系统,可以应用突变论进行定量研究.对于动力学难以定量描述的系统,如经济系统、社会系统等,可以定性应用突变论.在定性应用中,不仅描述系统的动力学方程未知,而且描述问题的状态变量及其个数也不能准确确定,只能凭借对问题的感性知识或实验做出推测.然而,以拓扑学为基础的突变论对这种推测提供了根据,使问题得到化简.剖分引理将状态变量分为实质性部分和非实质性部分,而突变只与实质性状态变量有关,实质性状态变量通常很少,只有一两个.这样,选择能代表突变发生的实质性状态变量就不难了.

在选择出实质性状态变量的基础上,应用突变论进一步确定控制参数,然后可用突变论结果进行解释和描述.

突变理论是突变现象的一个数学模型.它研究自然界和社会领域的不连续变化的突变现象,应用突变理论解释突变现象,对未来可能的突变进行预测,并控制突变的产生.

突变理论的应用很广,以下举几个具体应用例子.

(1) 经济系统中的应用.

突变理论在研究经济系统涨落问题中有重要的应用.在研究经济的分支进化问题中,当经济系统处于一种平衡状态(广义宏观平衡)时,即指包括物质形态的物料、货币、经济生态等在内的全部经济系统处在平衡态和近平衡线性区时,一些小的涨落和扰动的影响不足以使它脱离吸引子,而改变系统的稳定性.当系统发展到远离平衡阶段,一些涨落的放大足以突变到不同状态.任何一个国家的经济演化都是每个阶段不同涨落引起状态突变后的分支组合的过程.如果每次偏离平衡的涨落引导到另一次持续增长的相突变,这种历史过程是经济长期上升;相反则出现波动.如果波动有时间间隔,这就是周期循环,其关键是判断涨落因子和预测下期涨落可能出现的因子.

凯恩斯的均衡分析理论主要以总需求量作为涨落因子,以物价水平作为状态

变量. 在现实经济系统中, 涨落的因子很多, 凯恩斯的均衡分析中所使用的涨落因子是十分有限的, 在实际应用中需补充许多条件. 采用突变论和耗散结构论对经济系统在远离平衡非线性区进行分析, 认为一方面可能受物价稳定区域的吸引发生通货膨胀, 另一方面也可能突变至通货膨胀区. 因此, 开展利用突变理论与耗散结构理论预测未来经济的进化, 从而可为经济决策提供依据.

如双峰分布可以代表两种对立信息, 比如对某一资源开发的赞成与反对意见等. 此时有两个对立的或相互冲突的控制因子, 分别用 u, v 表示. 在最简单情形下, 根据两个参数 (u, v) 的决策过程可用势函数 $V(x) = x^4 + ux^2 + vx$ 表示, 这是尖拐突变的形式.

当代价低而效益高时, 决策者易做出积极投资的决策以期获得高效益. 随着市场变化, 获得更高效益将需要付出越来越高的代价, 到达一定投资额度时效益出现回落, 从尖点型折叠曲面顶叶向边缘移动, 到达边缘时发生突跳, 进入底叶曲面, 这表示从积极投资到停止继续投资的决策转变.

当代价很高而效益较低时, 起初的决策者拒绝投资. 随着经济形势发展出现代价降低而效益提高的转机后, 决策者的决策过程从底叶向折叠曲面边缘推进, 到达边缘时发生突变, 跳到顶叶上, 表示决策者从拒绝投资到积极投资的转变.

当代价和效益都不具明显优势时, 决策者处于犹豫不决的中立态度, 等待形势的发展, 此时需要对模型作一些修改后进一步讨论.

(2) 军事上的应用.

在军事领域, 尖点突变可用于分析一定战争环境下两军对阵. 或者相互对峙, 或者一方取胜, 另一方败北. 防线也可能固若金汤, 也可能顷刻瓦解. 借助突变论可研究一方取胜, 另一方溃败发生突变的条件, 以及攻方如何采取行动才能歼灭守方, 守方如何部署才可增强生存力等. 在军事领域已将突变模型研究与模拟作战技术所采用的蒙特卡罗方法相结合. 在美国科学家开发模拟尖点型突变程序的基础上, 欧洲科学家采用蒙特卡罗方法模拟空中正面攻击, 目标是突破对方的空中走廊. 通过计算机模拟程序在终端上可以形象展示各类条件下的作战态势变化.

(3) 在社会科学中的应用.

中国历史上的王朝盛衰是一个尖点突变模型. 过去曾有过"合久必分, 分久必合"的历史, 简而言之, 即在大统一状态与分裂割据状态之间来回变化. 这种变化可以视为突然发生, 即在相对较短的动乱时期中发生的. 显然, 这种演变过程很适合用一个尖点突变模型来描述. 其中的状态变量 (即社会情况) 可以如下取值: 分裂割据对应小值, 衰弱状态对应中等值, 太平盛世对应大值. 可以采用两个控制变量分析: 一个是维持中央集权的一体化调节力量, 它是用于决定并付诸实施的能力度量; 另一个是导致分裂割据的离心化力量, 有土地的兼并化程度、官僚机构的腐朽和膨胀程度、意识形态的变化等. 当离心力和一体化调节力量稍大时, 就必定通过突变方式来实现中央集权与封建割据状态的相互更迭.

思 考 题

1. 概述线性科学处理非线性问题的客观依据和基本方法.

2. 什么是非线性特性？试考察自然、社会、思维、工程中的非线性现象以说明"现实世界本质上是非线性的".

3. 试述线性与非线性的辩证关系,说明线性方法在非线性研究中的作用.

4. 非线性是现实世界无限多样性、丰富性、奇异性和复杂性的来源,为什么？

5. 理解分岔并举例.

6. 突变的特点,分岔与突变的联系与区别.

7. 分析下列各方程组有形如 $V(x,y)=ax^2+by^2$ 的 Lyapunov 函数.

(1) $\begin{cases} \dfrac{dx}{dt}=-x+2y^3, \\ \dfrac{dy}{dt}=-2xy^2; \end{cases}$ 　　　　(2) $\begin{cases} \dfrac{dx}{dt}=x^3-2y^3, \\ \dfrac{dy}{dt}=xy^2+x^2y+\dfrac{1}{2}y^3. \end{cases}$

8. 求下列各系统的 Lyapunov 函数.

(1) $\begin{cases} \dfrac{dx}{dt}=-x-y+(x-y)(x^2+y^2), \\ \dfrac{dy}{dt}=x-y+(x+y)(x^2+y^2); \end{cases}$ 　(2) $\begin{cases} \dfrac{dx}{dt}=-xy^6, \\ \dfrac{dy}{dt}=x^4y^3; \end{cases}$

(3) $\begin{cases} \dfrac{dx}{dt}=ax-xy^2, \\ \dfrac{dy}{dt}=2x^4y; \end{cases}$ 　　　　(4) $\begin{cases} \dfrac{dx}{dt}=y-xf(x,y), \\ \dfrac{dy}{dt}=-x-yf(x,y). \end{cases}$

9. 分析二维线性系统不动点的相图分布.

10. 分析吸引域的求解方法.

11. 查找案例,分析突变理论的实际应用.

参 考 文 献

[1] 许国志. 系统科学. 上海：上海科技教育出版社,2000.

[2] 李士勇,等. 非线性科学与复杂性科学. 哈尔滨：哈尔滨工业大学出版社,2006.

[3] 谭璐,姜璐. 系统科学导论. 北京：北京师范大学出版社,2013.

[4] 胡寿松. 自动控制原理. 4 版. 北京：科学出版社,2001:357-373.

[5] 马知恩,周义仓. 常微分方程定性与稳定性方法. 北京：科学出版社,2001:99-114.

[6] 张德祥,方斌. 基于等倾线法实现高阶非线性微分方程求解. 计算机仿真,2003,20(10):

60-61.

[7] 胡钦训,陆毓麒. 高次奇点在不定号情形下的定性分析. 北京工业学院学报,1981,(2):1-16.

[8] 刘启宽,陈冲,吕海炜. 关于 Huxley 方程高阶奇点的定性分析. 四川理工学院学报(自然科学版),2009,22(4):15-19.

[9] 张芷芬,丁同仁,黄文灶,等. 微分方程定性理论. 北京:科学出版社,1985:49-90.

[10] 东北师范大学微分方程教研室. 常微分方程. 2 版. 北京:高等教育出版社,2010.

[11] 姜启源. 数学模型. 北京:高等教育出版社,1992.

[12] Lucas W F. 微分方程模型. 朱煜民,译. 长沙:国防科技大学出版社,1988.

[13] Oliveria-Pinto F,Conolly B W. Applicable Mathematics of Non-Physical Phenomena. Chichester:Ellis Horwoood Limited,1982.

第4章 自组织:耗散结构论与协同学

本章介绍自组织系统及相关的自组织理论.自组织是复杂系统演化时出现的一种现象,自组织理论是研究客观世界中自组织现象的产生、演化等的理论.其中,耗散结构论、协同学、超循环理论等几乎都诞生于 20 世纪 70 年代,它们从不同角度揭示了自组织规律.

耗散结构论是由比利时科学家普利高津于 1969 年提出的.热力学第一定律及统计力学所揭示的是孤立系统的平衡态或近平衡态条件下的规律.耗散结构论研究开放系统在远离平衡态下,系统通过与外界物质、信息和能量交换,可能从原来无序状态转变为时空或功能宏观有序的状态.这种远离平衡态形成的需要耗散物质和能量的有序结构为耗散结构.1977 年,普利高津由此获诺贝尔奖.

耗散理论重点解决的是系统与外部环境的关系问题,而系统内部的作用机制,却是在协同学中才得到了更完备的说明.

斯图加特大学理论物理学教授哈肯研究激光理论,发现激光是一种典型的远离平衡态时从无序转化为有序的物理现象,且超导与铁磁物质也有类似现象,并于 1976 年出版了《协同学导论》一书.其理论主旨就是:系统的宏观性质、宏观行为决定于系统内各子系统的性质和作用,但并不是子系统性质与行为的叠加,而是它们相互作用、调节并组织起来的合作效应、联合作用;这种作用是系统从无序走向有序的转变机制,是系统的进化能力和自组织能力.哈肯指出,系统在临界点附近的行为仅由少数慢变量决定,系统的慢变量支配快变量,即所谓的支配原理.

另外,艾根提出的超循环理论从生命前演化的角度区分了反应网络的三个等级:反应循环、催化循环、超循环.反应循环是这样一种相互关联的反应,其中某一步的产物正好是先前一步的反应物.例如,在太阳中氢聚变为氦的碳-氮循环中碳原子既是反应物又是生成物.整个反应循环所构成的有序活动结构相当于一种催化剂.在反应循环中,如果存在着一种能对反应循环本身进行催化作用的中间产物,那么,这种循环就称为催化循环.DNA 的半保留复制就是如此,其中的一支单链起着模板作用,把反应底物按特定要求"塑造"成为另一支互补的单链.整个催化循环所构成的有序活动结构相当于一个自复制单元.若干自复制单元如果再耦合成新的循环,就出现了超循环这种组织形式.

实际上,耗散结构论、协同学、超循环理论、突变论、混沌理论和分形理论都可认为是自组织理论[1,2].它们分别研究自组织现象的不同方面.吴彤[2]认为,耗散结构理论是解决自组织出现的条件环境问题的,协同学基本上是解决自组织的动力学问题的,突变论则从数学抽象的角度研究了自组织的途径问题,超循环论解决了自组织的结合形式问题,至于分形和混沌理论,则是从时序与空间序的角度研究了自组织的复杂性和图景问题.

本章主要介绍耗散结构论与协同学[1-7].

4.1 组织与自组织

4.1.1 经典定义

组织是指系统在时间、空间、功能上向有序结构或有序程度增强的方向演化过程及演化结果.

组织是系统科学最基本的概念之一,它揭示自然界、社会的各种组织的产生、生长、维持、演化、管理的机制.

组织有两种理解:一是名词形式的组织(organization),指系统内部按照一定的结构和功能关系构成的存在方式;二是动词形式的组织(organize),指系统朝向空间、时间或功能上的有序结构的演化过程.

通常意义上讲,组织结构相对于组织前的状态,其有序程度增加,对称性降低;组织过程是系统发生质变的过程,是系统有序程度增加的过程.组织有多种形式,各种人类社会组织、经济组织、蚂蚁、蜜蜂、生物链等.根据组织的特点人们通常把组织分为两类:一类是他组织,一类是自组织.

如果系统之外有一个组织者,整个系统的组织行为按照外界主体(组织者)的目的和意愿进行,在组织者的设计安排和协调下,系统完成组织行为,实现组织结构,称为"他组织".

在系统实现空间的、时间的或功能的结构过程中,如果没有外界的特定干扰,仅是依靠系统内部各子系统间通过非线性相互作用和协作,在一定条件下,自发产生时间、空间或功能上稳定的有序结构,可认为是"自组织".

他组织和自组织是一组相对的概念,并没有绝对的界线.分析具体系统的时候,根据实际需求决定采用他组织理论还是自组织理论.他组织和自组织通常有如下几种区分方式.

(1)从系统组织起来的原因划分.

他组织必须要有一个系统以外的组织者,通常事前有一个目标,有预定的计划、方案等,组织者组织系统使其按事前确定的计划、方案变化,达到预定的目标.

在系统实现空间的、时间的或功能的结构过程中,如果没有外界的特定干扰,仅是靠系统内部的相互作用来达到的,我们便说系统是自组织的.

哲学上讲"外因是事物变化的条件,内因是事物变化的依据".外因和内因共同决定了系统的性质,如果把控制系统演化的因素划分在系统之内,可以用自组织理论进行分析,反之则可以用他组织理论进行分析.按这样的定义区别他组织与自组织是一件困难的事.

(2) 通过外界控制与系统响应之间的关系来划分.

能够分析出外界控制与系统响应之间关系的系统,称为他组织系统,如飞行员控制了飞机的飞行等;没有明确外界控制关系的系统,称为自组织系统.

(3) 通过输入输出关系是否确定来划分.

把输入输出关系已经确定的系统称为他组织系统,例如火炮根据事前输入的信号,自行瞄准、打中目标;反之则是自组织系统.例如,贝纳德(Benard)对流系统,虽然确定的温差可以使系统一定出现花样,但是花样出现的位置确实无法预见.

系统的自组织形式通常有四种:自创生、自复制、自生长、自适应.

(a) 自创生:是从自组织过程前后状态之间的关系来分析自组织.对于系统涌现出的新状态,在只能用自组织理论来讨论的新状态之中,有序程度提高的称为自创生,反之称为自塌陷.

(b) 自复制:是从子系统之间如何相互“作用”,才能保证系统形成某种新的、有序的、稳定的状态的角度,来对自组织过程的一种描述.多数情况下是针对子系统而言的.

(c) 自生长:是从系统整体层次角度,对系统自组织过程所形成状态随时间演化情况的一种描述.系统整体除“体积”变大以外,其余形状、性质、特点均不发生变化,系统保持不变的系统功能.

(d) 自适应:是从系统与外界的关系角度,对自组织过程的一种描述.自适应和自创生,可以是同一种状态从不同角度的描述.

4.1.2　基于集合论的定义

数学上的偏序指具有传递性、反对称性和自反性的二元关系.子系统之间有偏序关系的两个系统可以比较其有序程度,不存在偏序关系的系统,不能比较其有序程度.可用有序、无序来描述客观事物的状态,来描述具有多个子系统组成的系统状态.

事物某种属性经过一定变换仍保持不变的特性,称为对称性.事物之间或内部各要素之间关系具有一定的次序,称为序.

有序指事物内部诸要素和事物之间有规则的联系或转化,即在系统内子系统之间存在某种类似数学的偏序关系.

无序指事物内部诸要素或事物之间混乱,且无规则的组合,在运动转化上的无规律性.

定义 4.1　组织

对于二元集 $S_t = (M_t, R_t)$,如果存在 t_1, t_2,且 $t_1 < t_2$,使得对象集 M_{t_2} 比 M_{t_1} 更

加有序,S_{t_2} 成为一个稳定有序的系统,就称二元集 S_t 从 t_1 到 t_2 的演化过程是组织.

对象集的有序程度可以通过关系集来比较:

(1) 对象集相对于关系集的孤立元越少,对象集越有序;

(2) 关系集越大,越复杂,对象集越有序.

定义 4.2　他组织与自组织

若系统 $S_t=(M_t,R_t)$ 从 t_1 到 t_2 的演化过程是组织. 如果在这个过程中对象集有序程度的增加,只依赖于环境 E_t 的变化,即只要给定 E_t 的变化规律,S_t 从 t_1 到 t_2 的演化过程中就能自发进行,形成稳定有序的系统 S_{t_2},称这样的组织为自组织,否则称为他组织.

最后区别他组织与自组织的关键归结为:在给定环境 E_t 的变化规律下,对象集 M_t 能否自我演化为稳定有序的系统,不受 M_t 以外对象的干扰.

自组织几种重要形式的定义如下.

定义 4.3　自创生与自适应

对于二元集 $S_{t_1}=(M_{t_1},R_{t_1})$,自组织过程中形成了系统 $S_{t_2}=(M_{t_2},R_{t_2})$,若 $\exists m\in M_{t_2}$ 且 $m\notin M_{t_1}$;或者 $\exists r\in R_{t_2}$ 且 $r\notin R_{t_1}$. 如果 m 或 r 的出现不能由 S_{t_1} 的某些组分或关系改变得到,那么就称 m 或 r 是 S_t 在自组织过程中的自创生,否则称 m 或 r 是关于环境 E_t 的自适应.

定义 4.4　自复制

对于二元集 $S_{t_1}=(M_{t_1},R_{t_1})$,自组织过程中形成了系统 $S_{t_2}=(M_{t_2},R_{t_2})$. 如果 $\exists m\in M_{t_2}$ 且 $m\notin M_{t_1}$. 令 N_{t_1} 表示 m 在 M_{t_1} 中的个数,同理可以定义 N_{t_2},若 $N_{t_2}>N_{t_1}$;或者 $\exists t_1<t_{12}<t_2$,使得 $m\notin M_{t_{12}}$ 则称 S_t 在自组织过程中 m 进行了自复制. 例如,细胞的复制就是一种自复制.

定义 4.5　自生长

对于二元集 $S_{t_1}=(M_{t_1},R_{t_1})$,自组织过程中形成了系统 $S_{t_2}=(M_{t_2},R_{t_2})$. 如果 $\exists m\in M_{t_2}$ 且 $m\notin M_{t_1}$,令 N_{t_1} 表示 m 在 M_{t_1} 中的个数(或体积),同理可以定义 N_{t_2}. 若 $N_{t_2}>N_{t_1}$,且 $R_{t_1}\approx R_{t_2}$,R_{t_1} 与 R_{t_2} 的差别相对于系统 S_{t_2} 而言是可以忽略的,就称 S_t 在自组织过程中 m 进行了自生长. 一般来说,大多数情况下,子系统的自复制是系统自生长的原因.

实际上,在众多系统的自组织过程中,自创生、自适应、自复制、自生长都会出现,由这些共同完成了自组织过程.

4.1.3　几类自组织现象

复杂性和自组织并非仅针对生物学定义的. 以下是几类在物理、化学、地理学等领域突出及典型的自组织现象.

1. 贝纳德对流

1900年,法国物理学家贝纳德在博士论文中完成了一个著名的流体实验,称为贝纳德对流.一层流体上下各与一恒热源板接触,两板间的距离远小于板的宽度和长度(图4.1).

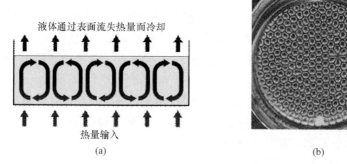

图 4.1　贝纳德对流(维基百科)

(a) 来源于 http://antipasto. union. edu/~andersoa/mer332/FLuidsPicturesHaiku. htm;

(b) 来源于 http://wiki. swarma. net/index. php/File:200885112249130. jpg

(后附彩图)

当两板温度相等时,流体处于平衡态.

当下板温度高于上板温度时,由于该温度梯度使流体处于非平衡态,热量不断从下板通过流体流向上板.此时,液体分子在各个方向上做杂乱的热运动.

当温度梯度达到一定临界值时,液体越来越远离平衡态,底部液体上浮做宏观运动并从周边返回底部.令人惊异的是,液体形成了十分规则的六角形有序空间图样,当温度梯度继续增加时,这些滚筒状的六角图样就会沿着各自的轴线做波状运动.由于热度只是增加了单个液体分子的功能,而分子之间的间距是很大的,但它们却按顺序排列成了规则的宏观图案,这就说明分子间的作用范围远远超出了分子的尺度,并可形成宏观结构,这显然不是作为子系统的分子的性质及特征的产物,而是分子间相互作用及联合行动的产物.

温度梯度达到一定临界值后,在系统内出现的一组新六角形花样,称为自创生.如果形成花样后,改变边界形状,或圆形或方形,则六角形花样会随之改变,其花样的改变就称为自适应.

2. B-Z(Belousov-Zhabotinsky)反应

1958年,苏联化学家Belousov在铈离子催化下做柠檬酸的溴酸氧化反应.后来,Zhabotinsky等又用铈离子作催化剂,让丙二酸被溴酸氧化.当参加反应的物质浓度控制在接近平衡态的比例时,在均匀边界条件下,生成物均匀分布在整个容器中,呈现出对称性最强的无序态,适当控制某些反应物和生成物浓度,两个反应都会出现化学振荡.前者混合物颜色周期性地在黄色和无色中变换,后者在红色和蓝色之间变化的化学振荡反应,称为化学钟(图 4.2),说明其形成了时间有序结构.后来,又发现在某些条件下反应物浓度会呈现空间周期性分布,以及在时间空间上都进行周期变化的时空有序结构.这样的化学反应系统称为化学振荡系统.

图 4.2　一个 B-Z 反应随着时间而出现的演示变化

$t=0s$ 和 $t=30s$ 是红色,$t=10s$ 和 $t=40s$ 为蓝色,其他为中间渐变色

(后附彩图)

在一个生物系统中,系统内的不同物种间同样地存在着相辅相成或相抵相克的关系,它们的生存数量也会随着这种相成与制约关系而发生周期性的增减变化,它同样说明了子系统之间的相干性可以产生宏观效应上的周期转变.

3. 激光

激光是一种远离平衡态条件下的典型宏观有序结构.

自然光和普通灯光是电子从高能位向低能位散乱跃迁的结果,其波列互相干扰,能量的释放不但零散,而且会产生局部的抵消.激光则是以“光泵”输入能量,将芯电子人为地驱赶到外围高能位上,在达到一定的临界阈值时密集的高能电子便在瞬间向内层集体跃迁并产生同相振荡,从而获得了同一相位、方向和节律的单色光(图 4.3).同时,由于这种振荡是诸多电子同时发生的集体释能行为,因而此种情形下的光线便具有极高的能量、极好的方向性和极纯的单色性,这样的光,便是激光.激光并不是自然光,而是利用自组织方法人为制造的特殊光.它不需要外部指令,也无须领导,而是在人为设计的相干系统中,利用电子的自发呼应、自发相干和自发组织而得到的结果,这也就是哈肯通过 20 年的激光研究而得到的一般相干系统的自组织性.哈肯并不只是通过许多的物理现象描述了自组织过程,而是以大量的数学计算表明了具体环节.

4. 大陆漂移学说

德国地质学家 Wagener 在地图上发现,如果把美洲和非洲西海岸对接起来,

图 4.3　激光

就会形成一个整体. 于是,他从地质构造和动植物残体中寻找这两块大陆原来是一块的证据. 这些证据促使他提出大陆漂移的假说(图 4.4).

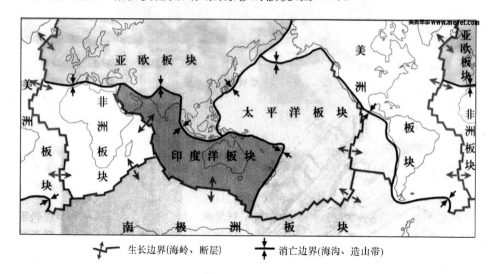

图 4.4　大陆板块漂移学说(百度百科)

图片来源:http://p8.qhmsg.com/dmtfd/1223_640_/t01d8a9de87451ad09c.jpg

　　据计算,大陆漂移速度非常慢,数百万年内漂移数千公里. 大陆漂移原因可用贝纳德实验结果加以解释,可把从地心到地壳的物质视为黏性很强的液体层,从下到上存在很大的温度差,于是就有卷筒似的对流运动产生,不过它的空间尺度很大,而且旋转速度十分缓慢. 当大陆壳处于液流上升部位,就会被强大黏性的流体分开,而在液流下沉部位就会被挤压形成造山运动.

　　另一方面,生物界的蜂群、蚁群等,也展现了自组织的特点. 蜜蜂集体建造的蜂窝,就体现了生物体具有复杂的功能组织.

4.1.4　自组织思想

著名系统哲学家欧文·拉兹洛(Ervin László)称,自组织就是"系统在内部结构和复杂性增加的相变期间所表现出来的行为",它是一切进化过程的基础,无论是自然界还是社会领域,某系统由于其内部诸要素之间的相互作用,其有序度即组织程度随着时间的推移而自发地提高和增长,这种系统就是自组织系统,这种现象就是自组织现象. H·马图拉纳(Humberto Marurana)所谓的"自创生"(autopoiesis)系统是自组织案例之一,生物细胞是这种自创生系统的最简单的实体,器官、机体和由机体组成的社会也都是这样的系统.它们被认为是一种由内部相互关联的组分进行自生产过程的网络,它们在生产着这种网络,自身又是这种网络的产物,它们总是在物质和能量流中自我保持、自我复制并利用有利的时机扩张、提高和复杂化.这样的系统有两种形式:一种具有自我修复和自我抑制的功能;另一种像癌细胞一样具有无限扩张的趋势,只是在外部条件的约束下才得到抑制.

4.2　耗 散 结 构[1-8]

4.2.1　经典热力学与非平衡热力学

世界上各种物质的运动都是在一定的时间和空间中进行的.在动力学中,时间与三维空间坐标一样,被视为描述物理过程的时空行为的第四个坐标.在牛顿方程、量子力学、相对论力学等领域中,时间本质上只是描述可逆运动的一个几何参量,它们的基本方程是时间反演对称的,即时间是可逆的,无论时间向前、向后运动都是一样的.因此,在动力学中,无所谓进化,时间与物质运动属性没有内在的联系.传统动力学给出一个可逆的对称的物理图像.

1. 经典热力学

19 世纪,蒸汽机的发明和应用促进了热力学和统计物理学的建立和发展.热力学是研究与物质冷热变化以及热量传递有关现象与规律的科学.

热力学第一定律建立了与热现象有关的能量转换和守恒定律(1842~1847 年,迈耳、焦耳、亥姆霍兹等建立).热力学第二定律描述了能量传递方向的规律(1850~1851 年,开尔文和克劳修斯建立),从微观角度研究宏观热力学现象,进而建立了统计物理学.

热力学第二定律最先揭示了时间的不可逆性.例如,一个与外界绝热的金属棒,如果棒上各点初始温度不均匀,随着时间的推移,高温部分将热传递给低温部分,最后温度分布均匀化.一旦达到均匀温度分布,棒上的温度永远不会自动回到初始状态.

描述热传递过程的是傅里叶方程,在该方程的演化下,初始不均匀的分布都要朝着共同的均匀分布状态发展.当温度达到均匀状态后,就无法用傅里叶方程求出以前不均匀的分布情况,即过去不均匀的历史被不可逆过程遗忘了,这与牛顿过程相反.

同样,将两种液体如墨水和水放入同一容器中,一般都会经过扩散变成某种均匀的混合物,也不会自动分开.

热力学第二定律表明,一个孤立的系统要朝着均匀、简单、消除差别的方向发展,这实际上是一种趋向低级运动形式的退化.克劳修斯将这一理论推广而得出的"宇宙热寂说"认为,宇宙中万物最终要发展到一种均匀状态,各处温度压强均匀,物理差别不复存在,宇宙进入一个死亡、寂寞的世界.

达尔文进化论提出,从荒漠的地球上产生出单细胞生物,通过长期的优胜劣汰的自然选择和不断的进化产生各种高级生物,以致产生了人这样的复杂生物.生物发展的时间箭头就是进化的箭头,它和热力学退化箭头形成了尖锐的矛盾.

上述动力学和热力学中的两种物理图像产生了动力学与热力学的关系问题;两个演化方向涉及物理学和生物学的关系问题.可逆与不可逆、有无时间箭头问题,反映了存在于物理学中动力学与热力学之间的重大间隙.同时,时间箭头指向问题也构成了物理学、化学等研究无生命的科学与生物学、社会学等研究生命科学的基本差异.

普利高津将物理学分为两大部分:将研究对时间可逆的经典力学和量子力学划分为存在的物理学;将研究热力学第二定律所描述的不可逆现象,从简单的热传导到复杂的生物自组织过程划分为演化的物理学.他通过对不可逆过程微观理论和熵的研究,实现了从存在到演化的过渡,从而将两部分的物理学统一起来.

2. 非平衡热力学

系统状态是指从系统中可以识别、观测到的特征、状态与态势等.宏观参量是由大量分子的集体作用而产生的平均效应决定的.因此,温度、压强等称为宏观参量,又称为热力学参量.不过,即使系统的热力学(宏观)状态确定之后,它的力学(微观)状态仍然可以变化.

系统的参量随时间变化达到一种不变的状态,称为平衡态.平衡态是在没有外界影响条件下的定态,一般具有空间的均匀性,如孤立系统热力学参量(温度、气体密度等)初始时可能具有不同值,随时间变化最终达到不变的平衡态.孤立系统一旦达到平衡态就会永远保持这个状态,开放系统(温度、压强等)也可能达到平衡状态.

孤立系统或开放系统平衡态有两个特征:

(1) 状态参量不随时间变化,即达到定态.

(2) 定态系统内不存在物理量的宏观流动,如热流、粒子流等.

凡不具有以上任一条件的状态,称为非平衡态.孤立系统的定态就是平衡态,开放系统则有本质的不同.开放系统不一定随时间朝稳态发展,开放系统到达定态不一定是平衡态.

序与对称性密切相关,对称性越高,有序性越低.有序意味着在某些方向对称性减少,或对称性破缺.平衡态比非平衡态更无序,具有更多对称性.非平衡态会引起对称性破缺,或各种有序运动.在非平衡系统的自组织理论中,对称性和序是极其重要的概念.

熵是热力学中引入的最重要的物理概念,通过熵的大小对系统的无序程度进行度量.因此,熵的概念对复杂系统的研究是至关重要的.

通常将热力学系统的每一宏观分布的排列数 W 称为热力学概率.根据热力学几率可以定义一个称为熵的物理量 S,即

$$S = k \ln W \tag{4.1}$$

其中 k 为玻尔兹曼常数,$k = 1.381 \times 10^{-23} \mathrm{J}/K$;$W$ 为热力学概率.

不同的宏观分布具有不同的热力学概率,而均匀分布对应最大的热力学概率 W_M,此时它具有最大熵

$$S_M = k \ln W_M \tag{4.2}$$

孤立系统在平衡态时,粒子总是呈均匀、对称分布的.此时系统最无序、最混乱,熵最大.因此,可以用熵的大小度量系统的混乱程度.

以上是从概率统计的角度引入熵.在物理学史上,熵的概念是克劳修斯直接从热力学第二定律引入的.热力学第二定律分别表述为:"热量由低温物体传给高温物体而不产生其他影响是不可能的"(克劳修斯表述);"从单一热源吸热做功而不产生其他影响是不可能的"(开尔文表述).实质上,热自发从高温流向低温和单纯的功变热,这两个可能的过程均是不可逆的.

孤立系统熵增加的过程是不可逆的,即一个孤立系统会自发从非平衡态发展成为平衡态,反过来绝不会自发从平衡态返回非平衡态.

对于开放系统热力学第二定律,需要把系统的熵 dS 分为两部分

$$dS = dSe + dSi \tag{4.3}$$

其中 dS 为开放系统的熵,它分为熵流和系统内部产生熵这两部分;dSe 表示熵流,反映了系统与外界之间的熵交换,可正可负,也可为零;dSi 表示系统内部熵产生,不可为负,即

$$dSi > 0 \quad 或 \quad dS > dSe \tag{4.4}$$

这是热力学第二定律的数学表达式. 熵和能量一样是可以传递的物理量,不同的是孤立系统的能量必须守恒,而熵不必守恒,它会在自身的不可逆过程中产生出来.

不可逆过程中存在着熵增 dSi,单位时间的熵增称为熵产生率,即

$$p = dSi/dt \tag{4.5}$$

当金属棒各处强度不均匀时,热就要从棒内温度高的部分流向温度低的部分,这种流动是不可逆的,称为不可逆流. 把产生热流的原因——温度不均匀称为不可逆力. 显然熵产生率的大小依赖于各种不可逆过程流和力的大小. 在热力学中,熵产生率等于不可逆过程流与力的乘积

$$p = \sum_i y_i x_i \tag{4.6}$$

其中 y_i, x_i 分别表示不可逆流和力,适合所有不可逆过程.

不可逆流的强度 Y_i 依赖于不可逆力 X_i 的大小,通常流是力的非常复杂的函数. 当流和力都不太强时,Y_i 与 X_i 近似于线性关系

$$Y_i = L_{ii} X_i \tag{4.7}$$

其中 L_{ii} 称为自唯象系数,它是不依赖于 X_i 的常数. 通常在线性区,流和力的一般关系式为

$$Y_i = \sum_j L_{ij} X_j \tag{4.8}$$

其中 L_{ij} 称为线性唯象系数,$i \neq j$ 时称为交叉唯象系数.

L. Onsager(昂萨格)在 1931 年发现唯象系数满足关系

$$L_{ij} = L_{ji} \tag{4.9}$$

称为 Onsager 倒易关系,即第 i 种力对第 j 种流的影响与第 j 种力对第 i 种流的能力相同,这种交叉系数间的对称性和流与力的具体类型无关. Onsager 倒易关系在全然不同的不可逆过程之间建立了量的联系. 大量实验表明,它有极大的普适性,既适用于物理过程,又适用于化学过程及其他一切热力学的线性不可逆过程,是线性非平衡热力学中的一条基本定理. 在统计物理学中这个定律可以得到证明,它根源于微观世界物理过程时间反演的对称性. Onsager 因为发现了成为不可逆热力学基础的倒易关系,于 1968 年获得诺贝尔奖.

热力学第二定律指出熵产生率不能为负,则易推出

$$p = \sum_i L_{ij} X_i Y_j \geqslant 0 \tag{4.10}$$

这就要求系数矩阵 L 具有正定性质. 普利高津经过推导证明该式成立.

当系统达到非平衡定态时,熵产生率取最小值这一结果不仅对线性热传导和扩散成立,而且对不可逆过程均具有普遍意义. 只要将非线性条件维持在线性区内,且系统达到定态时,熵产生率必定比非定态时小. 由普利高津根据 Onsager 倒易关系推导出的这个原理,称为最小熵产生原理.

最小熵产生原理的证明[7]具体如下.

证明　非平衡系统的局域熵平衡方程为：$\dfrac{\partial S_V}{\partial t}=-\text{div}J_S+\sigma$，其中 J_S 为熵流密度矢量，σ 为局域熵产生率，其表达式为

$$\sigma=\sum J_K X_K \tag{4.11}$$

其中 J_K 为系统内不可逆过程的流密度矢量，而 X_K 为相应流的热力学动力.

设所研究系统为一各向同性的固体，与外界接触的界面上保持温度不变，除热传导外没有其他的不可逆过程发生，则由(4.11)可得局域熵产生率为

$$\sigma=J_q\cdot\nabla\left(\frac{1}{T}\right)$$

又因为在线性区，流与动力成正比：

$$J_q=L_{qq}\nabla\left(\frac{1}{T}\right)$$

其中 L_{qq} 为热传导系数，则系统的局域熵产生率为

$$\sigma=L_{qq}\nabla\left(\frac{1}{T}\right)\cdot\nabla\left(\frac{1}{T}\right)=L_{qq}\nabla\left(\frac{1}{T}\right)^2$$

故系统的总熵产生率为

$$P=\int\sigma dV=\int L_{qq}\left[\nabla\left(\frac{1}{T}\right)\right]^2dV$$

将上式对时间求导，可得

$$\frac{dP}{dt}=2\int L_{qq}\nabla\left(\frac{1}{T}\right)\cdot\nabla\left[\frac{\partial}{\partial t}\left(\frac{1}{T}\right)\right]dV=2\int J_q\cdot\nabla\left[\frac{\partial}{\partial t}\left(\frac{1}{T}\right)\right]dV$$

$$=2\int\left\{\nabla\left[J_q\frac{\partial}{\partial t}\left(\frac{1}{T}\right)\right]-\frac{\partial}{\partial t}\left(\frac{1}{T}\right)\nabla J_q\right\}dV$$

利用高斯定理，将上式第一项换成面积分 $\int J_q\frac{\partial}{\partial t}\left(\frac{1}{T}\right)d\Omega$，由于包围系统的表面温度不随时间改变，即 $\frac{\partial T}{\partial t}=0$，所以此面积分为 0，因此有

$$\frac{dP}{dt}=-2\int\frac{\partial}{\partial t}\left(\frac{1}{T}\right)\nabla J_q dV \tag{4.12}$$

再由能量守恒的连续性方程，对单纯的热传导过程有

$$\rho\frac{du}{dt}=\rho C_V\frac{\partial T}{\partial t}=-\nabla J_q$$

其中 ρ 为密度，u 为单位质量的物质具有的内能，C_V 是定容比热，代入 $\frac{dP}{dt}$ 中，有

$$\frac{dP}{dt}=-2\int\frac{\partial}{\partial t}\left(\frac{1}{T}\right)\nabla J_q dV=2\int\frac{\partial T}{\partial t}\left(-\frac{1}{T^2}\right)\rho C_V\frac{\partial T}{\partial t}dV$$

$$=-2\int\left(\frac{\partial T}{\partial t}\right)^2\frac{\rho C_V}{T^2}dV$$

由于被积函数恒为正值,故有

$$\frac{dP}{dt}\leqslant 0,\quad 即\quad \frac{d\sigma}{dt}\leqslant 0 \qquad\qquad 证毕.$$

一个孤立系统必然朝着熵增加的方向演化,直至达到平衡态,熵取得最大值,熵产生率为零. 当外界约束使系统不可能达到平衡态时,系统内总会有正的熵产生率. 最小熵产生原理告诉我们,这时熵产生率随时间不断减小,直至达到非平衡定态,熵产生率取得极小值(棒内维持不变的温度分布). 当改变外部条件,直至消除这种温度不变的非平衡约束,这个非平衡态会连续朝着平衡态接近,直至平衡态.

最小熵产生原理指出,热力学系统总是朝平衡态或尽可能朝靠近平衡态的目标演化,即朝着无序、均匀、低级和简单的方向发展. 平衡态是最均匀无序的状态,也是一种没有结构的状态. 因此,最小熵产生原理告诉我们:在非平衡线性区不可能产生有序结构.

最小熵产生原理要求系统维持在离平衡态不远或近平衡态的非线性条件的线性区. 从最小熵产生原理可以得出重要结论,在非平衡态热力学的线性区,非平衡定态是稳定的. 当系统远离平衡态时,流和力之间不再有线性关系,最小熵产生原理此时不再适用. 普利高津正是对远离平衡态的系统作了进一步探索,建立了耗散结构理论.

4.2.2　耗散结构论

对耗散系统的研究和描述,是比利时科学家普利高津在索尔维物理化学研究所和得克萨斯大学统计力学研究室领导十余个国家的百余名科学家从事非平衡统计物理和热力学研究 30 年而获得的重大成果,解决了达尔文的进化论与克劳修斯的退化论之间的矛盾,他为此而获得了 1977 年诺贝尔奖.

平衡态是指系统各处可测的宏观物理性质均匀(从而系统内部没有宏观不可逆过程)的状态,它遵守热力学第一定律、第二定律等.

近平衡态是指系统处于离平衡态不远的线性区,它遵守 Onsager 倒易关系和最小熵产生原理. 远离平衡态是指系统内可测的物理性质极不均匀的状态.

线性非平衡区的系统随着时间的推移,总是朝着熵产生减少的方向进行,直至达到一个稳定态,此时熵产生不再随时间变化($dp/dt=0$). 最小熵产生原理的提出使人们在线性非平衡区找到了一个类似于平衡态的熵和自由能之类的物理量,在给定外部边界条件下,这个量普遍地决定了系统所处的定态.

正常情况下涨落不会对宏观的实际测量产生影响,因而可以被忽略掉.而临界点(即所谓阈值)附近涨落可能不会自生自灭,而是被不稳定的系统放大,最后促使系统达到新的宏观态.在临界点附近控制参数的微小改变导致系统状态明显的大幅度变化的现象,即突变.

耗散结构的出现都是以这种临界点附近的突变方式实现的.

一个远离平衡态的开放系统(力学的或物理、化学、生物、社会的)通过不断地与外界交换物质和能量,在外界条件的变化达到一定阈值时,就有可能从原有的混沌无序状态过渡到一种在时间上、空间上或功能上有序的规范状态,这样的新结构,就是耗散结构、耗散系统.研究这种结构的形成、性质和规律的科学,即耗散理论.

耗散系统的典型代表是生物有机体,但生物有机体并不能摆脱它所超越而又包含于自身之内的力学、物理、化学等低级运动形式,不能摆脱这些低级运动形式所带来的必然特征.耗散理论是从非平衡态物理学、热力学和无机系统出发的理论,但它探讨和解决的问题,却是生命系统或类生命系统中的问题,因而,它将物理化学与生物学、热力学与动力学、无序和有序、无机和有机联系了起来,是它们之间的桥梁和纽带.

4.2.3　耗散结构形成的条件

1. 系统必须是开放系统

热力学第二定律指出,一个孤立系统自发趋于无序,即它的熵一定要随着时间增大.熵达到最大值时,系统达到最无序的平衡态.只有开放系统,通过与外界交换物质和能量,从外界引入负熵流来抵消自身的熵增,才能使系统总熵逐步减少,才有可能从无序走向有序.所以孤立系统不会产生耗散结构.

生物体是典型的开放系统,是典型的耗散结构.它必须进行新陈代谢,从外界摄取物质和能量,排出代谢物,否则无法生存.在贝纳德对流实验中,上下两板温差导致液体系统不断与高低温交换能量,若中断能量,对流就会停止.

应当指出,系统与环境是不同的,系统不可能对外界全面开放,否则,它就成为环境或一个系统的组成部分,也就丧失了自己的相对独立性.

2. 系统必须远离平衡态

外界必须驱动开放系统越出非平衡线性区,达到远离平衡态的区域.在开放系统中,有可能产生相对低熵的平衡态的有序结构,如降低温度,使水成为冰,这种现象称为平衡相变.平衡相变结构是平稳结构,它的维持不需要依赖外界的能量.而耗散结构是"活"的结构,只有开放系统在非平衡条件下才能形成.正如普利高津所言"非平衡是有序之源".

　　远离平衡态的开放系统总是通过突变过程产生自组织现象,即某种临界值的存在是形成耗散结构的一个主要条件.在临界点附近,控制参数发生微小改变可以从根本上改变系统性质的现象,称为突变现象.在非平衡态下产生的突变叫非平衡相变,可分为二类相变和一类相变两种.

　　3. 系统内部各个要素之间存在着非线性相互作用

　　通过系统的各个元素之间的非线性相互作用,使各个要素之间产生协同作用和相干效应,才能从无序变为有序.线性正反馈可能使热力学分支失稳,也可能造成自我复制产生宏观序,但无法重造出一个新的稳定结构.只有非线性项产生饱和,才能重新稳定到耗散结构上.

　　4. 涨落导致有序

　　一个物理、化学系统由千千万万个小分子组成.经常测量出的物理量是宏观量,如温度、压强、能量、熵,都反映出微观粒子的统计平均效应.但系统每一时刻实际物理量并不能精确地处于这些平均值,或多或少有些偏离,这些偏差称为涨落.涨落是指系统中某个变量和行为相对平均值发生的偏离,它使系统离开原来的状态或轨道.当系统处于稳定状态时,涨落是一种干扰,系统具有抗干扰能力并保持原来的稳定状态;当系统处于不稳定的临界状态时,涨落会引起系统从不稳定状态跃迁到一个新的有序状态.涨落是随机的,但在特定的系统结构中,却可以导致决定论的结果,使系统发挥出某种功能.当然,功能也可以影响涨落并进而影响系统的结构.

　　普利高津认为,在耗散结构里,在不稳定之后出现的宏观有序是由增长最快的涨落所决定的.在非平衡系统具有形成有序结构的宏观条件后,涨落对于宏观某种序起决定作用.由此,普利高津得出"涨落导致有序"的论断.

　　5. 正反馈

　　正反馈是造成热力学分支失稳的重要条件.正反馈可视为自我复制、自我放大的机制.正是自我复制使贝纳德对流中的无数个小分子的微观行为得到协同,从而产生出宏观序.

4.2.4　耗散结构论分析[5]

　　耗散结构理论研究一个开放系统由混沌向有序转化的机理、条件和规律.该理论认为,一个远离平衡态的开放系统,当外界条件或系统的某一个参量变化到一定的临界值时,通过涨落发生突变,即非平衡相变,就有可能从原来的混沌无序状态转变为一种时间、空间或功能有序的新状态. 这种在远离平衡非线性区形成的宏观有序结构,需要不断地与外界交换物质和能量,以形成或维持新的稳定结构,普利高津把这种需要耗散物质和能量的有序结构称为耗散结构,将系统在一定条件下能自发产生的组织性和相干性称为自组织现象.

耗散结构论是研究耗散结构的形成条件、机理、性质、稳定及其演变规律的科学,又称为非平衡系统的自组织理论.

在贝纳德对流实验中,控制外界条件温差 ΔT,可使系统从平衡态连续地过渡到稳定的非平衡态. 这样的非平衡定态与原来的平衡态一起称为热力学分支.

热力学分支失稳而使该系统跃迁到耗散结构分支的现象,叫非平衡相变. 这种非平衡相变必须在平衡条件下产生,且宏观结构发生突变.

对于非平衡相变演化情况,假定系统用微分方程组描述为

$$\begin{cases} \dfrac{dx_1}{dt} = f_1(A, x_1, \cdots, x_n) \\[2mm] \dfrac{dx_2}{dt} = f_2(A, x_1, \cdots, x_n) \\[2mm] \qquad\qquad \vdots \\[2mm] \dfrac{dx_n}{dt} = f_n(A, x_1, \cdots, x_n) \end{cases} \qquad (4.13)$$

其中 $x_1, \cdots, x_n$ 是 n 个状态变量,用以描述系统有序程度(如贝纳德对流实验中的对流强度),其在无序的热力学分支上均为零. 该方程组中有非零的稳定解出现,则表明系统处于耗散结构分支上.

参量 A 代表外界环境对系统的控制,叫做控制参量(如贝纳德对流实验中的两极板温差 ΔT). 控制参量在演化过程中不发生变化,但改变控制参量可以改变演化过程,并能从根本上影响序参量演化的最终结果.

首先考虑单变量线性序参量方程

$$\frac{dx}{dt} = (A - A_c)x \qquad (4.14)$$

其中 A_c 是某固定值,A 为控制参量,x 为状态变量.

方程(4.14)的定态解为

$$(A - A_c)x = 0 \qquad (4.15)$$

即 $x = 0$ 是定态解.

为判断热力学分支的稳定性,在初始 $t = 0$ 时给 x 加一个小扰动 a. 当扰动随着时间而消失,系统回到热力学分支,证明热力学分支稳定;当扰动随着时间而增大,系统进一步远离热力学分支,可以进一步讨论其不稳定性. 在初始条件下,方程(4.14)的解为

$$x = a e^{(A-A_0)t} \tag{4.16}$$

显然,$x=0$ 的稳定性取决于控制参量 A 的值.

(1) 当 $A < A_c$ 时,式(4.16)的指数为负,则热力学分支是稳定的;

(2) 当 $A > A_c$ 时,式(4.16)的指数为正,则热力学分支是不稳定的.

显然,A_c 在方程中起临界值的作用.$A = A_c$ 这个点即为分岔点,在分岔点附近解的性质发生重大变化的现象称为分岔现象.

上述单变量的讨论可以推广到多变量系统.为简单起见,下面仅研究双变量系统

$$\begin{cases} \dfrac{dx}{dt} = B_{11}x + B_{12}y \\[2mm] \dfrac{dy}{dt} = B_{21}x + B_{22}y \end{cases} \tag{4.17}$$

其中 $B_{11}, B_{12}, B_{21}, B_{22}$ 是依赖于控制参量 A 的常系数.显然 $x = y = 0$ 是方程的定态解.对其做稳定性分析可参见 3.1.3 节.

当 $t = 0$ 时,微扰会使序参数 x, y 的初值与热力学分支解产生偏离,即 $x = a$,$y = b$,则 t 时刻方程组(4.17)的解为

$$\begin{cases} x = \dfrac{(B_{11}-\lambda_2)a + B_{12}b}{\lambda_1 - \lambda_2}e^{\lambda_1 t} + \dfrac{(\lambda_1 - B_{11})a + B_{12}b}{\lambda_1 - \lambda_2}e^{\lambda_2 t} \\[3mm] y = \dfrac{B_{21}a + (B_{22}-\lambda_2)b}{\lambda_1 - \lambda_2}e^{\lambda_1 t} + \dfrac{(\lambda_1 - B_{22})b - B_{21}a}{\lambda_1 - \lambda_2}e^{\lambda_2 t} \end{cases} \tag{4.18}$$

其中 λ_1, λ_2 是代数方程(即特征方程)

$$\lambda^2 - \omega\lambda + T = 0 \tag{4.19}$$

的解,称为特征根.特征方程(4.19)中,

$$\begin{cases} \omega = B_{11} + B_{22} \\ T = B_{11}B_{22} - B_{12}B_{21} \end{cases} \tag{4.20}$$

当 $\omega^2 = 4T$ 时,$\lambda_1 = \lambda_2 = \lambda$ 为两个相等的特征根.此时,解方程(4.18)可以写成如下形式

$$\begin{cases} x = \{a + [(\lambda - B_{11})a + B_{12}b]t\}e^{\lambda t} \\ y = \{b + [(B_{22} - \lambda)b + B_{21}a]t\}e^{\lambda t} \end{cases} \tag{4.21}$$

可以看出,方程的定态热力学分支 $x = y = 0$ 的稳定性完全取决于特征根的实部,只有实部为负时,热力学分支才比较稳定.可利用韦达定理对二次方程(4.19)的根进行讨论,即可判别 ω, T 取不同值与特征根正负的关系.特征根 λ 的不同值与相应解的不同行为分成五种情况:

(1) $\omega, T > 0, \omega^2 > 4T, \lambda_1, \lambda_2 < 0$,代表状态变量的动点将直接趋于 $x = y = 0$,特征根为实数,原点称为稳定结点,热力学分支是稳定的;

(2) $\omega, T > 0, \omega^2 < 4T, \lambda_1, \lambda_2$ 为具有负实部的共轭复根，代表状态变量的动点随着时间一边旋转，一边趋于原点，于是 $x = y = 0$ 称稳定焦点，热力学分支是稳定的；

(3) $T < 0, \lambda_1 > 0 > \lambda_2$，代表状态变量的动点在某一特定方向上趋于原点，其他方向都远离原点，如马鞍面上滚动小球一样，称 $x = y = 0$ 为鞍点且热力学分支是不稳定的；

(4) $\omega < 0, T > 0, \omega^2 > 4T, \lambda_1, \lambda_2 > 0$，代表状态变量的动点直接远离原点而去，原点成为不稳定的结点，热力学分支显然不稳定；

(5) $\omega < 0, T > 0, \omega^2 < 4T, \lambda_1, \lambda_2$ 为具有正实部的共轭复根，代表状态变量的动点以旋转方式远离原点，原点称为不稳定焦点，热力学分支不稳定.

在单变量或双变量的状态变量线性方程中，状态变量的发展要么趋于零，热力学分支稳定；要么趋于无穷，热力学分支不稳定.

在一定条件下，如果系统能脱离状态变量为零的热力学分支而发展到具有非零又有限的状态变量值的耗散结构分支上，必须研究非线性状态变量方程. 考虑单变量方程

$$\frac{dx}{dt} = (A - A_c)x - x^3 \qquad (4.22)$$

其定态方程

$$(A - A_c)x - x^3 = 0 \qquad (4.23)$$

的解为 $x = 0$ 和 $x = \pm \sqrt{A - A_c}$.

(1) 当 $A < A_c$ 时，解 $x = \pm \sqrt{A - A_c}$ 为虚数，因为状态变量是物理量，虚数没有意义，所以仅有的定态解 $x = 0$ 是热力学分支解. 在 $x = 0$ 附近，方程(4.22)可以线性化为

$$\frac{d\Delta x}{dt} = (A - A_c)\Delta x \qquad (4.24)$$

其解为 $\Delta x = \Delta x_0 e^{(A - A_c)t}$. 由于 $A - A_c < 0$，所以 $x = 0$ 是稳定的.

(2) 当 $A > A_c$ 时，$x = 0$ 仍然是方程(4.22)的定态解，但它不再稳定. 因为 e 的指数 $A - A_c$ 为正，所以对 $x = 0$ 的微小偏离都会使系统热力学分支越来越远. 但非线性项 $-x^3$ 会把状态变量限制在一个有限而非零的值上.

(3) 当 $A > A_c$ 时，$x = \pm \sqrt{A - A_c}$ 为实数，对新的定态解 $x_0 = \sqrt{A - A_c}$，在 x_0 附近非线性方程(4.22)可线性化为

$$\frac{d\Delta x}{dt} = -2(A - A_c)\Delta x \qquad (4.25)$$

其解为 $\Delta x = \Delta x_0 e^{-2(A - A_c)t}$. 由于 $A - A_c > 0$，所以 $x_0 = \sqrt{A - A_c}$ 是稳定的. 同理可说

明 $x_0 = -\sqrt{A-A_c}$ 也是稳定的.

在此我们看到非线性的作用,它使热力学分支失稳后状态变量并不向无穷发散,而是收敛到了状态变量不为零的耗散结构分支上.

非线性系统的演化不像线性系统那样单调,而具有多样性,在近平衡区由于非线性项与线性项相比是小量而不发挥作用,这时只有稳定热力学分支. 当非平衡约束把系统驱动到远离平衡态时,非线性项发挥主导作用,一个非平衡约束就对应多重定态解,有的定态解是稳定的,有的是不稳定的.

4.2.5 耗散结构论体现的哲学思想

1. 时间:可逆与不可逆,对称与非对称

世界上各种物质运动无不存在于一定的时间和空间之中. 普利高津在耗散结构中研究了时间的可逆性与不可逆性、对称性与非对称性之间的矛盾和转化问题. 经典力学认为时间是可逆的、对称的,而耗散结构理论以时间的不可逆性为基础,着重研究远离平衡态的不可逆过程. 要确定一个状态是否可能是耗散结构,必须考察它变化的历史. 一个系统由线性近平衡区逐步发展,经过分支点以后进入非线性区,然后通过涨落发生突变,而形成一个新的稳定的有序结构才有可能是耗散结构. 普利高津非常强调历史的因素在他的理论体系中的重要性. 他认为,物理要研究进化,耗散结构理论要考虑历史,只有这样才能和其他科学统一起来. 因此,时间不再是一个简单的运动参量,而是在非平衡世界中内部进化的度量.

对不可逆过程的研究,正是重新发现时间的关键. 耗散结构理论为辩证唯物主义关于时间是一维的且一去不返,提供了新的自然科学的论据.

近代科学主张主客观严格分离,坚持在科学探索中排除主观成分以追求绝对客观性,它主张自然过程在本质上是可逆的,自然规律具有普适性和客观性,唯此,人才能以观众、旁观者的身份去认识它,耗散结构理论表明,自然的演化是一种不可逆过程,人类对自然的认识也是在这不可逆中进行的,人类不可能脱离这个不可逆过程而去研究不可逆过程的问题.

2. 结构:平衡与不平衡,稳定与不稳定

平衡和非平衡是一对矛盾,它们相互制约,并在一定条件下相互转化. 一个平衡结构从宏观上看是平衡的,稳定的状态不随时间变化,但从微观上看,由于存在内部和外部原因引起的涨落,如分子的布朗运动,因此又是非平衡的.

经典力学和统计物理学为解决这一宏观与微观、整体与局部之间的平衡与不平衡的矛盾,采用了求统计平均值的方法. 由于涨落可正可负,通过统计平均应从微观不平衡到宏观平衡,得出整体平衡理论.

普利高津指出,一个系统从整体上看是非平衡的,但可以采用一定的方式将系统分为许多从宏观上看足够小,从微观上看又足够大的单元,各种性能在一个很短的时间内可以看作是均匀平衡的;另一方面,每个单元从微观上看又非常大,包含了许多粒子,因此仍可视为一个宏观热力学分子.这样巧妙处理微观与宏观、整体与局部的关系,可以将一个非平衡问题转化为许多局域平衡问题来研究.

普利高津利用 Lyapunov 微分方程稳定性理论,分析了稳定与不稳定之间变化条件和过程,找到了热力学系统的稳定性判据.

普利高津的耗散结构理论讨论了系统从平衡态到近平衡态直到远离平衡态的发展变化过程中,结构的平衡与不平衡、有序与无序、稳定和不稳定这几对矛盾双方的相互转化的规律,从而使热力学和统计物理学的发展用于说明生命现象.因此,结构稳定性的研究已成为生态系统进化的基础.

3. 系统:简单性与复杂性,局部性与整体性

复杂系统不能视为小单元的简单组合.这是因为复杂系统内各个简单要素之间存在相互联系、相互制约如正反馈、自催化、自组织、自复制等复杂现象.系统论认为,整体可以大于部分之和,可靠性低的部件可以构成可靠性高的整体.

因此,如果系统处于远离平衡态,各个粒子之间的相互作用是非线性的,就必须考虑系统的复杂性和整体性,对于一个复杂系统,必须进行整体性研究.

在耗散结构中,相互作用具有非线性和相干性两个特点.这对于研究生物和社会系统具有特殊重要的意义.如人的双眼视敏度比单眼高 6~10 倍,显然其功能不等于线性加和.

4. 规律:决定论与非决定论,动力学与热力学

从时间的可逆性和系统的简单性出发,经典动力学认为,任何一个系统只要知道它的初始状态,就可以根据动力学规律推演出它随时间变化所经历的所有状态,称为“决定论”.普利高津认为,对于比较简单的系统可以用决定论来分析,但是对于复杂系统却无法做到,如混沌理论揭示长期天气预报是不可能的.可逆性和决定论只适用于有限的简单情况,而不可逆和非决定论才是物质世界发展的规律.决定性和随机性、力学性和统计性之间不是绝对对立的,不能用一个替代另一个,也不能将统计规律还原为力学规律.他采用了波尔在量子力学中提出的互补概念,认为决定论和非决定论、动力学和热力学、力学规律和统计规律等关系都是互补的.

普利高津曾指出,当代科学的迅速发展,一方面是人对物理世界的认识,在广度和深度上的量的扩大;另一方面是研究越来越复杂的对象,引起科学观念和研究方法的质的变化.

从科学的发展历程看,普利高津冲破了关于孤立系统、封闭系统的习惯思维的

束缚,从有关开放系统的研究入手,并根据热力学第二定律,讨论了自然界的发展方向问题;从系统科学自身发展历程看,耗散结构论的创立标志着系统科学研究重心的根本转移.普利高津的耗散结构理论实现了科学研究重心从存在、被组织到演化、自组织的转移.

4.3　协　同　学[1-5,7,9]

"协同学"(synergetics)一词来自希腊文,意思是协同作用的科学,即关于系统中各个子系统之间相互竞争、相互合作的科学.协同学指出,一个稳定的系统,它的子系统都是按照一定的方式协同地活动,有次序的运动的.协同学研究对象是自然界和社会中的系统,所有的系统都可以分为若干个子系统,在一定条件下子系统之间往往是协同作用的,子系统之间的协同作用受相同原理的支配,而与子系统的性质无关.对这种一般原理的不断研究促进了协同学这门新兴学科的建立与发展.

协同学的创始人哈肯,是德国斯图加特大学理论物理学教授.哈肯教授于1960年开始研究激光理论,发现激光是远离平衡态自组织系统的典型例子.研究中,他采用了与朗道理论不同的方法,把统计学和动力学结合起来,建立了一套与众不同的激光理论.哈肯认为,激光原子是自组织行动的.激光通过自组织产生一种有秩序的状态,于是无序的运动转为有秩序的运动.在激光器的光场中,优先发射的光波,迫使其他受激的光电子按照自己的波长振荡以使自身得到增强.这样每个新的受激的光电子都在此光波的轨道上有节奏的共同振荡,由此而产生了激光.这个优先的光波决定着激光的秩序.1972年,哈肯运用突变论的成果,在序参量存在势函数的情况下,对序参量方程即对从无序到有序的演化进行了归类,由此形成了协同学的理论框架.1977年,哈肯正式提出了协同的新概念,他吸取了平衡相变理论的序参量概念和绝热消去的原理,采用概率论、随机理论建立起序参量演化的主方程,以信息论、控制论为基础解决了驱使有序结构形成的自组织理论的问题.同年,《协同学》专著出版,标志着协同学作为一门学科正式建立起来.协同学最初只限于研究一个非平衡的开放系统在宏观尺度上是如何形成空间有序或时间有序的,但有些相变不仅仅是达到时空有序.哈肯于1978年发表《协同学:最新趋势与发展》一文,把协同学内容进一步扩大到功能有序,对远离平衡态的从无序到有序的转变作了更深入的探讨.1979年,哈肯又进一步研究了混沌现象,混沌是指由决定性方程所描述的不规则运动.一个远离平衡态的开放系统,当外参量的变化达到某一阈值时可以从无序达到有序、从有序达到新的有序,但是当外参量继续增大而达到某种限度时,系统便从无序走向混沌.对混沌现象的研究使协同学进入到一个纵深的阶段.1981年,哈肯在题为《20世纪80年代的物理思想》论文中,把协同学运用于宇宙学领域,指出在宇宙系统中也显现有序结构,也可以用协同学的理论加以解释. 这一切表明,无论是宇观系统,还是宏观和微观系统,只要它们是开放系统,就可以在一定的条件下呈现出非平衡的有序结构. 因而,它们都可以成为协同学的研究内容.

4.3.1　协同学的基本概念

协同学是研究子系统之间的协作机理,如何通过自组织形成宏观尺度上的有序结构,包括空间结构、时间结构和功能结构的科学,它揭示在迥然不同的科学领域的许多复杂系统的结构在性质上发生宏观变异的共同原理. 协同学是研究远离热力学平衡的系统的模式和结构的形成和自组织的科学.

协同学的研究对象、方法及任务如下所述.

研究对象　各种各样的复杂系统,如流体系统、化学系统、生态系统、地球系统、天体系统、经济系统、人口系统、管理系统等都是协同学研究的对象.

研究方法　协同学研究复杂系统部分之间如何竞争与合作来形成整体的自组织行为. 因此,协同学的研究方法都是从部分到整体的综合研究方法.

因为线性系统满足叠加原理,所以依此原理进行叠加易于实现. 然而,丰富多彩的有序结构产生于非线性系统. 所以协同学研究的方程是非线性的,整体大于部分之和就是相干性的结果. 尽管这些系统千差万别,但它们都由若干子系统组成. 子系统间存在相互作用,这种作用可用竞争与合作或反馈来表述,也称为协同作用. 正是这种相互作用使它们在一定条件下自发组织起来形成宏观上的时空有序结构.

协同学的任务　协同学探索在系统宏观状态发生质的改变的转折点附近,支配子系统协同作用的一般性原理. 其中,宏观状态质的改变是指从无序中产生有序结构,或由一种有序结构转变为另一种有序结构,而一般性指与子系统的性质无关.

哈肯指出,协同学的目标是在千差万别的各科学领域中确定系统自组织赖以进行的自然规律. 协同学的突出贡献在于哈肯发现了在分支点附近慢变量支配快变量的普遍原理——役使原理.

协同学是研究系统依靠自组织产生空间结构、时间结构或功能结构上自发形态的一门跨学科研究领域.

协同学主要研究复杂系统宏观特征的质变问题. 它研究由大量子系统组成的复杂系统,在一定条件下由于子系统间相互作用和协作,会形成具有一定功能的自组织结构,在宏观上便产生了时间结构或空间结构,或时间-空间结构,也即达到了新的有序状态.

4.3.2　序参量与役使原理[3]

自组织系统内各子系统的状态变量很多,无法逐一加以描述. 而在自组织的过程中,各子系统变量之间紧密相连、相互影响,自组织的过程就是各状态变量相互作用,形成一种统一的"力量",使系统发生质变的过程. 我们分析系统也从这一特点出发. 哈肯提出序参量的概念,为描述系统的自组织过程提供了方便的方法.

哈肯提出的序参量是描述自组织系统的一种方法. 在系统处于无序状态时,有某个或几个变量的值为零,随着系统由无序向有序转化,这类变量从零向正有限变化或者由小到大变化,我们用它来描写系统的有序程度,并称其为序参量. 序参量与系统状态的其他变量相比,它随着时间变化缓慢,有时也称为慢变量,而其他状态变量数量多,随时间变化快,称为快变量.

序参量不仅可用于描写系统的有序程度,而且在系统众多变量中它的个数较少,系统中绝大多数变量是快变量. 在系统发生非平衡相变时,序参量的大小决定了系统有序程度的高低,它还起支配其他快变量变化的作用,序参量的变化情况不仅决定了系统的相变形式和特点,而且决定了其他快变量的变化情况,从这个意义上而言,序参量可称为命令参量.

由于系统的不同,系统序参量的确定、产生也不同. 一些较为简单的系统,在它的各种变量当中即存在一个明显比其他变量变化慢的变量,即为序参量. 但另外一类较复杂的系统,在描写其状态的变量中,无法区分出它们随时间变化的快慢程度,但可以通过坐标变换,得到新的状态变量,在新的变量中,可以很明显看出序参量. 更为复杂的系统,可能通过坐标转换也无法将变量变化的快慢程度加以区分,则需要另外选择更高层次的变量来作为系统的序参量,研究系统演化的情况. 如一个理想气体热力学系统,每个分子的位置、动量,以及由它们经过变换所得到的能量、角动量等均无法作为序参量,这时可以选择宏观层面的温度、压强等作热力学系统的序参量,研究它们的变化,讨论系统演化的特点.

序参量确定以后,我们讨论系统的演化可以只研究序参量即可,序参量将整个系统的信息集中概括起来提供给我们,为我们了解、认识系统提供了桥梁. 但序参量的确定并非一项简单的工作,它需要我们对系统性质有深入的分析,确定系统序参量的过程也即对系统讨论、认知的过程,而且需要对具体系统进行具体分析. 寻找确定序参量一般只提供原则,不同系统尚需寻找不同的适应性方法.

很多系统的序参量是在自组织过程中形成的,因此我们可以说,在系统的自组织过程中,众多变量形成某些序参量,反过来,序参量又支配、役使其他状态变量的变化,它本身一般是由系统的其他变量形成的. 系统相变过程就是一个由系统状态变量形成系统序参量,序参量又役使系统其他变量的过程. 哈肯将相变过程中,系统状态变量里序参量与其他快变量之间的役使、服从关系称为役使原理.

下面将用一个例子说明这个问题.

例 4.1　对某一个给定的二变量系统,它由两个状态变量 X, Y 描述其状态,遵从的演化方程为

$$\begin{cases} \dfrac{dX}{dt}=\alpha X-XY \\[2mm] \dfrac{dY}{dt}=-\beta Y+X^2 \end{cases} \tag{4.26}$$

若不考虑非线性项,则上式成为两个相互无关的方程,给定参数 $\beta>0$, Y 是一个衰减变化,随时间推移 Y 趋近于零. $\alpha>0$ 时, X 发散,趋于无穷; $\alpha<0$ 时,则 X 的变化规律与 Y 相同.假定 α 取值可正可负, $\beta>0$,这时我们称 Y 为稳定模,趋于稳定, X 为不稳定模,它的稳定性依赖 α 的正负取值.

若考虑非线性项,方程互相耦合,先假定认为 X 与时间 t 的关系已知,由方程

$$\frac{dY}{dt}=-\beta Y+X^2 \tag{4.27}$$

可解出

$$Y=\int_{-\infty}^{t} e^{-\beta(t-\tau)} X^2(\tau)d\tau \tag{4.28}$$

其中利用了初始条件 $Y(-\infty)=0$. 为理解役使原理,我们对(4.28)式进行分部积分,有

$$Y=\frac{X^2}{\beta}-\frac{2}{\beta}\int_{-\infty}^{t} e^{-\beta(t-\tau)} X\dot{X}d\tau \tag{4.29}$$

计算上式右端第二项

$$\frac{2}{\beta}\int_{-\infty}^{t} e^{-\beta(t-\tau)} X\dot{X}d\tau \leqslant \frac{2}{\beta} \mid X\dot{X} \mid_{\max} \int_{-\infty}^{t} e^{-\beta t} e^{\beta t}d\tau$$

$$=\frac{2}{\beta} \mid X\dot{X} \mid_{\max} e^{-\beta t} \frac{1}{\beta} e^{\beta t}=\frac{2}{\beta} \mid X\dot{X} \mid_{\max} \tag{4.30}$$

在(4.29)式中可以忽略右端第二项,若第二项相比第一项小若干数量级,就可以忽略.这个忽略条件等价于

$$|X|\gg\frac{2}{\beta}|\dot{X}|_{\max} \tag{4.31}$$

此条件可解释为 X 变量的变化速度特别慢,称 X 为慢变量.若 X 为慢变量且满足(4.31)式,方程组(4.26)的第二个方程解为 $Y=\dfrac{X^2}{\beta}$,这个式子可看成演化系统在 X 为慢变量时, X, Y 之间的函数关系.此结果也可由对(4.26)第二方程求定态解得出.将 $Y=\dfrac{X^2}{\beta}$ 代回第一方程,得到单变量 X 的微分方程:

$$\dot{X}=\alpha X-\frac{1}{\beta}X^3 \tag{4.32}$$

这时得到变量 X 满足尖拐突变方程,容易得到结果,再利用 $Y=\dfrac{X^2}{\beta}$ 得到 Y 的表达

式,问题得到解决.

由上例可知,对于由两个状态变量描写的系统,对其演化方程求解时,令快变量导数为零,然后将结果代入另一方程,消去快变量,仅求解慢变量方程,这种方法与直接求解方程组是一样的.该方法称为快变量浸渐消去法.它被广泛用于多变量组成系统的相变问题分析中.

对于自组织过程的描述就是对于系统演化过程的分析.描述系统演化需建立一个多变量的微分方程组,其中包含有序参量时,可以应用役使原理.哈肯在役使原理数学表示分析的基础上,给出了求解系统演化方程的快变量浸渐消去法.其方法的思想基础在于系统演化过程中序参量变化慢,决定着系统演化进程.可以认为快变量变化快,先到达相变点,呈现相变后的数值不再发生变化.此思想的数学体现为将演化方程中快变量的导数取为零(相应方程变成代数方程),求出快变量与慢变量之间的关系,就可以仅研究慢变量的微分方程.由于慢变量个数少,实际上仅求解少数微分方程,就能得到多变量复杂系统的演化结果,使工作大大简化.对于少数慢变量满足的方程,可以按照系统的性质进行分析.由于自组织过程着重在对系统的序参量进行分析,因此在研究自组织现象时主要讨论原状态的失稳、新的有序状态的建立等问题,多采用一些定性方法,不讨论系统的演化轨迹.

这里我们可以对比一下协同学中的役使原理和突变论中的剖分引理.

在协同学中,哈肯提出役使原理,根据系统特征根的实部正负分为稳定模组和不稳定模组,由不稳定模组带动稳定模的发展.

在突变论中,托姆提出的剖分引理则是将势函数剖分为 Morse 部分和非Morse 部分,同时将状态变量剖分为与结构稳定有关的实质性变量和与结构无关的非实质性变量,可能出现的突变类型的数目不取决于状态变量的数目,而取决于实质性变量的数目.

4.3.3　协同学在若干领域的应用

本节主要介绍一下协同学在化学系统和生物系统领域的应用,其中化学系统中主要讨论 B-Z 反应的协同机理,生物学系统主要讨论被捕食者和捕食者模型.

1. B-Z 反应

在一些化学反应中,出现空间的、时序或时空的图样,B-Z 反应提供了一个例子.把 $Ce_2(SO_4)_3$,$KBrO_3$,$CH_2(COOH)$,H_2SO_4 及几滴试亚铁灵(氧化还原剂)混合在一起搅拌,然后把得到的均匀的混合物倒入试管,试管里立刻会发生快速的振荡;溶液周期地由红(表示 Ce^{3+} 超量)到蓝(表示 Ce^{4+} 超量)地改变着颜色(图 4.2).

现在我们建立计算模型,这个模型为描述 B-Z 反应的一些重要特性而建立的.

先列出下列反应式:

$$BrO_3^- + Br^- + 2H^+ \!=\!\!=\!\!= HBrO_2 + HOBr$$

$$HBrO_2 + Br^- + H^+ \!=\!\!=\!\!= 2HOBr$$

$$BrO_3^- + HBrO_2 + H^+ \!=\!\!=\!\!= 2BrO_2 + H_2O$$

$$Ce^{3+} + BrO + H^+ \!=\!\!=\!\!= Ce^{4+} + HBrO_2$$

$$2HBrO_2 \!=\!\!=\!\!= BrO_3^- + HOBr + H^+$$

$$nCe^{4+} + BrCH(COOH)_2 \!=\!\!=\!\!= nCe^{3+} + Br^- + 氧化产物$$

第一式和第五式假定为含氧原子转移且伴随快速质子转移的双分子过程,其中生成的 HOBr 随着丙二酸的溴化,很快直接或间接地消耗掉. 第三式决定了第三式和第四式全过程的速率. 溴化物离子的产生使得在第四式中生成的 Ce^{4+} 将在第六式中消耗掉. 虽然整个化学机制非常复杂,但这种简化的看法足以解释系统的振荡行为.

建立如下简化模型:

$$\begin{cases} \dfrac{dX_1}{dt} = k_1 A X_2 - k_2 X_1 X_2 + k_3 A X_1 - 2k_4 X_1^2 \\[2mm] \dfrac{dX_2}{dt} = -k_1 A X_2 - k_2 X_1 X_2 + v k_5 X_3 \\[2mm] \dfrac{dX_3}{dt} = 2k_3 A X_1 - k_5 X_3 \end{cases}$$

这一模型用来模拟化学机制的一些重要动力学特征,通过等式

$$A = [BrO_3^-], \quad X_1 = [HBrO_2], \quad X_2 = [Br^-], \quad X_3 = [Ce^{4+}],$$

此计算模型便可与化学机制联系起来. 这里,我们需处理三个变量,即分别属于 X_1, X_2, X_3 的三种浓度. 令

$$y_1 = \frac{k_2}{k_1 A} X_1, \quad y_2 = \frac{k_2}{k_3 A} X_2, \quad y_3 = \frac{k_2 k_5}{2 k_1 k_3 A^2} X_3, \quad \varepsilon = \frac{k_1}{k_3}, \quad p = \frac{k_1 A}{k_5}, \quad q = \frac{2 k_1 k_4}{k_2 k_3}$$

得到无量纲化后的反应动力学方程组:

$$\begin{cases} \varepsilon \dfrac{dy_1}{dt} = y_1 + y_2 - y_1 y_2 - q y_1^2 \\[2mm] \dfrac{dy_2}{dt} = 2v y_3 - y_2 - y_1 y_2 \\[2mm] p \dfrac{dy_3}{dt} = y_1 - y_3 \end{cases} \qquad (4.33)$$

取 $y_1(0) = 4, y_2(0) = 1.0, y_3(0) = 4$,关于 v 的经验值可取作约 0.5.

现在用不同的参数对上述微分方程进行求解,取 $\varepsilon = 0.03, p = 2, q = 0.006, v = 0.5$ 时,y_1, y_2, y_3 随时间的变化图像以及方程解的轨道图形如图 4.5 所示.

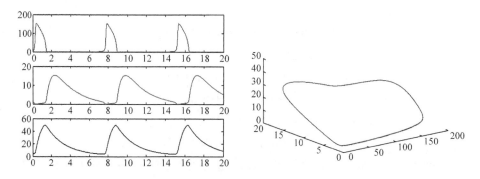

图 4.5　$\varepsilon=0.03, p=2, q=0.006, v=0.5$ 时变量图像以及方程解的轨道图

取 $\varepsilon=0.01, p=6, q=8.4\times10^{-6}, v=0.6$ 时，y_1, y_2, y_3 随时间的变化图像以及方程解的轨道图形如图 4.6 所示.

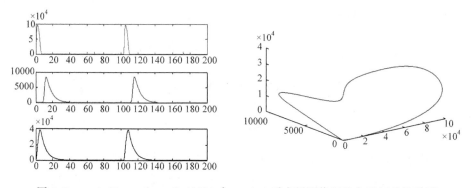

图 4.6　$\varepsilon=0.01, p=6, q=8.4\times10^{-6}, v=0.6$ 时变量图像以及方程解的轨道图

该反应的重要意义是证明了化学反应中存在原理平衡的热力学行为，经过上述分析，我们可以解释反应中化学振荡出现的机制与原因，从上图中我们看出，各个量的浓度随时间呈现周期的变化现象，对应到化学反应中就是颜色或形态呈现周期的变化. 同时应该指出，X_1, X_2, X_3 所代表的物质可以视为该化学系统中的慢变量或序参量，同时在反应过程中，还有另外一些会出现又很快消失的快变量，从而也可以看出协同学中由慢变量支配快变量的役使原理. 通过建立数学语言和数学模型，找到合适的序参量，从而建立序参量方程，最后对该方程进行求解与分析，得到很好的结论. 应用协同学的基本思想，解决了相关化学反应中振荡现象的问题.

2. 捕食-被捕食者模型的协同学研究

生物种群的捕食与被捕食行为是生态系统中的一种普遍行为. 捕食-被捕食模型(predator-prey models)是描述捕食者与被捕食者系统内种群数量动态变化的微分方程. 美国生态学家 Lotka 在 1921 年研究了化学反应，意大利数学家

Volterra 在 1923 年研究了鱼类竞争，分别提出了 Lotka-Volterra 系统，这一模型做了三个简单化的假设：①相互关系中仅有一种捕食者与一种猎物；②如果捕食者数量下降到某一阈值以下，猎物种数量就上升，而捕食者数量如果增多，猎物种就下降；③如果猎物数量上升到某一阈值，捕食者数量就增多，而猎物种数量如果很少，捕食者数量就下降.这一简单的模型做了一个有趣的预测：捕食者和猎物种群动态会发生循环，就像在自然的捕食者-猎物种群动态中所观察到的那样.

Lotka-Volterra 模型现已成为生物数学研究中的经典模型之一，受到了人们的广泛关注，许多学者在原有模型的基础上引入阶段结构、时滞以及亲代抚育等重要因素，并且对引入上述因素的模型的稳定性、持久性和耗散性等做了深入分析和讨论，得到许多重要结果，使得捕食-被捕食模型得到了很大发展.我们知道，Volterra 经典的捕食-被捕食模型只是一个简单的带有正系数 $\varepsilon_1,\varepsilon_2,\gamma_1,\gamma_2$ 的微分方程

$$dN_1/dt=N_1(\varepsilon_1-\gamma_1 N_2)$$
$$dN_2/dt=N_2(\gamma_2 N_1-\varepsilon_2)$$

它描述了种群数量变化的主要因素，以及捕食者与被捕食者种群之间的相互影响，模型中 $\gamma_1 N_1 N_2$ 表示捕食者吃掉的被捕食者数，$\gamma_2 N_1 N_2$ 表示捕食者通过吃掉被捕食者而使得本身的数量增长数.ε_1 是被捕食者的出生率系数，ε_2 是捕食者的死亡系数.因此，我们可以看出这个模型只是简单地认为所有的捕食者都具备捕食能力.但我们知道在生物种群中，有成年个体也有未成年个体，他们虽属于同一物种，但由于其年龄差异，在捕食数量、摄取食物数量和提供食物数量等方面必然存在着差异.这使得 Volterra 模型描述的捕食-被捕食行为显得不是那么准确，因此人们在此基础上又引入时滞和阶段结构的因素，使得模型更加接近实际的生物种群.

经典的 Lotka-Volterra 捕食-被捕食模型是微分方程理论在生物数学领域中的第一次成功应用，而且在很大程度上推动了生物科学与数学领域的交叉学科的迅速发展.

食饵和捕食者在 t 时刻的数量分别用 $x(t),y(t)$ 表示.首先，考虑食饵，如果食饵单独存活，在这种情况下可以假定它们的个数依照指数函数的变化规律迅速增加，规定 r 是食饵的相对增长率，则可以表示成 $\dfrac{dx}{dt}=rx$，然而捕食者的加入必定会减小食饵的增长率，假设捕食者的数量与食饵增长率的减小幅度呈正比关系，那么食饵的数量 $x(t)$ 必定满足下面的方程：

$$\frac{dx}{dt}=x(r-ay)=rx-axy \tag{4.34}$$

其中，比例系数 a 表示捕食者掠取食饵的能力.

其次，考虑捕食者，捕食者不能离开食饵独立生存.食饵的存在为捕食者提供了存活的食物，现实中提高了捕食者的生存率，同时也提高了捕食者数量的增长速度.

若将捕食者独立存在时的死亡率用系数 d 表示,可得 $\dot{y}=-dy$. 假设食饵的这种促进作用与其存在数量呈正比关系,那么捕食者的数量 $y(t)$ 必定满足下面的方程:

$$\frac{dy}{dt}=y(-d+bx)=-dy+bxy \tag{4.35}$$

其中,比例系数 b 表示食饵对捕食者的供养能力.

方程(4.34),(4.35)反映出了捕食者与食饵之间在自然条件下相互限制又互相依赖的关系,然而此时并没有研究种群本身发展存在的阻滞增长情况,Volterra 提出了此问题最简单的模型.

利用 MATLAB 求得微分方程(4.34),(4.35)的数值解,可以根据对所得图形的研究和对数值解结果的分析,推断其解析解的结构. 可从图 4.7 看出,Volterra 模型是周期振荡的.

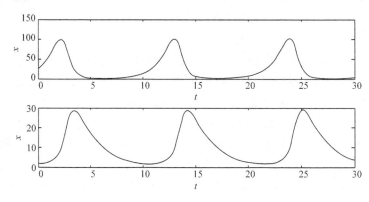

图 4.7　$x(t),y(t)$ 的图形

由图 4.8 稳定性分析知道,这里的轨道具有"临界稳定性",涨落会引起从一条轨道到邻近轨道的跃迁,一旦被捕食者偶然死去,捕食者动物也就活不成了,这就是说,$M=N=0$ 是唯一可能的定态解.

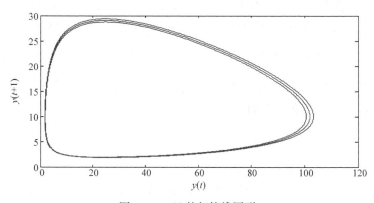

图 4.8　$y(t)$ 的相轨线图形

尽管 Volterra 模型可以解释一些现象,但是它作为近似反映现实对象的一个数学模型,在现实应用中存在着一些缺陷. 很多生态学研究者发现,在许多食饵-捕食者体系当中都无法发现 Volterra 模型所呈现出的波动,相反却显示出某种趋于平稳的现象. 换言之,此系统定含有稳定的平衡点. 实际上,只要在 Volterra 模型中加入考虑自身阻滞作用的 Logistic 项就可以描述这种现象了,则模型改写为

$$\frac{dx_1}{dt} = r_1 x_1 \left(1 - \frac{x_1}{N_1} - \sigma_1 \frac{x_2}{N_2}\right)$$
$$\frac{dx_2}{dt} = r_2 x_2 \left(-1 + \sigma_2 \frac{x_1}{N_1} - \frac{x_2}{N_2}\right)$$

(4.36)

其中,$x_1(t)$,$x_2(t)$ 表示甲乙两个种群的数量,r_1,r_2 是它们的固有增长率,N_1,N_2 是它们的最大容量,σ_1 的意义是单位数量乙(相对 N_2 而言)消耗的供养甲的食物量为单位数量甲(相对 N_1 消耗的供养甲的食物量 σ_1 倍,对 σ_2 也可做相应的解释).

由稳定性分析可知,当 $\sigma_2 < 1$ 或 $\sigma_2 > 1$ 时,系统平衡点稳定,当 $\sigma_2 < 1$ 时,因食饵不能为捕食者提供足够食物,平衡点 $P_1(N_1, 0)$ 稳定,即捕食者将灭绝,而食饵趋向最大容量;而当 $\sigma_2 > 1$ 时,平衡点 $P_2\left(\frac{N_1(\sigma_1 + 1)}{1 + \sigma_1 \sigma_2}, \frac{N_2(\sigma_2 - 1)}{1 + \sigma_1 \sigma_2}\right)$ 稳定,二者共存,分别趋向非零的有限值. 数值分析图见图 4.9 和图 4.10.

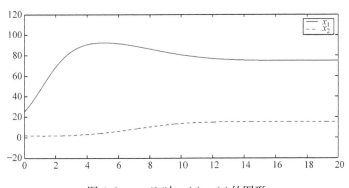

图 4.9　$\sigma_2 < 1$ 时,$x(t)$,$y(t)$ 的图形

当 $\sigma_2 < 1$ 时,因食饵不能为捕食者提供足够食物,此时,系统出现了协同演化的现象,随着捕食者的灭绝,食饵成了环境中较强的种群,当然随之还会有其他生物的出现. 当 $\sigma_2 = 1$ 时,出现系统分支点,表示系统处于稳定性改变的临界状态;出现 $\sigma_2 > 1$ 的情况,此时,系统发生突变,出现新的有序.

当 $\sigma_2 > 1$ 时,表明食饵-捕食者在同一环境中相互依存而生,且有稳定点为 $x_1 = 75$,$x_2 = 15$,此时亦是一种协同共存现象.

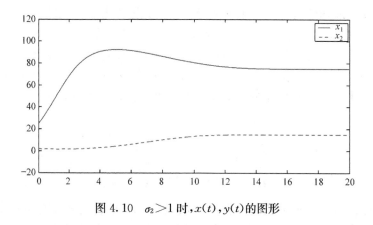

图 4.10　　$\sigma_2 > 1$ 时，$x(t)$，$y(t)$ 的图形

　　若不考虑食饵-捕食者对自身的阻滞增长作用，则从基本模型中可以得出：食饵-捕食者的数量呈周期变化. 从改进模型可以得出：食饵-捕食者发展到一定的数量之后，其种群规模必将在某个区间内稳定下来，也就表示食饵-捕食者在达到某种条件后，它们之间相互依赖、互相制约的内在力量使得它们数量的变化趋于稳定，即在实际情况中呈现出的生态平衡状态，而这种过程实际上就是从随机到集中、从无序到有序的自组织演化过程.

4.3.4　协同学体现的哲学思想

　　协同学的创始人哈肯一直从事理论物理学研究，在他所创立协同学的基本理论、概念和方法中，富有辩证法的思想.

　　1. 协同概念的辩证思维

　　协同指协作、合作的意思，这是统一性的表现. 不同系统在相变时具有共同规律说明了事物之间的统一性. 虽然不同的系统性质不同，但由新结构代替旧结构的质变行为，在机理上却有相似甚至共同之处. 可以说，协同的概念来源于物质世界统一性的思想，与辩证法的对立统一规律是完全一致的，协同学的结论为物质世界统一性提供了新的证明.

　　2. 序与序参量

　　在不同的系统中都存在有序与无序的矛盾. 有序和无序在一定条件下的对立统一形成系统一定的秩序，或称有序度. 有序度是一个宏观整体的概念，对系统内的某一粒子、要素或子系统而言是没有这个概念的.

　　在不同学科中，采用不同的物理量来描述系统宏观的有序度，在耗散结构论中用熵来度量；在协同学中，哈肯使用序参量概念来描述一个系统的有序度，用序参量的变化来描述系统内有序和无序矛盾的转化.

序参量的大小代表了系统在宏观上的有序度. 当系统处于完全无规则的混乱状态时,子系统之间联系很弱,而各子系统的相对独立性占主导地位,就其总体而言,序参量值为零. 随着外界条件变化,序参量的值也在变化. 此时,子系统相对独立产生的无规则运动与子系统间的相干作用的耦合行为所引起的整体变化的这对矛盾也在发生转化. 当系统达到临界区域时,子系统间的相干作用产生的协同行为占了主导地位,序参量呈指数型增加并很快达到某一"饱和值",在临界点上系统发生了突变,在宏观上便出现了一定的有序结构或功能. 协同学在描述临界现象时采用了托姆的突变理论.

3. 本质因素与慢变量

协同学分析了不同参数的不同作用,区分了本质的因素与非本质的因素、暂时起作用的因素和长远起作用的因素、偶然的因素和必然因素. 在由无序到有序转化的临界过程中,不同参数的相对变化快慢是不同的,而且差几个数量级. 因此,在临界过程中按照衰减的快慢可将参数分为快变量和慢变量两大类. 有些参数受到阻尼较大,弛豫时间很短就衰减下去了,称为快弛豫参数或快变量;有些参数在变化时出现临界无阻尼现象,几乎不衰减,称为慢弛豫参数或慢变量. 慢变量就是主宰系统最终结构和功能的有序度的序参量. 慢变量是通过和快变量竞争并最终战胜快变量而成为序参量.

4. 类比研究

相似是类比的基础,不同的运动形式、不同系统之间存在相似性是世界统一性的一种表现. 协同学主要从两个方面进行类比. 一方面是不同系统的子系统在从无序向有序转变的过程中,呈现非常相似的行为,遵守着同类数学方程. 哈肯指出:类比的好处是显而易见的,一旦在一个领域解决了一个问题,它的结果就可以推广到另一个领域. 一个系统可以作为另外一个领域的模拟计算机. 另一方面,协同学将平衡系统在临界点上所发生的相变或类似于相变的行为与平衡态相变进行类比,发现二者也有相似的特征,遵循同类的数学方程. 哈肯认为,在非平衡时所发生的有序结构转变的类型,可以视为平衡态相变过程的推广,因为都具有平衡相变的特征.

总之,协同学中的协同、有序、序参量、慢变量与快变量都是竞争的产物,矛盾通过斗争达到统一,统一之中仍有斗争,辩证法的这一基本原理在协同学中得到了生动的体现.

4.4　自组织案例

近年来,随着包括无人机的协同控制、卫星群体的交流协作、分布式传感网络等领域中分布式系统的广泛应用,分布式协同行为成了人们研究的热点. 这种"无中心"的分布集结现象在生态学、生物学、机器人技术、控制理论,以及社会学和经济学等领域也广泛存在,其表现出显著的大尺度性、自适应性、交互性和智能性等特点. 例如,在生态学中,鸟群的迁徙行为、鱼群的定向运动、细菌的快速聚集、蜜蜂群体在少数工蜂指引下的协同行为等,都是具有重要理论价值和广泛应用前景的研究课题,并且已受到众多研究团队的关注. 同样,在机器人技术和控制理论领域,在少量指令或无指令条件下,大量智能体如何自主协同运动,如何快速自主集结成特定模式等,都是亟待解决的问题. 文献[10]从数学模型分析角度处理集群模式的形成和演化方式,考虑如下具有坐标耦合的集群模型:

$$
\begin{cases}
\dfrac{d\boldsymbol{x}_i}{dt} = \boldsymbol{v}_i(t) \\
\dfrac{d\boldsymbol{v}_i}{dt} = \displaystyle\sum_{j=1}^{n} a_{ij} C(\boldsymbol{x}_j(t) - \boldsymbol{x}_i(t)) \\
\qquad\quad + \gamma \displaystyle\sum_{j=1}^{n} a_{ij} C(\boldsymbol{v}_j(t) - \boldsymbol{v}_i(t)), \quad i = 1,2,\cdots,n
\end{cases}
\tag{4.37}
$$

其中 $\boldsymbol{x}_i \in \mathbf{R}^m$ 代表第 i 个个体 t 时刻空间中的位置,m 为空间维数,$v_i \in \mathbf{R}^m$ 代表其速度;相应地,$\dfrac{d\boldsymbol{x}_i}{dt}$,$\dfrac{d\boldsymbol{v}_i}{dt}$ 分别表示它们的导数. 常数 $a_{ij} \geqslant 0$ 表示个体 i 对个体 j 的作用强度,$\gamma > 0$ 用来控制系统对速度趋同项的依赖程度. $\boldsymbol{x}_j(t) - \boldsymbol{x}_i(t)$ 和 $\boldsymbol{v}_j(t) - \boldsymbol{v}_i(t)$ 分别表示位移伴随项和速度伴随项. C 表示位移和速度伴随项各分量的 $m \times m$ 耦合矩阵.

首先,给出如下定义.

定义 4.6　(1) 如果 $\{\boldsymbol{x}_i(t), \boldsymbol{v}_i(t)\}$ 为系统(4.37)的解,对于任意的初始值 $\{\boldsymbol{x}_i(0), \boldsymbol{v}_i(0)\}$,$i=1,2,\cdots,n$,都有如下等式成立:

$$
\lim_{t \to +\infty} \| \boldsymbol{x}_j(t) - \boldsymbol{x}_i(t) \| = 0, \quad \lim_{t \to +\infty} \| \boldsymbol{v}_j(t) - \boldsymbol{v}_i(t) \| = 0, \quad i,j = 1,2,\cdots,n
\tag{4.38}
$$

则称多智能体系统(4.37)是一致集群的.

(2) 如果对于任意的初始值 $\{\boldsymbol{x}_i(0), \boldsymbol{v}_i(0)\}$,$i=1,2,\cdots,n$,存在常数 $M > 0$,使得如下式子成立:

$$
\sup_{t \geqslant 0} \| \boldsymbol{x}_j(t) - \boldsymbol{x}_i(t) \| < M, \quad \lim_{t \to +\infty} \| \boldsymbol{v}_j(t) - \boldsymbol{v}_i(t) \| = 0, \quad i,j = 1,2,\cdots,n
\tag{4.39}
$$

则称多智能体系统(4.37)是弱集群的.

近年来,许多学者讨论了多智能体系统的一致集群问题.在文献[11]中,作者给出了一维情形下,即 $m=1,C=1$ 时,系统(4.37)是一致集群的一个充分条件.之后,在文献[12]中,作者给出了一维情形下系统实现一致集群的充要条件.

对于 $m>1$ 的情形,文献[13]中讨论了一种具有阻尼项的三维系统模型

$$\begin{cases} \dfrac{d\boldsymbol{x}_i}{dt} = \boldsymbol{v}_i(t) \\ \dfrac{d\boldsymbol{v}_i}{dt} = \displaystyle\sum_{j=1}^{n} a_{ij}C(\boldsymbol{x}_j(t) - \boldsymbol{x}_i(t)) - \gamma\boldsymbol{v}_i(t), \quad i=1,2,\cdots,n \end{cases}$$

式中各字母的含义与(4.33)一致.讨论了当 C 为旋转矩阵时系统的一致集群规律,指出当 γ 的值大于某一常数时,系统将随着旋转角度 θ 的变化而呈现出不同的趋同样式.

文献[10]讨论了一类二阶分布式集群系统模型,理论分析和数值仿真结果表明:当复杂系统的结构和初值改变时,系统将呈现出三种最终集群样式.当坐标旋转角度小于临界值时,集群模型收敛于直线模式;当旋转角度等于临界值时,集群模型收敛于圆柱螺线模式;而当旋转角度大于临界值时,集群模型收敛于对数螺线模式.三种集群模式的最终位置和速度都由初始值和特征向量显式刻画,提供了有效控制集群模式的方法.同时,其理论结果在多智能体协同等领域具有重要应用.

思 考 题

1. 自组织的特征是什么? 自组织是如何将必然性与偶然性、确定性与随机性统一起来的?

2. 自发性在事物发展中有何积极意义? 如何辩证地理解自发性与自觉性的相互关系?

3. 从信息传递方式看自组织与他组织的区别.

4. 只有把自组织理论与他组织理论结合起来才能给社会现象以科学的解释,为什么? 试用系统科学原理阐述现代经济中市场机制与宏观调控的作用及相互关系.

5. 理解役使原理.

6. 理解耗散理论中系统与外部环境的关系,以及协同学中的系统内部作用机制.

7. 举几个生活或自然现象中的自组织例子.

8. 查阅资料分析生命起源的自组织解释.

9. 自组织在不同尺度上的表现、动态稳定性如何分析? 如激流撞击到石头后的漩涡,木星上的风暴眼.

10. 考虑人与自然的和谐发展,如何才能达到自组织的最佳状态?

11. 自组织耗散结构有什么特点?

12. 查阅资料,了解自组织临界、沙堆模型及其特点.

参 考 文 献

[1] 黄欣荣. 复杂性科学的研究方法. 重庆:重庆大学出版社,2006.

[2] 吴彤. 复杂性范式的兴起. 科学技术与辩证法,2001,(6):20-24.

[3] 许国志. 系统科学. 上海:上海科技教育出版社,2000.

[4] 苗东升. 系统科学精要. 北京:中国人民大学出版社,1998.

[5] 李士勇,等. 非线性科学与复杂性科学. 哈尔滨:哈尔滨工业大学出版社,2006.

[6] 欧阳莹之. 复杂系统理论基础. 田宝国,周亚,樊瑛,译. 上海:上海科技教育出版社,2002.

[7] 谭璐,姜璐. 系统科学导论. 北京:北京师范大学出版社,2013.

[8] 尼科里斯 G,普利高津 I. 探索复杂性. 罗久里,等译. 成都:四川教育出版社,2010.

[9] 赫尔曼·哈肯. 协同学. 凌复华译. 上海:上海译文出版社,2013.

[10] 刘易成,李翔,聂芬. 具有空间坐标耦合的二阶集群模型分析. 国防科技大学学报,2017, 39(6):118-125.

[11] Ren W,Ella A. Distributed multi-vehicle coordinated control via local information exchange. International Journal of Robust and Nonlinear Control,2007,17(10-11):1002-1033.

[12] Yu W W,Chen G R,Cao M. Some necessary and sufficient conditions for second-order consensus in multiagent dynamical systems. Automatica,2010,46(6):1089-1095.

[13] Ren W. Collective motion from consensus with Cartesian coordinate coupling-Part II: Double-integrator dynamics. Decision and Control,2008. CDC 2008. 47th IEEE Conference on. IEEE, 2008.

第 5 章　混　沌　学

在非线性科学的研究中,涉及对确定性与随机性、有序与无序、偶然与必然、质变与量变、整体与局部等范畴和概念的重新认识.一般认为非线性科学的主体包括:混沌(chaos)、分形(fractal)等.

混沌是确定的非线性动力系统中出现的随机现象,即指在确定性系统中出现的一种貌似无规则的类似随机的现象.确定的系统也可以有不确定性的结果,这是非线性动力系统内在的随机性.由于其在概念上的突破,混沌已经成为当前科学的前沿[1-9].混沌的离散情况常常表现为混沌时间序列,而混沌时间序列中蕴含着系统丰富的动力学信息,如何提取这些信息并应用到实际中去是混沌应用的一个重要方面[10-14].它对自然界复杂现象(如湍流、气候、地震、生命、临聚态、经济、生长现象等)的研究起着极大的作用.

第 5 章和第 6 章分别介绍了混沌和分形的一些基本理论及相关应用.

5.1　混沌的发展[14]

贝塔朗菲曾指出:虽然起源不同,但一般系统论的原理和辩证唯物主义相类似则是显而易见的.这一点对于混沌也同样成立.混沌的发展体现出辩证的思想.

混沌理论的基本思想起源于 20 世纪初,发生于 60 年代后,发展于 80 年代,被认为是继相对论、量子力学之后,人类认识世界和改造世界的最富有创造性的科学领域的第三次大革命.混沌理论揭示了有序与无序的统一、确定性与随机性的统一、简单性与复杂性的统一、稳定性与不稳定性的统一、完全性与不完全性的统一、自相似性与非相似性的统一.混沌理论在探索、描述及研究客观世界的复杂性方面发挥了巨大作用.

追溯混沌的发展史,可以从 Poincaré 开始.

19 世纪末 20 世纪初,法国数学家 Poincaré 发现三体问题与单体问题、二体问题不同,它是无法求出精确解的,在一定范围内,其解是随机的.

20 世纪 20 年代,G. D. Birkhoff 紧跟 Poincaré 的学术思想,建立了动力系统理论的两个重要研究方向:拓扑理论和遍历理论.到 1960 年前后,非线性科学研究得到了突飞猛进的发展,A. N. Kolmogorov 与 V. I. Arnold 及 J. Moser 深入研究了哈密顿(Hamilton)系统(或保守系统)中的运动稳定性,得出了著名的 KAM 定理(即用这三位发现者的名字命名的定理),KAM 定理揭示了哈密顿系统中 KAM

环面的性质以及为混沌运动奠定了基础.

　　实际上,有关耗散系统中混沌现象的研究始于 20 世纪 60 年代,美国气象学家 E. N. Lorenz 对描述大气对流模型的一个完全确定的三阶常微分方程组进行数值模拟时,发现在某些条件下会出现非周期的无规则行为. 为了预报天气,他将大气动力学方程组简化为 12 个方程,用计算机作数值模拟时发现,在异常相近的初始条件下(小数点后多位相同),重复模拟结果随着计算时间的增加而彼此分离,最后毫无相似之处. 这个结果表明,短期天气预报是可行的,长期天气预报是不可能的. 这一结果解释了长期天气预报始终没有获得过成功的内在机理,根本原因是确定性动力学系统中存在混沌运动. Lorenz 在得到第一个奇怪引子——Lorenz 吸引子的同时,还进一步揭示了一系列混沌运动的基本特征. 1963 年 Lorenz 在美国《大气科学杂志》上发表的文章《确定性的非周期流》,给出了混沌解的第一个例子.

　　1964 年,M. Hénon 等以 KAM 理论为背景,发现了一个二维不可积哈密顿系统中的确定性随机行为,即 Hénon 吸引子. D. Ruelle 和 F. Takens 提出了奇怪吸引子的概念,同时将这一概念引入耗散系统,并于 1971 年提出了一种新的湍流发生机制,这一工作由 J. P. Gollub 等的实验所支持,并对后来的 Smale 马蹄吸引子的研究起到了推动作用. 美国数学家 Smale 发明的马蹄吸引子结构成为混沌经久不衰的形象,尤其是 Smale 提出的马蹄变换,为 20 世纪 70 年代混沌理论的研究做了重要的数学准备.

　　1975 年,美国马里兰大学的 T. Y. Li(李天岩)和 J. A. Yorke 在美国《数学月刊》上发表了 *Period three implies chaos*(《周期 3 蕴含混沌》),并给出了混沌的一种数学定义,被认为是对混沌的第一次正式表述,现称为 Li-York 定义或 Li-York 定理,chaos 一词也自此被正式使用.

　　1976 年,R. M. May 研究了 Logistic 映射,并在一篇综述中指出,非常简单的一维迭代映射也能产生复杂的周期倍化和混沌运动. 在此基础上,美国物理学家费根鲍姆(M. J. Feigenbaum)于 1978 年发现了倍周期分岔过程中分岔间距的几何收敛性、收敛速率每次缩小 4.6692… 常数倍并具有普适性的发现及重整化群理论的应用,把混沌研究从定性分析推进到定量计算阶段,并引入了重整化群思想,这是一个重大的发现,具有里程碑的意义.

　　进入 20 世纪 80 年代,混沌研究已发展成为一个具有明确的研究对象、独特的概念体系和方法论框架的学科. 随着相关理论的不断完善,有关混沌的研究也更加深入.

　　F. Takens 于 1981 年提出了判定奇怪吸引子的实验方法,而 P. J. Holmes 转述并发展的 Melnikov 理论分析方法可用于判别二维系统中稳定流形和不稳定流形是否相交,也即判别是否出现混沌.

　　混沌是非周期的有序性,是蕴含着有序的无序运动状态,是有序和无序的对立统一,是从有序中产生的无序状态. 混沌让我们知道了确定的系统也可以有不确定性的结果,这是非线性动力系统内在的随机性. 离散的动力系统(迭代)可以收敛到不动点,还会"收敛"到混沌吸引子. 因此混沌概念的提出使我们对自然现象的认识大大提高了一步.

5.2　混　沌　定　义

混沌是确定性非线性系统的有界的敏感初态的非周期行为,在介绍混沌的数学定义之前,我们先介绍两个定理.

5.2.1　周期 3 意味着混沌

1. 周期点的定义

设 $F:J \xrightarrow{F} J$ 是一映射,其中 $F^0(x)=x, F^{n+1}(x)=F(F^n(x)), n=0,1,2,\cdots$.

(1) 如果 $p \in J, p=F^n(p)$ $p \neq F^k(p), 1 \leqslant k < n$,则称 p 是一个周期 n 的周期点;

(2) 如果 $\exists n \in N$,使得 p 满足(1)的条件,则称 p 是一个周期点;

(3) 如果 $\exists m \in N, p=F^m(q)$,这里的 p 是周期点,则称 q 是一个最终的周期点.

以周期 3 为例:假设 $x_{n+1}=f(x_n)$ 是在 $[0,1] \rightarrow [0,1]$ 的一个迭代. 假如 x_0 是这个迭代的一个 3 周期点,则

$$x_1 = f(x_0) \neq x_0$$
$$x_2 = f(x_1) \neq x_1 \neq x_0 \qquad (5.1)$$
$$x_3 = f(x_2) = f^2(x_1) = f^3(x_0) = x_0$$

可以看到: x_0 经过一次迭代到 x_1, x_1 经过一次迭代到 x_2, x_2 经过一次迭代又回到 x_0,因为 x_0 经过三次迭代回到原位,所以 x_0 叫 3 周期点.

很显然,我们还注意到, x_1 也是 3 周期点,因为 x_1 同样可以经过三次迭代后回来,同样, x_2 也是 3 周期点. 所以,周期 3 的函数,至少有 3 个 3 周期点. 而所谓的不动点,实际上就是 1 周期点.

2. 沙尔科夫斯基定理

1964 年,乌克兰数学家沙尔科夫斯基(A. N. Sharkovskii)给出了关于连续单峰映射是否出现某一周期解的一般性定理.

对于正整数定义沙尔科夫斯基序如下:

$$3 \triangleright 5 \triangleright 7 \triangleright \cdots \triangleright 2 \cdot 3 \triangleright 2 \cdot 5 \triangleright \cdots \triangleright 2^2 \cdot 3 \triangleright 2^2 \cdot 5 \triangleright \cdots \triangleright 2^2 \triangleright 2 \triangleright 1$$

这明显是对正整数的一个重排.

定理 5.1(沙尔科夫斯基定理) 假设 $f: R \to R$ 连续,f 有以 k 为真周期的周期点,如果对于沙尔科夫斯基序关系中 $k \triangleright l$,则 f 也有以 l 为周期的周期点.

也即:假设 M 在沙尔科夫斯基次序中,排在 N 的前面,那么,如果有 M 周期点,就一定有 N 周期点.

根据沙尔科夫斯基定理我们知道,如果一个函数有 3 周期,由于 3 在沙尔科夫斯基次序中处于最前面,那么这个函数就会有任意自然数的周期.

具体证明参见文献[6].

以下给出一种证明过程.

首先不加证明地给出两个基本结论.

若 f 是定义在 R 到 R 上的连续映射:

(1) 若 I, J 是 R 中的闭区间,$I \subset J$ 且 $f(I) \supset J$,则 $\exists x_0 \in I$,使得 $f(x_0) = x_0$.

(2) 对于区间列 $\{I_n\}$,如果有 $f(I_i) \supset I_{i+1}, i = 1, 2, 3, \cdots, n-1$,那么 $\exists x_0 \in I_1$ 使得 $f^n(x_0) = x_0$. 在这里,我们记满足上条件的区间 I_i 与 I_{i+1} 为 $I_i \to I_{i+1}$.

接下来我们将通过上面的结论证明沙尔科夫斯基定理,这个定理包含了一个重要的结论:有三周期点的函数将有任意 n 周期点.

我们将分情况讨论这个问题.

当 n 为奇数,且 $f^n(x_0) = x_0$,x_0 为 f 的真 n 周期点,且 f 无小于 n 的奇数周期点.

由前面的结论,若 $I_1 \to I_2 \to I_3 \to \cdots \to I_n$,那么 f 一定有 n 周期点.

接下来证明对于大于 n 的任何数以及小于 n 的偶数,总能找到上述的区间列.

由于 x_0 是 f 的真 n 周期点,所以集合 $P = \{x_0, f(x_0), f^2(x_0), \cdots, f^{n-1}(x_0)\}$ 有 n 个元素,将 $f^i(x_0)(i = 1, 2, \cdots, n-1)$ 从小到大排序,令 x_i 为第 i 大的数($i = 1$, $2, \cdots, n-1$),那么 $P = \{x_1, x_2, x_3, \cdots, x_n\}$,其中 $x_0 < x_1 < x_2 < \cdots < x_{n-1}$. 那么 f 作用于 P 上是对于 P 的一个轮换.

因 x_n 最大,所以 $f(x_n) < x_n$;而上述 x_i 中,至少有一个满足 $f(x_i) > x_i$. 取令上不等式成立的最大的 i,令 $I_1 = [x_i, x_{i+1}]$. 明显有 $f(x_i) \geqslant x_{i+1}, f(x_{i+1}) \leqslant x_i$. 因 x_i 是真 n 周期点,所以不可能有上不等式等号同时取到的情况(否则将出现 x_i 是 2 周期点的情况). 事实上,上述两不等式同时严格大于、严格小于的情况也不可能出现,这个我们将在后面叙述.

由于 $f(x_i) \geqslant x_{i+1}, f(x_{i+1}) \leqslant x_i$,且 x_i 不是 f 的 2 周期点,那么明显有 $f(I_1)$ 包含形如 $[x_j, x_{j+1}]$ 的闭区间. 我们取一个这样的闭区间为 I_2,$I_2 \neq I_1$,且有 $I_1 \to I_2$. 同理我们可以取 I_3,I_3 形如 $[x_j, x_{j+1}]$,其中 $I_3 \neq I_2 \neq I_1$,且有 $I_1 \to I_2 \to I_3$. 如此进行下去. 由于形如 $[x_j, x_{j+1}]$ 至多有 $n-1$ 个,所以上述步骤不可能无穷地进行

下去.

令 $A=\{x\in P\,|\,x\leqslant x_i\}$, $B=\{x\in P\,|\,x\geqslant x_i\}$, 由于 n 是奇数, 所以明显有 $\widetilde{A}\neq\widetilde{B}$ (我们用符号 $\widetilde{A}$ 表示集合 A 中元素的个数), 又因 f 是作用于 P 上的轮换, 所以一定存在某一 $x\in A$, 使得 $f(x)\in B$ 或 $x\in B$, $f(x)\in A$; 又 $\widetilde{A}\neq\widetilde{B}$, 故不可能对所有的 $x\in A$, 有 $f(x)\in B$, 即存在一个形如 $[x_j,x_{j+1}]$ 的区间, 有 $f([x_j,x_{j+1}])\supset I_1$. 取满足上述条件的最小的 k, 令 $I_k=[x_j,x_{j+1}]$, 其中 $k\leqslant n-1$. 结合上面给出的区间列 $\{I_i\}$, 有 $I_1\rightarrow I_2\rightarrow I_3\rightarrow\cdots\rightarrow I_R$, 其中总可以找到一个 k 把上链截断, 且有 $I_1\rightarrow I_2\rightarrow I_3\rightarrow\cdots\rightarrow I_k\rightarrow I_1$. 在前面的叙述中我们知道 $f(I_1)\supset I_1$, 即 $I_1\rightarrow I_1$.

接下来讨论 k 的大小问题. 由上面的证明可以得出链 $I_1\rightarrow I_2\rightarrow I_3\rightarrow\cdots\rightarrow I_k\rightarrow I_1$, 或 $I_1\rightarrow I_2\rightarrow I_3\rightarrow\cdots I_k\rightarrow I_1\rightarrow I_1$. 其中至少有一个环导致 f 有 k 周期点或 $k+1$ 周期点, k 与 $k+1$ 至少有一个是奇数, 又知道 f 无小于 n 的奇数周期点, 因此有 $k=n$ 或 $k+1=n$, 又 $k\leqslant n-1$, 所以 $k=n-1$.

到目前为止, 对于任何 m, $m>n$ 的情况, 可以构造环: $I_1\rightarrow I_2\rightarrow I_3\rightarrow\cdots\rightarrow I_{n-1}\rightarrow I_1\rightarrow I_1\rightarrow\cdots I_1$ (后面加入 $m-n+1$ 个 I_1) 的情况寻找 f 的 m 周期点. 由于在满足沙尔科夫斯基序下 $m\triangleright n$ 的 m 还有小于 n 的偶数. 接下来证明 f 有小于 n 的偶数周期点.

先考虑闭区间链 $\{I_i\}$ 是如何取出的. 由于 I_i 在数轴上按一定次序排列, 也反映了 f 是如何作用于 P 上的.

注意到我们取得区间 I_k 是形如 $[x_j,x_{j+1}]$ 闭区间最小的 k, 也就是环 $I_1\rightarrow I_2\rightarrow I_3\rightarrow\cdots\rightarrow I_k\rightarrow I_1$ 是最短的一个环; 换言之, 不可能有 $I_i\rightarrow I_j$, 其中 $j>i-1$, 否则环可以进一步缩短为 $I_1\rightarrow I_2\rightarrow\cdots\rightarrow I_i\rightarrow I_j\rightarrow\cdots\rightarrow I_k\rightarrow I_1$, 而这与 k 是最小的矛盾.

因此, 对于上述链 $I_1\rightarrow I_2\rightarrow I_3\rightarrow\cdots\rightarrow I_k\rightarrow I_1$, 有 $I_1\rightarrow I_2$ 且无 $I_1\rightarrow I_j(j>2)$. 由此导致以下结论:

由于已证明了对于 I_1 有 $f(x_i)\geqslant x_{i+1}$, $f(x_{i+1})\leqslant x_i$, 又证明了 $k=n-1$, 即 I_1, I_2, I_3, $\cdots$, I_{n-1} 包含了所有形如 $[x_j,x_{j+1}]$ 的区间, 因此不可能有 $f(x_i)>x_{i+1}$, $f(x_{i+1})<x_i$ 同时成立, 否则就有 $f(I_1)$ 至少覆盖了两个形如 $[x_j,x_{j+1}]$ 的区间, 也就是对于某一 j, 有 $I_1\rightarrow I_j(j>2)$, 即 $f(x_i)\geqslant x_{i+1}$, $f(x_{i+1})\leqslant x_i$ 至少有一个可以取到等号. 不妨令 $\widetilde{A}>\widetilde{B}$, 此时 $f(x_i)=x_{i+1}$ (反之同理证明). 又因 $I_2\rightarrow I_3$ 不可能 $I_2\rightarrow I_j(j>3)$, 同理说明 $f(x_{i+1})=x_{i-1}$. 如此进行下去, 直到遍历所有 $x_i(i=1,2,\cdots,n)$.

这样就能发现:

$$f(x_i)=x_{i+1}, \qquad f(x_{i+1})=x_{i-1}$$
$$f(x_{i-1})=x_{i+2}, \qquad f(x_{i+2})=x_{i-2}$$
$$\vdots \qquad\qquad \vdots$$
$$f(x_2)=x_n, \qquad f(x_n)=x_1$$
$$f(x_1)=x_i,$$

由于 $f(x_1)=x_i,f(x_2)=x_n$，即有 $f(I_{n-1})=[x_i,x_n]=I_1\bigcup I_3\bigcup I_5\bigcup\cdots\bigcup I_{n-2}$，
也就是 $I_{n-1}\rightarrow I_j$（j 为小于 n 的奇数），那么对于小于 n 的偶数 m，构造环 $I_{n-m}\rightarrow I_{n-m+1}\rightarrow\cdots\rightarrow I_{n-1}\rightarrow I_{n-m}$，这样 f 就有所有小于 n 的偶数周期点.

到这里，当 n 为奇数时便完成了定理的证明.

当 n 为偶数时，我们先证明 f 一定有 2 周期点.

同证明奇数时原理一样，可以取出 $I_1=[x_i,x_{i+1}]$，令 $A=\{x\in P\,|\,x\leqslant x_i\}$，$B=\{x\in P\,|\,x\geqslant x_i\}$，若存在一个 $x\in P$，使得 $x\in A,f(x)\in B(x\in B,f(x)\in A)$；存在 $x'\in A$，使得 $x\in A,f(x)\in A(x\in B,f(x)\in B)$，那么同奇数情况一致取 $I_{n-2}\rightarrow I_{n-1}\rightarrow I_{n-2}$ 找到 2 周期点. 若不存在上述的 x,x'，那么必有 $f(A)=B,f(B)=A$，那么有 $f([x_1,x_i])\supset[x_{i+1},x_n]$ 且 $f([x_{i+1},x_n])\supset[x_1,x_i]$，则 f 必然在 $[x_1,x_i]$ 内存在一个 2 周期点.

对于 $n=2^m$ 的情况，对于 $k=2^l,l<m$，取 $g=f^{\frac{k}{2}}$，那么 g 有 2^{m-l+1} 周期点. 因为 g 有 2 的幂次周期点，因此 g 有 2 周期点 $x_0,g^2(x_0)=x_0$，那么有 $f^k(x_0)=x_0$，即 f 有 k 周期点.

对于 n 为其他偶数的情况也可以通过构造函数类似证明.　　　　证毕.

推论 5.1[6]　　当一个一维连续函数有一个 3 周期点时，那么它将有任意周期的周期点.

推论 5.2[6]　　如果一个一维连续函数有周期不是 2 的幂次的周期点，则其必有无穷多个周期点. 反之，如果一个一维连续函数仅有有限个周期点，则它们必以 2 的幂次为周期. 这说明这个连续函数有无穷个周期点，由于有理数是稠密的，而有理数的势就是可列的，因此函数的周期点在实数上稠密.

3. Li-Yorke 定理

下面是 Li-Yorke 定理的主要内容（具体证明参见文献[7]）.

定理 5.2　　假设 $F:J\xrightarrow{F}J$ 是一个连续的映射，$a\in J$，且有 $b=F(a),c=F^2(a),d=F^3(a)$；它们之间满足

$$d\leqslant a<b<c\quad\text{或}\quad d\geqslant a>b>c \tag{5.2}$$
则

（1）$\forall k\in N^*$，J 中都有一个存在着一个 k 周期的周期点 p_k；

（2）存在一个不可数的集合 $S\subset J$（S 中没有周期点），S 中的点满足如下的性质：

（2.1）$\forall p,q\in S,p\neq q$，有

$$\limsup_{n\to\infty}|F^n(p)-F^n(q)|>0 \tag{5.3}$$
$$\liminf_{n\to\infty}|F^n(p)-F^n(q)|=0 \tag{5.4}$$

(2.2) $\forall p \in S, \forall q \in J$ 为周期点,有

$$\lim_{n \to \infty} \sup |F^n(p) - F^n(q)| > 0 \qquad (5.5)$$

条件(1)指迭代的周期点的周期无上限,即可以找到周期任意大的周期点.

条件(2.1)说明任意两条轨道有时相互分开,有时无限接近.这一条件表明混沌运动是确定性系统中局限于有限相空间的轨道高度不稳定的运动.这种轨道高度不稳定性导致相邻相空间轨道之间的距离有时会指数增大,有时会无限减小,从而系统长时间的行为呈现某种混乱性.

条件(2.2)说明周期轨道不是渐进的.区间在映射的不断作用下,呈现出一片混乱的运动状态.其中部分为周期运动,更多是杂乱无章的运动,时分时合.这说明数次迭代之下,会出现类似随机的状态.

注记 5.1 当 $F(x)$ 存在着 3 周期点时,Li-Yorke 定理的假设就能够满足,从这个意义上说,确实由周期 3 引起了混沌.

5.2.2 混沌的数学定义[15,16]

1983 年 Singberg 依据 Li-Yorke 定理提出了如下定义.

定义 5.1 设 $I = [a,b]$,假定从 $I \times R$ 到 R 的映射 F:

$$(x, \lambda) \mapsto F(x, \lambda), \quad x \in I, \quad \lambda \in R \qquad (5.6)$$

或

$$x_{n+1} = F(x_n, \lambda), \quad x_n \in I, \quad \lambda \in R \qquad (5.7)$$

是连续的,其中 λ 为单参数.映射 F 称为是混沌的,若

(1) 存在一切周期的周期点;

(2) 存在不可数的非周期点集 $S, S \subset I$ 且

$$\lim_{n \to \infty} \inf |F^n(x, \lambda) - F^n(y, \lambda)| = 0, \quad x, y \in S, \quad x \neq y;$$

$$\lim_{n \to \infty} \sup |F^n(x, \lambda) - F^n(y, \lambda)| > 0, \quad x, y \in S, \quad x \neq y;$$

$$\lim_{n \to \infty} \sup |F^n(x, \lambda) - F^n(p, \lambda)| > 0, \quad x \in S, \quad p \text{ 为周期点}$$

成立,这里 F^n 是 F 的第 n 次迭代.

这个定义一般只适用于一维的情形.

1986 年 Devaney 给出了较一般的定义.

定义 5.2 设 V 为一个集合,映射 $f:V \to V$ 称为在 V 上是混沌的,若下列条件成立:

(1) f 是拓扑传递的;

(2) 周期点在 V 中稠密;

(3) f 对初始条件的依赖是敏感的.

这个定义说明:

(i) 无论 x 和 y 离得多近，在 f 的作用下两者的轨道都可能分开较大的距离，而且在每个点附近都可以找到离它很近而在 f 的作用下最终分道扬镳的点. 对这样的 f，如果计算它的轨道，任何微小的初始误差，经过若干次迭代后都将导致计算结果的失败.

(ii) 拓扑传递性意味着任一点的邻域在 f 的作用下将"撒遍"整个度量空间 V，这说明 f 不可能细分或不能分解为两个不相互影响的子系统.

(iii) (i) 和 (ii) 两条一般来说是随机系统的特征，但第三条——周期点的稠密性，却又表明系统具有很强的确定性与规律性，决非一片混乱，形似紊乱而实则有序，这正是混沌的耐人寻味之处.

关于定义 5.2，一些学者发现其中的一些条件是多余的. Banks 等首先证明，在任一度量空间 V 中，(i) 和 (ii) 可导出 (iii). 而 Assaf 和 Gadbois 又指出，对一般的映射，此为仅有的多余条件，即 (i) 和 (iii) 导不出 (ii)；(ii) 和 (iii) 导不出 (i). 1994 年 Vellekoop 和 Berglund 证明，若考虑区间上的映射，仅 (i) 就可以了，即拓扑传递性等于混沌. 1995 年 Crannell 又作了进一步讨论.

周作领[8] 从另一角度给出了如下定义.

定义 5.3　对于度量空间 (X, d) 中的连续映射 f，若存在 X 的不可数子集含于 f 的非游荡集，且对任意 $x, y \in S$ 有 $\lim\limits_{n \to \infty} \inf d(f^n(x), f^n(y)) = 0$，另外，当 $x \neq y$ 时，还有

$$\lim\limits_{n \to \infty} \sup d(f^n(x), f^n(y)) > 0, \tag{5.8}$$

则称 f 是混沌的.

周作领依据这个定义证明了有正的拓扑熵的系统以及存在位移自同构或横截同宿点或 Smale 马蹄的系统都是混沌的.

以上均是针对参量固定的一个映射的相空间轨道的描述，并未涉及有关周期轨道的稳定性问题. 实际上，上述定理或定义中提到的绝大多数周期轨道是不稳定的.

从这些定义中可以发现：混沌系统（存在混沌的系统）是由确定性的方程描述的，不含随机项；系统具有拓扑传递性. 虽然混沌有多种定义方式，逻辑上不一定完全等价，但本质是一致的.

5.2.3　中国古代的混沌思想

《老子》一书言："有物混成，先天地生."这就是浑一而不可分的意思，符合现代科学中混沌的拓扑传递性.

《庄子》三十三篇中，内篇《应帝王》末尾出现了"混沌"一词："南海之帝为儵，北海之帝为忽，中央之帝为混沌. 儵与忽时相遇于浑沌之地，浑沌待之甚善. 儵与忽谋报浑沌之德，曰：'人皆有七窍以视听食息，此独无有，当试凿之.'日凿一窍，七日而

浑沌死."

　　庄子这段关于混沌的话与当代混沌科学绝非等同,但也不能说是毫无关系.倏忽就是迅速灵敏,混沌有无知愚昧的意思,分别代表三个皇帝.而混沌竟在中央,却又待倏忽、甚好.他们看混沌无眼、无鼻孔、无口、无耳,太闭塞落后,便帮助他开放一下,一开放,也就死了.可见有时伪装成一个闭目塞听的人反而是安全之道.

　　在当代混沌科学中,混沌是信息的起源.这与愚昧无知的意思相反,而信息由无到有,无必在先,又包含从愚昧转化为智慧的一层意思.当代混沌科学提出混沌序,而在《庄子》的外篇《左宥》中有一段:"万物云云,各复其根,各复其根而不知.浑浑沌沌,终身不知.若彼知之,乃是离之",这似乎也是一种序.在这段文字中确实有一种观点,认为混沌是介乎可知(例如决定论的)与不可知(例如概率论的)之间的潜在的万物根源.这里所说的混沌并非一团混乱,而是代表一种有序的政治策略,是伪装的,外观的幼稚与虚假的无序.《庄子》中的表述与当代混沌科学有异曲同工之妙.

5.3　离　散　混　沌

　　研究离散动态系统的目的　对于给定的初态 $x(0)$,其终态或渐近态是什么?

　　对于如下动态系统 $f: X \to X, x_0 \in X, x(n) = f(x(n-1)) = f^n(x(0))$,其终态或渐近态就是当 $n \to \infty$ 时 $x(n)$ 的性态,即

　　(1) 是否收敛于一点 $x^* \in X$,或者说 $x^* = f(x^*)$ 是否成立?亦即 x^* 是否为 f 的不动点(平衡点)?

　　(2) x^* 是否为其渐近稳定点?

　　若(1),(2)均成立,则称系统是渐近稳定的.

　　显然,当 f 为一压缩映射时,系统具有唯一不动点,从而不动点是渐近稳定的.特别地,对于线性系统:

$$x(k+1) = Ax(k) \tag{5.9}$$

当且仅当 A 的所有特征根 $\lambda_1, \cdots, \lambda_n$ 满足 $|\lambda_i| < 1, \forall i$ 时,系统是全局渐近稳定的.

　　当 $\exists i$,使得 $|\lambda_i| > 1$ 时系统不稳定;

　　当 $\exists i$,使得 $|\lambda_i| = 1$ 时系统临界稳定.

　　确定性的系统有确定的结果,也可以有不确定的结果,用简单的模型可以得到复杂的非周期结果.Logistic 映射就是说明上述情况的离散映射的典型例子.

　　在生态系统中,描述单物种虫口数量关系可表示为

$$x_{n+1} = \mu x_n (1 - x_n) = f(x_n) \tag{5.10}$$

其中 x_n, x_{n+1} 分别表示第 n 代(亲代)和第 $n+1$ 代(子代)虫口的数量;μ 表示与昆虫生活条件有关的一个控制参数;f 函数称为一维 Logistic 映射.

　　如果控制参数 μ 值介于 0~4,Logistic 映射 f 的作用是把任何值 $x_n \in [0,1]$

仍然映射到该区间,即 $x_{n+1}=f(x_n)\in[0,1]$. 由于函数 $f(x)$ 是非线性的,不能单值定义逆映射 $x_n=f^{-1}(x_{n+1})$,所以这类非线性映射都是不可逆的. 在一定意义下,可逆性相当于存在耗散,因此一维非线性映射可看作简单的耗散系统.

以下分析其控制参数 μ 对昆虫长时间行为的影响.

通过迭代求解代数方程(5.10),若方程解收敛于不动点,则其实质上也是离散动力学系统的不动点并满足渐近稳定性. 运用离散动力学系统的稳定性原理,对于方程(5.10),不动点满足条件:

$$x^*=f(x^*)=\mu x^*(1-x^*) \tag{5.11}$$

(1) 一个不动点的情况.

当 $\mu<1$ 时,只有不动点 $x^*=0$,$|f'(0)|=\mu<1$,$f(1)=0$,$f^k(1)=0$,$k\geqslant1$,$\forall x_0\in(0,1)$,$0<x_1=f(x_0)=\mu x_0(1-x_0)<\mu x_0\leqslant x_0<1$,$x_2=\mu x_1(1-x_1)<\mu x_1\leqslant x_1$,从而 $\{x_n\}\downarrow$ 有下界,故存在极限且极限为 0,即 $x_n\to0$. 因此 $x^*=0$ 为其唯一吸引不动点,吸引域为 $[0,1]$.

当 $\mu=1$ 时,$|f'(0)|=\mu=1$,系统处于临界状态,其稳定性可用别的方法判断.

(2) 两个不动点的情况.

$\mu\in(1,3)$,当 μ 从 $\mu_0=1$ 增大时,系统在平衡点 $x^*=0$ 处失稳并达到新的不动点,其值可由(5.11)两边除以 $x^*\neq0$ 得 $x_1^*=1-\dfrac{1}{\mu}$. 这时稳定的临界值为 $|f'(x_1^*)|=1$,从而 μ_1 可由稳定边界

$$f'(x^*)=\mu-2\mu x^*=-1 \tag{5.12}$$

决定. 将 $x_1^*=1-\dfrac{1}{\mu}$ 代入(5.12)式,可得 $\mu_1=3$,即在 x_1^* 处,$|f'(x_1^*)|<1$,系统为渐进稳定的.

(3) 2 周期点.

当 $\mu_1<\mu<\mu_2$(设为另一个分岔点)时,不动点 $x_1^*=1-\dfrac{1}{\mu}$ 又将线性失稳,此时不动点变成 2 周期点:

$$f^2(x^*)=ff(x^*)=\mu[\mu x^*(1-x^*)][1-\mu x^*(1-x^*)]=x^* \tag{5.13}$$

消去一个 x^*,

$$\mu^2(1-x^*)[1-\mu x^*(1-x^*)]-1=0 \tag{5.14}$$

此式整理为

$$x^{*3}-2x^{*2}+\left(1+\frac{1}{\mu}\right)x^*-\frac{\mu^2-1}{\mu^3}=0 \tag{5.15}$$

分解因子,得

$$\left(x^*-\frac{\mu-1}{\mu}\right)\left[x^{*2}-\left(1+\frac{1}{\mu}\right)x^*+\frac{\mu+1}{\mu^2}\right]=0 \tag{5.16}$$

第一个根 $x_1^* = 1 - \dfrac{1}{\mu}$ 已经线性失稳,故新的不动点为

$$x_{2,3}^* = \frac{1}{2\mu}\left[(1+\mu) \pm \sqrt{(1+\mu)(\mu-3)}\right] \qquad (5.17)$$

（4）从倍周期分岔到混沌.

照此类推,Logistic 方程的分岔是通过倍周期分岔,即 1 分为 2,2 分为 4,4 分为 8,…而实现的,相应地可以计算出分岔值. 对于 $\mu = \mu_\infty = 3.569945672$,对应出现了混沌区(图 5.1).

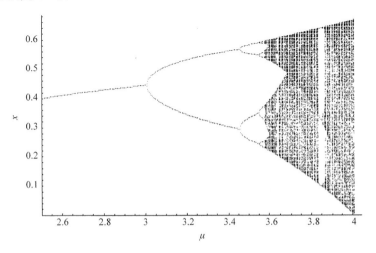

图 5.1　Logistic 方程的倍周期分岔到混沌的过程

20 世纪 70 年代,美国物理学家费根鲍姆对倍周期分岔序列 $\mu_1, \mu_2, \cdots$ 作了细致分析,发现

$$S_n = \frac{\mu_n - \mu_{n-1}}{\mu_{n+1} - \mu_n} \rightarrow \delta = 4.669201609\cdots \qquad (5.18)$$

此即为费根鲍姆第一常数. 只要是光滑的单峰函数,且具有连续的一阶导数,在极值处二阶导数不为 0,则费根鲍姆第一常数与函数的形式无关. 这说明,此常数描述了混沌的内在规律性,非线性方程虽然不同,但它们在倍周期分岔这条道路上却以相同的速率走向混沌.

同时,他还发现,用 $x^* = \dfrac{1}{2}$ 作平行于 μ 轴的直线与分枝曲线相交,用 Δ_n 表示第 n 个交点到相应分枝曲线的距离,则

$$\lim_{n \to +\infty} \frac{\Delta_n}{\Delta_{n+1}} = 2.502907875\cdots = \alpha \qquad (5.19)$$

其为无理数,称为费根鲍姆第二常数,即相邻倍周期轨道之间的距离是收敛的,也

满足普适关系. 且 Δ_n 所对应的参数 μ^* 也满足

$$\lim_{n \to +\infty} \frac{\mu_n^* - \mu_{n-1}^*}{\mu_{n+1}^* - \mu_n^*} = \delta \tag{5.20}$$

例 5.1　对于虫口繁殖模型

$$x_{n+1} = \mu(1 - x_n)x_n, \quad x_n \in (0,1), \quad \mu > 0 \tag{5.21}$$

证明当 $\mu = \dfrac{5}{3}$ 时, 系统有唯一的吸引子. 并求出相应的吸引子, 分析其吸引域.

证明　当 $\mu = \dfrac{5}{3}$ 时, 记 $f(x) = \dfrac{5}{3}x(1-x)$, 解方程

$$f(x) = x \tag{5.22}$$

得不动点

$$x_1 = 0, \quad x_2 = \frac{2}{5} \tag{5.23}$$

其中 x_1 是不稳定的不动点, 因为 $|f'(x)| = \left| \dfrac{5}{3}(1-2x) \right|$, 故而

$$|f'(x_1)| = \left| \frac{5}{3}(1-2x) \right|_{x_1=0} = \frac{5}{3} > 1$$

所以 x_1 的吸引域为离散的两个点, 即 $\{0,1\}$; x_2 是稳定不动点, 因为 $|f'(x)| = \left| \dfrac{5}{3}(1-2x) \right|$, 故而

$$|f'(x_2)| = \left| \frac{5}{3}(1-2x) \right|_{x_2=\frac{2}{5}} = \frac{1}{3} < 1$$

x_2 吸引域为整个开区间 $(0,1)$; 任取 $x_n \in (0,1)$, 则有

$$\left| f(x_n) - \frac{2}{5} \right| = \left| \frac{5}{3}x_n(1-x_n) - \frac{2}{5} \right|$$

$$= \left| \frac{5}{3}x_n(1-x_n) - \frac{5}{3}x_2(1-x_2) \right|$$

$$= \left| \left(x_n - \frac{2}{5} \right)\left(1 - \frac{5}{3}x_n \right) \right| < r \left| \left(x_n - \frac{2}{5} \right) \right|, \quad r \in (0,1) \tag{5.24}$$

故类似可推算:

$$\left| f^k(x_n) - \frac{2}{5} \right| < r^k \left| x_n - \frac{2}{5} \right| \tag{5.25}$$

证毕.

迭代式 $x_{n+1} = f(x_n)$ 是确定的, 但对某些敏感函数 f, 当 n 很大时 $\{x_n\}$ 是不可预测的, 因而是"随机的". 著名的例子是 Ulam-von Neumann 映射 $f: (-1,1) \to (-1,1)$,

$$f(x_n) = 1 - 2x^2 \tag{5.26}$$

迭代式为

$$x_{n+1} = 1 - 2x_n^2 \tag{5.27}$$

当给定初值时,可形成一伪随机数列. 图 5.2 是随机时间序列与混沌时间序列的时序图与相图的比对.

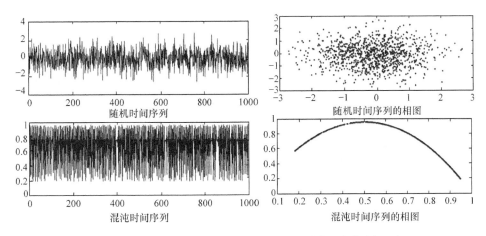

图 5.2 随机时间序列与混沌时间序列的时序图与相图比对

5.4 混沌研究的判据

研究混沌运动可以直接观察状态变量随时间的变化规律或者在相空间观察其轨迹. 常用的方法与判据有:Poincaré 截面法、相空间重构法、功率谱分析法、关联维数、Lyapunov 指数、测度熵等. 分别简述如下.

(1) Poincaré 截面法.

在多维相空间 $(x_1, x_1, x_2, x_2, \cdots, x_n, x_n)$ 中适当选取一个截面,该截面既可以是平面也可以是曲面,连续的动力学轨道与该截面相交,通过观察交点的特征即可分析运动的形式和特点.

具体表现如下:

(a) 周期运动在此截面上留下有限个离散的点;

(b) 准周期运动在截面上留下一条闭合曲线;

(c) 混沌运动是沿一条线段或一曲线弧,而且具有自相似的分形结构.

(2) 相空间重构法.

把时间序列从一维扩展到三维或更高维的相空间中去,以便把时间序列的混沌信息充分地显露出来,这便是时间序列的重构相空间. 1980 年 Packard 等提出

了由一维可观察量重构一个等价的相空间,来重现系统的动态特性,其原理如下:由系统中的某一可观测量的时间序列 $\{x_i|i=1,2,\cdots,n\}$ 重构 m 维相空间,得到一组相空间矢量: $X_i=\{x_i,x_{i+\tau},\cdots,x_{i+(m-1)\tau}\}$, $i=1,2,3,\cdots,m$, $x_i\in R_m$, τ 指时间延迟, $m\geqslant2d+1$, d 为系统自变量的个数, m 小于 n,并与 n 有相同的数量级.相空间重构是相图分析、分维和 Lyapunov 指数计算的关键.重构相空间的关键在于嵌入空间维数 m 和时间延迟 τ 的选择.

(3) 功率谱分析法.

Welch 所提出的功率谱计算方法表明,频率为 f 的周期系统的功率谱在频率为 f 及高次谐波 $2f,3f,\cdots$ 处有 δ 函数形式的尖峰.每个尖峰的高度指示了相应频率的振动强度.特别是当发生分岔时,功率谱将改变它的特征,对于混沌系统,功率谱上会出现宽带的噪声背景.

(4) 关联维数.

混沌体系是由奇怪吸引子的不规则轨线来描述的,奇怪吸引子为分形结构,分维数可对吸引子的几何特征及轨道随时间的演化情况进行数量上的描述,因而可对吸引子的混沌程度进一步细分.分维数有多种定义,其中 Grassberger 和 Procaccia 在 1983 年提出了一种易于从实验数据中提取分维数即关联维数的算法,此后关联维数作为混沌行为的测量参数得到了广泛应用.

(5) Lyapunov 指数.

对于 n 维相空间中的连续动力学系统,考察一个无穷小 n 维球面的长时间演化,其第 i 个 Lyapunov 指数按椭球主轴长度 $p_{i(t)}$ 定义为

$$\lambda_i=\lim_{t\to\infty}\frac{1}{t}\ln\frac{p_{i(t)}}{p_{i(0)}}$$

上式说明,Lyapunov 指数的大小表明相空间中相近轨道的平均收敛或发散的指数率.一般说来,具有正和零 Lyapunov 指数的方向,都对吸引子起支撑作用,负 Lyapunov 指数对应着收敛方向,这两种因素对抗的结果就是伸缩与折叠操作,形成奇怪吸引子的空间几何形状.最大 Lyapunov 指数决定轨道覆盖整个吸引子的快慢,最小 Lyapunov 指数决定轨道收缩的快慢,所有 Lyapunov 指数之和表征轨道总的平均发散快慢.任何吸引子必定有一个 Lyapunov 指数是负的,对于混沌必定有一个 Lyapunov 指数是正的,具有两个或两个以上的正 Lyapunov 指数的混沌吸引子称为超混沌吸引子或超混沌.因此,由系统的 Lyapunov 指数,便可以判断系统是否处于混沌状态.计算 Lyapunov 指数的方法有 Kaplan-Yorke 法、差分方程法、微分方程法、长度演化法和面积演化法,在此不一一介绍.对于二维系统,其分维数与 Lyapunov 指数的关系为: $d=1-\lambda_1/\lambda_2$.

(6) 测度熵.

熵是系统无序程度的量度.1958 年 Kolmogorov 对测度熵 K 给出了明确定

义,指出系统所有正的 Lyapunov 指数之和是测度熵 K 的上界,因此,由测度熵 K 值的大小,可以区分规则运动、混沌运动和随机运动.

(7) KAM 定律.

KAM 定律条件不满足时,KAM 环面的破裂会导致显著的混沌行为.

(8) 中心流形定律.

若稳定形和不稳定流形相交,就会存在 Smale 意义下的混沌.

5.5 混沌与一般单关系系统

本节主要介绍混沌和一般单关系系统的吸引子. 我们考虑一般的系统 $S = (M, R)$,其中,系统中只包含了一个关系,即 $R = \{r\}$.

5.5.1 一般单关系系统的混沌

一个单关系系统 $S = (M, \{r\})$ 代表了一个输入输出系统,其中,非零的序数 n 和 m,使得

$$\varnothing \neq r \subset M^n \times M^m \tag{5.28}$$

一般地,假设 $X = M^n$ 且 $Y = M^m$;不使用序关系 $S = (M, \{r\})$,仅考虑 S 作为一个二元关系 r,使得

$$\varnothing \neq S \subset X \times Y \tag{5.29}$$

这里,X 和 Y 分布代表了 S 的输入空间和输出空间. 现实世界中,我们看到的大多数系统都是输入输出系统.

令 $Z = X \bigcup Y$,则方程(5.29)中的输入输出系统代表了 Z 中的一个二元关系,令 $D \subset Z$ 为一个任意子集,如果 $D^2 \bigcap S = \varnothing$,则 D 定义为 S 的一个混沌[10]. 直观理解,D 定义为 S 的混沌,因为系统 S 无法控制 D 的元素.

定理 5.3[9]   集合 Z 上的一个输入输出系统 S 存在一个混沌 $D \neq \varnothing$ 的充要条件为:存在 I 不是 S 的一个子集,其中,I 为 Z 中的对角集 $I = \{(x,x) : x \in Z\}$.

证明   必要性:假设集合 Z 上的一个输入输出系统 S 存在着一个非零的混沌 D,则 $D^2 \bigcap S = \varnothing$. 因此,对每一个 $d \in D$,$(d,d) \notin S$. 这里说明,$I \not\subset S$.

充分性:假设命题成立,则这里存在着 $d \in Z$,使得 $(d,d) \notin S$. 取 $D = \{d\}$,则 D 为非零集合,且为 S 的一个混沌.   证毕.

给定 $S \subset Z^2$,定义 $S * D = \{x \in Z : \forall y \in D, (x,y) \notin S\}$,则对任意 $D \subset Z$,有如下的结果.

定理 5.4[9]   令 $D \subset Z$,则 D 为系统 S 的一个混沌等价于 $D \subset S * D$.

证明   必要性:假设 D 是系统 S 的一个混沌,则对于 $d \in D$ 且对任意 $y \in D$,$(d,y) \notin S$. 因此,$d \in S * D$. 从而 $D \subset S * D$.

充分性:假设存在 D 满足 $D \subset S * D$,则 $D^2 \bigcap S = \varnothing$. 从而,$D$ 为系统 S 的一个混沌. 证毕.

假设 $CS(S)$ 为 Z 上输入输出系统 S 的所有混沌子集的集合,如果 $S \not\subset I$,则

$$S_I = \{x \in Z : (x,x) \in S\} \neq Z \tag{5.30}$$

定义 S 的补集 S_I: $S_{\overline{I}} = Z - S_I$. 则定理 5.4 表明 S 的每个混沌集合为 $S_{\overline{I}}$ 的一个子集,从而有

$$|CS(S)| \leqslant 2^{|S_{\overline{I}}|} \tag{5.31}$$

以下的定理主要讨论一个输入输出系统的混沌子集的数目问题.

定理 5.5[10] 假设一个输入输出系统 $S \subset Z^2$ 满足以下条件:

(1) S 是对称的,即若 $(x,y) \in S$,则有:$(y,x) \in S$;

(2) S 不是 I 的一个子集;

(3) $|S_{\overline{I}}| = m$ 是有限的;

(4) 对任意 $x \in S_{\overline{I}}$,最多存在一个 $y \in S_{\overline{I}}$ 使得,或者 $(x,y) \in S$ 或者 $(y,x) \in S$,

令 $n = |\{x \in S_{\overline{I}} : \exists y \in S_{\overline{I}} ((x,y) \in S)\}|$,则

$$|CS(S)| = 2^m \times \left(\frac{3}{4}\right)^k \tag{5.32}$$

其中,$k = n/2$.

证明 根据先前定理的讨论,可用到集合 Z 的每一个混沌子集都是 $S_{\overline{I}}$ 的子集,$S_{\overline{I}}$ 的子集的总和为 2^m,在定理的假设下,当 $S_{\overline{I}}$ 的子集总不包含 $S_{\overline{I}}$ 中有 S-关联的两个元素时,其为 S 的一个混沌集合.

在 $S_{\overline{I}}$ 的元素中,具有 S-关联的元素有 $n/2$ 对,并且每两对之间没有相同元素. 令 $\{x,y\}$ 为 $S_{\overline{I}}$ 中具有 S-关联的一对,则 $S_{\overline{I}} - \{x,y\} \bigcup \{x,y\}$ 的每个子集构成了 $S_{\overline{I}}$ 中不包括 $CS(S)$ 的子集. 这里一共有 2^{m-2} 个子集. 因此 $S_{\overline{I}}$ 中有 $n/2$ 对 S-关联的元素组,故可以从 $S_{\overline{I}}$ 中获得 $(n/2) \times 2^{m-2}$ 个子集. 但是,在 $(n/2) \times 2^{m-2}$ 个子集中,其中有部分重复. 一般地,在 $S_{\overline{I}}$ 的子集中,考虑具有 S-关联的两对,并且去掉可能重复的,于是有 $\binom{k}{2} \times 2^{m-4}$ 个集合. 添加上被计算了两次的集合,于是有

$$2^m - k \times 2^{m-2} + \binom{k}{2} \times 2^{m-4} \tag{5.33}$$

但是,当添加 $\binom{k}{2} \times 2^{m-4}$ 子集时,$S_{\overline{I}}$ 中具有 S-关联且含有 3 对元素的子集和被多计算了一次,需要去掉,于是有如下公式:

$$|\mathrm{CS}(S)| = 2^m - k \times 2^{m-2} + \binom{k}{2} \times 2^{m-4} - \binom{k}{3} \times 2^{m-6} + \cdots$$

$$= \sum_{i=0}^{k} \binom{k}{i} \times 2^{m-2i} \times (-1)^i$$

$$= 2^{m-n} \sum_{i=0}^{k} \binom{k}{i} \times 2^{n-2i} \times (-1)^i$$

$$= 2^{m-n} \sum_{i=0}^{k} (-1)^i \binom{k}{i} \times 2^{2k-2i}$$

$$= 2^{m-n} \sum_{i=0}^{k} (-1)^i \binom{k}{i} \times 4^{k-i}$$

$$= 2^{m-n} (4-1)^k$$

$$= 2^{m-n} \times 3^k$$

$$= 2^m \left(\frac{3}{4}\right)^k$$

证毕.

5.5.2　一般单关系系统的吸引子

假设 S 为集合 Z 的一个输入输出系统，$D \subset Z$ 作为 S 的一个吸引子结合[10]，表示对任意 $x \in Z-D$，有 $S(x) \cap D \neq \varnothing$，其中，$S(x) = \{y \in Z : (x,y) \in S\}$. 图 5.3 和图 5.4 表现了吸引子的几何概念.

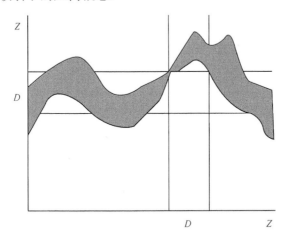

图 5.3　D 是 S 的一个吸引子，对于 $x \in Z-D, S(x)$ 至少包含了一个元素

定理 5.6[9]　假设 $S \subset Z^2$ 是 Z 上的一个输入输出系统，并且 $D \subset Z$，则 D 是 S 的一个吸引子等价于 $S * D \subset D$.

证明　必要性：假设 D 是 S 一个吸引子，令任意元素 $d \in S * D$，基于 $S * D$ 的

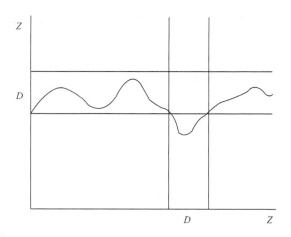

图 5.4　D 是 S 的一个吸引子，S 是 Z 到 Z 的一个函数

定义，有对任意 $x \in D$，$(d,x) \notin S$. 从而，$d \in D$，有 $S * D \subset D$.

充分性：假设 D 满足 $S * D \subset D$. 基于 $S * D$ 的定义，对任意元素 $x \in Z - D$，$x \in S * D$. 因此，至少存在一个元素 $d \in D$ 使得 $(d,x) \in S$. 因此，$S(d) \bigcap D \neq \varnothing$. 说明 D 是 S 的一个吸引子.　　　　　　　　　　　　　　　　　证毕.

定理 5.7[9]　　$S \subset Z^2$ 作为 Z 上的一个输入输出系统，S 存在一个吸引子 D 等价于 S 不是 I 的一个子集.

证明　必要性：假设存在 $D \subsetneqq Z$ 为 S 的一个吸引子，结论不成立，即有 $S \subset I$，则对每一个 $D \subset Z$，$Z - D \subset S * D$. 因此，当 $Z - D \neq \varnothing$，$D \not\subset S * D$；例如，由定理 5.5 可知，S 不存在一个等于 Z 的吸引子. 矛盾，由此有 $S \not\subset I$.

充分性：假设 $S \not\subset I$. 选择不同的 $x,y \in Z$，使得 $(x,y) \in S$，定义 $D = Z - \{x\}$. 则基于 $S * D$ 的定义，应用定理 5.6 可以证明 S 具有吸引子.　　　　　　　证毕.

定理 5.8[10]　　假设 $S \subset Z^2$ 是一个输入输出系统，满足下列条件：$(x,y) \in S$，则对任意 $z \in Z$，$(y,z) \notin S$，有

$$S_{\Gamma^-} = \{x \in Z : \exists y \in Z (y \neq x, (x,y) \in S)\} \tag{5.34}$$

$n = |S_{\Gamma^-}|$，$\mathrm{ATR}(S)$ 记为系统 S 的所有吸引子的集合，则

$$|\mathrm{ATR}(S)| = 2^n \tag{5.35}$$

证明　对每个子集 $A \subset S_{\Gamma^-}$，令 $D_A = Z - A$，则 $S * D_A \subset D_A$. 实际上，对每一个 $d \in S * D_A$，$(d,x) \notin S$，$x \in D_A$，有 $d \notin A$. 否则，假设存在一个元素 $y \in Z$ 使得 $y \neq d$ 并且 $(d,y) \in S$. 这里假设说明，如果 $(x,y) \in S$ 对任意 $z \in Z$，$(y,z) \notin S$，存在着元素 $y \in Z - A$，否则，$d \in Z - A = D_A$. 这说明 $S * D_A \subset D_A$. 应用定理 5.6，说明子集 D_A 是 S 的一个吸引子. 可以看到在 Z 中有 2^n 个这样的子集 D_A. 由此完成了定理的证明.　　　　　　　　　　　　　　　　　　　　　　证毕.

5.6 混沌特征及示例

5.6.1 混沌特征[4,15]

从现象上看,混沌貌似是随机的、不可预测的,但是混沌与随机有着本质的区别,混沌运动是由确定的物理规律引起的、源于内在特性的外在表现,因此又称为确定性混沌.混沌理论是近代非线性动力学中重要的组成部分,基本特征如下.

(1) 混沌是确定性与不确定性的统一.

混沌系统的演化短期行为可以确定,但长期行为无法预测.从演化机制而言,决定系统演化的规律是确定的,而演化结果是不确定的.混沌系统的轨道一旦进入奇怪吸引子,其不规则性原则上与随机运动无异.但这种随机性是确定性系统自身内部的非线性因素产生的,与外部条件无关.

(2) 混沌现象是确定性系统产生的内在随机性.

混沌是由确定性动力学方程自身的非线性机制产生的运动,不由外部扰动引起.而且它是一种非周期的定态行为.一般情况下,当系统远离平衡态,平衡运动、周期运动和准周期运动都失稳后,就可能出现混沌运动.在确定演化机制下产生的混沌现象,可以视为一种内在随机性.

(3) 系统演化对初始条件敏感依赖.

混沌的基本的、最明显的特征是对初始条件的敏感性,或者称为"蝴蝶效应".初值的微小差别在后来的运动中被混沌系统内部的非线性因素不断放大,导致系统演化朝着不可预测的方向进行.对初值的敏感依赖是混沌区别于其他现象的本质特征,也是系统长期演化行为无法预测的根本原因.

(4) 整体稳定且局部不稳定.

混沌的整体稳定性指微小的扰动不会改变系统原有的性能.从宏观上看,混沌系统的演化有一定范围,奇怪吸引子对外部的轨道是吸引的,处于范围之外的状态,经过演化都将被吸引到范围之内来,并且进入吸引子就不可能出去,所以混沌在整体上保持稳定.但吸引子内部的不同轨道是相互排斥的,极不稳定.局部不稳定性表现在混沌对初值的敏感依赖性,一个微小的初值变化就会引起系统局部的不稳定,即"对外吸引,对内排斥,进得来,出不去;出不去,又安定不下来."

(5) 奇怪吸引子上的动力学行为.

奇怪吸引子将混沌运动的特征初始条件的敏感性和确定性的随机直观地反映出来.在耗散系统当中,当连续流在收缩体积时,一边沿这些地方压缩,另一边又沿其他地方延伸.连续流固定在一个有界的区域内,这种伸缩和折叠过程会使运动轨道在奇怪吸引子上产生混沌运动.可见,奇怪吸引子是轨道不稳定和耗散系统相体积收缩两种因素的内在性质同时发生的现象. 奇怪吸引子的几何特性由分形来刻画,具有大尺度与小尺度之间的相似性,具有无穷无尽自相似的精细图案,具有分数维数. 分形和混沌是同一种规律的不同表现,这种统一的规律反映在空间分布上表现为分形,出现在时间分布上表现为混沌.

(6) 倍周期分岔与普适性.

当系统的一些控制参数发生变化时,新的定常状态解、周期解、拟周期解或者混沌解就会分出来,其中相轨迹图发生拓扑结构的突变,分岔理论是非线性解定性行为数学理论,失稳是发生分岔的物理前提,分岔后,系统的不同状态便会有了突变,经过不断的分岔,最终达到的状态就是混沌理论的研究对象.

若将第 n 倍周期分岔时对应的参数 m 记为 m_n,则相继两次分岔(或合并)的间隔之比趋于同一个费根鲍姆常数(见式(5.18)),它是一个普适常数:一类具有相同的单峰映射性质的函数中的任何一个,在沿倍周期分岔的道路进入混沌时,都会出现同一个 δ;不仅在周期区内分岔序列按 δ 速率收敛,在混沌区中的倒分岔序列也以同样的 δ 速率收敛. 此种结构所具有的定量特征有着普适性,既出现于不同的非线性系统之中,又反映于同一系统的不同层次. 普适性有结构普适性和测度普适性两种. 结构普适性指出无论是指数函数或是三角函数,只要是单峰映射,那么函数表现出来的结构与有着某种共同的数学性质的非线性动力系统的逻辑斯谛方程所表现出来的结构相同,为复杂的分岔结构. 同样都是经倍周期分岔进入混沌状态. 测度普适性指在沿倍周期分岔进入混沌的过程中隐含着一种深刻的规律,它以常数的形式表现出来. 倍周期分岔序列具有一个确定的收敛速率.

费根鲍姆普适常数 δ 的数值只与系统的某种非线性性质有关,而与各个系统的其他具体细节无关,反映出混沌演化过程中所存在的一种普适性,说明混沌内部存在着一定的统一规律,是混沌内在规律性的另一个侧面反映,为认识和研究混沌提供了坚实的基础.

(7) 非周期性、遍历性及有界性.

混沌是非线性动态系统的一种可能定态,轨道在相空间不是单调变化的,但又不是周期性的,而是非周期曲折起伏变化的. 混沌运动的轨迹经历混沌吸引子内每一个状态点的地方,不重复,不紊乱. 混沌的有界性最好的证明是奇怪吸引子,混沌的运动轨迹虽说有一定的内在随机性,但它始终在一个确定的区域里,有一定的规律性.

费根鲍姆普适常数 δ 的数值只与系统的某种非线性性质有关,而与各个系统的其他具体细节无关,反映出混沌演化过程中所存在的一种普适性,说明混沌内部存在着一定的统一规律,是混沌内在规律性的另一个侧面反映,为认识和研究混沌提供了坚实的基础.

5.6.2　混沌示例

以下给出几个经典的混沌案例及图示.

例 5.2　以如下微分方程为例:
$$y'''(x)+2y''(x)+2y'(x)=\sin(4x)+\cos(5x) \tag{5.36}$$
当初值条件分别取为 $y(0)=0,y'(0)=0,y''(0)=0$ 和 $y(0)=0,y'(0)=0,y''(0)=5$ 时,相图如图 5.5 所示.

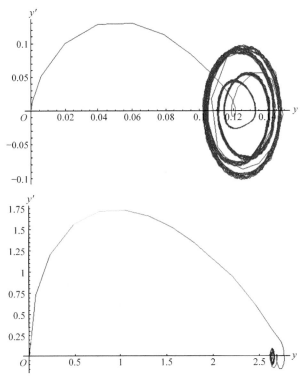

图 5.5　两种初值条件下的相图

例 5.3　达芬方程
$$y''(x)+0.05y'(x)+y(x)^3=7.5\cos[x] \tag{5.37}$$
有单一混沌吸引子. 当初值条件有细微差异时,可见到对初始条件的敏感性,见图 5.6.

例 5.4　Lorenz 微分方程
$$\begin{cases} x'=-\sigma(x-y) \\ y'=rx-y-xz \\ z'=xy-bz \end{cases} \tag{5.38}$$

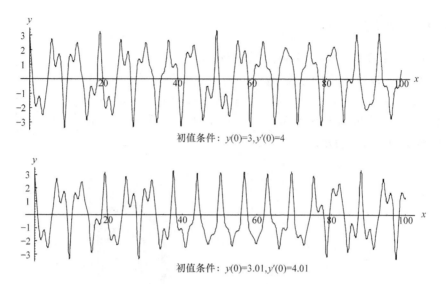

初值条件：$y(0)=3, y'(0)=4$

初值条件：$y(0)=3.01, y'(0)=4.01$

图 5.6　两种初值条件下的时序图

当系数取 $\sigma=16, r=60, b=4$ 时，初值取 $x(0)=6, y(0)=10, z(0)=10$ 的方程图如图 5.7 所示．

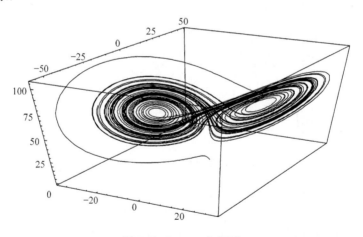

图 5.7　Lorenz 方程图

例 5.5[1]　二维 Hénon 迭代的一般形式为

$$\varphi: \begin{cases} x(n+1)=f(x(n), y(n)) \\ y(n+1)=g(x(n), y(n)) \end{cases} \tag{5.39}$$

以 $\varphi: \begin{cases} x(n+1)=1+0.3y(n)-1.4x^2(n) \\ y(n+1)=x(n) \end{cases}$ 为例，

（1）计算该系统的不动点．

(2) 给出该迭代式的 Jocobian 矩阵,并分析在第一象限不动点邻域处的系统稳定性.

解　(1) 根据不动点的特点 $\xi=f(\xi,\eta),\eta=g(\xi,\eta)$,得到

$$\begin{cases} \xi=1+0.3\eta-1.4\xi^2 \\ \eta=\xi \end{cases}$$

容易计算得出两个不动点分别为

$$(0.631,0.631)\quad\text{和}\quad(-1.131,-1.131).$$

(2) 该迭代式的 Jocobian 矩阵为

$$J=\left(\frac{\partial(x(n+1),y(n+1))}{\partial(x(n),y(n))}\right)=\begin{pmatrix} -2.8x(n) & 0.3 \\ 1 & 0 \end{pmatrix} \tag{5.40}$$

将 $(0.631,0.631)$ 代入上式,求 $\det(J-\lambda I)=0$ 的解,可求得两个特征根为

$$\lambda_1=-1.924,\quad \lambda_2=0.156$$

由于 $|\lambda_1|>1$,说明系统在这个不动点 $(0.631,0.631)$ 的邻域是不稳定的.

5.7　应　用　简　介

从混沌动力学自身发展逻辑看,确定性混沌的研究大体经历了三个阶段:一是从有序到混沌,研究混沌产生的条件、机制和途径;二是混沌中有序,研究混沌中的普适性、统计特征及分形结构等;三是从混沌到有序,主动驾驭混沌到有序.混沌的特性和混沌控制方法的突破性发展,使得混沌的应用呈现出广阔的发展前景.近年来的大量研究工作表明,混沌与工程技术联系越来越密切,它在生物工程、化学工程、电气和电子工程、信息处理、应用数学和物理学等领域都存在十分广泛的应用前景.

利用混沌系统具有对初始值的极端敏感依赖性,通过精心选择小的控制量可以产生显著的控制效果;混沌系统的运动最终落在奇怪吸引子中,而奇怪吸引子中又包含有稠密的轨道,因而混沌吸引子可作为潜在的信息源,并且通过控制,使系统处在不同的状态.

混沌控制方法有两种:一种是通过合适的策略、方法及途径,有效地抑制混沌行为,使 Lyapunov 指数下降进而消除混沌;另一种是选择某一具有期望行为的轨道作为控制目标.一般情况下,在混沌吸引子中的无穷多不稳定的周期轨道常被作为首选目标,其目的就是将系统的混沌运动轨迹转换到期望的周期轨道上.不同的控制策略必须遵循这样的原则:控制律的设计须最小限度地改变原系统,从而对原系统的影响最小.在控制混沌的实现中,最大限度地利用混沌的特性,对于确定控制目标和选取控制方法非常关键.

5.7.1 应用方向[3,4,11-15]

1. 混沌控制

混沌控制的基本思想就是人为地利用初始条件的微小变化来保持系统稳定或直接利用这一点来控制系统的状态. 在以下领域混沌都能起到有效的控制作用,如飞机机翼的振动控制、电力传送系统、涡轮机、化学反应、医学上的心脏起搏器、传送带、经济规划、电脑网络、航空航天等. 美国航空航天局在 1978 年发射了一艘飞船,1983 年,为了重新设置一颗绕太阳旋转的彗星的运行轨道,NASA 的工程师们运用卫星本身的推进系统、月球对卫星轨道的影响以及太阳本身的扰动,成功地对该卫星进行了重新定位. 当时还没有提出"混沌控制"这个专业术语,但这次事件确实用到混沌控制的基本思想. 实际上卫星、月球和太阳组成了一个三体问题,即混沌系统,工程师们就是利用了混沌系统对初始条件的敏感性——通过残存的很少一部分飞船燃料,使飞船自身状态得到微小变化以达到控制飞船的目的,这在非混沌系统中是不可能的.

2. 混沌同步

混沌同步是指由一个自治的系统出发,构造新的混沌系统,使它们具有共同的同步混沌轨道. 1989 年 Tom Carroll 创造了第一个同步混沌电子电路. 在工程上设计理想的同步混沌系统还处于起步阶段,但有很好的应用前景. 通过比较两个同样的混沌信号(即混沌同步)可以用于信息加密,也可以通过除去混沌信号而获知信息的内容,人为产生的服从某些规律的信号还能够用于信息的传输.

3. 混沌的短期预测

随着人们对混沌认识的不断深入,可更好地应用混沌理论解决实际问题,甚至一些用已有的科学知识无法解决的疑难问题都将迎刃而解. 经验动态建模就是利用混沌对生态系统进行建模的好方法. 经验动态建模可以无缝地融合新的数据,当数据足够多到可以形成致密吸引子时,Takens 定理(见 5.7.2 节中的介绍)的效果更好,易于找到系统当前状态接近前一状态的时间点,可以从数据中找到内在的关联. 这在生态学建模上有很好的应用潜质,可不再局限于利用方程建模. 不过,由于混沌系统对初值的敏感性,所以只能用于短期预测.

另外,混沌应用可分为混沌综合和混沌分析. 前者利用人工产生的混沌从混沌动力学系统中获得可能的功能,如人工神经网络的联想记忆等;后者分析由复杂的人工和自然系统中获得的混沌信号并寻找隐藏的确定性规则,如时间序列数据的非线性确定性预测等.

混沌的潜在应用可概括如下.

（1）混沌通信.

混沌信号是由确定性系统产生的,具有非周期性、貌似随机性、带宽连续功率谱、δ 形状的自相关等特性,短期可预测、长期不可预测,而且易于实现. 这些特性使得它在通信工程中极具应用潜力,探讨在通信工程中利用混沌的可能已经成为混沌研究中的热点.

（2）记忆信息.

利用混沌的游动性搜索记忆模式和混沌吸引子中嵌入有无穷多不稳定周期轨道来记忆信息,如利用耦合混沌单元来构造联想记忆网络不仅可增强系统学习新模式的能力,而且还可解决联想记忆、组合优化等问题.

（3）系统优化.

利用混沌运动的随机性、遍历性和规律性来寻找最优点,可用于系统辨识,系统最优参数设计等诸多方面.

4. 混沌神经网络

将混沌与神经网络相融合,使神经网络由最初的混沌状态逐渐退化到一般的神经网络,利用中间过程混沌状态的动力学特性使神经网络逃离局部极小点,从而保证全局最优,相关技术可用于联想记忆、机器人的路径规划等.

5. 高速检索

混沌并不是简单的无序或混乱,虽无明显的周期性和对称性,但却具备了丰富的内部层次的有序状态. 混沌是存在于非线性系统中的一种较为普遍的现象,它并不是一片混乱,而是有着精细的内在结构,混沌运动具有遍历性、随机性、规律性等特点. 混沌运动能在一定范围内按其自身的规律不重复地遍历所有状态,因此,用混沌变量进行优化搜索,无疑会比随机搜索更具优越性,尤其是变尺度混沌优化方法在连续系统的优化中具有更大的应用空间. 利用混沌的遍历性可以进行检索,即在改变初始值的同时,将要检索的数据和刚进入混沌状态的值进行比较,检索出接近于待检索数据的状态. 这种方法比随机检索或遗传算法具有更高的检索速度.

6. 非线性时间序列预测

任何一个时间序列都可以看成一个由非线性机制确定的输入输出系统,如果不规则的运动现象是一种混沌现象,则通过利用混沌现象的决策论非线性技术就能高精度地进行短期预测. 混沌信号处理技术已经应用于原子反应堆的热传递系统中的时间序列数据分析,并可运用于许多领域中的无损伤探测. 而且应用混沌同步原理为开发混沌计算机提供了依据和可能性,这可能是为开创新一代计算机提供的一种发展途径.

　　7. 其他应用

　　图像数据压缩:把复杂的图像数据用一组能产生混沌吸引子的简单动力学方程代替,这样只需记忆存储这一组动力学方程组的参数,其数据量比原始图像数据大大减少,从而实现了图像数据压缩.
　　模式识别:利用混沌轨迹对初始条件的敏感性,有可能使系统识别出只有微小区别的不同模式.
　　故障诊断:根据由时间序列再构成的吸引子的集合特征和采样时间序列数据相比较,可以进行故障诊断.

5.7.2　案例

　　混沌运动的基本特点是运动对初值条件极为敏感.两个很靠近的初值所产生的轨道,随时间推移按指数方式分离,Lyapunov 指数就是定量描述这一现象的.
　　定义 5.4　Lyapunov 指数
　　在一维动力系统 $x_{n+1}=F(x_n)$ 中,初值两点迭代后是互相分离的还是靠拢的,关键取决于导数 $\left|\dfrac{dF}{dx}\right|$ 的值,若 $\left|\dfrac{dF}{dx}\right|>1$,则迭代使得两点分开;若 $\left|\dfrac{dF}{dx}\right|<1$,则迭代使得两点靠拢.但是在不断迭代的过程中,$\left|\dfrac{dF}{dx}\right|$ 的值也是不断变化的,使得两点时而分离时而靠拢.为了表示从整体上看相邻两状态分离的情况,迭代次数取平均.因此,不妨设平均每次迭代所引起的指数分离为 λ,于是原来相距为 ε 的两点经过 n 次迭代后的距离为

$$\varepsilon e^{n\lambda(x_0)}=|F^n(x_0+\varepsilon)-F^n(x_0)| \tag{5.41}$$

取极限 $\varepsilon \to 0$, $n\to\infty$,式(5.41)变为

$$\lambda(x_0)=\lim_{n\to\infty}\lim_{\varepsilon\to 0}\frac{1}{n}\ln\left|\frac{F^n(x_0+\varepsilon)-F^n(x_0)}{\varepsilon}\right|=\lim_{n\to\infty}\frac{1}{n}\ln\left|\frac{dF^n(x)}{dx}\right|_{x=x_0} \tag{5.42}$$

通过变形可化简为

$$\lambda=\lim_{n\to\infty}\frac{1}{n}\sum_{i=0}^{n-1}\ln\left|\frac{dF(x)}{dx}\right|_{x=x_i} \tag{5.43}$$

其中 λ 称为动力系统的 Lyapunov 指数,它表示在多次迭代中平均每次迭代所引起的指数分离的程度.
　　例 5.6　以 Logistic 映射

$$x_{n+1}=f(x_n)=\mu x_n(1-x_n),\quad f:[0,1]\to[0,1] \tag{5.44}$$

为例,其 Lyapunov 指数为

$$\lambda = \lim_{n \to \infty} \frac{1}{n} \sum_{i=0}^{n-1} \ln |\mu - 2\mu x_i| \qquad (5.45)$$

$\lambda > 0$ 时对应混沌运动. 当 $\mu \in [3.7, 4]$ 时, 其对应的 Lyapunov 指数值如图 5.8 所示.

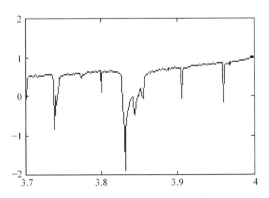

图 5.8 Logistic 映射的 Lyapunov 指数值

若 $\lambda < 0$, 这意味着相邻点最终要靠拢合并成一点, 这时轨道是收缩的; 若 $\lambda > 0$, 则意味着相邻点最终要分离, 这对应于不稳定的轨道. 故 $\lambda > 0$ 可作为系统混沌行为的一个判据.

对一般的 n 维动力系统, 定义 Lyapunov 指数如下:

设 F 是 $R^n \to R^n$ 上的 n 维映射, 确定一个 n 维离散动力系统, $x_{n+1} = F(x_n)$.

将系统的初始条件取为一个无穷小的 n 维的球, 由于演变过程中的自然变形, 球将变为椭球. 椭球的所有主轴按其长度顺序排列, 那么第 i 个 Lyapunov 指数根据第 i 个主轴的长度 $p_i(n)$ 的加速率定义为

$$\lambda_i = \lim_{n \to \infty} \frac{1}{n} \ln \left[\frac{p_i(n)}{p_i(0)} \right] \quad (i = 1, 2, \cdots) \qquad (5.46)$$

这样, Lyapunov 指数是与相空间的轨线收缩或扩张的性质相关联的, 在 Lyapunov 指数为负的方向上轨道收缩, 运动稳定; 而在 Lyapunov 指数为正的方向上, 轨道迅速分离.

注意到椭球的主轴长度按 e^{λ_1} 增加, 由前两个主轴定义的区域面积按 $e^{(\lambda_1 + \lambda_2)}$ 增加, 由前三个主轴定义的体积按 $e^{(\lambda_1 + \lambda_2 + \lambda_3)}$ 增加, 等等. 即 Lyapunov 指数的前 j 个指数的和, 由前 j 个主轴定义的 j 维立体体积指数增加的长期平均速率决定.

1. 平均周期 p 的选取

对于时间序列 $\{x_1, x_2, \cdots, x_N\}$, N 个采样值加上周期条件 $x_{N+j} = x_j$, 计算自相关函数 (离散卷积)

$$C_j = \frac{1}{N} \sum_{i=1}^{N} x_i x_{i+j} \tag{5.47}$$

然后对 C_j 完成离散傅里叶变换,计算离散傅里叶系数

$$P_k = \sum_{j=1}^{N} C_j e^{\frac{i2\pi kj}{N}} \tag{5.48}$$

可以直接由 x_i 作快速离散傅里叶变换,得到系数:

$$a_k = \frac{1}{N} \sum_{i=1}^{N} x_i \cos \frac{2\pi ki}{N} \tag{5.49}$$

$$b_k = \frac{1}{n} \sum_{i=1}^{N} x_i \sin \frac{2\pi ki}{N} \tag{5.50}$$

然后计算 $P'_k = a_k^2 + b_k^2$,有很多组 $\{x_i\}$ 得到对应 $\{P'_k\}$,求平均后即趋近于功率谱.

2. 时间延迟 τ 的选取

对于无限长、没有噪声的数据序列,延迟时间 τ 的选取原则上没有限制. 然而,大量的数值实验表明相空间的特征量依赖于 τ 的选择. 选择合适的 τ,使得原采样序列和延迟序列具有某种程度的独立性,又不完全相关,可考虑选择自相关函数第一个零点的值. 即选取自相关函数的第一个零点. 后来,Rosenstein 在实验中提出用自相关函数下降到初始值的 $1-\frac{1}{e}$ 的时滞作为延迟时间 τ.

3. 数值计算方法

目前计算 Lyapunov 指数的数值方法除定义之外还有很多,但它们大体上分属于两大类:Wolf 方法和 Jacobian 方法. 其中,Wolf 方法适用于无噪声的时间序列,切空间中小向量的演变高度非线性;Jacobian 方法适用于噪声大的时间序列,切空间中小向量的演变接近线性. Barana 和 Tsuda 曾提出一种新的 p-范数算法,该算法在 Wolf 方法和 Jocobian 方法之间架起了桥梁. 但由于 p-范数的选取和计算很复杂,实际操作起来比较困难.

而 Rosenstein,Collins 和 de Iuca 提出的一种小数据的计算方法操作起来比较方便,而且具有以下优点:①对小数据组比较可靠;②计算量较小;③相对易操作. 本章在此方法的基础上有所改进,并将此方法应用于实际问题,进行计算和分析,得到一些有益的结果.

4. 小数据量方法

小数据量方法是一种计算混沌时间序列的最大 Lyapunov 指数的方法. 实际应用中,有时并不需要计算出时间序列的所有 Lyapunov 指数谱,而只要计算出最

大 Lyapunov 指数就足够了. 如判别一个时间序列是否为混沌系统, 只要看最大 Lyapunov 指数是否大于零就能做出结论; 而时间序列的预测问题一般都是基于最大 Lyapunov 指数进行预测的. 所以, 最大 Lyapunov 指数的计算在 Lyapunov 指数谱中显得尤为重要.

计算嵌入相空间维数大小是重构相空间技术的理论依据. 混沌应用的一个重要问题就是从单个变量的时间序列重新构造一个可包容该混沌运动的 n 维相空间. 对于维数 n 究竟应该取多大的问题, 1980 年, Takens 证明了所需维数 n 大小的嵌入定理[16], 即:

Takens 定理 为了保证该相空间容纳该状态空间原来吸引子的拓扑特征, 如果原来吸引子处在一个 d 维空间中, 那么, 将该吸引子嵌入其中的相空间维数必须达到 $n \geqslant 2d+1$.

设混沌时间序列为 $\{x_1, x_2, \cdots, x_N\}$, 嵌入维数 m, 时间延迟 τ, 则重构相空间

$$Y_i = (x_i, x_{i+\tau}, x_{i+2\tau}, \cdots, x_{i+(m-1)\tau}) \in R^m \quad (i=1,2,\cdots,M) \tag{5.51}$$

其中 $M = N - (m-1)\tau$, 嵌入维数 m 的选取根据 Takens 定理和关联维计算的算法 (如 G-P 算法, 见 6.1.4 节), 时间延迟 τ 的选取为自相关函数下降到初始值的 $1 - \dfrac{1}{e}$ 时的延迟时间.

在重构相空间后, 寻找给定轨道上每个点的最近临近点, 即

$$d_j(0) = \min_{x_j} \| Y_j - Y_l \|, \quad |j-l| > p \tag{5.52}$$

其中 p 为时间序列的平均周期, 它可以通过能量光谱的平均频率的倒数估计出来, 那么最大 Lyapunov 指数就可以通过基本轨道上每个点的最临近点的平均发散速率估计出来.

Satoetal 估计最大 Lyapunov 指数为

$$\lambda_1(i) = \frac{1}{i\Delta t} \frac{1}{(M-i)} \sum_{j=1}^{M-i} \ln \frac{d_j(i)}{d_j(0)} \tag{5.53}$$

其中 Δt 为样本空间, $d_j(i)$ 是基本轨道上第 j 队最近临近点对经过 i 个离散时间步长后的距离. 后来, Satoetal 改进估计表达式为

$$\lambda_1(i,k) = \frac{1}{k\Delta t} \frac{1}{(M-k)} \sum_{j=1}^{M-k} \ln \frac{d_j(i+k)}{d_j(i)} \tag{5.54}$$

其中 k 是常数, $d_j(i)$ 的意义同上. 最大 Lyapunov 指数的几何意义是量化初始闭轨道的指数发散和估计系统的总体混沌水平的量. 所以, 结合 Satoetal 的估计式有

$$d_j(i) = C_j e^{\lambda_1(\Delta t)}, \quad C_j = d_j(0) \tag{5.55}$$

将上式两边取对数得到

$$\ln d_j(i) = \ln C_j + \lambda_1(i\Delta t), \quad j=1,2,\cdots,M \tag{5.56}$$

显然, 最大 Lyapunov 指数大致相当于上面这组直线的斜率. 它可以通过最小二乘

法逼近这组直线而得到,即

$$\lambda_1(i) = \frac{1}{\Delta t}\langle \ln d_j(i)\rangle \tag{5.57}$$

其中$\langle \cdot \rangle$表示所有关于j的平均值.

小数据量方法的计算步骤:

(1) 对于给定的时间序列$\{x(t_i), i=1, 2, \cdots, N\}$,计算出时间延迟$\tau$和平均周期$P$;

(2) 根据 5.2.4 小节方法计算出关联维数d,再由$m \geqslant 2d+1$确定嵌入维数m;

(3) 根据时间延迟τ和嵌入维数m重构空间$\{Y_j, j=1, 2, \cdots, M\}$;

(4) 找相空间每个点Y_j的最临近点Y_k,并限制短暂分离,即

$$d_j(0) = \min_j \| Y_j - Y_k \|, \quad |j-k| > p \tag{5.58}$$

(5) 对相空间中每个点Y_j,计算出该邻点对的i个离散时间步后的距离$d_j(i)$:

$$d_j(i) = |Y_{j+i} - Y_{k+i}|, \quad i=1, 2, \cdots, \min\{M-j, M-k\} \tag{5.59}$$

(6) 对每个i,求出所有j的$\ln d_j(i)$的平均$y(i)$,即

$$y(i) = \frac{1}{q\Delta t}\sum_{j=1}^{q} \ln d_j(i) \tag{5.60}$$

其中q是非零$d_j(i)$的数目.

(7) 用最小二乘法作出$y(i) \sim i$回归直线,该直线的斜率就是最大 Lyapunov 指数λ_1.

例 5.7 数据来源:1998 年 1 月 5 日~2004 年 3 月 29 日的上海交易所 792 只股票的收盘价(共 1508 个交易日). 以上证指数收盘价及随机取 5 只股票,计算其 Lyapunov 指数结果如表 5.1 所示.

表 5.1 上证指数数据的 Lyapunov 指数的变化

股票代码	上证指数	600000	600368	600466	600873	600759
Lyapunov 指数	0.0035	−0.0005	−0.0002	0.0083	0.0252	0.04121

表 5.2 中,通过计算可得上证指数的 Lyapunov 指数为 0.0035,我们取上证指数 1500 个数据以 150 个数据为一组分别计算其 Lyapunov 指数得到的平均值与计算出来的真实值十分相近,并且标准差为 0.0018,说明上证指数的 Lyapunov 指数大于零,且这个结果也是可信的.

表 5.2 上证指数数据量取 800～1500 时的 Lyapunov 指数的变化

数据量	800	900	1000	1100	1200	1300	1400	1500
Lyapunov 指数	0.0085	0.0063	0.0021	0.0018	0.0049	0.0064	0.0075	0.0034

由以上实验结果可知,当时的股市是存在混沌的. 混沌一方面扩大了可预测的对象(以前被看作随机现象的行为如果是混沌的,那么利用相空间重构技术就可以给出比均值预测更深刻的结果),另一方面,混沌的初值敏感性约束了可预测的时间跨度,不可能精确预测混沌的长期行为.

但要利用混沌的短期预测能力仍然是很困难的. 因为:

(1) Takens 定理只是保证恢复到拓扑等价的动力系统,难以恢复到其真实的动力系统.

(2) 虽然作为拓扑不变量的维数得到了保持,但是已无法准确地找到合适变量来量化、建模,甚至由于分数维的关系,变量的个数与维数之间并不存在简单的关系.

(3) 相空间重构技术要求数据无噪声且时间跨度足够长,但实际数据不但有随机噪声,还可能有系统噪声.

5.8 混沌的哲学思考

1. 有序与无序的对立统一

非线性动力系统通过倍周期分岔进入混沌,使得原来有序结构的周期运动状态被打破,从而形成无穷多个结构非周期运动,导致杂乱无章的混沌状态. 但在混沌区内从大到小具有无穷多个互相套叠的自相似结构. 在混沌区内任取一个小窗口,放大后与原来的混沌区相同,具有和整体相似的结构——自相似结构. 自相似结构包含了有序的成分. 混沌区内整体稳定和局部不稳定是有机结合的. 混沌现象既有紊乱性表现无序的一方面,也有规律性有序的一方面. 无序中包含有序,有序又包含无序.

当代科学对混沌的研究,深刻揭示了有序无序是对立的统一. 有序不是绝对的有序,而是有一定的有序度,内部包含着产生混沌的条件和固有因素;混沌也不是绝对的无序,更非单纯的混乱,它包含着各种复杂的有序因素. 有序和无序既相互对立,又相互转化,它们共存于混沌吸引子之中. 混沌蕴含着丰富的内容和多样化的信息. 因此,混沌是有序之源和信息之源.

2. 确定性和随机性的对立统一

牛顿、哈密顿所描述的运动规律是简单的、决定论的,用确定论的方程可以得出确定的结果.19 世纪发展起来的统计力学和概率论开始研究随机性,力图从大量偶然事件中去把握统计规律.随机性对于确定性方程而言是一种外在干扰、涨落或噪声.个体运动服从牛顿定律,多个个体构成的群体运动服从统计定律.确定性方程得出确定性的结果,而随机性方程得出统计的结论.这表明确定性和随机性、必然性和偶然性的关系仍然是外在的、并列的.

混沌在更高层次上将确定性和随机性、决定论和非决定论统一起来.由于混沌运动对初始状态的高度敏感依赖性,当初值有极其微小的变化时,它在短时期内的结果还可以预测,这点不同于完全的随机过程,但经过长时间演化后,它的状态就无法确定.因此,确定性的方程得出了不确定的结果.这种情况是确定性非线性方程的内涵行为,并非由于外界的干扰,因此这种随机性称为内在随机性.

在大量的保守系统和耗散系统中,都存在着内随机性.它与外在的随机性不同,在完全确定性的方程中,不需要附加任何随机因素,也可以表现出随机的行为,导致产生混沌的结果.在混沌系统中,周期解和混沌解可以有机结合起来,从而达到确定性和随机性、决定论和非决定论的高度统一.

3. 普适性与复杂性的统一

费根鲍姆发现从倍周期分支到混沌的过程均以一个常数收敛速率走向混沌.费根鲍姆常数不仅与 Logistic 方程的抛物性无关,还与指数映射及正弦映射等形式均无关.虽然它们的奇怪吸引子形式不同,但它们均具有无穷嵌套的自相似结构,而且具有同一个标度因子.

这种普适性与方程的形式无关,与相空间维数的高低无关,与学科领域无关,而只与问题的复杂性有关,这是复杂性的普适性规律.费根鲍姆常数表明普适性与倍周期走向混沌的过程的复杂性具有统一性.简单的费根鲍姆常数揭示了复杂混沌运动的内在规律.简单的迭代产生了复杂系统的行为,而复杂系统又蕴含了简单的规律.因此,混沌是简单性与复杂性的对立统一体.

4. 驱动力与耗散力的统一

虫口模型中,线性项为驱动力,非线性项为耗散力.状态的转化完全是驱动力和耗散力竞争的结果.当驱动力较弱时,状态只能是定常态;当耗散力与驱动力相当时,会出现各种周期状态,从而进入混沌状态.

上述两种力的竞争导致非线性一维 Logistic 映射状态发生变化的理论同样也适用于非线性二维映射.不难看出,在非线性映射的不断迭代过程中,从倍周期分岔走向混沌过程中,驱动力和耗散力是对立统一的.

思 考 题

1. 存在随机性是宇宙的固有特征或随机性仅仅是人类智力有限性的产物?

2. 混沌是混乱吗? 什么叫"混沌序"?

3. 如何理解"混沌是确定性的随机性"? 混沌中对初值的敏感依赖性是怎样产生的?

4. 发现混沌如何"粉碎了拉普拉斯的可预见性狂想"? 混沌学又如何扩展了人的预见能力?

5. "混沌孕育着生命力,秩序孕育着习惯",分析读这句话的感受.

6. 对于虫口繁殖模型

$$x_{n+1}=\mu(1-x_n)x_n, \quad x_n\in(0,1), \quad \mu>0$$

证明当 $\mu=2$ 时,系统有唯一的吸引子.并求出相应的吸引子,分析其吸引域.

7. 在例 5.5 二维 Hénon 迭代中,试将参数 1.4 改变大小,看看其结果变化.

参 考 文 献

[1] 许国志. 系统科学. 上海:上海科技教育出版社,2000.

[2] 苗东升. 系统科学精要. 北京:中国人民大学出版社,1998.

[3] 李士勇,等. 非线性科学与复杂性科学. 哈尔滨:哈尔滨工业大学出版社,2006.

[4] 谭璐,姜璐. 系统科学导论. 北京:北京师范大学出版社,2013.

[5] 邓宗琦. 混沌学的历史和现状. 华中师范大学学报(自然科学版),1997,31(4):492-500.

[6] Devany R,等. 混沌动力学. 卢侃,孙建华,欧阳容百,等译. 上海:上海翻译出版公司,1990:60-67.

[7] Li T Y,Yorke J A. Period three implies chaos. The American Mathematical Monthly,1975,82(10):985-992.

[8] 周作岭. 符号动力系统. 上海:上海科技教育出版社,1997.

[9] Lin Y. General Systems Theory:A Mathematical Approach. New York:Kluwer Academic and Plenum Publishers,1999.

[10] Zhu X D,Wu X M. An approach on fixed pansystems theorems:Panchaos and strange panattractor. Appl. Math. Mech. ,1987,8(4):339-344.

[11] 方锦清,赵耿,罗晓曙. 混沌保密通信应用研究的进展. 广西师范大学学报(自然科学版),2002,20(1):6-18.

[12] 苏浩. 非线性振动的混沌控制与同步方法研究. 西北工业大学硕士学位论文,2007.

[13] 包浩明. 混沌理论在保密通信系统的应用研究. 大连海事大学博士学位论文,2011.

[14] 郭正平. 基于蔡氏电路系统的混沌控制研究. 北京理工大学硕士学位论文,2003.

[15] 非线性振动与混沌简介. www. docin. com.

[16] 《数学辞海》编辑委员会. 数学辞海. 第五卷. 太原:山西教育出版社,2002.

第 6 章 分　形

　　一般将在系统、结构和信息等方面具有自相似性或同级自相似性的研究对象称为分形. 分形集合的产生使我们发现了一些表面上看似杂乱无章但实际存在着规律性的现象,即无特征尺度的自相似性,这是经典欧氏几何所无法描述的. 本章将介绍分形的一些基本理论和方法,以及相关应用[1-16].

6.1　分形概念及分形维数[3,4]

6.1.1　分形现象与分形几何

　　在经典的欧几里得几何学中,可以用直线、立方体、圆锥、球等这一类规则的形状去描述诸如道路、建筑物、车轮等人造物体,这是非常自然的. 但是,自然界大多数的图形都十分复杂且不规则,如海岸线、山形、河川、岩石、树木、森林、云团、闪电、海浪等,不再具有数学分析中的连续、光滑可导等基本性质. 分形几何学(fractal geometry)应运而生. 分形几何学是一门以非规则几何形态为研究对象的几何学. 由于不规则现象在自然界是普遍存在的,因此分形几何学又称为描述大自然的几何学.

　　"分形"这个名词是由美国 IBM 公司研究中心 Mandelbrot(芒德布罗)在 1975 年首次提出的,其原义是"不规则的、分数的、支离破碎的"物体,这个名词是参照了拉丁文 fractus(弄碎的)后造出来的,它含有英文中 frature(分裂)和 fraction(分数)的双重意义. 早在 19 世纪初,法国大数学家 Poincaré 就在研究三体问题的过程中使用了新的几何方法,但由于其理论的艰深难懂很少有人注意到;1861 年,德国数学家 Weierstrass(魏尔斯特拉斯)构造了一个处处连续却处处不可微的函数;之后康托尔构造了有这很多奇异性质的三分康托尔集;意大利数学家 Peano(佩亚诺)在 1890 年发现了理论上能够填充空间的曲线;之后的 1904 年瑞典数学家 Kohn(科赫)设计出了类似雪花和岛屿边缘的曲线,1915 年波兰的数学家 Sierpinski(谢尔宾斯基)画出了像地毯和海绵似的几何图形. 20 世纪 20 年代,德国数学家 Hausdorff(豪斯多夫)提出了分数维的概念以便用于奇异集合性质与量的研究;之后有几位数学家采用了分数维的概念用于解决各自的研究问题. 直到 1975 年这些部分领域被汇集起来成为一个新的领域.

　　分形几何学的基本思想是:客观事物具有自相似的层次结构,局部与整体在形态、功能、信息、时间、空间等方面具有统计意义上的相似性,成为自相似性.例如,一块磁铁中的每一部分都像整体一样具有南北两极,不断分割下去,每一部分都具有和整体磁铁相同的磁场.这种自相似的层次结构,适当的放大或缩小几何尺寸,整个结构不变.

分形理论认为维数也可以是分数,这类维数是物理学家在研究混沌吸引子等理论时需要引入的重要概念.为了定量地描述客观事物的"非规则"程度,数学家从测度的角度引入了维数概念,将维数从整数扩大到分数,从而突破了一般拓扑集维数为整数的界限.分形几何的产生使我们发现了一些表面上杂乱无章但实际存在着规律性的现象,即无特征尺度的自相似性,这是经典欧氏几何所无法描述的.

分形理论的创始人所给出的两个分形的概念如下.

定义 6.1　局部以某种方式与整体相似的集.

定义 6.2　Hausdorff 维数大于其拓扑维数的集合.

实际上,自相似是分形理论的核心,是所有特征中的基本特征.一个分形几何图形就是由与整体以某种方式相似的各个部分所组成的形体,像是一个"无穷嵌套".云团、山峦、海岸线、树皮、闪电等自然现象都是分形几何最直接的表现.

为了进一步分析分形的几何性质,引进了特征尺度的概念.所谓特征尺度是指某一事物在空间或时间方面具有特定的数量级.对于特定的数量级要用合适的尺子去测量.如人身高的特征尺度是米,而台风的特征尺度是数千公里.如果我们将台风视为漩涡,从漩涡的几何结构角度来研究,大旋涡嵌套着小漩涡,这种现象发生在不同的尺度范围内.将尺度相差多个数量级的系统称为多尺度系统,又称为无特征尺度系统.

耗散系统的混沌都是发生在奇怪吸引子这种分形结构上的运动体制,只有相空间中具有某种自相似结构的分形点集才能描述这种复杂运动.Lorenz 吸引子和 Rossler 吸引子都是这种点集,任意取出一部分放大看,仍然像整体那样极不规则,具有无穷精细结构和某种自相似性.

6.1.2　拓扑维与分维

在欧氏空间中,一个几何对象的维数等于确定其中一个点的位置所需要的独立坐标数目.这样定义的维数称为欧氏维数或拓扑维数.之所以称之为拓扑维,是因为邻域是拓扑学的一个核心概念.一个几何对象中相邻的点,只要保证连续性,无论怎样拉伸、压缩、扭曲,相邻点仍然相邻,因此拓扑维是拓扑变换的不变量.如直线或曲线的拓扑维数是 1,平面图形的拓扑维数是 2,空间图形的拓扑维数是 3.

如果我们对单位正方形或正方体,用长度为 ε 的尺子去量它,可以得到覆盖它所需要的小正方形或小立方体数目为 $N(\varepsilon)$,下式可以计算出拓扑维数 D,

$$D = \frac{\ln N(\varepsilon)}{\ln\left(\dfrac{1}{\varepsilon}\right)} \qquad\qquad (6.1)$$

上式可视为拓扑维定义.

拓扑维数为整数,且虽然盒子数 $N(\varepsilon)$ 随着尺子 ε 变短而不断变大,但几何对象的长度(或总面积、总体积)保持不变.

而对于海岸线的长度而言,其总长度随着尺子 ε 变短总长度会变长,最后趋于无穷大. 为了将拓扑维数推广到分数维,必须突破维数是整数的限制,另外,还必须对拓扑维取极限. 如下所示分形维定义:

$$D = \lim_{\varepsilon \to 0} \frac{\ln N(\varepsilon)}{\ln\left(\dfrac{1}{\varepsilon}\right)} \qquad\qquad (6.2)$$

这是早在 1919 年 Hausdorff 引入的维数的定义,故称为 Hausdorff 维数,又称为分维.

分形统计模型是指小于(或大于)某特征尺度的概率,与此特征尺度之间存在幂指数关系,即 $P(\leqslant r) \propto r^D, r > 0$. 显然,其分布函数为 $F(x) = Cx^D, x > 0, C$ 是使得满足概率分布函数归一化条件的常数. 已知对于 $0 < x < x', P(\xi \leqslant x \mid \xi \leqslant x') = (x/x')^D$,因此具有尺度不变的分形性质:$P(\xi \leqslant x \mid \xi \leqslant x') = P(\xi \leqslant cx \mid \xi \leqslant cx')$,$c$ 为任意正数. 将分形统计模型的基本表达式变形,得到 $\ln P(\xi \leqslant r) = D\ln r + \ln C$,从而通过 $\ln P$ 对 $\ln r$ 进行线性回归,可求得分形维 D,在 $\ln P$ 对 $\ln r$ 的图中,则可以观察到成直线状的点阵,斜率就是分形维.

定理 6.1　对于服从正态分布 $N(0,\sigma)$ 总体的样本,不存在分形维.

证明　采用反证法. 假设存在分形维,即有 $P(\xi > r) = Cr^D, r > 0$ 成立,则

$$D = \Delta\ln P(\xi > r)/\Delta\ln r = (\Delta\ln P(\xi > r)/\Delta r)/(\Delta\ln r/\Delta r) \qquad (6.3)$$
$$= rf(r)/(F(r)-1) \to -\infty, \quad r \to \infty \qquad (6.4)$$

因此不存在稳定的斜率使得分形维存在.　　　　　　　　　　　　　　　证毕.

取 2000 个服从正态分布 $N(0,1)$ 的随机数,对于正数,计算 $\ln P(\xi > r)$ 与 $\ln r$(负的情形所得结论一致),其散点拟合图在全区间上呈曲线状,斜率从 0 变化到负无穷,不存在明显的直线段. 故正态分布不存在分形维.

实际上,除 Hausdorff 维数之外,还有多种分形维数的定义,包括相似维数、信息维数、关联维数、容量维数、计盒维数等.

6.1.3　规则分形与相似维数

首先介绍一下关于相似维的概念.

对于复杂的几何形体,普通维数的概念可能随尺度的不同而改变. 举个例子:

一个直径 10 厘米的毛线团由直径一毫米的毛线缠绕而成,当从不同的距离观察时,毛线团的维数将会不同.从远处的零维点到较近处的三维线团,随着距离越来越近,我们将看到一维的线、三维的圆柱、一维的纤维直到零维的原子.这种由距离尺度的不同而产生的维数不同于上文的海岸线的问题是相似的,这就需要找出一个共同的维数衡量标准.

　　度量分形维数的种类有很多:相似维是其中较简单的一种形式.相似维用于点、线、面、体,就是我们接触到的整数维,比如传统的几何中的一些常见的曲线、曲面、体.当相似维用于描述一条较复杂的曲线时,设想一条光滑的一维线,到接近填充一个面,这意味着缠绕得太多,差不多变成二维,这时它的维数就应该在 1 和 2 之间,这样就可以把相似维看成对这条曲线复杂性的量度,一般来说,它可以用作分形几何图形外形复杂性和粗糙程度的量度.

　　以下给出部分经典的规则分形的例子.

例 6.1　经典规则分形案例

(1) 康托尔集合.

　　选取一定长度的线段,将其三等分,去掉中间一段保留两个分点,则剩下的两段还是闭区间.接着将剩下的两段再分别三等分,仍去掉中间一段保留四个分点.将这样的操作继续下去直至无穷,将会得到一个离散的点集(图 6.1).根据相似维的计算公式我们可以得到这种点集的维数在 0 和 1 之间.它与传统几何中的点的区别是,康托尔集合中的点是有长度的,而并非零维的.

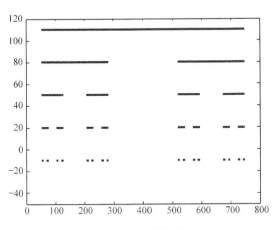

图 6.1　康托尔集

(2) Koch 曲线及其推广.

　　取一定长度的直线段,将这个直线段三等分之后,保留两端的两段,将中间的一段改成六十度的两个等长的线段,接着在新的四条等长的线段执行相同的操作.重复上述过程直至无穷,我们将得到相似维数为 1 到 2 之间的分形几何图.

将最初的直线改为面,将会得到一系列向外凸起的面,重复操作下去的结果仍是分形几何图. 这时所得到图形的相似维将在 2 到 3 之间,如图 6.2 所示.

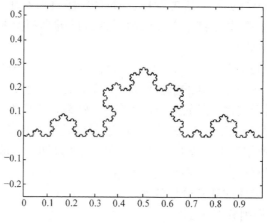

图 6.2　Koch 曲线

（3）Sierpinski 集合.

在一个规则的立方体上进行连续的"掏空"操作. 每次"掏空"掉的体积与其所在的局部体积的比例保持不变,重复操作下去之后最后我们将得到一个类似海绵一样的分形几何图,它的相似维数也将在 2 到 3 之间,如图 6.3 所示.

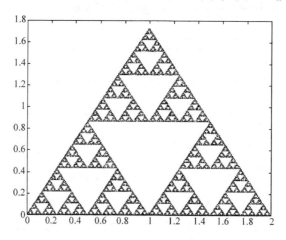

图 6.3　Sierpinski 垫片

（4）Julia 集.

Julia 集　对复平面上的一个二次映射迭代,即 $f(z) = z^2 + C$,对平面上的一点 $z = z_0$ 进行迭代,经足够多次迭代后函数值不扩散,这类 z_0 点组成的集合为 Julia 集,对每一个特定的 C 都有一个相应 Julia 集,记为 $J(C)$,C 为复数;或 $J(a, b)$,

a,b 为 C 的实部和虚部,如图 6.4 所示.

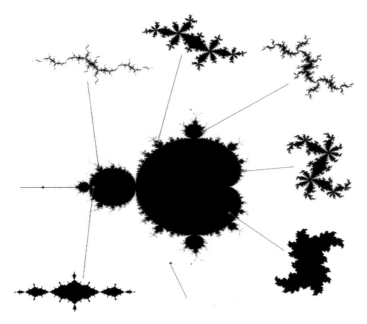

图 6.4　Julia 集

(5) Mandelbrot 集.

Mandelbrot 集　Mandelbrot 集(M 集)是使 Julia 集为连通的参数 C 的集合.
它的另一个等价的定义为对每一个 C,让 $z_0=0$ 代入迭代式:$f(z)=z\times z+C$,经足
够多次迭代后函数值不扩散,这样的 C 所组成的集合为 M 集. 1980 年当 B. B.
Mandelbrot 第一次画出它的图形以来,M 集就被认为是数学上最为复杂的集合之
一,已成为分形最为重要的标志之一,如图 6.5 所示.

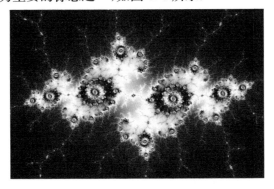

图 6.5　Mandelbrot 集

图片来源:https://en. wikipedia. org/wiki/Mandelbrot_set

以上所给的几个例子都是规则分形,即存在一个给定的构造原则,其相似维数只与操作的机制有关.

6.1.4　不规则分形与关联维

将规则分形中按比例的操作改为随机操作,得到的就是随机分形.在研究布朗运动的过程中,曾经有人跟踪过悬浮微粒的运动轨迹,当用直线将得到的轨迹点连接起来的时候,就得到一系列的折线.如果缩小跟踪时间尺度,原先的直线段将由新的折线所代替.当时间尺度无限缩小时,微粒的运动轨迹也将是一种分形几何,而且是随机分形的.

一个非线性系统处于混沌状态,其相空间的运动轨迹是十分复杂的,对初始条件极为敏感,具有非整数维——分维特征,这种吸引子称为奇怪吸引子.计算分维数的方法有多种,如 Hausdorff 维、自相似维、Kolmogorov 容量维、信息维以及关联维等.关联维因能仅凭系统的一个测量数据序列就可以获得到吸引子维数的信息,使用较多.

一个比较实用的计算方法是由 Grassberger 和 Procaccia 提出的,称为 G-P 算法,G-P 算法的主要步骤如下:

(1) 利用时间序列 $x_1, x_2, \cdots, x_{n-1}, x_n, \cdots$,先给一个较小的值 m_0,对应一个重构的相空间:

$$Y(t_i) = [x(t_i), x(t_i+\tau), x(t_i+2\tau), \cdots, x(t_i+(m_0-1)\tau)], \quad i=1,2 \quad (6.5)$$

(2) 计算 $C(r) = \lim_{N \to 0} \dfrac{1}{N^2} \sum_{i,j=1}^{N} \theta(r-|Y(t_i)-Y(t_j)|)$,其中 $|Y(t_i)-Y(t_j)|$ 标是相点 $Y(t_i), Y(t_j)$ 之间的距离,$\theta(z)$ 是示性函数(符号函数),$C(r)$ 是关联函数,表示 m 相空间两点之间距离小于 r 的概率.

(3) 关联函数 $C_n(r)$ 在 $r \to 0$ 时与 r 存在以下关系:

$$\lim_{x \to 0} C_n(r) \propto r^{d(m)} \quad (6.6)$$

即

$$d(m) = \frac{\ln C_n(r)}{\ln r} \quad (6.7)$$

(4) 增加嵌入维数 $m_1 > m_0$,重复计算步骤(2),(3),直到相应的维数估计值 $d(m)$ 收敛为止.此时得到的 d 即为吸引子的关联维数.如果 d 随 m 的增长而增长,并不收敛于一个稳定的值,则表明所考虑的系统是一个随机时间序列.

例:实验数据来源:1998 年 1 月 5 日～2004 年 3 月 29 日的上证指数(共 1503 个交易日),见图 6.6 的时间序列图.

图 6.7 中的各条曲线是当嵌入维取 4～18 时的 $\ln C_n(r) \sim \ln r$ 的关系图,各条曲线基本平行,说明斜率稳定,即关联维函数随嵌入维的增长而收敛,通过线性拟

合计算出上证收盘指数的关联维为 2.63(图 6.7 的右图),而且当延迟时间等于 5时关联维收敛最好,相空间重构最好. 当时间延迟小于等于 2 时,关联维有上升的趋势,相空间重构得不好. 这说明当延迟时间 τ 过小,嵌入向量之间如同两个独立的随机变量一样不相关,因而损失了潜在的确定性.

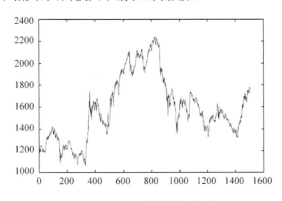

图 6.6　上证指数时间序列

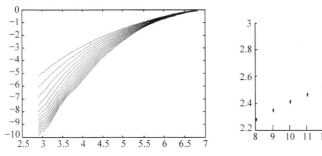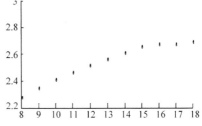

图 6.7　嵌入维及关联维的计算

6.2　简单 L 系统的分析与设计

6.2.1　L 系统简介

虽然分形产生的图形是复杂的,但是描述分形的方法却十分简单. 常用的方法有 L 系统和 IFS 系统两种. 从它们所绘制出的分形来说,L 系统要比 IFS 系统简单. L 系统只是简单的字符串迭代,而 IFS 系统在这方面要复杂得多.

事实上,L 系统是一种形式语言. 它可分为三类:0L 系统,1L 系统和 2L 系统.

0L 系统是上下文无关的 L 系统,即:各单元的行为只由重写规则决定,系统的当前状态只与它上一时刻的状态有关而与周边单元无关. 它是 L 系统中最简单的一类,称为简单 L 系统.

1L 系统是上下文有关的 L 系统,即:仅考虑单边的语法关系,系统的当前状态不仅与它上一时刻的状态有关,而且还与它一侧的单元状态有关,左边相关或右边相关.

2L 系统也是上下文有关的 L 系统,与 1L 系统不同,它既考虑左边的语法关系,又考虑右边的语法关系,即:系统的当前状态不仅与它上一时刻的状态有关,而且还与它左右两侧单元的状态有关,它是对上下文要求最为严格的方法.

上述 3 类 L 系统,按照重写规则确定与否,又可以分为确定性和随机性 L 系统.

由于 L 系统没有严格的数学定义,对它的研究还只是停留在创造性的设计阶段,没有理论的支撑,为此,本节从集合论的角度出发,以简单 L 系统为研究对象,给出了此类 L 系统的严格数学定义,并证明了简单 L 系统所具有的一般性质,为 L 系统的深入研究提供了一个理论框架[6].

6.2.2　简单 L 系统的定义

定义 6.3　记 $S=\{s_1,s_2,\cdots,s_n\}$ 是一个有限的字符集合,S^* 是由 S 中的元素生成的字符串集合. 因为 $S \subset S^*$,所以 S^* 是一个非空集合. $\forall \alpha,\beta \in S^*$,规定:$\alpha=\beta \Leftrightarrow \alpha,\beta$ 的长度相同且字符的排列顺序也完全相同.

定义 S^* 上的加法运算为:$\alpha \oplus \beta = \alpha\beta$,$\forall \alpha,\beta \in S^*$;数量乘积运算为:$k\alpha = \underbrace{\alpha\alpha\cdots\alpha}_{k\uparrow\alpha}$,

$\forall \alpha \in S^*$,$k \in Z^+$,则有

(1) S^* 上的加法和数量乘积满足封闭性;

(2) $(\alpha \oplus \beta) \oplus \gamma = \alpha \oplus (\beta \oplus \gamma)$,$\forall \alpha,\beta,\gamma \in S^*$;

(3) $k,l \in Z^+$,$k(l\alpha)=(kl)\alpha$,$\forall \alpha \in S^*$,$k,l \in Z^+$;

(4) $(k+l)\alpha = k\alpha \oplus l\alpha$,$\forall \alpha \in S^*$.

在给出简单 L 系统的定义之前,我们首先定义字符串集合 $S^* \rightarrow S^*$ 上的一种特殊映射——L 映射.

1. L 映射

定义 6.4　产生式　设 $S=\{s_1,s_2,\cdots,s_n\}$ 是一个有限的字符集合,S^* 是由 S 中的元素生成的字符串集合. $\forall s_i \in S(1 \leqslant i \leqslant n)$,定义序偶 $(s_i,\alpha) \in S \times S^*$,则 (s_i,α) 确定了 $s_i \rightarrow \alpha$ 的一个关系 p_i,我们称 p_i 为 $S \rightarrow S^*$ 的一个产生式.

定义 6.5　同族产生式集　对某个给定的 $s_i \in S$,若定义 $r(r \geqslant 1)$ 个产生式 $p_i^{(1)},p_i^{(2)},\cdots,p_i^{(r)}$,使得 $\forall j \neq k$,有:$p_i^{(j)}(s_i) \neq p_i^{(k)}(s_i)(1 \leqslant j,k \leqslant r)$,则称 $p_i^{(1)},p_i^{(2)},\cdots,p_i^{(r)}$ 为 s_i 的 r 个同族产生式,集合 $P_i \triangleq \{p_i^{(1)},p_i^{(2)},\cdots,p_i^{(r)}\}$ 称为元素 s_i 的同族产生式集.

定义 6.6 L 映射 设字符集 $S = \{s_1, s_2, \cdots, s_n\}$,定义 $S \to S^*$ 的 $m(m \geqslant n)$ 个产生式,且 $\forall s_i \in S(1 \leqslant i \leqslant n)$,至少存在一个产生式. 记所有产生式构成的集合为 P,则 $P = \bigcup_{i=1}^{n} P_i$,其中 P_i 为元素 s_i 的同族产生式集. 任取一组产生式 p_1,$p_2, \cdots, p_n$,满足 $p_i \in P_i$,$i = 1, 2, \cdots, n$,则集合 $\varphi \triangleq \{p_1, p_2, \cdots, p_n\}$ 按照下述定义方式:

$$\varphi : s_{k_1} s_{k_2} \cdots s_{k_r} \to p_{k_1}(s_{k_1}) p_{k_2}(s_{k_2}) \cdots p_{k_r}(s_{k_r}) \tag{6.8}$$

确定了 $S^* \to S^*$ 的一个对应法则,$\forall s_{k_1} s_{k_2} \cdots s_{k_r} \in S^*$,其中 $k_i \in \{1, 2, \cdots, n\}$,$1 \leqslant i \leqslant r$,$r$ 是字符串的长度. 我们称这个对应法则 φ 为 $S^* \to S^*$ 的一个 L 映射.

注记 6.1 由 L 映射的定义知,$S \to S^*$ 的 $m(m \geqslant n)$ 个产生式的集合:

$$P = \{p_1^{(1)}, \cdots, p_1^{(r_1)}, p_2^{(1)}, \cdots, p_2^{(r_2)}, \cdots, p_n^{(1)}, \cdots, p_n^{(r_n)}\} \tag{6.9}$$

共可以确定 $S^* \to S^*$ 的 $(r_1 r_2 \cdots r_n)$ 个 L 映射,其中 $\sum_{i=1}^{n} r_i = m$. 记:由集合 P 所决定的所有 L 映射构成的集合为 $\Phi \triangleq \{\varphi_1, \varphi_2, \cdots, \varphi_{r_1 r_2 \cdots r_n}\}$.

2. L 映射的性质

$\forall \alpha, \beta \in S^*$ 及 $m, n \in Z^+$,L 映射具有以下性质:

(a) L 映射 φ 将 α 映射到 S^* 中的唯一元素;

(b) 若 $\varphi|_S$ 是 $S \to S$ 上的满射,则 $\varphi|_S$ 必为双射;

(c) 记 $\alpha = s_{k_1} s_{k_2} \cdots s_{k_p} \in S^*$,则 $\varphi(\alpha) = \varphi(s_{k_1}) \varphi(s_{k_2}) \cdots \varphi(s_{k_p})$;

(d) $\varphi(\alpha \oplus \beta) = \varphi(\alpha) \oplus \varphi(\beta)$;

(e) $\varphi(m\alpha) = m\varphi(\alpha)$;

(f) $\forall \varphi, \phi \in \Phi$,$\varphi\phi(m\alpha \oplus n\beta) = m\varphi\phi(\alpha) \oplus n\varphi\phi(\beta)$.

证明 (a),(b) 是显然的,我们只需给出性质 (c)~(f) 的证明.

$\forall \alpha = s_{k_1} s_{k_2} \cdots s_{k_p} \in S^*$,由 L 映射的定义知

$$\varphi(s_{k_1} s_{k_2} \cdots s_{k_p}) = p_{k_1}(s_{k_1}) p_{k_2}(s_{k_2}) \cdots p_{k_p}(s_{k_p}) \tag{6.10}$$

又 $\forall s_{k_i} \in S^*$ $(1 \leqslant i \leqslant p)$,有

$$\varphi(s_{k_i}) = p(s_{k_i}) \tag{6.11}$$

因此

$$\varphi(\alpha) = \varphi(s_{k_1} s_{k_2} \cdots s_{k_p}) = p_{k_1}(s_{k_1}) p_{k_2}(s_{k_2}) \cdots p_{k_r}(s_{k_r}) = \varphi(s_{k_1}) \varphi(s_{k_2}) \cdots \varphi(s_{k_r}).$$

$\forall \alpha, \beta \in S^*$,由 S^* 上的加法定义及性质 (c),可知

$$\varphi(\alpha \oplus \beta) = \varphi(\alpha\beta) = \varphi(\alpha)\varphi(\beta) = \varphi(\alpha) \oplus \varphi(\beta) \tag{6.12}$$

$\forall \alpha \in S^*$ 及 $m \in Z^+$,由 S^* 上的数量乘积定义及性质 (b),可知

$$\varphi(m\alpha) = \varphi(\underbrace{\alpha\alpha \cdots \alpha}_{m \text{个} \alpha}) = \underbrace{\varphi(\alpha)\varphi(\alpha) \cdots \varphi(\alpha)}_{m \text{个} \alpha} = m\varphi(\alpha) \tag{6.13}$$

$\forall \varphi, \phi \in \Phi$, 利用性质(d),(e)可知

$$\varphi\phi(m\alpha \oplus n\beta) = \varphi(m\phi(\alpha) \oplus n\phi(\beta)) = m\varphi\phi(\alpha) \oplus n\varphi\phi(\beta) \qquad (6.14)$$

证毕.

3. 简单 L 系统

定义了 L 映射之后,我们就可以利用 L 映射来定义简单 L 系统. 以下根据简单 L 系统的分类,分别给出确定性简单 L 系统及随机性简单 L 系统的定义.

定义 6.7　确定性简单 L 系统　设 $S = \{s_1, s_2, \cdots, s_n\}$ 为有限字符集, S^* 是由 S 中的元素生成的字符串集合. 定义 $S^* \to S^*$ 的一个 L 映射 φ, 当给定初始字符串 $\omega \in S^*$ 时,由 n 次迭代: $\varphi^n(\omega)(n \geq 1)$ 所生成的系统称为确定性简单 L 系统(D0L). 用有序的三元素集 $\langle S, \omega, \varphi \rangle$ 表示.

定义 6.8　随机性简单 L 系统　设 $S = \{s_1, s_2, \cdots, s_n\}$ 为有限字符集, S^* 是由 S 中的元素生成的字符串集合. 定义 $S^* \to S^*$ 的 k 个 L 映射: $\varphi_1, \varphi_2, \cdots, \varphi_k$; 令 $\Phi = \{\varphi_1, \varphi_2, \cdots, \varphi_k\}$, 记 ξ 为从 Φ 中任取一个元素得到的 L 映射,引入 ξ 的离散概率分布 $\pi : P(\xi = \varphi_i) = \pi_i$, 其中 $\sum_{i=1}^{k} \pi_i = 1$; 当给定初始字符串 $\omega \in S^*$ 时,由 n 次广义迭代: $\xi_n \xi_{n-1} \cdots \xi_1(\omega)(n \geq 1)$ 所生成的系统称为随机性简单 L 系统(R0L),其中 $\xi_1, \xi_2, \cdots, \xi_n$ 独立同分布. 用有序的四元素集 (S, ω, Φ, π) 表示.

6.2.3　简单 L 系统的性质

从定义可知,简单 L 系统是经 L 映射迭代或广义迭代产生的. 因此,简单 L 系统的性质取决于系统中 L 映射的性质. 从 L 映射的性质出发,可知简单 L 系统具有以下性质.

1. 线性性质

定理 6.2　简单 L 系统是线性系统.

证明　设确定性 n 级简单 L 系统为 $L_1 = (S, \omega, \varphi)$, 随机性 n 级简单 L 系统为 $L_2 = \langle S, \omega, \Phi, \pi \rangle$, 其中 $n \geq 1$. 要证明 L_1, L_2 为线性系统,即证系统 L_1, L_2 分别满足叠加原理.

（Ⅰ）用数学归纳法证明 φ^n 满足叠加原理.

（ⅰ）当 $n = 1$ 时, $\forall \alpha, \beta \in S^*$ 及 $k_1, k_2 \in Z^+$, 由 L 映射的性质(d),(e)知

$$\varphi(k_1 \alpha \oplus k_2 \beta) = k_1 \varphi(\alpha) \oplus k_1 \varphi(\beta) \qquad (6.15)$$

故 φ 满足叠加原理.

（ⅱ）假设当 $n = k(k \geq 1)$ 时, φ^k 满足叠加原理,即: $\forall \alpha, \beta \in S^*$ 及 $k_1, k_2 \in Z^+$, 有

$$\varphi^k(k_1 \alpha \oplus k_2 \beta) = k_1 \varphi^k(\alpha) \oplus k_2 \varphi^k(\beta) \qquad (6.16)$$

则当 $n=k+1$ 时, 有

$$\varphi^{k+1}(k_1\alpha\oplus k_2\beta)=\varphi(\varphi^k(k_1\alpha\oplus k_2\beta))=\varphi(k_1\varphi^k(\alpha)\oplus k_2\varphi^k(\beta))$$
$$=k_1\varphi^{k+1}(\alpha)\oplus k_2\varphi^{k+1}(\beta) \tag{6.17}$$

故 $\forall n\geqslant 1,\varphi^n$ 满足叠加原理.

（Ⅱ）证明 $\xi_n\xi_{n-1}\cdots\xi_1$ 满足叠加原理.

由随机性简单 L 系统的定义知: $\xi_i(1\leqslant i\leqslant n)$ 是每步迭代时, 从集合 Φ 中随机选取的某个 L 映射 $\varphi_j(1\leqslant j\leqslant N)$, 其中 N 是 Φ 中元素的个数.

因为 $\forall\varphi_i\in\Phi(1\leqslant i\leqslant N)$ 均满足叠加原理, 故由 L 映射的性质(f)可知: $\xi_n\xi_{n-1}\cdots\xi_1$ 满足叠加原理.   证毕.

由定理 6.2 知: 对于一个简单 L 系统而言, 当级数 n 较大时, 为降低计算耗时, 我们可以将当前较长的字符串分解为若干子字符串的和, 然后通过并行处理得到下一步的状态.

2. 不动点性质

定理 6.3 D0L 系统中的 L 映射 φ 限制在 S 上是 $S\to S$ 的一个双射, 当且仅当对任意的 $\alpha\in S^*$, 存在正整数 k, 使得 $\varphi^k(\alpha)=\alpha$.

在证明定理 6.3 之前, 我们先来证明一个引理.

引理 6.1 若 L 映射 φ 限制在 S 上为 $S\to S$ 的一个双射, 则 $\forall s_i\in S,\exists k_i\in Z^+$, 使得 $\varphi^{k_i}(s_i)=s_i$, 其中 $1\leqslant i\leqslant n$.

证明 （反证法）假设 $\exists s\in S,\forall k\in Z^+$, 有 $\varphi^k(s)\neq s$; 令

$$s_{i_1}=\varphi(s),s_{i_2}=\varphi^2(s),\cdots,s_{i_n}=\varphi^n(s)$$

于是

$$s\neq s_{i_1},s\neq s_{i_2},\cdots,s\neq s_{i_n} \tag{6.18}$$

第一步: 由(6.18)式的前 $n-1$ 个不等式及 $\varphi|_s$ 是 $S\to S$ 上的双射, 可知

$$\varphi(s)\neq\varphi(s_{i_1}),\varphi(s)\neq\varphi(s_{i_2}),\cdots,\varphi(s)\neq\varphi(s_{i_{n-1}})$$

即

$$s_{i_1}\neq s_{i_2},s_{i_1}\neq s_{i_3},\cdots,s_{i_1}\neq s_{i_n} \tag{6.19}$$

第二步: 由(6.19)式的前 $n-2$ 个不等式及 $\varphi|_s$ 是 $S\to S$ 上的双射, 可知

$$\varphi(s_{i_1})\neq\varphi(s_{i_2}),\varphi(s_{i_1})\neq\varphi(s_{i_3}),\cdots,\varphi(s_{i_1})\neq\varphi(s_{i_{n-1}})$$

即

$$s_{i_2}\neq s_{i_3},s_{i_2}\neq s_{i_4},\cdots,s_{i_2}\neq s_{i_n} \tag{6.20}$$

$$\vdots$$

依次下去, 直到第 $n-1$ 步得

$$s_{i_{n-1}}\neq s_{i_n} \tag{6.21}$$

于是, $s\neq s_{i_1}\neq s_{i_2}\neq\cdots\neq s_{i_n}$, 即 S 中存在 $n+1$ 个不同的元素; 而 S 中有且仅有 n 个

元素,矛盾! 从而假设不成立.

所以,$\forall s_i \in S$,$\exists k_i \in Z^+$,使得 $\varphi^{k_i}(s_i) = s_i$,其中 $1 \leqslant i \leqslant n$.　　　　证毕.

定理 6.3 的证明:

$\Rightarrow$) 设 $\alpha = s_{m_1} s_{m_2} \cdots s_{m_p} \in S^*$,由引理 6.1 知,$\forall s_{m_i} \in S$,$\exists k_i \in Z^+$,使得 $\varphi^{k_i}(s_{m_i}) = s_{m_i}(1 \leqslant i \leqslant p)$. 令:$k = \langle k_1, k_2, \cdots, k_p \rangle$,于是

$$\varphi^k(\alpha) = \varphi^k(s_{m_1} s_{m_2} \cdots s_{m_p}) = \varphi^k(s_{m_1}) \varphi^k(s_{m_2}) \cdots \varphi^k(s_{m_p}) = \varphi^{k_1}(s_{m_1}) \varphi^{k_2}(s_{m_2}) \cdots \varphi^{k_p}(s_{m_p}) = \alpha$$

故存在正整数 k,使得 $\varphi^k(\alpha) = \alpha$.

$\Leftarrow$) 若 $\forall \alpha \in S^*$,存在正整数 k,使得 $\varphi^k(\alpha) = \alpha$,分别取 $\alpha = s_1, s_2, \cdots, s_n$,则:$\exists k_1, k_2, \cdots, k_n$,使得

$$\varphi^{k_1}(s_1) = s_1, \varphi^{k_2}(s_2) = s_2, \cdots, \varphi^{k_n}(s_n) = s_n \tag{6.22}$$

根据 L 映射的性质(b),要证 φ 限制在 S 上为 $S \rightarrow S$ 的一个双射,只需证明 $\varphi|_S$ 是 $S \rightarrow S$ 的一个满射.

(反证法)假设 $\exists s \in S$,$\forall s_i \in S(1 \leqslant i \leqslant n)$,$\varphi(s_i) \neq s$,则 $\forall k \geqslant 1$,有 $\varphi^k(s) \neq s$,与 (6.22)式矛盾! 所以 $\varphi|_S$ 是 $S \rightarrow S$ 的一个满射,从而 $\varphi|_S$ 必是 $S \rightarrow S$ 的一个双射.

　　　　　　　　　　　　　　　　　　　　　　　　　　　　　　证毕.

由定理 6.3 可知:对 D0L 系统而言,若 L 映射 φ 限制在 S 上为 $S \rightarrow S$ 的一个双射,那么我们最多可以得到 $k = (k_1, k_2, \cdots, k_p)$ 个不同的状态. 因此,如果我们想要通过 D0L 系统设计出复杂的分形图案,应避免使 L 映射 φ 限制在 S 上为双射.

6.2.4　简单 L 系统生成图形的基本原理

L 系统实际上是一种字符串重写系统,它的工作原理非常简单. 如果把一个字符看作一种操作,并且不同的字符解释成不同的操作,那么就可以利用字符串生成各种不同的分形图形. 于是只要能生成字符串,也就等于生成了图形.

L 系统中生成图形的字符串可以是任意的可识别的字符组成,比如,"F""－""＋",在程序设计中"F"表示从当前位置向前一个单位长度同时画线,"－"表示从当前方向顺时针旋转一个给定的角度,"＋"表示从当前方向逆时针旋转一个给定的角度. 在生成字符串的过程中,先从一个起始字符串开始,将该字符串中的字符替换成规则中的子字符串,这是第一次迭代. 然后,再把子字符串作为母串,将母串中的字符用规则中的子串替代,依此类推,就可以完成 L 系统的迭代,其字符串的长度由迭代次数控制.

6.2.5　简单 L 系统的设计

1. 基于 D0L 的整体涌现性解释

简单 L 系统的产生方式是非常简单的,然而它却具有鲜明的涌现性,因此,简

单 L 系统是解释系统整体涌现性的有效工具.下面设计一个简单的二元系统,解释系统的整体涌现性.

在笛卡儿坐标系上,假如质点 A 的起始点坐标是$(0,0)$,起始角度为 0,"F"代表向前走单位步长 1,"+"代表按逆时针旋转$\frac{\pi}{3}$.构造如下 D0L 系统 $L^2 \triangleq (S,\omega,\varphi)$:

S:{F,+}

ω:F

φ: $\begin{cases} F \to F++F++F \\ \quad\ + \to + \end{cases}$

第一次迭代 $\varphi(\omega)$:F++F++F

第二次迭代 $\varphi^2(\omega)$:F++F++F ++ F++F++F ++ F++F++F

则 n 级($n \geq 1$)L 系统 L^2 作用于质点 A,可得图 6.8 所示的状态输出.

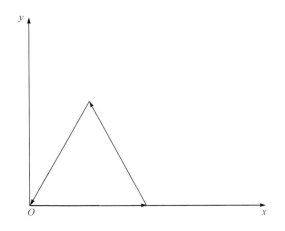

图 6.8　输出状态

如图所示,这样一个 n 级 L 系统非常简单(二元系统),它的功能可以理解为:驱动质点 A 从原点出发,按逆时针沿着正三角形轨迹转 3^{n-1} 周.

以下我们利用这个简单的二元系统解释系统的整体涌现性:

(1) 整体大于各部分之和;

(2) 整体的功能大于各部分功能之和.

对各部分之和的解释　各部分之和中的"和"理解为:将各个部分形式地放在一起,不进行任何其他操作.

对功能的解释　系统的功能是客观存在的,但必须通过作用于系统外部的一个具体的对象来体现.因此,想要研究系统的整体功能与部分功能之和,就要将系统和划分的各个部分分别作用于系统外部的一个对象,通过分析它们对这一具体对象产生的影响,衡量整体功能与部分功能之和的大小.

在解释系统的整体涌现性之前,我们先做以下基本假设:

(1) 整体按成分、属性或功能,总可以划分成若干个可以区分的部分;

(2) 系统中相同的成分(或具有相同属性的部分)满足可加性,而不同的成分(或具有不同属性的部分)不满足可加性,这里的可加是代数意义上的可加(代数和),区别于部分之和中的"和";

(3) 当研究系统的各部分功能之和时,若划分后的某个部分不具有局部功能,记这部分的功能为"0".

解释 1　整体大于各部分之和.

对构造的 n 级简单 L 系统 $L^2 = (S, \omega, \varphi)(n \geqslant 1)$,形式地记整体为 $\varphi^n(F)$,部分之和为 $\sum_i S_i$,其中 $S_i (i = 1, 2, \cdots)$ 是整体 $\varphi^n(F)$ 中包含的所有字符的一个划分. 以下根据对整体的不同划分,从两个角度进行分析:

(1) 整体大于各元素之和(按成分划分整体).

将系统 L^2 看成仅有 2 种成分(操作)F 和＋组成的二元系统,则在 n 级 L^2 系统中,共有 3^n 个成分 F 和 $2(3^n - 1)$ 个成分＋.

由基本假设知:F 和＋分别满足可加性,它们的代数和分别记为:$S_1 \triangleq 3^n(F)$,$S_2 \triangleq 2(3^n - 1)(+)$. 于是,系统 L^2 的元素之和可表示为:$\sum_{i=1}^{2} S_i = S_1 S_2$ 或 $\sum_{i=1}^{2} S_i = S_2 S_1$. 将元素之和 $\sum_{i=1}^{2} S_i$ 的输出作用于质点 A,得到一条长度为 3^n 的线段,而将整体 $\varphi^n(F)$ 的输出作用于质点 A,得到平面上边长为 1 的一个正三角形. 整体构成了二维空间上的图形,具有了特殊的空间结构,而各元素之和仍然是一维空间的线段,没有质的突变. 也就是说,整体具有部分之和所不具有的**空间结构效应**,因此,$\varphi^n(F) > \sum_{i=1}^{2} S_i$.

(2) 整体大于各组分之和(按属性划分整体).

将系统 L^2 看成由平面上的 3^n 个单位矢量:$i_1, i_2, \cdots, i_{3^n}$ 组成的系统,即:认为 $i_1, i_2, \cdots, i_{3^n}$ 的属性相同,系统 L^2 仅由这 3^n 个属性相同的部分组成.

要证(2),即证:$\varphi^n(F) > \sum_{k=1}^{3^n} i_k$.

显然,$\sum_{k=1}^{3^n} i_k = 0$,于是将各组分之和 $\sum_{k=1}^{3^n} i_k$ 的输出作用于质点 A,相当于未对 A 进行任何操作,质点 A 仍停留在原点不动;由于整体 $\varphi^n(F)$ 的输出是一个字符串(相当于一个操作流程,每步操作有先后次序之分),将 $\varphi^n(F)$ 作用于质点 A 后,A 就会在 $\varphi^n(F)$ 的操作下不断地绕三角形做逆时针运动,并最终回到原点. 也就是说,整体具有部分之和所不具有的**时间结构效应**,因而,$\varphi^n(F) > \sum\limits_{k=1}^{3^n} i_k.$

事实上,整体与部分之和的根本区别在于:整体具有结构效应(体现在空间或时间上),而部分之和却没有.例如:N 块砖砌成的一座房屋,从整体上看它是一个建筑物,具有房屋的空间结构;但是如果按照组成这个建筑物的成分来划分,由于它只有一种成分:砖,于是部分之和满足代数上的可加性,部分之和就是 N 块砖,它不具有房屋的空间结构.

解释 2　整体功能大于各部分的功能之和.

我们先引入一种新的集合[S]:允许其内部包含相同的元素,并且集合本身仍为偶集.为避免与集合论产生矛盾,我们只对集合[S]进行取元素操作.规定:若非空集合[S]中至少包含 2 个元素 s,则"从[S]中抽取 1 个元素 s"理解为从[S]中任意抽取 1 个 s.例如:$\{a,a,b,a,b\}$ 在上述定义下构成一个集合[S],从[S]中抽取 1 个 a 理解为从[S]中任意抽取 1 个 a.

对 n 级简单 L 系统 $L^2(n \geqslant 1)$,单个字符(操作)F 或+是最小的功能单位,将系统划分为($3^{n+1}-2$)个部分,其中 3^n 个功能单位 F 和 $2(3^n-1)$ 个功能单位+;将这($3^{n+1}-2$)个功能单位的集合记为[S].

首先考虑整体对质点 A 的作用.系统 L^2 的功能是将集合[S]中的元素按照特定的规则组织排列起来.那么,L^2 对 A 产生的影响表现为:使质点 A 有规律地绕三角形轨迹逆时针转 3^{n-1} 周.

考虑各个部分对质点 A 的作用.在集合[S]给定的条件下,部分的功能之和可以这样理解:共进行 m 次操作,每次从集合[S]中任意取出 m_i 个元素作用于 A(不放回),直至将[S]中的元素取完.显然,只要取出的字符串按次序排列起来不与 $\varphi^n(F)$ 相同,就不可能达到系统 L^2 的功能.

因此,整体具有部分之和所没有的功能,即:整体功能大于各部分功能之和.

事实上,整体功能与部分功能之和的根本区别在于:整体具有**组织效应**,而部分的功能之和却没有.

2. 基于 D0L 的分支结构设计

对一棵树来说,它是分支结构,即一根树干带大量的分枝,每个分枝都有一个终点,是一种一个起点多个终点的图形.这就意味着当画到一个分枝的尽头时画笔必须退回来再画其他结构.规定:"F"代表向前走单位步长 1,"+"代表顺时针转 $\pi/8$,"−"代表逆时针转 $\pi/8$,"[ ]"中的字符代表一个分支,当执行完[ ]中的字符后,返回"["之前的位置,并保持原方向,执行"]"之后的代码.

设:起点在复平面的$(0,0)$点,起始方向为 $\pi/2$.设计 D0L 系统 $G_1 = (S_1, \omega_1, \varphi_1)$如下:

$$S_1 : \{F, +, -, [,]\}$$
$$\omega_1 : F$$
$$\varphi_1 : \begin{cases} F \to FF + [+F - F - F] - [-F + F + F] \\ + \to + \\ - \to - \\ [\to [\\ ] \to] \end{cases}$$

可得如图 6.9 所示的分支结构.

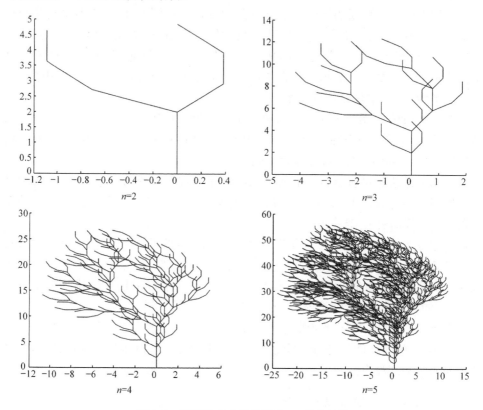

图 6.9　不同迭代次数下的 D0L 分支结构

6.2.6　基于 R0L 的分支结构设计[7-11]

自然界中,植物的形态不是固定不变的,即使是同一种植物,其形态也存在很大差别,这主要是由环境的影响带来的形态变异.

从模拟植物的效果来说,用 D0L 系统产生的图形显然有些呆板. 在保留植物主要特征的前提下,为了产生细节上的不同变化,我们可以利用 R0L 系统来产生植物的结构,它的好处就是模拟出来的植物更加接近真实的事物形态.

设计 R0L 系统 $G_2 = (S_1, \omega_1, \Phi, \pi)$ 如下:

$$S_1: \{F, +, -, [,]\}$$

$$\omega_1: F$$

$$\Phi: \{\varphi_1, \varphi_2, \varphi_3\}$$

其中,

$$\varphi_1: \begin{cases} F \to F[+F]F[-F]F \\ + \to + \\ - \to - \\ [\to [\\ ] \to] \end{cases}$$

$$\varphi_2: \begin{cases} F \to F[+F]F[-F[+F]] \\ + \to + \\ - \to - \\ [\to [\\ ] \to] \end{cases}$$

$$\varphi_3: \begin{cases} F \to FF[-F+F+F]+[+F-F-F] \\ + \to + \\ - \to - \\ [\to [\\ ] \to] \end{cases}$$

$$\pi: P(\xi = \varphi_i) = 1/3, \quad i = 1, 2, 3$$

可得如图 6.10 所示的分支结构.

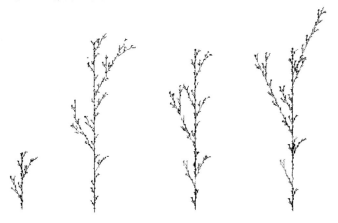

图 6.10 不同迭代次数下的 R0L 分支结构

图 6.11 展现不同迭代参数的 R0L 模拟植物的形态.

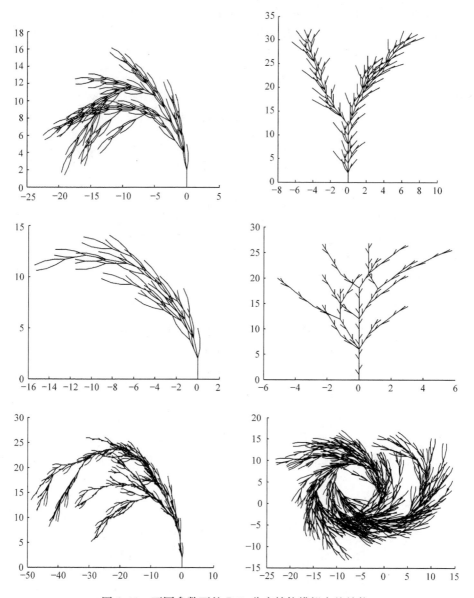

图 6.11　不同参数下的 R0L 分支结构模拟自然植物

　　尽管 L 系统的原理简单,但可以利用它生成许多复杂的分形图案.经过多年的研究,L 系统已从基本的字符串重写系统,发展到具有三维描述能力的复杂系统;从最简单的 D0L 系统,发展到随机 L 系统、开放式 L 系统.L 系统对真实植物的分支结构模拟得越来越逼真,已是虚拟植物的重要工具.

6.3 迭代函数系统[13]

迭代函数系统(Iterative Function Systems, IFS)方法是美国佐治亚理工学院的巴恩斯利(Barnsly)等首先应用一组收缩仿射变换生成分形图像,即通过对原始图形(生成元)的收缩、旋转、平移等变换形成的极限图形而具有自相似的分形结构,并将该仿射变换集称为 IFS. 它与复平面上 $f(z)=z^2+c(z,c$ 为复数)迭代产生的分形存在着内在的联系,只是 $f(z)$ 属于非线性变换,而 IFS 属于线性变换. IFS 系统的理论与方法是分形自然景观模拟及分形图像压缩的理论基础,其基本思想是认为物体的全局和局部在仿射变换的意义下具有自相似结构,这就形成了著名的拼接定理(collage theorem). IFS 方法的魅力在于它是分形迭代生成的"反问题",根据拼接定理,对于一个给定的图形(比如一幅图片),求得几个生成规则,就可以大幅度压缩信息.

6.3.1 迭代函数系统基础

迭代函数系统是一个比较复杂的生成分形图形的方法,它需要很多的数学知识. 下面简单论述 IFS 系统所涉及的部分定义和证明.

定义 6.9 距离空间

非空集合 S 称为距离空间,是指在 S 上定义了一个双变量的实值函数 $\rho(x,y)$ 满足:

(1) $\rho(x,y)\geqslant 0$,且 $\rho(x,y)\geqslant 0\Leftrightarrow x=y$;

(2) $\rho(x,y)=\rho(y,x)$;

(3) $\rho(x,z)\leqslant\rho(x,y)+\rho(y,z)(\forall x,y,z\in S)$.

我们称 ρ 为 S 上的一个距离,以 ρ 为距离的距离空间 S 记为 (S,ρ).

定义 6.10 压缩映射原理

称 $f:(S,\rho)\to(S,\rho)$ 是一个压缩映射,如果存在 $0<r<1$ 使得
$$\rho(f(x),f(y))<r\cdot\rho(x,y),\quad x,y\in S.$$

设 (S,ρ) 是一个完备的度量空间, f 是 (S,ρ) 到其自身的一个压缩映射,则 f 在 S 上存在唯一的不动点.

定义 6.11 分形空间

度量空间 (S,ρ), A 和 B 是 S 的子集,那么 A 的 r 开邻域(open r-neighborhood)记为 $N_r(A)=\{y:\rho(x,y)<r,\exists x\in A\}$;

Hausdorff 度量 $D(A,B)=\inf(r>0:A\subseteq N_r(B)$ 且 $B\subseteq N_r(A))$.

对于一般的集族来说, D 并非确定地定义了距离. 例如,由所有实数区间构成的集合, $D((0,1),(0,1])=0$,并不满足距离的要求.

为了使 D 成为距离,势必要对 A,B 加上一些限制,紧致集是个比较好的选

择,距离空间里的紧致集都是有界闭集.

若 S 是距离空间,我们记 $H(S)$ 为 S 的所有非空紧致子集构成的集合,那么称 S 为分形空间(the space of fractals),而 D 其实就是集合 $H(S)$ 上的一个距离.

定理 6.4 $(H(S),D))$ 是个距离空间,即 D 是 $H(S)$ 上的一个距离.

证明 $D(A,B)=\inf(r>0:A\subseteq N_r(B)$ 且 $B\subseteq N_r(A))$. 因 A,B 是紧致集,故都是有界闭集,从而 D 是有定义的.

(1) 对称性是显然的.

(2) $D(A,B)\geqslant 0$ 亦是显然的. 若 $D(A,B)=0$,则对 $\forall\varepsilon>0$,$\exists x\in A$,满足 $d(x,B)<\varepsilon$,即 $\exists y\in B$,使得 $d(x,y)<\varepsilon$,即 x 是 B 的凝聚点,而 B 是闭集,故 $x\in B$,从而 $A\subseteq B$;同理 $B\subseteq A$. 因此 $A=B$.

于是得到 D 满足正定性.

(3) 令 $u=D(A,B)$,$v=D(B,C)$,$N_u(A)\subseteq B$,故 $N_{u+v}(A)=N_v(N_u(A))\subseteq N_v(B)\subseteq C$. 同理:$N_{u+v}(C)\subseteq A$. 所以 $D(A,C)\leqslant u+v=D(A,B)+D(B,C)$.

(4) 若 (S,ρ) 完备,则 $(H(S),D)$ 完备.

分形的存在性可由以下分析及命题得到.

由 (S,ρ) 上的压缩映射 f 可以诱导出 $(H(S),D)$ 上的压缩映射 F:
$$F(K)=\{f(x),x\in H(S)\}.$$

令 $f_1,f_2,\cdots,f_n$ 是 (S,ρ) 上的压缩因子分别为 $r_1,r_2,\cdots,r_n$ 的压缩映射,可以诱导出如下的 $(H(S),D)$ 上的压缩映射 F:$F:H(S)\rightarrow H(S)$,$F(A)=\bigcup_{i=1}^{n}f_i[A]$. F 是一个压缩映射,令 $r=\max\{r_1,r_2,\cdots,r_n\}$,则 $D(F(A),F(B))<r\cdot D(A,B)$.

证毕.

定理 6.5   由 (S,ρ) 上的压缩映射 f 可诱导出 $(H(S),D)$ 上的压缩映射 F.

证明 $\forall A,B\in H(S)$,令 $D(A,B)=u$,则 $\exists x_1\in A$,$\exists y_1\in B$,使得 $d(x_1,y_1)\leqslant u$;$\exists x_2\in A$,$\exists y_2\in B$,使得 $d(x_2,y_2)\leqslant u$;由 f 是 S 上压缩映射,知 $\forall x,y\in S$,$\exists 0<r<1$,使得 $d(f(x),f(y))<r\cdot d(x,y)$. 从而:$d(f(x_1),f(y_1))\leqslant rd(x_1,y_1)\leqslant ru$;$d(f(x_2),f(y_2))\leqslant rd(x_2,y_2)\leqslant ru$;即 $\exists x_1\in A$,$d(f(x_1),f(B))<ru$;$\exists y_2\in B$,$d(f(y_2),f(A))<ru$. 故 $D(f(A),f(B))<ru=rD(A,B)$.   证毕.

定理 6.6   令 $f_1,f_2,\cdots,f_n$ 是 (S,ρ) 上压缩因子分别为 $r_1,r_2,\cdots,r_n$ 的压缩映射,可诱导出 $(H(S),D)$ 上的压缩映射 F:$F:H(S)\rightarrow H(S)$,$F(A)=\bigcup_{i=1}^{n}f_i[A]$. 令 $r=\max\{r_1,r_2,\cdots,r_n\}$,则 $D(F(A),F(B))\leqslant rD(A,B)$.

证明   由归纳法可知,仅需证明 $n=2$ 的情形,即 $\forall A,B\in H(S)$,则
$$D(f_1(A)\bigcup f_2(A),f_1(B)\bigcup f_2(B))\leqslant rD(A,B)$$
其中
$$r=\max\{r_1,r_2\}.$$

事实上,$\forall A,B,C,D\in H(S)$,则
$$D(A\bigcup B,C\bigcup D)\leqslant D(A,C)\vee D(B,D)$$
(不妨 $u=D(A,C)\geqslant v=D(B,D)$,则
$$N_u(A\bigcup B)\supseteq N_u(A)\supseteq C,N_u(A\bigcup B)\supseteq N_v(A\bigcup B)\supseteq N_v(B)\supseteq D\Rightarrow N_u(A\bigcup B)\supseteq C\bigcup D$$
同理:$N_u(C\bigcup D)\supseteq A\bigcup B$,故
$$D(A\bigcup B,C\bigcup D)\leqslant D(A,C)\vee D(B,D)$$
从而 $\forall A,B\in H(S)$,则
$$D(f_1(A)\bigcup f_2(A),f_1(B)\bigcup f_2(B))\leqslant D(f_1(A),f_1(B))\vee D(f_2(A),f_2(B))$$
$$\leqslant r_1D(A,B)\vee r_2D(A,B)=rD(A,B),$$
其中 $r=\max\{r_1,r_2\}$. 证毕.

A_0 是 S 中的任意非空紧致集,且 $A_{k+1}=\bigcup_{i=1}^{n}f_i[A_k]$,那么序列 $\{A_k\}$ 在 $(H(S),D)$ 中收敛,记 $A=\lim\limits_{k\to\infty}A_k$.

我们称 $\{(S,\rho);(f_i,r_i),i=1,2,\cdots,n\}$ 为一个迭代函数系统,其中,f_i 是 S 上的压缩映射,r_i 是 f_i 的压缩因子,而 $r=\max\{r_i,i=1,2,\cdots,n\}$ 是这个 IFS 的压缩因子,A 是它的吸引子.

6.3.2 迭代函数系统生成的图形

具体分形图形可由仿射变换来确定.

定义 6.12 仿射变换(affine transformation)

$f:R^2\to R^2$,F 是 2 阶方阵.
$$(f(x,y))^{\mathrm{T}}=F\binom{x}{y}+\binom{e}{f}=\begin{pmatrix}a&b\\c&d\end{pmatrix}\binom{x}{y}+\binom{e}{f}$$

f 为一压缩映射当且仅当 $|F|<1$,由 f 构成的 IFS 系统即由 a,b,c,d,e,f 唯一确定.

图 6.12~图 6.14 即为 IFS 生成的图形.

(1) 分形树叶.

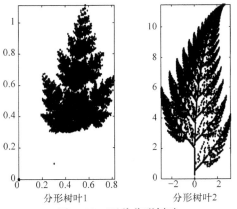

分形树叶1 分形树叶2

图 6.12 两种分形树叶

（2）分形树.

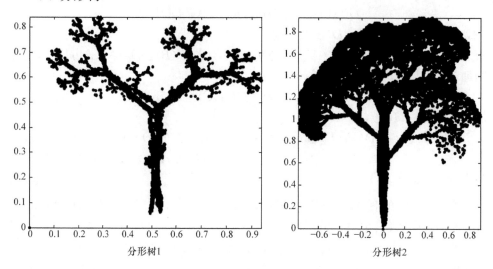

分形树1　　　　　　　　　　　　　分形树2

图 6.13　两种分形树

（3）龙形曲线.

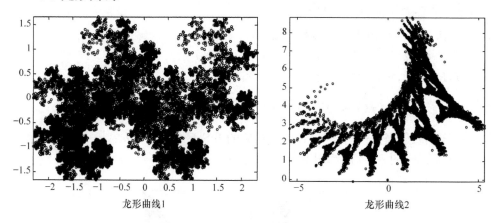

龙形曲线1　　　　　　　　　　　　龙形曲线2

图 6.14　两种龙形曲线

6.4　分形的应用[13-17]

分形在很多学科都有广泛的应用. 以下仅举部分案例.

1. 在图像处理上的应用

可将分数维与传统方法结合起来处理自然背景下的人造物体的识别, 例如隐藏在树林山岙间的坦克、炮车等等. 传统的匹配检测方法包括相似度量、匹配点搜索等步骤,这在计算上有很大的时间复杂度. 现在使用分数维的方法,一般选择窗口的大小同被检测物体的尺寸大致相等,这一般是可预知的,一旦某些窗口出现了异常的分数维,比如低于一定的拓扑维数或不同于大多数区域的分数维等等,它们才被送入下一步进行精搜索. 这里分数维主要起着可疑区域判定的作用. 在海湾战争中,美军使用了分形技术,用于攻击目标的匹配追踪等.

在图像压缩方面,分形技术更是大展身手. 由于分形图像由某种变换生成,可以把图像看作某种变换反复迭代的产物,因此只需存储的有关这些变换过程的信息,而不是存储静止的图形的像素信息. 只要抓住了变换过程,图形就可以准确地再现出来,而不必去存储大量的像素信息. 1988 年 Barnsley 采用迭代函数系统 IFS 和递归迭代函数系统 RIFS 方法,对几幅图像进行压缩编码,获得了高达 10000:1 的压缩比. 寻找迭代函数系统方法如下:基于图像的自相似性,直接计算迭代函数系统各收缩仿射变换的系数——适合于自相似性很强的图形. 把图像分割成较小的部分,然后从迭代函数系统库中查找这些小部分所对应的迭代函数系统. 1992 年的圣诞节,美国微软公司发布了一张令人瞩目的光盘,名叫"Microsoft Encarta". 在这张仅能容纳 600M 字节的光盘中,收集了一部美国地图册、一本字典、一段七小时的音响、100 个动画节目、800 张可以缩放的彩色地图册,还有 7000 多张高质量的照片——鲜花、植物、人物、云、名胜,应有尽有. 因而人们形象地称其为"多媒体百科全书". Encarta 上的所有信息都是通过分形压缩技术存储的.

2. 在通信上的应用

20 世纪 90 年代,波士顿的射电天文学家 Cohen 成功将分形思想应用于天线的制作上,使得无线电台取得突破. 他利用分形做出了一个分形天线,使得天线的体积大大减小. 同时,分形天线还产生了意想不到的效果,它还能够接收到更广范围的各种频率,这样就可以制作出多频率天线.

当时手机刚刚兴起,需要满足人们各种频率段使用的需求,比如需要使用蓝牙、无线网、流量网络,但是它们每一个都有单独的频率. 当同时需要这些频率,又不想竖起十个短粗的天线,就可以用分形天线.

3. 在艺术上的应用

计算机科学家 Loren Carpenter 最初在波音公司,在设计飞机实验中做视觉化. 他们仿真飞机飞行时的图景,这时 Loren 想要在飞机底部画出山脉,但是实际操作上很困难,后受 Mandelbrot 分形的启发从一个全景图出发,它由一些非常粗略的三角形构成,然后对于每一个三角形,将它分成四个小三角形,然后继续这样操作下去,也就是迭代下去. 于是神奇的事情发生了,一座很逼真的山脉出现在屏幕上. 后 Loren 跳槽到电影公司,并将分形级数第一次用在科幻电影的制作上,也就是《星际迷航 2——可汗之怒》.

分形还可以用于制作音乐.分形音乐是由一个算法的多重迭代产生的,自相似是分形几何的本质,有人利用这一原理来建构一些带有自相似小段的合成音乐,主题在带有小调的三番五次的反复循环中重复,在节奏方面可以加上一些随机变化,它所创造的效果,无论在宏观上还是在微观上都能逼真地模仿真正的音乐,尽管它听起来不那么宏伟,但至少听起来很有趣.

有人甚至将著名的 Mandelbrot 集转化为音乐,取名为 *Hearing the Mandelbrot set*,他们在 Mandelbrot 集上扫描,将其得到的数据转换成钢琴键盘上的音调,从而用音乐的方式表现出 Mandelbrot 集的结构,极具音乐表现力.

4. 在医学上的应用

心脏病诊断　最初人们认为心脏有节律,人体的各种运动就像一台机器一样,遵循着牛顿机器般的世界的规律.所以在某种程度上,我们也是机器,心脏是计时器.伽利略用他的脉搏作为物体的摆动计时,正常的心跳节奏就像一个节拍器.但是有心脏学家分析了很多数据后,发现这个理论是错误的.看正常人心跳的时间序列,单位时间心跳数并非是常数,它是波动的,而且波动很大.健康的心跳被证实为具有分形结构,一种特殊的分形模式,这种信号可以帮助心脏病专家判断心脏问题.

癌症诊断　检测微小的肿瘤一直是医学图像中的大难题.癌症早期会有相关体现信号,长有肿瘤的毛细血管难以被通常医学手段直接检测到.但是超声波却能很好显示血液的流动情况,因此借助血流的图像显示出隐藏的血管情况是一种可能的手段.可通过分形来建模,模型显示肾脏中的血流,首先通过正常的血管,然后通过长有肿瘤的血管,这两种血管网络有非常不同的分形维数(图 6.15).

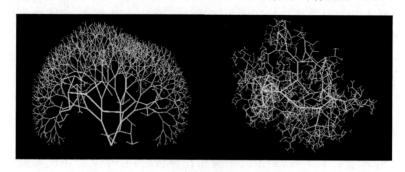

图 6.15　正常血管和肿瘤血管的影像对比

5. 在测控上的应用

可以利用分数布朗运动模型(FBM),分析飞行器弹道测量误差数据的分形特性.文献[17]针对弹道测量数据的特点,提出了新的确定无尺度区间的方法,并估计了大量实测数据的分形维数,说明弹道测量残差数据的分形特性反映了测量环境和目标的物理特性.具体而言,对于同样的跟踪设备来跟踪采用液体燃料和固体燃料飞行器的测量残差数据,进行大量实验后,计算两类数据的 Hurst 指数,可得表 6.1.

表 6.1 弹道残差数据的 Hurst 指数估计值

任务次数	1	2	3	4	5	6
液体飞行器	0.43	0.35	0.33	0.40	0.37	0.36
固体飞行器	0.10	0.09	0.14	0.05	0.06	0.12

由于对一维时间序列,分形维数 $D=2-H$,其中 H 为 Hurst 指数,因此液体飞行器测量误差的分形维数在 1.6 左右,而固体燃料飞行器测量误差的分形维数接近 2. 可见,使用固体燃料飞行器测量误差的分形维数高于液体燃料的飞行器.从物理上分析,由于固体燃料燃烧的火焰大,对电磁散射的影响也大,因此分形维数接近 2. 这种特征上的区分,有望能对目标特性识别、合作目标的飞行状态估计提供有利的证据.

6.5　分形的哲学思考

1. 分形结构的普遍性

分形是一个具有普遍意义的概念,自然界、社会和人类思维都存在分形现象.它可分为自然分形、时间分形、社会分形和思维分形四大类. 自然分形包括几何分形、功能分形、信息分形和能量分形等;时间分形指在时间轴上具有自相似的系统;社会分形指人类社会活动和社会现象所表现的自相似现象;思维分形指人类在认识、意识上所表现的自相似特性.

一般认为,非线性、随机性及耗散性是出现分形结构的必要物理条件. 非线性指系统动力学运动方程含有非线性项,状态演化发生分岔,非线性也是混沌产生的根本原因;随机性包含统计随机性及确定性系统的内随机性;而耗散性破坏了宏观运动规律的时间反演不变性,坐标空间和相空间的分形结构,都与系统的耗散性有关.

非线性耗散系统可能会局限于相空间有限区域内的无规则运动解,耗散系统的无规则运动,最终会成为趋向吸引子的无规则运动,而无规则运动的吸引子——奇怪吸引子便是相空间的分形结构. 因此,耗散系统的非稳定条件或远离平衡条件有可能成为产生奇怪吸引子,即产生分形结构的充分条件.

2. 分形结构与自组织

协同学认为,自组织系统的共性之一是结构的产生或新结构的出现由少数几个序参量决定. 对于一个高维甚至无穷维的非线性复杂自组织系统,在临界点附近,总存在少数几个不稳定模和大量的稳定模,后者完全由前者支配决定,即后者可以表达为前者的函数,消去后序列的维数即构成一个数列,其极限就是分形集的分维,它是一个不变量.

规则集与分形集、整数维与分数维之间的协同及其转化,可以通过迭代加以实现. 整数维与分数维之间的差异性与协同性在一定程度上反映了系统之间简单与复杂、渐变与突变、量变与质变的差异与统一性. 此外,均匀与非均匀、各向同性与各向异性也是差异与协同的辩证统一. 在与其相对应的分形系统中表现为单标度分形与多标度分形、单一维数与多维数的连续谱之间的差异性与协同性.

3. 尺度与分维的辩证关系

研究分形图形结构上的无限性与认识尺度上的有限性问题,实质上就是研究尺度和分维的辩证关系问题.

在分形维数的定义中,要求尺度趋于零的极限存在. 但自然界存在的分形一般并不存在无穷的嵌套结构,只存在有限的嵌套层次. 因此,尺度选择的长度单位要与分形存在层次的尺度单位一致.

把适用于无限层次分形体的公式用于实际有限层次的分形体,就有可能产生分维不确定性. 因此,在研究实际的分形体时,必须先对分形体的结构层次和存在层次进行细致分析,再选择合适的尺度和确定临界点. 我们认识到自然界中客观存在的自相似嵌套结构是有限层次的,是近似的"自相似". 因此,以不同长度的尺度去测量认识不同度域的"分形结构",会出现更多的复杂情形.

4. 分形理论的哲学意义

分形理论指出了客观物质世界部分与整体之间的辩证关系,它打破了整体与部分之间的隔膜,找到了部分过渡到整体的媒介和桥梁,即整体与部分之间具有自相似性.

分形理论使人们对整体与部分之间关系的认识由线性发展到非线性,并同系统论一起共同揭示了整体与部分之间多层面、多维度、全方位的联系方式.

分形理论提供了一种新的方法论,为人们从部分认识整体,从有限认识无限提供了依据. 此外,分形理论进一步深化和丰富了世界普遍联系和世界统一性原理.

思　考　题

1. 查阅资料,看看分形的发展历史,欧氏几何如何发展到分形几何(整数到分数维的变化是如何产生的)?

2. 找找不同自然和生命形态中的分形维数,如河流,人肺的分形维数等.

3. 思考分形的哲学意义? 分形扩展了什么思维?

4. 用自己的语言描述分形里不变的特征——维数. 你知道有几种维数的定义?

5. 尝试编程画一组分形图案. 它可能会有哪些作用?

6. 阅读,深入了解迭代函数系统(IFS)知识.

7. 给你一组股票数据,如何算出其分形维数? 试描述计算过程.

8. 分形与混沌的联系?

参 考 文 献

[1] 许国志. 系统科学. 上海:上海科技教育出版社,2000.

[2] 苗东升. 系统科学精要. 北京:中国人民大学出版社,1998.

[3] 李士勇等. 非线性科学与复杂性科学. 哈尔滨:哈尔滨工业大学出版社,2006.

[4] 谭璐,姜璐. 系统科学导论. 北京:北京师范大学出版社,2013.

[5] Lin Y. General Systems Theory:A Mathematical Approach. New York:Kluwer Academic and Plenum Publishers,1999.

[6] Duan X J,Ju B,Lin Y. Set-theoretic design and analysis of L systems. Advance in Systems Science and Application,2013,13(2):100-115.

[7] Lindenmayer A. Mathematical models for cellular interaction in development. Journal of Theoretical Biology,1968,18:280-289.

[8] Prusinkiewicz P,lindenmayer A. The Algorithmic Beauty of Plants. London:Springer,1996.

[9] Eichhorst P,Savitch W J. Growth functions of stochastic lindenmayer systems. Information and Control,1980,45:217-228.

[10] Herman G T,Rozenberg G. Developmental Systems and Languages. Amsterdam:North-Holland Publishing Company,1975.

[11] Prusinkiewicz P,Hammel M,Mjolsness E. Animation of Plant Development. Acm Siggraph,1993:351-360.

[12] Barnsley M F,Hurd Peters L P. Fractal Image Compression. MA:Wellesley,1993.

[13] 陈书炜,贾玉林,刘惠萍,等. 分形技术在图像处理中的应用[J]. 飞航导弹,1995,(7):51-54.

[14] Hohlfeld R G,Cohen N. Self-similarity and the geometric requirements for frequency independence in antennae[J]. Fractals-Complex Geometry Patterns & Scaling in Nature & Society,2011,07(1):79-84.

[15] 陈陆君,李惠萍. 音乐与分形[J]. 自然杂志,1992,(4):293-295.

[16] West G B,Brown J H,Enquist B J. A general model of the origin of allometric scaling laws in biology[J]. Working Papers,1997,276(5309):122-126.

[17] 朱炬波. 弹道测量误差的分形分析. 中国空间科学技术,2000,3:12-15.

第7章 复杂适应系统理论

7.1 复杂适应系统基础[1-5]

复杂系统研究是当前系统科学的主要研究方向之一,复杂适应系统(complex adaptive system,CAS)是一类很具有代表性的复杂系统,CAS 理论是 Holland 教授在多年研究复杂系统的基础上提出来的[6].CAS 理论的基本思想是:CAS 的复杂性起源于其中的个体的适应性,正是这些个体与环境以及与其他个体间的相互作用,不断改变着它们的自身,同时也改变着环境,CAS 最重要的特征是适应性,即系统中的个体能够与环境以及其他个体进行交流,在这种交流的过程中"学习"或"积累经验",不断进行着演化学习,并且根据学到的经验改变自身的结构和行为方式.各个底层个体通过相互间的交互、交流,可以在上一层次,在整体层次上突现出新的结构、现象和更复杂的行为,如新层次的产生、分化和多样性的出现、新聚合的形成、更大的个体的出现等.

在 CAS 中,所有个体都处于一个共同的大环境中,但各自又根据它周围的局部小环境,并行地、独立地进行着适应性学习和演化,个体的这种适应性和学习能力是智能的一种表现形式,所以有人也把这种个体称为智能体.在环境中演化着的个体,为了生存的需要,不断地调整自己的行为,修改自身的规则,以求更好地适应环境选择的需要,大量适应性个体在环境中的各种行为又反过来不断地影响和改变着环境,结合环境自身的变化规律,动态变化的环境则以一种"约束"的形式对个体的行为产生约束和影响,如此反复,个体和环境就处于一种永不停止的相互作用、相互影响、相互进化过程之中.

CAS 是一类十分常见又十分重要的复杂系统.对于这样一类系统,Holland 教授在他之前提出的遗传算法基础上,建立了所谓"回声"(Echo)模型,用以模拟和研究一般的 CAS 的行为.圣塔菲研究所的研究人员基于 Holland 的模型,建立了相应的建模工具——Swarm 仿真平台.

7.1.1 理论创立

20 世纪中期以来,随着生产力水平的提高,人类的眼界不断扩大,几乎所有学科的内容和视野都发生了巨大变化,这为人们提供了进一步认识复杂系统的大量启示和例证.吉布斯、Poincaré 的先驱性工作,预示了新的科学思维方式即将到来;

爱因斯坦和普朗克的创造性理论,打破了那种认为"科学大厦已经完成"的幻觉,大大扩展了人类的视野.正是在这种情况下,贝塔朗菲重新举起了"总体大于其各部分之和"的口号,标志着以系统思想为标志的新一代科学思维方式的正式崛起.

从贝塔朗菲的早期工作到现在,这 70 多年的历史正是人类不懈地探索新的科学思维模式的历程.从研究思路和侧重点来看,这段历程可大致分成三个阶段.

第一阶段:在 20 世纪四五十年代,人们的注意力主要集中在自动控制、信息反馈等方面,当时的所谓"复杂系统"事实上是以机器为背景的,其代表人物则是维纳和香农.在这一阶段的工程技术方面,系统的观念与方法取得了巨大成功,从各种各样的自动机,到大型工程组织领域的系统工程,其进步与贡献是有目共睹的.然而,对于生物、社会之类的复杂系统,一些应用的尝试显然碰了壁.显然,人们还需进一步探索复杂系统的规律.

第二阶段:到了 20 世纪六七十年代,以普利高津和哈肯为代表,人们把注意力转向了元素数量极其巨大、元素自身存在着无规则的、随机运动的系统,其典型例子就是热力学系统.通过引进自组织、涨落、协同运动等新的概念,这个阶段的探索向人们展示了系统演化与发展的丰富多彩的内涵.与此同时,在混沌、分形、非线性科学等研究领域,越来越多的事例为新的科学思维方式提供了有力的支持.这一阶段的系统思维为激光、生物等领域的研究提供了重要的启示.然而,对于社会领域的应用则成效不大.其原因就在于社会的元素——个人与组织并不是无意识的、只有盲目随机运动的粒子,而是有主动目标的、具有适应和学习能力、能根据环境的反馈信息调整自己的行为规则和组织结构的个体.

第三阶段:1994 年圣塔菲研究所成立十周年时,他在圣塔菲研究所的乌拉姆系列讲座上以《隐藏的秩序》为题作了演讲.在这个报告中,Holland 在多年研究复杂系统的基础上,提出了关于 CAS 的比较完整的理论.CAS 理论包括微观和宏观两个方面.在微观方面,CAS 理论的最基本的概念是具有适应能力的、主动的个体,简称主体(agent).这种主体在与环境的交互作用中遵循一般的刺激-反应模型,所谓适应能力表现在它根据行为的效果修改自己的行为规则,以便更好地在客观环境中生存.在宏观方面,由这样的主体组成的系统,将在主体之间,以及主体与环境的相互作用中发展,表现出宏观系统的分化、突现等各种复杂的演化过程.这个演讲后来成书出版,就是《隐秩序》[6].有观点认为,这种理论的出现,标志着现代系统思想进入到了第三阶段——以生物系统与社会系统为主要研究对象的阶段.

7.1.2 核心思想:适应性造就复杂性

CAS 理论的基本思想可以概述如下:

我们把系统中的成员称为具有适应性的主体(adaptive agent),简称为主体.所谓具有适应性,就是指它能够与环境以及其他主体进行交互作用.主体在这种持续不断的交互作用的过程中,不断地"学习"或"积累经验",并且根据学到的经验改变自身的结构和行为方式.整个宏观系统的演变或进化,包括新层次的产生,分化和多样性的出现,新的、聚合而成的、更大的主体的出现等等,都是在这个基础上逐步派生出来的.

CAS 理论把系统的成员看作具有自身目的与主动性的、积极的主体.更重要的是,CAS 理论认为,正是这种主动性以及它与环境的反复的、相互的作用,才是系统发展和进化的基本动因.宏观的变化和个体分化都可以从个体的行为规律中找到根源.Holland 把个体与环境之间这种主动的、反复的交互作用用"适应"一词加以概括.这就是 CAS 理论的基本思想——适应产生复杂性.CAS 的网络表示见图 7.1.

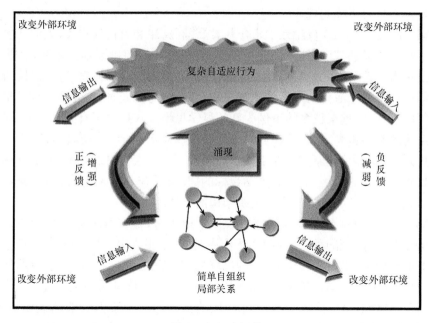

图 7.1　CAS 网络

7.1.3　基本概念

根据以往研究遗传算法和系统模拟的经验,Holland 提出了个体在适应和演化过程中特别要注意的七个要素:聚集、非线性、流、多样性、标识、内部模型和积木块.

聚集:主要用于个体通过"黏合"形成较大的所谓的多主体的聚集体.由于个体具有这样的属性,它们可以在一定条件下,在双方彼此接受时,组成一个新的个体——聚集体,在系统中像一个单独的个体那样行动.

非线性:指个体以及它们的属性在发生变化时,并非遵从简单的线性关系.特别是在与系统的反复交互作用中,这一点更为明显.

流:在个体与环境之间存在物质资源、能量和信息流.这些流的渠道是否通畅,周转迅速到什么程度,都直接影响系统的演化过程.

多样性:在适应过程中,由于种种原因,个体之间的差别会发展与扩大,最终形成分化,这是 CAS 的一个显著特点.

标识:为了相互识别和选择,个体的标识在个体与环境的相互作用中是非常重要的,因而无论在建模中,还是实际系统中,标识的功能与效率是必须认真考虑的因素.

内部模型:这一点表明了层次的观念.每个个体都是有复杂的内部机制的.对于整个系统来说,这统称为内部模型.

积木块:复杂系统常常是相对简单的一些部分,通过改变组合方式而形成的.因此,事实上的复杂性往往不在于块的多少和大小,而在于原有积木块的重新组合.

7.1.4　主要特点

CAS 理论的核心思想——"适应产生复杂性",具有十分重要的认识论上的意义.可以说,这是人们在系统运动和演化规律认识方面的一个飞跃.这一点可以从以下四个方面来加以说明.

第一,主体是主动的、活的个体.这点是 CAS 和其他建模方法的关键区别.这个特点使得它能够有效地应用于经济、社会、生态等其他方法难于应用的复杂系统.

从元素到主体,不是一个简单的名称的改变.系统的组成部分,以前一般称为元素、单元、部件或子系统.作为与系统、全局、整体相对而言的概念,元素、单元、部件都是作为一个被动的、局部的概念而提出的.主体的概念则把个体的主动性提高到了系统进化的基本动因的位置,从而成为研究与考察宏观演化现象的出发点.这一思路是具有十分明显的突破性的.复杂性正是在个体与其他个体之间主动交往、相互作用的过程中形成和产生的.在这里既没有脱离整体、脱离环境的个体,也没有抽象的、凌驾于个体们之上的整体.个体的主动性是这里的关键.个体主动的程度,决定了整个系统行为的复杂性的程度.

这里所说的主动性或适应性是一个十分广泛的、抽象的概念.它并不一定就是生物学意义上的"活"的意思.只要是个体能够在与其他个体的交互中,表现出随着得到的信息不同,而对自身的结构和行为方式进行不同的变更,就可以认为它具有主动性或适应性.适应的目的是生存或发展.这样,关于"目的"的问题,也可以在这里得到比较合理的理解和解释,而不至于走到神学那里去.

第二,个体与环境(包括个体之间)的相互影响、相互作用,是系统演变和进化的主要动力.以往的建模方法往往把个体本身的内部属性放在主要位置,而没有把个体之间,以及个体与环境之间的相互作用给予足够的重视. 这个特点使得 CAS 方法能够运用于个体本身属性极不相同,但是相互关系却有许多共同点的不同领域.

这种相互作用的观点是很有启发的. 我们说个体是整体的基础,并非指孤立的、单独的个体是整体的基础. 如果是这样,我们就又回到还原论的观点去了. 个体的相互作用才是整体的基础. 当我们说"整体大于它的各部分之和"的时候,指的正是这种相互作用带来的"增值". 复杂系统的丰富多彩的行为正是来源于这种"增值". 这种相互作用越强,系统的进化过程就越复杂多变.

另外,这里的相互作用主要是指个体与其他个体之间的相互作用. 强调这点有两方面的意义. 首先,这里并没有一个凌驾于所有个体之上的整体的"代表". 对于每一个个体而言,整体的作用正是通过其他个体表现出来的. 同样,每一个个体对于别的个体也起着"环境"的作用,或在不太确切的意义上讲,起着"代表"整体的作用,因为严格地说,每一个个体都不能独自代表全局. 这就较好地说明了整体与个体之间的辩证统一关系. 另一方面,在这些相互作用中,个体之间的关系存在着从"平等"到"分化"的发展过程. 这就是说,在系统演化的早期,个体的潜力,或者说潜在的能力是差不多的. 原则上,每一个个体都有多种发展前途的可能性. 在相互作用的过程中,由于各种因素(包括随机因素)的作用,有的个体向这个方向发展,有的个体向那个方向发展,产生了结构,对称性被打破. 这样,整个系统就变得比较复杂了. 这就是从简单到复杂的演化. 也就是说,相互作用是"可记忆"的,它表现为进化过程中每个个体的结构和行为方式的变化,以不同的方式"存储"在个体内部.

因此,CAS 理论发展了系统科学中历来强调的相互作用的思想,使得进化的观念具体化了,落实了. 这里把适应性的思想,从生物学中引入了系统研究的领域. 显然,这对于系统科学的思想方法是非常有用的充实和扩展,进一步丰富了系统思想的内容.

第三,把宏观和微观有机地联系起来. 它通过主体和环境的相互作用,使得个体的变化成为整个系统的变化的基础,统一地加以考察.

极端的还原论的观点是把宏观现象的原因简单地归结为微观,否认从微观到宏观存在着质的增加. 另一种比较普遍的观念是:把统计方法当作从微观向宏观跨越的唯一途径或唯一手段. 应当承认,基于概率论的统计方法确实是从微观到宏观的重要桥梁之一. 宏观系统的某些属性可以理解为微观个体的某些属性的统计量,如气体温度之于分子的动能,总体国民教育素质之于每个社会成员的教育程度. 这显然是重要的,正确地反映了微观与宏观关系的一个方面. 然而,问题在于,这是不是反映宏观和微观关系的唯一方法? 曾有人做过这样的计算:如果地球上的有机物只是由于按照统计规律的偶然结合而产生,那么,从地球诞生到今天,连第一个蛋白质分子都还没有产生! 显然,除了统计规律之外,一定还存在着其他的机制或渠道,它们同样也建立起微观与宏观之间的联系. CAS 理论则在这方面给我们提供了一条新的思路.

如果个体没有主动性(比如气体中的分子),那么,它们的运动和相互关系的确只要用统计方法加以处理就行了.支配这样的系统的,确实主要就是统计规律.然而,如果个体是"活"的,有主动性和适应性,以前的经历会"固化"到它的内部.那么,它的运动和变化,就不再是一般的统计方法所能描述的.例如,前面讲到的分化过程,显然不是只靠统计方法所能加以说明的.

所以,在微观和宏观的相互关系问题上,CAS 理论提供了区别于单纯的统计方法的、新的理解.如果把这种想法加以推广,把宏观和微观看作相对的层次,那么,它为我们认识、理解、跨越层次提供了十分有益的思路.

第四,引进了随机因素的作用,使它具有更强的描述和表达能力.

考虑随机因素并不是 CAS 理论所独有的特征.然而 CAS 理论处理随机因素的方法是很特别的.简单地说,它从生物界的许多现象中吸取了有益的启示,其集中表现为遗传算法.关于遗传算法,第 10 章将进行比较详细的讨论,这里只是就其特色略加说明.

一般地,常见的考虑随机因素的方法是引入随机变量,即在变化的某一环节中引入外来的随机因素,按照一定的分布影响演变的过程.这种方式中,随机因素的作用是"暂时"的,只在一个特定的步骤上起作用.它只是通过其对系统状态的某些指标产生定量的影响.在这种影响过后,事物只是在状态参数上有所变化,而运作的规律、内部的机制并没有质的变化.形象地说,系统不会因此而"进化".显然,这正是前面所说的,把系统的元素看作"死"的对象所导致的局限性的表现.

而遗传算法的基本思想则在于:随机因素的影响不仅影响状态,而且影响组织结构和行为方式."活"的、具有主动性的个体会接受教训,总结经验,并且以某种方式把"经历"记住,使之"固化"在自己以后的行为方式中.正因为这样,CAS 理论在模拟生物、生态、经济、社会等复杂系统方面具有巨大潜力,明显地超越了以往的一般的随机方法.

遗传算法是近几年发展起来的一种崭新的全局优化算法,它借用了生物遗传学的观点,通过自然选择、遗传、变异等作用机制,实现各个个体的适应性的提高.这一点体现了自然界中"物竞天择、适者生存"进化过程.1962 年 Holland 教授首次提出了遗传算法的思想,从而吸引了大批的研究者,迅速推广到优化、搜索、机器学习等方面.

例 7.1 线性约束总体

此例示意如何建立满足线性约束与边界的总体.该问题目标函数为如下二次函数:

$$f(x) = \frac{x_1^2}{2} + x_2^2 - x_1 x_2 - 2x_1 - 6x_2$$

约束条件为三个线性不等式：

$$\begin{cases} x_1 + x_2 \leqslant 2 \\ -x_1 + 2x_2 \leqslant 2 \\ 2x_1 + x_2 \leqslant 3 \end{cases}$$

同时，变量 x_i 约束为正值.

利用遗传算法标绘代表线性不等式与边界约束的曲线以及代表适应度函数的等位曲线，图 7.2 即显示线性约束、边界、目标函数等位曲线、总体初始分布，其中总体初始分布在约束附近.

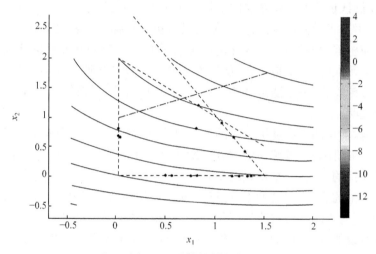

图 7.2　总体初始状态

在最终状态（图 7.3），总体最终收敛于极小点.

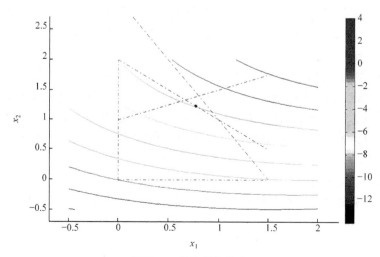

图 7.3　总体最终状态

7.2　主体的适应与学习

为进一步描述主体怎样适应和学习, Holland 提出建立主体的基本行为模型分三步: ①建立执行系统模型; ②确立信用分派机制; ③提供新规则发现手段.

7.2.1　建立执行系统模型

这一步的目标是要用一种统一的方式, 来表达各种系统中的主体的最基本的行为模式. 出发点是基本的刺激——反应模型. 例如, 一只青蛙看到小虫飞过, 便伸出舌头去捕食. 这里的刺激就是"小物体靠近", 而反应则是"伸出舌头". 类似地, 对于"大物体靠近"的反应则可能是"逃避". 按照现代信息处理的一般思路, 这里的规则, 包括条件和反应, 都可以表示为字符串, 如在第一位用 0 表示没有物体靠近, 而用 1 表示有物体靠近, 在第二位分别用 0 和 1 表示小物体和大物体. 这样一来, 上述第一个刺激就可以用"10"表示, 而第二个刺激则表示为"11". 同样, 反应也可以通过编号和二进制, 表示为字符串. 把两个字符串连起来, 前半段是条件, 后半段是反应. 用遗传算法的说法, 这就是"染色体". 如图 7.4 所示. 每个主体内部都存储着许多条这样的规则, 规则越多越细, 个体的行为就越精巧.

图 7.4　染色体表示

这里涉及以下几个概念:

* 输入——环境(包括其他个体)的刺激;
* 输出——个体的反应(一般是动作);
* 规则——对什么样的刺激, 作出怎样的反应的规则;
* 探测器——接受刺激的器官;
* 反应器——作出反应的器官.

它们之间的关系及消息流如图 7.5 所示.

按一般的想法, 所有的规则都应当互相一致, 既不重复(每一个刺激只有一种确定的反应)也不遗漏(每一个刺激必然有唯一的一条规则与之相对应), 否则就是

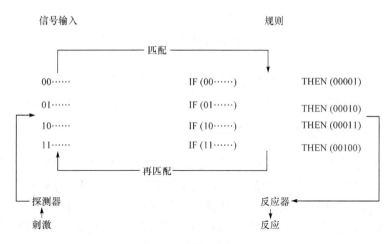

图 7.5　刺激-反应系统

有矛盾,系统就会被认为是处于错误的状态. 如果这样看待,那就和一般的"IF···
THEN···"没有什么差别了.

　　然而,正是在这里,CAS 理论引进了一个重要的思想. 它认为,这种看法和要
求不适用于复杂系统的建模,恰恰相反,应当把这些规则看作有待于测试和认证的
假设. 进化的过程正是要提供多种多样的选择,因而需要有矛盾、冲突和不一致,而
不是避免或消除它们. 所以,这里的规则(或按遗传算法称为染色体)应当足够多而
且有选择的余地,它们之间不但可以,而且需要有矛盾和不一致. 当然,为了真正进
行操作,需要在这些规则之间建立一种进行比较和选择,进而进行淘汰的机制,这
将是下一步——信用确认的任务.

　　行为系统说明了主体在某个时刻的能力. 行为系统的三个主要部分是:一个探
测器,一个 IF/THEN 规则集合和一个反应器. 探测器代表了主体从环境中抽取信
息的能力,IF/THEN 规则代表了处理这些信息的能力,而反应器则代表了它反作
用于环境的能力. 这三种元素都是抽象的,已经剔除了特定机制的细节,所以可应
用于不同种类的主体.

　　仔细分析探测器的概念,我们就能更进一步理解在这样的建模过程中,丢失了
什么,获得了什么. 抗体使用的探测器依赖于局部的化学键的排列,而有机体的探
测器显然与它们的感官相对应,商业公司的探测器的功能则通过它的各种部门来
完成. 在每种例子中,都有各自的有趣的问题,即从环境中抽取信息的特殊的机制.
但是在这里,我们把这些问题暂且放在一边,而把注意力集中在产生的信息——主
体对之敏感的环境特性上. 我们利用这样一个事实,任何这种信息可以用二进制串
表示,此处叫做消息. 这样一来,我们就得到了用统一的方式描述主体抽取环境信
息的机制的能力.

对主体内部处理信息的能力,我们有着同样的考虑. 具体机制是多种多样的,但我们把注意力集中在信息的处理上. 把 IF/THEN 规则与消息结合起来,我们得到了如图 7.5 所示的表达方式:IF(如果在消息中有某类型的消息)THEN(作出相应的反应). 这样一来,我们就暂时舍弃了特定的主体处理信息所用的具体机制的细节. 例如,在研究胚胎发育中基因开和闭的连续过程时,我们就暂时舍弃了关于抑制和反抑制(repression and derepression)等特殊机制的细节. 但我们保留了事情发展阶段的描述,以及信息在每个阶段的反馈. 总的来说,我们获得了这样一种能力,可以在计算机上描述系统进行信息处理的能力. 由于很多规则同时起作用,我们获得了描述 CAS 分布式的活动的一种自然的方式.

7.2.2　确立信用分派机制

为了对规则进行比较和选择,首先要把假设的信用程度定量化,为此我们给每一条规则一个特定的数值,称为强度,或者按照遗传算法的名称,称之为适应度. 每次需要使用规则的时候,系统按照一定的方法加以选择. 选择的基本想法是:按照一定的概率选择,具有较大强度或适应度的规则有更多的机会被选用. 在这个基本算法的基础上,还可以加入并行算法和缺省层次等思想,使得规则的选择更加灵活,更加符合现实的系统行为.

信用确认的本质是向系统提供评价和比较规则的机制. 当每次应用规则之后,个体将根据应用的结果修改强度或适应度. 这实际上就是"学习"或"经验积累".

在遗传学、经济学和心理学的定量分析与研究中,为了解决这个问题,经常是根据要求,对感兴趣的对象赋予一定的数值. 例如,对染色体赋以适应度,对货物赋以效用值,对行为赋以一定数量的奖赏. 但是,问题是非常微妙的. 考虑一个有机体的行为. 一般地,进化的机制是建立在一定的内部分析器中的. 专门的探测器随时记录着各种不同类型的资源(如食物、水等)的状态或数量. 有机体的行为就是要保持这些"储备仓库"不要"空",并且能不断增加. 规则强度的增加或减少取决于储备仓库的状态变化. 显然,现实的市场中和生物界的竞争现象,就是这种描述适应性主体竞争行为的信用确认技术的背景.

信用确认机制的意义在于,它提供了把定量研究与定性研究有机地结合起来的途径. 本来,所谓"好"和"坏"、"成功"和"失败"、"优势"和"劣势"都是定性的概念,它们虽然在适应过程中常常被使用,然而却带有很大的主观性和随意性. 因此,在它们的基础上,进一步讨论"学习""适应""积累经验"就更困难了. 信用确认机制则提供了实际的度量方法. 这样建立起来的机制从根本上讲是定量的,因为它有确切的数字为基础. 然而,它又不是一般意义下的、简单地、试图用一个数或一组数来衡量复杂事物的定量方法,而是基于一个包含着不同的,以至于相互矛盾的规则集合. 这些规则之间的区别显然是定性的、质的差别. 这里的结合点在于"实践",即对于环境所作出的反应的结果,或者说就是与环境相互作用的过程,即适应过程. 通过定量的"积累经验"的过程,实现定性的"规则筛选"的目标.

7.2.3　提供新规则发现手段

经过与环境的对话与交流,已有的规则就能够得到不同的信用指数. 在这个基础上,下一步的要点就是如何发现或形成新的规则,从而提高个体适应环境的能力.

这里的基本思想是,在经过测试后较成功的规则的基础上,通过交叉组合、突变(图 7.6)等手段创造出新的规则来. 需要注意的是,由于在这里是基于经验来进行新规则的创造,所以比纯粹根据概率去查找和测试一切可能性要快得多,效率高得多. 这些我们将在后面有关的例子中看到.

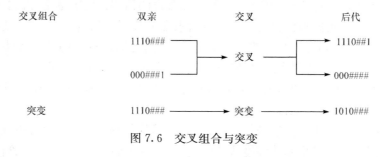

图 7.6　交叉组合与突变

交叉组合和突变使得我们可以进一步创造出新的规则. 为了理解它们的作用,可以回顾一下我们在运筹学中所经常采取的方法,在状态空间或解空间中进行的搜索. 为了寻找最优解,或者可行解,许多算法提供了各种各样的思路,但是由于空间规模太大,许多算法往往难以实际使用. 显然,从理论上这些算法都是正确的,然而在许多情况下,完全靠蛮力去测试和寻找,实在无异于大海捞针. 这里介绍的方法(主要是遗传算法(GA))则开辟了另一条思路:从经验中积累,从已有的规则出发. 让成功可能性比较高的规则产生出新的规则,再让实际与环境交互的过程筛选出比较有效的规则和积木块,进而产生更有效的规则. 依赖已有的成果,考虑实际应用的结果,这就是这种新的思路的特点,也正是它具有更大潜力的原因所在.

规则发现,即合理假设的生成,集中在经过测试的积木块的使用上. 过去的经验会直接体现出来,而创新也有着广阔的空间. 这种积木块重新组合的特殊方法在遗传学上用得很多,但任何一个具有普遍性的过程都可以用这种方法抽象出来. 用构筑块的思想,我们甚至可以描述神经生理学的理论.

在神经生理学的理论中,细胞集合就是几千个相互交叉的能够自己保持响应的神经元集合. 一个细胞集合的运行有点像通过普通标志结合在一起的小规则簇. 多个细胞集合的行为是并行的,通过大量的触突(所谓触突,就是神经元连接的地方——一个神经元可能会有上万个触突)广泛地传播消息(脉动). 细胞集合通过招募新兵(加入其他细胞集合的部分)和分化瓦解(分成作为后代的片段)竞争神经元. 我们很容易把这个过程看成经过测试的构筑块重组. 此外,多个细胞集合可以集成为叫做相序列的大结构. 事实上,在各种不同类型的问题领域中,不难发现都有极其相似的现象.

由于标志在规则的结合和提供后续活动方面起着如此重要的作用,注意,它们也拥有积木块,这一点很关键. 标志,实际上就是出现在规则的条件和运作部分的模式. 这样的话,它们的操作就与规则的其他部分一样了. 已经确认的标志——在强规则中发现的那些——会育出相关的标志,提供新的结合、新的族和新相互作用. 标志总是试图通过缺省的层次,向内部模型的框架加入新鲜血液(相关的事物),以此来丰富内部模型.

有了这些定义和相应的过程,我们就有了统一的方式,去描绘 CAS 中适应性主体的行为了. 适应性主体统一描述的可能,给我们能够真正在一个公共的框架中描绘所有的 CAS 带来了希望. 不同 CAS 的交叉比较有了新的意义,因为可以用一种公共的语言做到这一点. 我们能够把在一个 CAS 中突出和明显的机制,转化到另一个机制可能模糊但却很重要的 CAS 上. 搜索中,对于一般原理的比喻和其他的指导更为丰富了. 搜索变得更为直接、更为有希望了.

要想明白这样做的结果,进行比较是有益的. 比如把胚胎比喻为城市,它们是极为相似的东西. 如果我们看看四个世纪前纽约的起源,并在时间上做些适当的调整,就会发现城市的发展和胚胎的生长确实很相似. 二者都在生长和变化. 二者都发展了内部的边界和子结构,拥有了用于通信和资源传输的不断完善的基础设施. 二者都适应内部和外部的变化,在小范围内保持关键的功能,因而维持了内聚力. 并且,通过不断加强基础,二者都拥有大量的适应性主体——一方是各种各样的公司和个人,另一方是形形色色的生物细胞.

7.3 从个体到全局——回声模型

7.3.1 位置和资源

在前面所定义的主体模型的基础上,我们建立整个系统的宏观模型,Holland 称之为回声模型——Echo 模型[6].

我们首先定义资源和位置,然后提出一个基本模型,在此基础上补充一些更复杂的属性,形成最终的模型.

第一个概念是资源,资源的意义十分广泛.例如,现实生活中的水井或泉水,它可以不断地向主体提供所需要的某种物质或能量.类似地,在经济系统中,银行就起着提供资金的作用.

另一个概念是位置.我们可以用城市去理解它.它是一个可以容纳若干个体活动的"容器",具有一定的环境条件与资源条件,如"温度""服务水平"等.个体可以在位置之间移动和选择.各个位置之间还有"距离"等概念.这就像一般计算机模拟中的环境参数一样.

不难体会出这两个概念的背景——生物学和经济学.生物界的土地、水分、空气、食物、养料等都是资源.在经济管理中,资金、原材料、能源、人力、技术、信息等也都是资源.然而,在 CAS 理论中,资源的含义要更广泛、更抽象.任何系统中,为了维持这些"活"的、有主动适应能力的主体的生存与发展,必定要消耗或使用某种资源.事实上,它们不仅是生存的条件,而且是生存质量的标志.资源太少,少到一定程度,主体就会"饿死".而资源丰富到一定程度,主体就会"繁殖",分出或产生出新的主体.此外,主体还具备加工资源的能力.它可以用几种不同的资源生产出新的资源,例如,一个工厂用不同的原材料,再加上必要的人力资源、能源生产出某种产品.所有这些方面的性质,就是 CAS 理论所提出的资源概念的含义.显然,它的内涵是十分丰富的.

同样地,位置的概念也是从许多实际情况中抽象出来的.它可以是某个市场,某个城市(在经济领域),也可以是某个树林,某个湖泊(在环境和生物科学领域中).对于系统中的个体来说,位置是它们活动的"场所".不同的场所对于主体的生存和活动来说,提供了若干基础条件:资源的充裕程度,相邻的主体的数量与情况,以及发展的空间与余地等.此外,主体的主动性还表现在它们可以在位置之间移动,即选择适合于自己生存的、更为适宜的位置,正像动物的迁移、人口的迁移等.

7.3.2 Echo 模型基本框架

在这个基本模型中,主体具有最简单的功能——寻找交换资源的其他主体,与其他主体进行资源交流,保存及加工资源.

为此,主体有三个基本部分:

主动标识(offensive flag)——用于主动地与其他主体联系和接触.

被动标识(defensive flag)——用于其他主体与自己联系时决定应答与否.

资源库(reservior)——用于存储的加工资源.

这样,这个主体的基本情况就如图 7.7 所示.

它们功能包括:主动与其他主体接触,同时也对其他主体的接触进行应答,如

图 7.7　回声模型中个体基本结构

果匹配成功则进行资源交流,在自己内部存储与加工资源,如果资源足够,则繁殖新的主体.

在此基础上,整个 Echo 模型成为如下的情况:

整个系统包括若干个位置,每个位置中有若干个主体,主体之间进行交往、交流资源和信息. 这就是最基本的 Echo 模型.

7.3.3　Echo 模型的扩充

当然,这个基本的 Echo 模型还过于简单,无法描述复杂的系统行为. Holland 在此基础上逐步增加各种功能,形成了扩展的 Echo 模型. 在《隐藏的秩序》一书中,他进行了初步的扩充,先后加入了以下一些功能:

(1) 增加"交换条件"的概念,即在主动标识与被动标识相符的条件下,还要加上某种交换条件的确认. 比如,在采购原料时,并不只是有某种原料就行,还要考虑价格和质量.

(2) 增加"资源转换"的概念,即主体具备加工、利用和重组资源的能力. 增加这一功能为主体的分工和专门化打下了基础.

(3) 增加"黏合"的概念,即若干主体通过建立固定的联系,成为一个多主体的聚合体在系统中一起活动. 显然,它的来源是生物界的共生体以及经济活动中的企业集团.

(4) 增加"选择交配"的概念,即主体可以有选择地与其他主体结合,通过交叉组合形成新的更强的主体.

(5) 增加"条件复制"的功能,即主体在资源充裕、条件适宜的情况下,复制增加自身的功能.

通过这一步步的扩充,Echo 模型的表达和描述能力不断增加,从而具备了描述和研究各种复杂系统的能力.

7.4　应用案例:利用回声模型建模物种多样性[7]

Jones 与 Forrest 利用回声模型研究了物种的多样性[7]. 遗传算法主要集中在

CAS 的演化性质,这一特点已被充分认识并且开发应用. 然而,遗传算法忽略了若干重要因素,例如,资源分配、异质性与内在适应性. 回声模型通过添加地理位置、资源竞争以及个体间相互作用等概念从而扩展了遗传算法,同时却并不需要建模专门的细节. 回声模型的原始想法,包括动机、设计决策以及整体结构等在 Holland 的书[8,9]中均有介绍.

7.4.1　回声结构

每个回声模型包含一定数量的位置,每个位置可以包含任意数量的个体(含零个). 每个回声模型指定一定的全局参数,包括位置的数量、资源类型的数量、税率、参数的控制复制以及随机死亡的概率. 上述每一部分均由系统用户设置,作为真实世界 CAS 的某些方面的抽象.

一个回声周期中的事件包括:

(1) 在每一个位置中均进行个体之间的交互作用,包括交易、交配以及战斗,交互的数量由系统的参数指定.

(2) 每一个位置根据该位置相关参数产生资源.

(3) 每个位置中的每个个人均被征税. 每个位置以系统指定的概率从该位置中个体征收资源税. 回声中的税可以想象成为经济学上的税或者在该位置中生存的费用.

(4) 个体会以很小的概率随机死亡. 这可以解释为个体不能永远生存下去.

(5) 位置产生资源. 不同的位置能够产生不同种类、不同数量的资源. 当位置中的一个个体死亡时,该个体占有的资源将被释放,供该位置中的其他个体使用.

(6) 若个体在一个周期内未能获得任何资源,个体将迁移. 若个体未能在一个回声周期内通过采集、战斗或者交易等方式获得任何资源,个体将迁移至邻近位置.

(7) 个体能够通过交配繁殖进行复制. 个体能够使用存储在它资源库中的资源获得它基因组的复制. 复制过程存在噪声,随机突变将造成父类与子类之间的遗传变化.

此周期可以迭代循环多次.

7.4.2　个体

图 7.8 是一个个体的示意. 每个个体具有一个类似于物种中单一染色体的基因组. 染色体具有 $r+7$ 个基因,其中 r 是资源的数量. 其中六个基因、标识与条件由可变长资源字符串(表示资源的小写字母)组成. 突变算子能够改变任意位置的等位基因值,也能够使得标识与条件的字符串长度增长或减少.

标识是产生可观测的显性特征的基因,而条件则是不能产生可观测的显性特

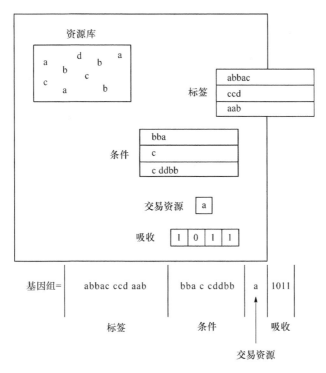

图 7.8 回声个体的结构（标识对外界可见,条件与其他不可见）

征的基因,并不能被其他个体检测到.因此个体之间的交互作用是基于个体自身条件以其他个体的标识进行的.

个体处理的六个标识与条件基因是主动标识、被动标识、交配标识、战斗条件、交易条件和交配条件.这些基因决定了两个个体之间会发生何种类型的交互以及最终的结果如何.

上述 r 个基因决定了个体直接从环境收集各种类型资源的能力.如果一个个体不具有"1"的等位基因,那么它即使遇到相对应类型的资源也无法获得该资源.因此,如果个体需要这种资源,比如个体所在位置征税或者个体需要这种资源来进行复制,那么它只能通过战斗或者交易来获得资源.最后的资源是交易资源,这是一种当交易发生时个体需要提供给其他个体的资源类型.每个个体均有一个存储有各种类型资源的资源库,其中的资源用来付税、产生后代以及交易.

某一确定位置上的个体被组织成一维数组,任两个个体之间相交互的概率随着两者之间的距离增大而呈指数降低.用户必须决定哪些个体居住在什么位置,并以什么样的顺序出现在数组中.

7.4.3　个体与个体间交互

个体与个体之间共有三种交互方式:战斗、交易与繁殖.所有这些交互方式均发生在位于同一个位置的个体之间,并且均伴随着个体之间的资源转移.

战斗:如果两个个体在真实世界的系统中具有竞争关系,它们在回声模型中将被建模为参与到战斗中.当两个个体相遇时,系统首先检测其中一个是否需要攻击另一个.如果个体 A 的战斗条件前缀是个体 B 的主动标识,那么个体 A 就攻击个体 B.战斗的结果就是,输者的资源(包括基因组和资源内容)将被给予胜者,输者将从种群中移除.

交易:如果两个个体将进行交互,但并不是战斗,那么它们将有机会进行交易和交配.与战斗不同,交易和交配必须经过相互同意.如果个体 A 的交易条件是个体 B 的主动标识,则个体 A 与 B 就进行交易,反之亦然.这里仍然会用到主动标识来决定是否会发生战斗.

繁殖:个体间非战斗的交互可能通过结合产生后代.在一些遗传算法中,后代将在种群中同时取代父亲与母亲.如果个体 A 发现个体 B 可接受,则两个个体间可能发生交配,反之亦然.个体 A 发现个体 B 可接受需满足:①A 的交配条件是 B 的交配标识的非零前缀;②A 的交配条件与 B 的交配标识均有非零长度.关于非零前缀的限制是用来组织具有零长度交配条件的个体的快速繁殖.

图 7.9 是个体用来决定是否交配会发生的两种标识-条件匹配过程的简单示意图.

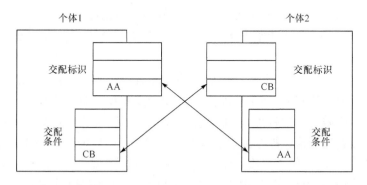

图 7.9　个体用来决定是否交配会发生的两种标识-条件匹配过程的简单示意图

个体 1 被交配标志 CB 吸收;个体 2 被交配标志 AA 吸收

7.4.4　物种多样性与回声模型

假定有人捕了一整船的鱼返回港口并根据种类对鱼进行分类,鱼的种类情况会满足什么样的分布? 答案当然取决于很多因素, 诸如天气、使用的饵、捕鱼的水深、水温、捕获鱼的数量以及很多其他因素. 这样实验的一般目的是考虑将 n 个个体分为 m (通常未知) 类有多少种分法. 从生物学的角度, 有趣的问题是: 这种隶属不同种类的分布是否遵守能够用数学刻画的某一特定的模式? 如果是的, 是否有生物学理论能够解释这种模式?

Preston 的标准对数正态分布被认为是最精确的模型. Preston[10] 根据观测对不同种类的数据进行统计, 是一个对数分布 (底为 2). Preston 在多个实验中标绘这些"种类曲线", 发现曲线形状能够用如下高斯分布来近似:

$$y = y_0 e^{-(aR)^2} \tag{7.1}$$

其中 y 表示落入第 R 类的数量, y_0 表示分布的众数, a 是与对数标准差有关的一个常数, 因具体数据而定[10].

在这一部分我们考虑不同类的回声个体. 分类固定后, 一类中的个体被视为回声模型中同一种群.

总体由回声模型迭代 1000 次产生, 在整个实验过程中参数始终设置为常数 (表 7.1), 关于参数详细的具体含义可参见文献[7].

表 7.1　回声模型的参数设置

参数	取值
资源数量	4
交易比率	0.5
交互比率	0.02
自复制比率	0.5
自复制阈值	2
征税概率	0.1
位置数量	1
交配概率	0.02
交叉概率	0.7
随机死亡概率	0.0001

研究回声模型中种群相对丰富程度最简单的办法是根据它们的丰富程度对基因进行排序, 并以该排序为 x 轴、个体的数量为 y 轴标绘出曲线. 通过检查经过 1000 次迭代后总体中个体基因的数量, 可得图 7.10.

利用文献[10]的方法对相同的数据进行处理, 可得图 7.11. 此图与 Preston 的研究结果非常相似, 因此可知回声总体中的基因组丰富性特点倾向于服从某些生物学系统中的一般模式.

回声模型展现出自然生物系统中很多行为特性, 因为回声侧重于演化, 一个自然的研究起点即回声中的演化产生的个体分布是否相似于或不同于自然系统中的观察？虽然目前研究还处初始阶段,但成果是令人振奋的.

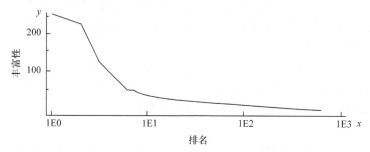

图 7.10　1000 次迭代后总体中基因丰富性(丰富性由一般(左)
到稀有(右)沿 x 轴进行排列,y 轴表示真实丰富性,最终总体包含 603 个不同基因)

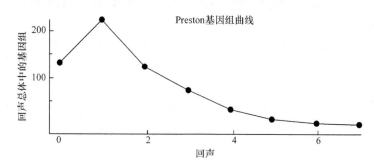

图 7.11　图 7.8 中总体数据经文献[10]方法处理后的结果

7.5　Swarm 仿真平台

Swarm 是圣塔菲研究所 Swarm 开发组(Swarm development group,SDG)为基于多 agent 仿真建模(agent-based modeling,ABM) 开发的一组标准计算机仿真建模工具,目的是构建一个仿真模拟的共享计算机平台. 有了这样的一个开发平台,研究者就可以将精力集中于模型本身的构建. 这里所说的 agent 是指仿真系统中具有自主性、自适应性的智能个体,是仿真活动的具体执行者. 基于多 agent 仿真建模相对于一般数学建模而言,在解决离散、非线性系统模拟方面有显著优势,是研究此类复杂系统产生的全局、自适应行为的一个基本方法.

Swarm 起源于圣塔菲研究所对人工生命的研究,后来发展为一个通用的体系,可以应用于物理学、生态学、经济学等广泛学科领域. Swarm 是一个开放源代码的免费软件,最初是为 UNIX 系统设计的,现在支持 Windows 系统,并可用Java语言进行编程. Swarm 平台由于在计算机仿真模拟领域中所表现出的卓越性能,渐渐被越来越多的人所接受.

思　考　题

1. 如何理解"适应性造就复杂性"? 请举例说明.

2. 请用自己的语言描述 CAS 的七个要素:聚集、非线性、流、多样性、标识、内部模型和构筑块,并解释它们之间的关系.

3. 如何理解遗传算法在 CAS 理论中的作用?

4. 从 CAS 的角度解释系统的涌现性是如何产生的.

5. 请描述主体是如何适应与学习的,你有何新想法来对这个过程建模.

6. 解释回声模型是如何实现"从个体到全局"的.

7. 选择一个 CAS 实例,利用回声模型进行建模.

8. 利用 Swarm 仿真平台实现问题 7 中的系统实例.

参 考 文 献

[1] 许国志. 系统科学. 上海:上海科技教育出版社,2000.

[2] 苗东升. 系统科学精要. 北京:中国人民大学出版社,1998.

[3] 李士勇,等. 非线性科学与复杂性科学. 哈尔滨:哈尔滨工业大学出版社,2006.

[4] 许国志. 系统科学与工程研究. 上海:上海科技教育出版社,2000.

[5] 谭璐,姜璐. 系统科学导论. 北京:北京师范大学出版社,2013.

[6] Holland J H. Hidden Order:How Adaptation Build Complexity. Boston:Addison-Wesley Publishing Company,1995.

[7] Jones T,Forrest S. Revue LISA/LISA e-journal,1998,45-46(1):56.

[8] Holland J H. Adaptation in Natural and Artificial Systems. 2nd ed. Cambridge:MIT Press,1992.

[9] Holland J H. Echoing Emergence:Objectives,Rough Definitions,and Speculations for Echo-Class Models//Cowan G A, Pines D, Meltzer D ed. Complexity:Metaphors, Models and Reality,volume XIX of Santa Fe Institute Studies in the Sciences of Complexity. Reading, MA:Addison-Wesley,1994:309-342.

[10] Preston F W. The commonness and rarity of species. Ecology,1948,29(3):254-283.

第 8 章　开放复杂巨系统理论

开放的复杂巨系统[1-6]存在于自然界、人自身以及人类社会,以前人们未能从这样的观点去认识并研究这类问题.本章专门讨论这一类系统及其方法论.

8.1　钱学森系统分类法

如前所述,系统科学以系统为研究对象,而系统在自然界和人类社会中是普遍存在的.与传统科学相比,当研究对象可被看作没有大小与体积,即传统的粒子时,人们可以利用数、变量等概念以及基于微积分的相关理论.但当研究对象有其自身的内部结构,且对于研究而言其内部结构很重要不能够忽略时,人们处理的就是系统而不是没有大小与体积的粒子了.

客观世界存在着各种各样的系统.为了研究上的方便,按着不同的原则可将系统划分为各种不同的类型.例如,按着系统的形成和功能是否有人参与,可划分为自然系统和人造系统;太阳系就是自然系统,而工厂企业是人造系统.如果按系统与其环境是否有物质、能量和信息的交换,可将系统划分为开放系统和封闭系统;当然,真正的封闭系统在客观世界中是不存在的,只是为了研究上的方便,有时把一个实际具体系统近似地看成封闭系统.如果按系统状态是否随着时间的变化而变化,可将系统划分为动态系统和静态系统;同样,真正的静态系统在客观世界也是不存在的,只是一种近似描述.如果按系统物理属性的不同,又可将系统划分为物理系统、生物系统、生态环境系统等.按系统中是否包含生命因素,又有生命系统和非生命系统之分等.了解更多关于系统分类的细节,请参阅 2.3 节系统的分类.

以上系统的分类虽然比较直观,但着眼点过分地放在系统的具体内涵,反而失去系统的本质,而这一点在系统科学研究中又是非常重要的.为此,钱学森[8]提出了以下为人熟知的系统分类方法.

根据组成系统的子系统以及子系统种类的多少和它们之间关联关系的复杂程度,可把系统分为简单系统和巨系统两大类.简单系统是指组成系统的子系统数量比较少,它们之间关系自然比较单纯.某些非生命系统,如一台测量仪器,这就是小系统.如果子系统数量相对较多(如几十、上百),如一个工厂,则可称作大系统.不管是小系统还是大系统,研究这类简单系统都可从子系统相互之间的作用出发,直接综合成全系统的运动功能.这可以说是直接的做法,没有什么曲折,顶多在处理大系统时,要借助于大型计算机或巨型计算机.

若子系统数量非常大(如成千上万、上百亿、万亿),则称作巨系统.若巨系统中子系统种类不太多(几种、几十种),且它们之间关联关系又比较简单,就称作简单巨系统,如激光系统.研究处理这类系统当然不能用研究简单小系统和大系统的办法,就连用巨型计算机也不够了,将来也不会有足够大容量的计算机来满足这种研究方式.

如果子系统种类很多并有层次结构,它们之间关联关系又很复杂,这就是复杂巨系统.如果这个系统又是开放的,就称作开放的复杂巨系统.

8.2　简单巨系统[1-6]

8.2.1　简单系统

力学对单质点机械运动分析得最深入、最系统.我们在此把它作为简单系统的典型例子.严格说起来,单质点并不是一个系统,这里可以把它看成简单系统的极限情况.一个质量为 m 的质点,在空间的运动状态可用三个坐标 X, Y, Z 和三个动量 p_x, p_y, p_z 完全描写.对于质量 m 不变的质点,动量与速度相差不变的常数,速度是坐标的导数,只要知道三个独立坐标变量就可以描写系统的状态.利用牛顿定律建立三个坐标变量(状态变量)随时间的变化规律,给出质点的初始状态(三个初始坐标,三个初始速度),就可以唯一确定以后任一时刻质点的状态.确定系统(质点)的状态变量,找出系统满足的运动规律,建立状态变量满足的运动方程,根据初始条件,最终确定系统的演化情况,这是研究质点机械运动的方法,也是简单系统的一般研究方法.

对于宏观质点的机械运动,有了牛顿定律原则上可以解决一切问题.对于微观粒子,坐标与动量不能同时确定,通常仅选择三个坐标作为描写系统的状态变量.由于三个坐标的具体值要通过统计平均的方法才能得到,因此只能取微观粒子处于某个空间位置 (X, Y, Z) 上的概率密度作为系统的状态变量.它不再满足牛顿定律,而遵从薛定谔方程.对于运动速度接近光速的质点,描写其运动态的时间与空间有密切联系,要利用四维时空统一描写状态.状态变量也不满足牛顿定律,而遵从相对论方程.不同的单质点的简单系统,由于它们的性质不同,描写它们状态的变量不同,遵从的演化规律也不同.因此,宏观粒子遵从牛顿定律,微观粒子遵从薛定谔方程,接近光速运动的粒子遵从相对论方程,这从系统科学来看是一件很自然的事情.

此外,物理学中相对论量子力学讨论高速运动微观粒子的性质,量子电动力学讨论光子演化规律.这些讨论单粒子运动的数学方法尽管很复杂,但都只是研究简单系统方法的一些特例.

　　总之,我们研究上述几类单粒子的运动,都采用了选取状态变量、找出演化规律、分析状态变化的统一方法.而且对状态变量的演化,只分析在外界环境作用下,系统演化被简化为线性响应的变化规律,既不考虑系统的结构(质点是对系统没有结构的一个近似),也不考虑与外界环境非线性相互作用的情况.可以想象,分析单个粒子在其他新的条件下的运动,可能会发现新的运动规律,这些运动规律与牛顿定律、量子力学、相对论一样,也都是单粒子遵从的具体规律.如果考虑非线性效应,又会得到另外相应的规律.由此可见,单粒子运动的规律可以不同,但是研究单粒子的基本方法是相同的.

　　简单系统的研究方法,除前述一般方法外,还具有"自由粒子"系统的特点.简单系统也包括由多个子系统(粒子)组成的系统,但在研究过程中,各个子系统必须是"自由"的,它们之间或者没有关联,或者虽然有关联,但可以通过某种变换"消去"相互之间的关联,使之成为"自由的"粒子.牛顿力学处理的各式各样的可积系统,即"自由粒子"系统,虽不是单粒子系统,却可以沿用简单系统的处理方法.

　　例如,处理由两个粒子组成的系统的演化问题,即二体问题,我们可以用牛顿定律把它们之间的相互作用表示出来,然后通过变换,去掉两个质点之间的关联,使它们各自成为"自由"质点,这样我们利用单个质点在外界环境作用下服从的演化规律来分析系统的性质,可以得到精确的结果.但对于一般三体问题,由于复杂的内部相互作用,无法将它们的关联分开,而代之一定的作用力,使之变成三个分开研究的"自由粒子",我们也就无法利用牛顿力学完全解决这一问题,对于有相互关联的多体问题,则更无法求解了.

　　牛顿力学讨论了 n 个质点组成的质点组的运动情况,由于各质点之间有关联,n 个质点的质点组不能看成简单系统,而应属于简单巨系统.在一般情况下,对于这样的系统不可能用简单系统的研究方法,一个质点、一个质点地分析它们的运动情况.为此,牛顿力学提出了质心的概念,并具体给出了质心运动定理:一个 n 个质点的质点组系统,其质心运动完全由外力决定,与质点间的相互作用(内力)无关.质心运动相当于一个质量等于 n 个质点质量之和的质点,在作用于质点组上所有外力的共同作用下的运动,此时质点组内部的相互关联和相互作用被略去不计.利用这一定理,解决了大量实际问题.但牛顿力学将这一定理仅仅看成是质点力学的推广,甚至将它作为质点牛顿力学的一个应用,从系统科学的角度来分析,这显然是不够的.相互有关联的质点组应该属于简单巨系统,对它的研究方法——质心定理的方法,也与简单系统方法不同.这里简单分析一下这个方法的特点,它为下面讨论简单巨系统研究的一般方法提供了一个实例.

从系统科学来看,由质心运动代表 n 个质点的质点组系统的运动,就是将系统分成了两个层次.每一个质点的位置、动量是"微观"层次上的状态变量,质心的位置、动量是"宏观"层次上的物理量,它反映了系统整体的性质.质心坐标不是系统中任何一个质点的坐标.它可以在 n 个质点所组成的空间范围内,也可以在它们的范围外.质心的位置反映了质点组系统的质量分布情况.质心的运动不是系统内任何一个质点的具体运动,但又与所有质点都有联系,质心的运动反映了系统整体的运动趋势.若质心不动,则说明尽管系统中每一部分都可以运动,但从宏观上、整体上看系统是不动的.质心运动定理和质点运动定理是在两个不同层次上处理系统演化的方法,这是人们研究简单巨系统最早取得的成果.质心运动定律指出了我们研究简单巨系统的一般方法,后面讨论简单巨系统时,将对该方法作进一步概括和说明.同样,按照系统科学分析,多个微观粒子组成的系统、多个高速运动粒子组成的系统,也都应该有相应的宏观层次上对运动的描写.但是在以往物理学中并未给出这方面的研究结果.量子力学对多粒子的描写仅仅停留在人为解除粒子之间关联,当成多个简单系统来研究,这也大大地减弱了它对体系统描述的能力.因此,也可以说,在这点上系统科学为物理学的发展提出了进一步研究的方向.

8.2.2　简单巨系统概念及分析

简单巨系统在客观世界中数量并不多,往往是人们为了研究问题方便而作的某种简化,实际大量存在的是复杂系统.根据 2.3 节系统的分类,复杂系统有三类:简单巨系统、复杂巨系统、特殊复杂巨系统(社会系统).其中简单巨系统包括大量无生命系统以及部分有生命系统,在不少领域已分别进行过讨论,有比较成熟的研究方法.而其余两类复杂系统目前一般定量研究方法尚不够完善.而且其中一些问题作适当简化近似后,也可以当成简单巨系统来处理.因此简单巨系统的研究方法很多地方可以用来讨论更复杂的系统并可帮助我们最终建立起更复杂系统的一般研究方法.

由于子系统的数目众多,相互之间存在着非线性相互作用,系统的构成分层次,有了宏观与微观的区别,系统变得更复杂了,因此研究方法也更多样.我们不能从单一的角度来研究系统的演化,需要从不同的侧面来分析同一事物的特点.对于一个质点,我们指出它的质量、位置、速度,就基本确定了它的状态;而对于一个人,从心理学角度我们指出他的气质、情感,从生理学角度我们需要指出他的阶级关系、社会地位等.即使对于简单巨系统同一方面的分析,也有不同的方法.通常人们关心简单巨系统中子系统之间分布的混乱程度.这个量对于确定系统的性质是很必要的,是一个非常重要的物理量.不同学科对于这个量有不同的描述方法,在物理学中利用熵这一物理量直接刻画系统中子系统排列的混乱程度,再利用等概率假设,人们就可以得出统计物理热力学中的一系列定理、公式.

从自然科学的发展历史来看,继力学之后,热学也开始发展起来. 热运动是大量粒子无规则的"乱"运动,单个粒子只有简单的"机械运动",即位置变化,而无"热运动",只有"速度",而无"温度". 热运动的研究是对简单巨系统研究的开端. 对热现象,宏观上进行讨论的热力学和微观上进行分析的统计物理学,为后来系统科学的发展奠定了理论基础,并提供基本的研究方法.

简单巨系统具有承上启下的作用,热现象是简单巨系统中研究最深入的现象. 因此我们在这里着重分析简单巨系统,并以热现象中的理想气体作为具体分析的实例.

简单巨系统具有以下特点:

(1) 子系统数目多.

一个系统通常都由成千上万个子系统组成,激光中包含的相互作用的原子(子系统)有 10^{18} 个左右,流体中每 cm^3 也包含 10^{18} 左右个分子,一摩尔气体的分子有 10^{23} 个数量级. 因此,简单巨系统的演化特点和规律很难通过一个子系统、一个子系统地进行分析求解得到结果. 即使是单个质点满足非常简单的牛顿运动规律,我们也无法逐个粒子进行讨论.

(2) 相互作用比较复杂.

这里所指复杂主要是指子系统数目多,造成相互作用数目增加,子系统之间相互作用的性质一般并不复杂. 如 10^3 个神经元组成的神经元网络系统,其内部相互作用有 $10^7 \sim 10^8$ 之多. 处理这样多相互作用的系统,要一个子系统、一个子系统的分别分析,更是不可能的.

(3) 具有层次关系.

层次关系是系统科学处理系统演化非常注意的一个重要问题. 简单巨系统至少具有两个层次:一个是"宏观"层次(系统整体层次);一个是"微观"层次(系统内各个子系统的层次). 通常"宏观"层次是可以观察到的,可以直接测量到它的状态及随时间变化的特点;而对于"微观"层次直接观测不到,要利用间接的方法,通过逻辑推理,才能了解其性质.

理想气体是对相互作用简化处理的简单巨系统的典型. 对于理想气体可以观察到压强、体积、温度等宏观物理量,但无法说清某个分子的运动速度和位置;只能用统计物理的方法反推出分子运动的特点和规律. 复杂巨系统也分层次,但比简单巨系统的层次要多得多. 一般复杂巨系统在各个子系统相互作用的"微观"层次以上,又分成若干层次. 系统内各个层次上的相互作用大小,甚至机制是不同的. 层次不仅影响了相互作用,而且决定了系统的组成结构. 例如,人体这样一个复杂巨系统是由不同种类的大量细胞组成的,而且细胞之间的相互作用不一样. 肠胃细胞与心脏细胞之间无直接作用,它们之间的联系是通过各自形成组织器官和系统,然后彼此之间再发生作用来实现的. 然而简单巨系统内各子系统之间的作用是平权的、不分层次的,人们可以利用较简单的方法研究整体与局部两个层次之间的关系,并以此作为研究多层次的复杂巨系统演化特点和规律的一个基础.

8.2.3　简单巨系统的传统研究方法

简单巨系统的特点之一在于系统分层次."宏观"、整体层次与"微观"、局部层次有联系,单纯依靠对系统整体输入、输出的分析很难得出系统演化的特点和规律.反之,单纯分析各个子系统的性质,逐个描述所有子系统,以达到了解简单巨系统的目的,实际上不可能也不必要,通过计算大量子系统的平均值不能很好表明整体的特点.我们必须从两个层次的关系上入手,找出系统两个层次上状态变量之间的联系,从一个层次上的变量之间的关系,推导出另一层次上变量之间的关系.这种方法最完整的表述是由统计物理学实现的.例如,统计物理学研究各类热力学系统,即各类简单巨系统.统计物理学方法的内容在于:对微观不易直接测量的数量关系做出某些假定,最基本的假定之一是等概率假定,认为热力学系统在微观上各个状态出现的概率是相等的;根据假定进行统计平均计算,将所得结果与系统宏观量挂钩,最终得到系统宏观变量变化的规律.

8.3　复杂巨系统[1-6]

8.3.1　开放复杂巨系统

有很多开放复杂巨系统的例子,如生物体系统、人脑系统、人体系统、地理系统(包括生态系统)、社会系统、星系系统等,这些系统无论在结构、功能、行为和演化方面都很复杂,到今天还有大量的问题并不清楚.

如人脑系统,由于人脑的记忆、思维和推理功能以及意识作用,它的输入-输出反应特性极为复杂:人脑可以利用过去的信息(记忆)和未来的信息(推理)以及当时的输入信息和环境作用,作出各种复杂反应.从时间角度看,这种反应可以是实时反应、滞后反应甚至是超前反应;从反应类型看,可能是真反应,也可能是假反应,甚至没有反应.所以,人的行为绝不是什么简单的"条件反射",它的输入-输出特性随时间而变化.

再上一个层次,就是以人为子系统主体而构成的系统,而这类系统的子系统还包括由人制造出来具有智能行为的各种机器.对于这类系统,"开放"与"复杂"具有新的更广的含义.这里开放性指系统与外界有能量、信息或物质的交换.说得确切一些:

(1)系统与系统中的子系统分别与外界有各种信息交换;

(2)系统中的各子系统通过学习获取知识.

　　由于人的意识作用,子系统之间关系不仅复杂而且随时间及情况有极大的易变性.一个人本身就是一个复杂巨系统,现在又以这种大量的复杂巨系统为子系统而组成一个巨系统——社会.

　　人要认识客观世界,不单靠实践,而且要用人类过去创造出来的精神财富,知识的掌握与利用是个十分突出的问题.人已经创造出巨大的高性能的计算机,还致力于研制出有智能行为的机器,人与这些机器作为系统中的子系统互相配合,和谐地进行工作,这是迄今为止最复杂的系统了.这里不仅以系统中子系统的种类多少来表征系统的复杂性,而且知识起着极其重要的作用.

　　这类系统的复杂性可概括为:

　　(1) 系统的子系统间可以有各种方式的通信;

　　(2) 子系统的种类多,各有其定性模型;

　　(3) 各子系统中的知识表达不同,以各种方式获取知识;

　　(4) 系统中子系统的结构随着系统的演变会有变化,所以系统的结构是不断改变的.

　　将上述系统称为开放的特殊复杂巨系统,即通常所说的社会系统.

　　开放的复杂巨系统的一般基本原则与一般系统论的原则相一致:一是整体论原则,二是相互联系原则,三是有序性原则,四是动态原则.至于开放的复杂巨系统的主要性质可以概括为如下几方面.

　　(1) 开放性.

　　系统对象及其子系统与系统的环境之间有物质、能量和信息的交换.

　　(2) 复杂性.

　　系统中子系统的种类繁多,子系统之间存在多种形式、多种层次的交互作用.

　　(3) 进化与涌现性.

　　系统中子系统或基本单元之间的交互作用,从整体上演化、进化出一些独特的、新的性质,如通过自组织方式形成某种模式.

　　(4) 层次性.

　　从已经认识的比较清楚的子系统到可以宏观观测的整个系统之间层次很多,甚至有几个层次也不清楚.

　　(5) 巨量性.

　　系统中基本单元或子系统的数目极其巨大,成千上万甚至到上百亿万.

　　开放的复杂巨系理论刚诞生时并没为广大的科技界所认识,自提出以来,经过来自各个领域的专家学者多个领域进行的报告和讨论,大家对开放的复杂巨系统及其方法论有了进一步的理解和更深的认识.处理像人脑系统、人体系统、地理系统、社会系统这些开放的复杂巨系统,超出了200多年来科技界所采用的"还原论"的范畴,需要把我国传统文化中所说的"整体论"与还原论两者有机地结合起来,作为处理开放的复杂巨系统,以及当前人们关注的"复杂性科学"研究的指导思想. 钱学森提到,人认识问题只能从具体事例入手,要从解决一个个开放的复杂巨系统问题开始. 建立开放的复杂巨系统的理论的途径,可借鉴"工程控制论"形成的途径. 对于确定要研究的开放的复杂巨系统,越接近人们的日常活动,与人的关系越密切,系统结构、行为、功能、演化越易于为人接受,分析解决起来越容易为人所理解,这样的系统的研究对于促进人们对开放的复杂巨系统及其方法论的认识,推进开放的复杂巨系统研究具有示范作用.

8.3.2 从定性到定量的综合集成方法

开放的复杂巨系统目前还没有形成从微观到宏观的理论,没有从子系统相互作用出发,构筑出来的统计力学理论. 那么有没有研究方法呢? 这里要讨论的钱学森提出的"从定性到定量的综合集成方法"就是这样的一类方法论.

如果将处理简单系统或简单巨系统的方法用来处理开放的复杂巨系统,则是没有看到这些理论方法的局限性和应用范围,生搬硬套,结果可能适得其反. 例如,运筹学中的对策论,就其理论框架而言,是研究社会系统的很好工具,但对策论成果难以处理社会系统的复杂问题. 原因在于对策论中已把人的社会性、复杂性、人的心理和行为的不确定性过于简化了,以至于把复杂巨系统问题变成了简单巨系统或简单系统的问题了. 同样,把系统动力学、自组织理论用到开放的复杂巨系统研究之中,效果难以令人满意的原因也在于此. 系统动力学创始人 Jay Forrester 就提出,对其方法[9]的使用需要研究模型的可信度,要慎重使用.

另外,也有一下子把复杂巨系统的问题上升到哲学高度,空谈系统运动是由子系统决定的,微观决定宏观等,一个例子就是[10]没有看到人对子系统也难以完全认识,子系统内部还有更深更细的子系统。甚至提出"部分包含着整体的全部信息""部分即整体,整体即部分,二者绝对同一",这是违反客观事实的.

20 世纪 80 年代末,钱学森明确提出,处理开放的复杂巨系统的方法论是"从定性到定量的综合集成方法",后来又发展为"从定性到定量综合研讨厅体系"的实践形式. 这套方法是从整体上研究和解决问题,采用人机结合以人为主的思维方法和研究方式,对不同层次、不同领域的信息和知识进行综合集成,达到对整体的定量认识.

定性定量相结合的综合集成方法是在以下三个复杂巨系统研究实践的基础上,提炼、概括和抽象出来的:

(1) 在社会系统中,由几百个或上千个变量所描述的定性定量相结合的系统工程技术,对社会经济系统的研究和应用;

（2）在人体系统中,把生理学、心理学、西医学、中医和传统医学以及气功、人体特异功能等综合起来的研究;

（3）在地理系统中,用生态系统和环境保护以及区域规划等综合探讨地理科学的工作.

在发表的相关文献[11]中,经验性假设（判断或猜想）通过结合科学理论、经验知识和专家判断力而提出.而这些经验性假设不能用严谨的科学方式加以证明,往往是定性的认识,但可用经验性数据和资料以及几十、几百、上千个参数的模型对其确实性进行检测;而这些模型也必须建立在经验和对系统的实际理解上,经过定量计算,通过反复对比,最后形成结论;而这样的结论就是我们在现阶段认识客观事物所能达到的最佳结论,是从定性上升到定量的认识.

综上所述,定性定量相结合的综合集成方法,就其实质而言,是将专家群体（各种有关的专家）、数据和各种信息与计算机技术有机结合起来,把各种学科的科学理论和人的经验知识结合起来.这三者本身也构成了一个系统.这个方法的成功应用,就在于发挥系统的整体优势、综合优势和智能优势[6].它能把人的思维、思维的成果、人的经验、知识、智慧以及各种情报、资料和信息等统统集成,从多方面定性认识上升到定量认识.钱学森也将此方法称为"大成智慧工程"（meta-synthetic engineering）.

这个方法体现了"精密科学"从定性判断到精密论证的特点,也体现了以形象思维为主的经验判断到逻辑思维为主的精密定量论证过程.它的理论基础是思维科学,方法基础是系统科学与数学,技术基础是以计算机为主的信息技术,哲学基础是实践论和认识论.应用该方法论解决问题时,可以在系统总体指导下进行分解,在分解后研究的基础上,再综合集成到整体,实现一加一大于二的涌现.就这个意义而言,综合集成方法吸收了还原论和整体论的长处,同时也弥补了各自的局限,是还原论和整体论的结合.

"从定性到定量综合研讨厅体系"是将有关理论、方法和技术集成起来,构成一个供专家群体研讨问题时的工作平台.不同的复杂系统或复杂巨系统,研讨厅的内容是不同的.图 8.1 即为综合集成方法的研讨厅体系构成.

具体有以下几部分.

（1）专家体系.

复杂巨系统的研究通常是跨学科、跨领域的交叉性和综合性研究.它需要不同学科、不同领域的专家组成专家体系,这个专家体系的结构是动态变化的,但需具有合理的知识结构.实际应用中,专家体系有时还需考虑部门结构和年龄结构问题.

（2）机器体系.

以计算机软硬件和网络等现代信息技术的集成与融合所构成的机器体系,是

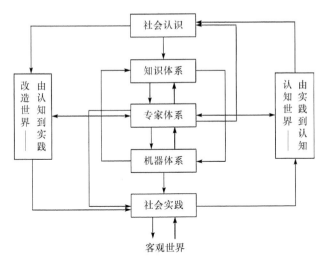

图 8.1　综合集成方法的研讨厅体系

研讨厅的重要组成部分. 机器体系结构与功能的设计应结合所需研究的复杂巨系统的实际, 以综合集成的思想和方法来指导进行系统设计. 在网络环境下, 研讨厅是个开放系统, 数据、信息资源、知识资源、模型体系、方法与算法体系等是研讨所需的各种资源基础. 在人机交互过程中, 机器体系具有更强的动态支持能力, 如实时建模和模型集成. 机器体系是个开放的动态发展和进化的系统, 涌现出来的高新技术, 将不断集成到机器体系之中, 使得机器体系结构不断进化, 功能不断增强, 人机交互能力也越来越强.

（3）知识体系.

研讨厅是人机结合的知识生产系统. 专家体系和机器体系是知识体系的载体.

综合集成方法的运用是专家体系的合作以及专家体系与机器体系合作的研究方式与工作方式. 具体而言, 是通过"定性综合集成"到"定性、定量相结合综合集成"再到"从定性到定量综合集成"这三个步骤来实现的. 首先, 通过讨论对研究的问题形成定性判断, 提出经验性假设. 其次, 定性综合集成所形成的问题和提出的经验性假设与定性判断, 已纳入到系统框架之内, 为了用严谨的科学方式去证明或验证经验性判断的正确与否, 需要把定性描述上升到系统的定量描述. 用模型和模型体系来描述系统是系统定量研究的有效方式. 通过系统仿真与实验, 对经验性假设与判断给出整体的定量描述, 增加新的定量信息. 最后, 经专家体系再一次综合集成, 由于有了新的定量信息, 经过研讨专家们有可能从定量描述中获得证明或验证经验性假设和判断正确的定量结论, 由此完成了从定性到定量的综合集成. 这个过程不是截然分开, 而是循环往复、逐次逼近的[7]. 复杂巨系统问题, 通常是非机构化问题. 通过上述综合集成过程可以看出, 在逐次逼近过程中, 综合集成方法实际上是用结构化序列去逼近非结构化问题. 如图 8.2 所示.

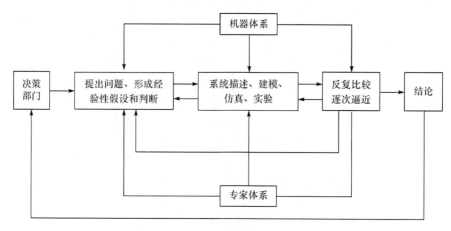

图 8.2　综合集成方法的运用过程

圣塔菲研究所走了一条人机结合以机器为主的技术路线；而钱学森走了一条人机结合以人为主的技术路线，更能够把人脑的优势和机器的优势都发挥出来．"从定性到定量的综合集成方法"是目前处理复杂巨系统的有效方法，已有成功的案例验证了其有效性．

8.3.3　开放复杂巨系统的研究意义

一是综合集成方法的特点. 从以上所述，定性定量相结合的综合集成方法，概括起来具有以下特点：

（1）根据开放的复杂巨系统的复杂机制和变量众多的特点，把定性研究和定量研究有机地结合起来，从多方面的定性认识上升到定量认识．

（2）由于系统的复杂性，要把科学理论和经验知识结合起来，把人对客观事物的星星点点知识综合集中起来，解决问题．

（3）根据系统思想，把多种学科结合起来进行研究．

（4）根据复杂巨系统的层次结构，把宏观研究和微观研究统一起来．

正是上述这些特点，才使这个方法具有解决开放的复杂巨系统中复杂问题的能力．

二是桥接物理与生命系统. 现代科学技术探索和研究的对象是整个客观世界，但从不同的角度、不同的观点和不同的方法研究客观世界的不同问题时，现代科学技术产生了不同的科学技术部门. 例如，自然科学是从物质运动、物质运动的不同层次、不同层次之间的关系这个角度来研究客观世界的，社会科学是从研究人类社会发展运动、客观世界对人类发展影响的角度去研究客观世界的，数学科学则是从量和质及它们互相转换的角度研究客观世界的；而系统科学是从系统观点，应用系统方法去研究客观世界的. 系统科学作为一个科学技术门类, 从应用到基础理论研究都是以系统为研究对象. 在宏观世界, 我们这个地球上, 又产生了生命、生物, 出现了人类和人类社会, 有了开放的复杂巨系统. 而这类系统在宏观世界也是存在的, 例如银河星系也是一个开放的复杂巨系统. 这样看来, 开放的复杂巨系统概念, 已经超出了宏观世界而进入了更广阔的天地. 因此, 开放的复杂巨系统及其研究具有普遍意义. 但是, 正如前面已经指出的那样, 过去的经典科学理论都不能解决开放的复杂巨系统的问题, 这也是有原因的, 可以从历史中去找.

　　长期以来不同领域的科学家们早已注意到, 在生命系统和非生命系统之间表现出似乎截然不同的规律. 非生命系统通常服从热力学第二定律, 系统总是自发地趋于平衡态和无序, 系统的熵达到极大. 系统自发地从有序变到无序; 而无序却决不会自发地转变到有序, 这就是系统的不可逆性和平衡态的稳定性. 但是, 生命系统却相反, 生物进化、社会发展总是由简单到复杂、由低级到高级越来越有序. 这类系统能够自发地形成有序的稳定结构.

　　两类系统之间的这种矛盾现象, 长时间内得不到理论解释, 致使有些科学家认为, 两类系统各有各自的规律, 毫不相干. 但也有些科学家提出: 这种矛盾现象有没有什么内在联系呢? 直到 20 世纪 60 年代, 耗散结构理论和协同学的出现, 为解决这个问题提供了一个科学的理论框架. 这些理论认为, 热力学第二定律所揭示的是孤立系统 (与环境没有物质和能量的交换) 在平衡态和近平衡态 (线性非平衡态) 条件下的规律. 但生命系统通常都是开放系统, 并且远离平衡态 (非线性非平衡态). 在这种情况下, 系统通过与环境进行物质和能量的交换引进负熵流, 尽管系统内部产生正熵, 但总的熵在减少, 在达到一定条件时, 系统就有可能从原来的无序状态自发地转变为在时间、空间和功能上的有序状态, 产生一种新的稳定的有序结构, Nicolis 与 Prigogine[12] 称其为耗散结构. 这样, 在不违背热力学第二定律的条件下, 耗散结构理论沟通了两类系统的内在联系, 说明两类系统之间并没有真正严格的界限, 表观上的鸿沟, 是由相同的系统规律所支配. 所以, Prigogine 在其著作中指出 "复杂性不再仅仅属于生物学了, 它正在进入物理学领域, 似乎已经植根于自然法则之中". 哈肯[13] 更进一步指出, 一个系统从无序转化为有序的关键并不在于系统是平衡还是非平衡, 也不在于离平衡态有多远, 而是由组成系统的各子系统, 在一定条件下, 通过它们之间的非线性作用, 互相协同和合作自发产生稳定的有序结构, 这就是自组织结构.

　　三是自然与社会科学统一. 耗散结构理论、协同学的成功, 也使得不少人过分乐观, 以为这种基于近代科学还原论的定量方法论也可以用到开放的复杂巨系统, 从而碰壁.

　　在科学发展的历史上, 一切以定量研究为主要方法的科学, 曾被称为 "精密科学",而以思辨方法和定性描述为主的科学则被称为"描述科学".自然科学属于"精密科学",而社会科学则属于"描述科学".社会科学是以社会现象为研究对象的科学,社会现象的复杂性使它的定量描述很困难,这可能是它不能成为"精密科学"的主要原因.尽管科学家们为使社会科学由"描述科学"向"精密科学"过渡做出了巨大努力,并已取得了成效,例如在经济科学方面,但整个社会科学体系距"精密科学"还相差甚远.从前面的讨论中可以看到,开放的复杂巨系统及其研究方法实际上是把大量零星分散的定性认识、点滴的知识,都汇集成一个整体结构,达到定量的认识,是从不完整的定性到比较完整的定量,是定性到定量的飞跃.当然一个方面的问题经过这种研究,有了大量积累,又会再一次上升到整个方面的定性认识,达到更高层次的认识,形成又一次认识的飞跃.

德国物理学家普朗克认为(《中国社会科学》,1981 年第 3 期):"科学是内在的整体,它被分解为单独的整体不是取决于事物的本身,而是取决于人类认识能力的局限性.实际上存在着从物理到化学,通过生物学和人类学到社会学的连续的链条,这是任何一处都不能被打断的链条."自然科学和社会科学的研究覆盖了这根链条.伟大导师马克思早就预言:"自然科学往后将会把关于人类的科学总括在自己下面,正如同关于人类的科学把自然科学总括在自己下面一样:它将成为一个科学."我们称这种自然科学与社会科学成为一门科学的过程为自然科学与社会科学的一体化.可以说,开放的复杂巨系统研究及其方法论的建立,为实现马克思这个伟大预言,找到了科学的和现实可行的途径与方法.

8.4　Yoyo:定性与定量相结合的系统模型

什么方法最能够有效研究开放复杂巨系统? 如前所述,可以很容易地看到极端的困难.首先,研究中如此多的变量本身即让这样的研究很难进行.其次,大规模的复杂性亦令本就繁琐和困难的问题变得更难以解决.

按照常规,每一个数相当于实数轴上一个点或者高维欧氏空间中的一个点.每一个变量可看作空间中的一个动点.因此,当大量这样的动点以及大量不同的点结合起来考虑时,问题似乎已超出人类的想象能力.这一点可以被看作处理开放复杂巨系统所面临极端困难的核心原因.因此,接下来一个自然的问题是:我们能否引入区别于欧氏空间的一个系统的直观背景,使得能够相对容易地处理大量的动点以及这些点的大量的组合? 之所以提出此问题是因为系统科学作为科学的第二个维数,研究的是系统性,而经典科学研究的是事物性,详细内容可参见文献[9].人们处理开放复杂巨系统面临的困难正是人们在科学的第一维数中所经历的困难.因此,在科学的第二个维数中应该有一个相对更容易操作的办法去完成这样的任务.为什么它能够处理开放复杂巨系统? 从几何上理解,可以想象一个由坚固的墙围绕的一个二维的城市.如果墙壁上没有缺口,则对于敌人来讲在此二维空间上很难攻入这座城市.现在,如果一个聪明的工程师利用第三个维度设计了一次空袭,他方的部队即可以利用第三维空降至该城市.换句话说,人们处理开放复杂巨系统时所面临的困难部分或者主要因为人们使他们受限于科学的第一个维数,而没有真正利用系统科学的优势,新发现的科学的第二个维数.

8.4.1　结构运动的一般形式

当我们研究自然,并将我们所见均视为系统[14]时,很容易能够发现自然界中很多系统都在演化.当某一事物发生变化,许多其他看似无关的事物相应地改变着自身的状态.这就意味着自然界中变化应被看作一个整体,我们应关注系统的整体演化才能更好地理解系统是如何作为整体进行演化以及系统是如何相互关联起来的.在整个演化过程中,重要的是发生阶段性变化(或溃变)的关键点.溃变表示的是旧结构被新结构取代的变化.如果一个系统能够由一个数学模型准确地描述,那么该模型一般是非线性模型.模型的溃变反映了旧结构的消亡与新结构的建立.借用微积分的形式,可以描述溃变的概念如下:给定一个描述我们关注的系统的模型(数学的或符号的),模型的解为 $u=u(t;t_0,u_0)$,

$$\lim_{t\to t_0}|u|=+\infty \tag{8.1}$$

其中 t 表示时间,u_0 表示系统的初始状态,并且当 $t\to t_0$ 时,潜在的物理系统经历阶段性变化,则 $u=u(t;t_0,u_0)$ 称为溃变解,且相关的物理运动表示溃变.数以千计的真实演化系统[15]表明,在系统的整个演化过程中灾难性时间就发生在溃变的时刻.

对具有时间(t)与空间(x,x 与 y,或 x,y 与 z)等独立变量的非线性模型而言,溃变的概念可类似定义,其中模型或潜在物理系统中的溃变发生在时间或空间或两者皆有的点上.

溃变的一个重要特点即数量上的无穷(∞),一种数学上的不确定性.这种数学符号应用上已造成不稳定性与计算溢出.要系统地理解这个数学符号,我们来考虑黎曼球(图 8.3),它是一个曲率空间.通过一次溃变,球上的点 x_i 到平面上点 x_i' 映射连接起 $-\infty$ 与 $+\infty$.当动点 x_i 经过球面上北极点 N 时,它对应的平面上的像点 x_i' 将从 $-\infty$ 变化到 $+\infty$.因此,平面上的点隐含地代表球上动点在北极点处的方向变化,而不是不确定性.换句话说,低维空间上溃变表示的无向现象,代表的是高维曲率空间运动的方向变化.因此,溃变能够特别地表示出空间动力学的隐含的变换.通过溃变,一个扭曲空间中的不确定问题转换为一个曲率空间中一般系统的确定性状态.

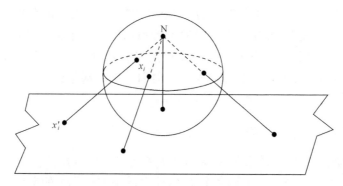

图 8.3　平面无穷远与三维北极点的关系

相应于前述的平面与黎曼球之间的隐含变换关系,也可以将一维空间中的无穷($\pm\infty$)与圆上的动态运动关联起来,通过建模差分方程的高维的曲率空间实现.

该论述表明非线性主要代表数学上欧氏空间中的奇异性、物理上的涡旋运动以及曲率空间上的运动. 这种运动常见于结构运动中,是物质非均匀演化的自然结果.

接下来,我们考察一般动态系统以及它如何与涡旋运动关联起来. 牛顿第二运动定律为

$$m\frac{d\boldsymbol{v}}{dt}=\boldsymbol{F} \tag{8.2}$$

基于爱因斯坦关于物质演化的非均匀时间与空间概念,我们可以假定 $\boldsymbol{F}=-\nabla S(t,x,y,z)$,其中 $S=S(t,x,y,z)$ 表示外部运动物体的时间与空间分布. 令 $\rho=\rho(t,x,y,z)$ 为物体的密度,则关于单位质量的起作用的物体,等式(8.2)可写为

$$\frac{d\boldsymbol{u}}{dt}=-\frac{1}{\rho(t,x,y,z)}\nabla S(t,x,y,z) \tag{8.3}$$

其中用 $\boldsymbol{u}$ 来替换 $\boldsymbol{v}$,主要表示物质的运动均是物质结构相互作用的结果. 如果 ρ 并不是一个常数,则等式(8.3)变为

$$\frac{d(\nabla x\times\boldsymbol{u})}{dt}=-\nabla x\times\left(\frac{1}{\rho}\nabla S\right)\neq 0 \tag{8.4}$$

式(8.4)即表示涡旋运动. 换言之,物质非均匀结构间非线性相互作用以及外部施力物体的非均匀性决定了会产生涡旋运动.

值得注意的是,涡旋运动并不仅仅为周围日常自然现象所印证,同时也得到实验室研究的印证,从小到原子结构,大到宇宙中的星云结构.

上述表明涡旋来源于物质内部结构的非均匀性,因此,如果以结构演化的高度来看世界,世界就如顺时针与逆时针两种形式的运动一样简单. 结构中的旋转速度已经能为宇宙中的运动的普通形式所解释.

现在,一个基本问题即为什么宇宙中所有结构都在做旋转运动? 根据爱因斯坦的非均匀空间与实践,我们可以假定所有物质具有非均匀结构. 由于这些非均匀结构,自然存在梯度. 有了梯度,就出现了力. 与非均匀的力臂结合在一起,物质将不得不以力矩的形式旋转.

基于上述讨论,我们可以想象宇宙完全由涡流组成,其中涡旋的大小与尺度不同,并且涡旋之间存在着相互作用. 亦即宇宙是一个巨大的涡旋海洋,时刻在改变与演化. 旋转流(包括旋转固体)的一个最大特点即为内向(收敛)与外向(发散)旋转池的结构性质差别,以及这些池之间的不连续性. 由于力矩的作用,在不连续区域会出现子涡旋与子子涡旋(图 8.4,其中子涡旋是由大涡旋 M 与 N 所自然形成的). 它们产生子涡旋具有高度浓缩的物质与能量. 换句话说,传统的锋线与表面(气象学用语)不仅仅是没有任何结构的粒子的扩张,而且代表不规则结构的物质与能量集中的旋转上升区域(这就是所谓的小概率事件出现或者观察收集到小概率信息,这些信息(事件)也成为不规则信息(事件)).

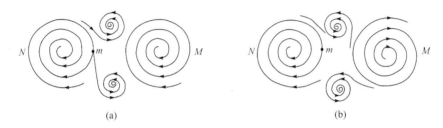

图 8.4　子涡旋出现

8.4.2　一般系统的 Yoyo 结构

基于上述讨论,黑洞、大爆炸以及收敛与发散的涡旋运动等概念在如图 8.5 的模型[16]中结合在一起,该模型描述了每一个想象的对象或系统. 研究中考虑的每个系统或对象均是一个围绕某个不可见的轴旋转的多维实体. 如果我们在三维空间中看穿这样一个旋转的实体,就有如图 8.5(a)所示的结构. 黑洞一端吸入所有的东西,包括物质、信息、能量等,经过漏斗形的窄脖后,所有的东西以大爆炸的形式吐出. 从大爆炸端吐出的物质,部分会返回黑洞一端,另外部分不会返回(图 8.5(b)). 这样如图 8.5(a)所示的结构因其形状而称为 Yoyo. 更具体地说,该模型描述的是宇宙中每一个物理实体,不论是有形的还是无形的,生命、组织、文化、文明等等,均可被看作围绕某个不可见旋转域旋转的多维 Yoyo 体的具体实例. 图 8.5(a)描述的是一种恒定的旋转运动,如果停止了旋转,它将不再以一个可辨认系统的形式存在. 图 8.5(c)为由于模型的涡旋域(垂直绕着旋转轴旋转)与子午线域(平行地绕着旋转轴旋转(图 8.5(b)))之间的相互作用,所有物质沿着螺旋轨迹返回黑洞端.

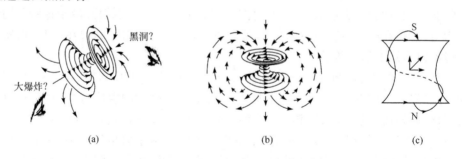

图 8.5　一般系统的涡旋运动模型

至于为什么宇宙中的物质与世界中的事物周而复始地在初始的地方旋转,根据爱因斯坦相对论[17]中的非均匀空间与时间概念,我们知道所有的物质具有非均匀的结构. 由于这些非均匀结构,自然存在梯度. 有了梯度,就出现了力. 与非均匀的力臂结合在一起,物质将不得不以力矩的形式旋转[10].

8.4.3　经验示例

图 8.5 所示的多维 Yoyo 模型已在生活中不同领域得到验证. 例如,每个人均是这样一个高维旋转 Yoyo 结构的实例. 为说明这一点,让我们一起考虑两个简单且易于重复的实验.

实验 8.1　感觉氛围

想象我们参加一次体育赛事,比如游泳比赛. 假定比赛区域包含一个奥林匹克比赛大小的游泳池,沿着游泳池较长一段有 200 个供观看比赛的座位. 游泳池由屋顶和四周的墙封闭起来.

现在让我们进入游泳池区域,我们感觉的是我们已进入到封闭的比赛区域,一下子淹没在激动的观众为他们喜爱的游泳选手加油的尖叫与欢呼声中. 现在随便选一个距离休闲甲板有段距离的座位坐下,再随意选一个休闲甲板上站着或者走着的人,可以是因为她的美丽,也可以是因为他奇怪的表情或姿势,或者可以因为随便其他什么原因,之后让我们集中盯着他. 接下来奇迹就会发生,不久以后我们的注视就会被这个人在相当的距离内感觉到,她或他会转过身来并从人声鼎沸的观众中迅速找到我们.

利用 Yoyo 系统模型,我们可以给出一种为什么这样以及这种无声的交流为什么会发生的解释. 特别地,我们与被注视的人,每一方均是高维的旋转 Yoyo. 虽然我们被空间或者信息噪声隔开,但是一方对另一方的注视却使得那一方的 Yoyo 结构的旋转域进入到另外一方的 Yoyo 结构的旋转域. 即使后者最初未察觉到即将到来的注视,但当她或他的旋转域被另外一个未预期的旋转域的突然侵入而打断的时候,人们当然能够感觉到侵入来自的准确方向与位置,这即无声交流建立起来的潜在机制.

当在一个大礼堂进行这个实验时,被注视的人换作演员,之前描述的现象就不会发生.因为当很多旋转域干涉一个人的旋转域,这些干涉域会破坏掉它们最初组织起来的物质与能量流,这样被注视的人只能从所有观众处感觉到空前的压力,而不是感受到某个人.

事实上这个易于重复的实验已被一些学生实践过无数次.这些学生会玩名为"感觉氛围"的游戏.他们会随机选择餐馆中一个顾客并盯着看,看这位顾客多久才能觉察到他们的注视.正如之前游泳比赛那个例子,被盯着的总能够立即感觉到注视并能马上定位入侵者.

实验 8.2　她不喜欢我!

在这个例子中,让我们考虑人际关系.当一个人 A 对另一个人 B 印象良好时,神奇的是,B 对 A 也往往具有类似或者同样的印象.当 A 不喜欢 B,并且描述 B 为一个具有各种不良特点的不诚实的人时,心理学上临床已被证明的是 A 对 B 的描述正是 A 自己.

再一次,这种对彼此无言的评估正是基于每个人均代表一个高维旋转 Yoyo 及其旋转域的事实.我们对彼此之间的感受是建立在我们不可见的 Yoyo 结构及其旋转域的基础上的.因此,当 A 喜欢 B 时,即意味着他们潜在的 Yoyo 结构持有同样或者类似的性质,例如,绕着同样的方向旋转,同时发散或者收敛,具有相似的旋转强度等.当 A 不喜欢 B 并且列出很多 B 的缺点时,基本上代表 A 与 B 潜在的 Yoyo 域正在相互斗争,或者因为绕相反的方向旋转,或者因为不同的收敛度,或者因为其他性质.

这种对他人无声的评估在很多工作环境下会遇到.例如,让我们考虑一个质量不能够被量化的工作场景,如当一位工作者表现并不好时,一般会高声地用质量的概念来掩盖其质量上的不足.当一个人并不诚实,却倾向于经常使用诚实这个词.正如 2000 多年前哲学家老子所说:"整天谈论正直的人并不正直".

8.5　Yoyo 模型应用举例

本节将 Yoyo 系统模型应用于开放复杂巨系统.本节的例子说明,依赖 Yoyo 模型这一直观背景知识,利用第二维数科学的优势,开放复杂巨系统研究有望取得实际有意义的成果.

8.5.1　双星系统的系统定律

对两个距离为 r 的星体 m_1 与 m_2, 根据牛顿万有引力定律它们彼此相互的吸引力为

$$F_{\text{grav}} = G\frac{m_1 m_2}{r^2} \tag{8.5}$$

其中 G 表示万有引力常数.

因为双星系统的存在, 即每个系统包含两个星体并且沿着它们椭圆轨道上的共同质心运动, 那么一个自然的问题是: 为什么这双星不能形成单个星体? 根据万有引力定律, 当 $r \to 0$ 时, m_1 与 m_2 之间的引力 F_{grav} 趋于 ∞, 故没有星体能够战胜如此接近无限大的引力.

现在让我们利用 Yoyo 模型回答这个问题.

假设星体 m_1 与 m_2 为 Yoyo 结构 N 与 M, 故无论它们各自的旋转域位于何处, N 与 M 均以由 (8.5) 式给出的引力 F_{grav} 相互作用, 然而同时各自旋转域的存在让它们分开. 具体而言, 如图 8.6(a) 所示, 当 N 与 M 的涡流自底部进入对方, 便将彼此推开; 图 8.6(b) 所示为 N 与 M 的涡流完全相反; 在图 8.6(c) 中, N 与 M 的旋转域均收敛并方向一致, 故 N 与 M 具有合并成为一个更大涡旋的趋势. 但即使有这样一种, 它们也并不会称为一个旋转域 (详见下面讨论); 图 8.6(d) 的情形与图 8.6(a) 类似, 只不过 N 与 M 的之间的推力发生在彼此临近区域的上方.

在图 8.6(e)~(h) 中, 由于除等式 (8.5) 定义的引力之外, N 与 M 旋转域之间的所有交互作用均相反, 故 N 与 M 之间具有不可调和的推力. 不同于图 8.6(c), 图 8.6(e)~(h) 中并没有任何一种情形是 N 与 M 会合并形成一个共同的旋转域.

在图 8.6 描述的所有情形中, 只有 (b), (c), (e) 与 (h) 可能存在, 因为只有在这些情形里 N 与 M 的旋转域正相反. 图 8.6(c) 中因为 N 与 M 均为收敛域, 即使它们能够建立一个双星系统 (详见下面讨论), 我们也无法真正看到, 因为它们均为黑洞. 对于图 8.6(e) 与 (h) 的情形, 因为每种情形中均存在一个旋转域是收敛的, 故也看不到双星系统. 综上, 图 8.6(b) 是唯一能产生双星系统的情形.

现在来研究为什么图 8.6(b) 中的双星 N 与 M 能够独立地在近椭圆轨道上运行. 我们观察 N 与 M 中双星的布局, N 与 M 有合成一个旋转域的趋势, 能够彼此吸引. 但当它们足够近的时候, 由于 N 与 M 各自的发散域的作用 (图 8.6(b)), 两者开始相互排斥 (图 8.7), 排斥力来自于 N 与 M 相反的旋转方向. 在这种排斥力的影响下, N 沿 (i) 的方向推开, M 沿 (ii) 的方向推开. 当 N 与 M 之间达到一定距离时, N 与 M 之间的吸引力再次将它们拉在一起. 这种排斥力与吸引力的交互作用使得 N 与 M 始终运行在各自的轨道上.

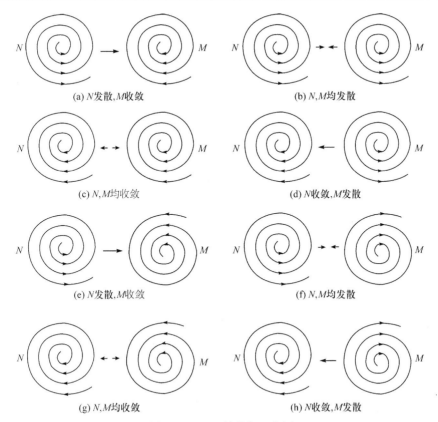

图 8.6　Yoyo 域的相互作用

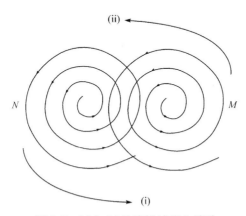

图 8.7　N 与 M 的旋转域彼此排斥

8.5.2　三体问题的系统机制

著名的三体问题是关于如何计算 M_1, M_2 与 M_3 三个物体之间引力的问题, 是关于由牛顿第二运动定律描述的二体问题的自然扩展,自 300 多年前牛顿定律建立时即被思考的问题.然而,即使是限定的情形下:三个物体在一公共平面上运动,定义 M_3 非常小并且不会影响围绕它们质心的圆周运动[18],三体问题依然是出乎意料地困难.令 $M_1 = 1$ 为最大的物体,$M_2 = m \ll 1$ 为半长轴 a 椭圆轨道上的物体,以 M_1 与 M_2 的质心沿长半轴旋转.$M_3 = 0$ 为无质量的粒子.另外,引力常数 $G = 1$,轨道周期为 $T \equiv 2\pi$,平均运动时数为 $n \equiv 2\pi/T = 1$.根据 M_1 与 M_2 的定义,它们的轨道半径分别为 μ 与 $1 - \mu$.现在输入一个坐标系统,这个坐标系统中 M_1 与 M_2 具有固定的位置 $(-\mu, 0)$ 与 $(1 - \mu, 0)$,则 M_3 的运动方程为

$$\frac{dx}{dt} = 2\dot{y} + x + (1 - \mu)\frac{x + \mu}{r_1^3} - \mu\frac{x - 1 + \mu}{r_2^3} \tag{8.6}$$

$$\frac{d^2 y}{dt^2} = -2\dot{x} + y - (1 - \mu)\frac{y}{r_1^3} - \mu\frac{y}{r_2^3} \tag{8.7}$$

其中

$$r_1 = \sqrt{(x + \mu)^2 + y^2}, \quad r_2 = \sqrt{(x - 1 - \mu)^2 + y^2}$$

此时转化为具有自由度为 2 的哈密顿系统,并且 $q_1 = x, q_2 = y, p_1 = \dot{x} - y, p_2 = \dot{y} - x$,

$$H = \frac{1}{2}(p_1^2 + p_2^2) + p_1 q_2 - p_2 q_1 - \frac{1 - \mu}{r_1} - \frac{\mu}{r_2} \tag{8.8}$$

有一种运动积分称为 Jacobian 积分,定义为

$$C = -2H = x^2 + y^2 + \frac{2(1 - \mu)}{r_1} + \frac{2\mu}{r_2} - \dot{x}^2 - \dot{y}^2 \tag{8.9}$$

其他积分均不具有上述形式.构建一个 $\dot{x}$ 与 x 间的映射,对应于 M_1 与 M_2 各自方向的周期轨道,共有四个椭圆固定点.当 $C = 4$ 时,轨道是混沌的.当 M_3 做第 $J + 1$ 次轨道运动而同时 M_2 做第 J 或 $n = (J + 1)/J$ 次轨道运动时(其中 J 为整数),最初的共振发生.连接的周期为 $2\pi J$.对 $J \geqslant \mu^{-2/7}$,混沌存在.

当涉及上述工作的实际应用时,我们需要检验如下两个假设:

(1) M_3 没有质量,M_2 的质量远小于 M_1 的质量;

(2) M_2 沿圆形轨道运动.

即使做出如此严格的假设,我们也会面对困难或陷入混沌.换句话说,引入一种替代方法来研究三体问题是十分必要的.同时,对问题的简要回顾也间接说明了为什么当前对开放复杂巨系统的研究面临巨大的困难,因为在这些研究中我们不得不考虑数百甚至数千个变量及其之间关系.然而,当前的方法表明:即使不考虑数百或数千个变量,处理三体问题时仍然面临巨大的困难.

接下来我们一起看利用 Yoyo 模型能够得到哪些结果.

为使本例叙述不至过长,我们仅考虑三个可见物体 M_1, M_2 与 M_3,有关其他

情形的详细讨论请参见文献[15],同时这也是传统的考虑方式.利用 Yoyo 模型,可见是指三个独立的 Yoyo 结构 M_1, M_2 与 M_3 的大爆炸端相互靠在一起.共有四种可能需要考虑(图 8.8),其中 M_1, M_2 与 M_3 的位置是相对的.在分析比较了图 8.6 所示的四种情形后,可以知道图 8.8(a),(c) 与 (d) 中所示情形本质上是相同的.因此,不失一般性,可以仅分析(a)与(b)两种情形.

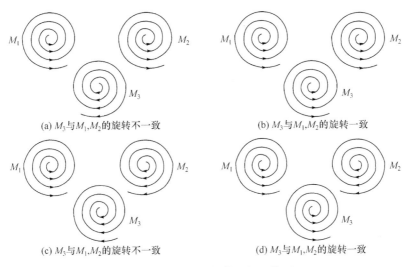

(a) M_3 与 M_1, M_2 的旋转不一致　　　　　　(b) M_3 与 M_1, M_2 的旋转一致

(c) M_3 与 M_1, M_2 的旋转不一致　　　　　　(d) M_3 与 M_1, M_2 的旋转一致

图 8.8　三个可见物体的相互作用

对图 8.8(a),我们首先考虑 M_1, M_2 与 M_3 的旋转域的形状.当每一个旋转域单独存在而互不影响时,旋转域应近似为圆形.当旋转相互干扰时,圆形的旋转将变为椭圆形(图 8.9).因此,当第三个旋转域加入进来,椭圆形的旋转域比之前圆形

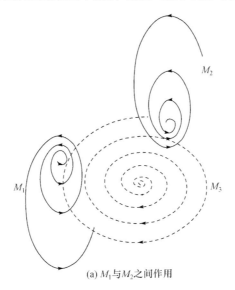

(a) M_1 与 M_2 之间作用

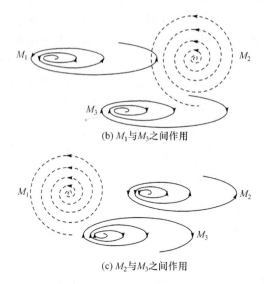

(b) M_1 与 M_3 之间作用

(c) M_2 与 M_3 之间作用

图 8.9　M_1, M_2 与 M_3 之间两两作用

更加变形. 例如, 图 8.9(a)中 M_1 与 M_2 的椭圆旋转域会受压向右, 图 8.9(b)与(c)中 M_3 的椭圆旋转域会被向上挤压. 关于考虑 M_1, M_2 与 M_3 两两之间同时相互作用的更精确的描述见图 8.10.

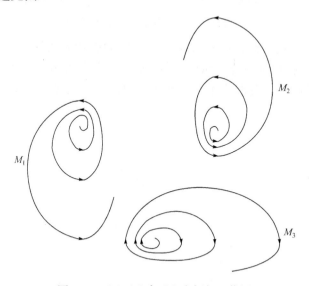

图 8.10　M_1, M_2 与 M_3 之间相互作用

如果我们看 M_1, M_2 与 M_3 的黑洞一端(图 8.11), M_3 仅仅是松散地依附于双星系统(M_1, M_2). 如果 M_3 与 M_1, M_2 在一起, 则 M_3 将与 M_2 一起运动(沿近似方向), 与 M_2 更靠近. 如果在相近区域出现 Yoyo 结构 M_4, 可能会离开 M_1 与 M_2 而

加入 M_4 组成双星系统.

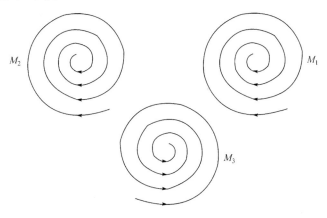

图 8.11　M_1,M_2 与 M_3 另一端

思 考 题

1. 列举三个开放复杂巨系统的例子,说明它们为什么是开放复杂巨系统?

2. 举一个具有层次结构系统的例子,说明不同层次之间如何作为一个整体而相互作用?

3. 用自己的语言解释什么是复杂性的本质?

4. 如果将互联网看作一个系统,该系统的涌现性质是什么?

5. 举一个人类组织从简单到复杂、从低级到高级、从无序到有序演化的例子.

6. 以个人实际生活中碰到的问题为例,试用 Yoyo 模型描述并解决该问题.

7. 根据 Yoyo 模型,用自己的语言描述个人主义与集体主义的根本区别. 理论上能否平衡二者?

8. 复杂适应系统与开放复杂巨系统是从不同角度认识复杂系统的,谈谈你的认识.

参 考 文 献

[1] 许国志. 系统科学. 上海:上海科技教育出版社,2000.

[2] 苗东升. 系统科学精要. 北京:中国人民大学出版社,1998.

[3] 李士勇,等. 非线性科学与复杂性科学. 哈尔滨:哈尔滨工业大学出版社,2006.

[4] 许国志. 系统科学与工程研究. 上海:上海科技教育出版社,2000.

[5] 谭璐,姜璐. 系统科学导论. 北京:北京师范大学出版社,2013.

[6] 黄欣荣. 复杂性科学的研究方法. 重庆:重庆大学出版社,2006.

[7] 于景元,周晓纪. 综合集成方法与总体设计部. 复杂系统与复杂性科学,2004,(1):22-24.

[8] Qian X S. Basic scientific research should accept the guidance of Marxism. Research in Philosophy,1989,10:3-8.

[9] Goodman M R. Study Notes in System Dynamics. Waltham,MA:Pegasus Communications,1974.

[10] Wang C Z, Yan F Y. The Universe Holographic Unitics. Shandong:Shandong People's Publishing House,1988.

[11] Walsh D,Downe S. Meta-synthesis method for qualitative research:A literature review. Journal of Advanced Nursing,2005,50(2):204-211.

[12] Gregoire N,Prigogine I. Exploring Complexity:An Introduction. New York:W. H. Freeman,1989.

[13] Haken H. Synergetik. Berlin,Heidelberg,New York:Springer-Verlag,1982.

[14] Klir G. Architecture of Systems Problem Solving. New York,NY:Plenum Press,1985.

[15] Lin Y. Systemic Yoyos:Some Impacts of the Second Dimension. New York:CRC Press,2008.

[16] Wu Y,Lin Y. Beyond Nonstructural Quantitative Analysis:Blown-Ups,Spinning Currents and the Modern Science. River Edge,New Jersey:World Scientific,2002.

[17] Einstein A. The Collected Papers of Albert Einstein. Princeton, NJ:Princeton University Press,1987.

[18] Basdevant J L,Dalibrad J. Exact results for the three-body problem//The Quantum Mechanics Solver:How to Apply Quantum Theory to Modern Physics. Berlin:Springer-Verlag,2000:61-68.

第 9 章　复杂网络理论

9.1　引　　言

　　网络是现实世界系统存在的一种基本结构形态. 自然界中存在蛋白质网络、神经网络、生态系统等多个层次的生物网络和河流运输网等多种物理网络,存在人造的电力网络、城市交通网络、航空网络、计算机网络等基础设施网络,人类社会中有商业网络、人际关系网、军队指控网络等各种类型的社会网络. 整个世界呈现出不断网络化的趋势,人类社会进入全面网络化时代. 目前普遍存在对理解、设计、管理网络的结构化知识的需求,并且这种需求日益增长.

9.1.1　复杂网络的历史

　　网络科学[1]的历史发展可划分为三个阶段. 一是规则网络阶段,典型标志是1736 年大数学家 Euler 解决了著名的哥尼斯堡七桥问题,开创了图论这一新的数学分支. Euler 通过抽象的数学对象——顶点(节点)与边(链接),轻而易举地定义了物理系统的静态结构,使得能够在抽象层次上进行推理,证明了哥尼斯堡市民不可能游行通过城市返回起点,而不穿越七桥中任意一座两次. 自此之后,数学家发表了数以千计的图论成果,图论在计算机、电子科学等领域发挥了重要作用. 二是随机网络阶段,典型标志是 1960 年匈牙利数学家 Erdös 与 Renyi 提出了随机图理论,重建了图论,并创立了离散数学这一数学分支. 三是复杂网络阶段,典型标志是关于"小世界"与"无尺度"现象的两篇经典论文的发表:一是 1998 年美国康奈尔大学 Watts 与 Strogatz 在《自然》上发表的论文《小世界网络的群体动力行为》;二是1999 年在美国圣母大学 Barabási 与 Albert 在《科学》发表的论文《随机网络中标度的涌现》,分别发现了真实网络中的"小世界"与"无尺度"现象及其产生机理. Watts 与 Strogatz 通过以一定概率的随机化重连实现了规则网络到随机网络的转化,并指出正是随机化重连得到的"捷径"产生了小世界网络. Barabási 与 Albert从 WEB 互联结构出发揭示了网络世界的"无尺度"现象,并通过"动态增长"与"偏好依附"两种自然的机制解释了无尺度现象产生的机理. "小世界"与"无尺度"两类重要现象的发现,一定程度上揭示了各类真实网络具有的共性,在世纪之交激发了网络科学研究热潮,被称为"网络新科学". 面对动态发展的因特网和万维网,还有其他各种社会、生物、物理网络,研究者们发现已无法用规则网络理论和随机网络理论这两种网络理论来解释它们结构和演化的一些新问题,他们粗略地称这类网络为复杂网络.典型的复杂网络示例如图 9.1 所示.

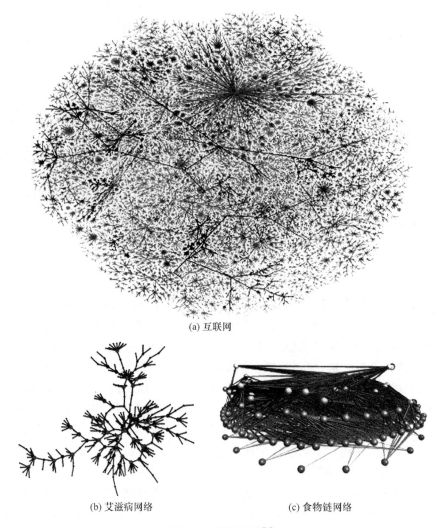

(a) 互联网

(b) 艾滋病网络   (c) 食物链网络

图 9.1   网络示例[2]

9.1.2   基本定义与说明

经典图论对于网络拓扑结构的研究是从节点与节点的连接度、构成图的连通性等方面入手分析随机网络的,而复杂网络研究是用概率的方法研究网络的生长演化.目前常用描述复杂网络结构特点的几何量有:度分布、最短路径、聚类系数、介数、平均度、平均距离、连通片分布、边密度、相关系数等.它们分别描述复杂网络不同方面的结构特点,综合起来能够比较全面地描述复杂网络的内在特征.随着研究的深入,复杂网络中许多新的概念和度量不同程度地被引入和应用进来,其中有三个基本的复杂网络统计特征尤为突出:度分布、聚类系数和平均路径长度.实际上,Watts 和 Strogatz 提出小世界网络模型的初衷,就是想建立一个既具有类似于随机图的较小的平均路径长度,又具有类似于规则网络的较大的聚类系数的网络模型.另一方面,Barabási 和 Albert 提出的无尺度网络模型,则是基于许多实际网络的度分布具有幂率形式的事实.

度是描述一个网络图的最基本的术语,也是单独节点的属性中简单而又重要的概念.节点 v_i 的度 k_i 定义为与该节点相连接的边的数目.直观上看,一个节点的度越大就意味着这个节点在某种意义上越"重要".设一个网络节点数为 N,网络中所有节点 v_i 的度 k_i 的平均值称为网络的(节点)平均度,记为 $\langle k \rangle$:

$$\langle k \rangle = \frac{1}{N} \sum_{i=1}^{N} k_i \tag{9.1}$$

网络中两个节点 i 和 j 之间的距离 d_{ij} 定义为连接这两个节点的最短路径上的边数.网络中任意两个节点之间的距离的最大值称为网络的直径,记为 D:

$$D = \max_{i,j} d_{ij} \tag{9.2}$$

网络的平均路径长度定义为任意两个节点之间的距离的平均值,记为 L:

$$L = \frac{1}{\frac{1}{2}N(N+1)} \sum_{i \geqslant j} d_{ij} \tag{9.3}$$

在朋友关系网络中,你的两个朋友很可能彼此也是朋友,这种属性称为网络的聚类性.一般地,假设网络中的一个节点 v_i 有 k_i 条边和其他节点相连,这 k_i 个节点就称为节点 v_i 的邻居,显然,这 k_i 个节点之间最多可能有 $k_i(k_i-1)/2$ 条边.而这 k_i 个节点之间实际存在的边数 E_i 和总的可能的边数 $k_i(k_i-1)/2$ 之比就定义为节点 v_i 的聚类系数 C_i,即

$$C_i = \frac{2E_i}{k_i(k_i-1)} \tag{9.4}$$

从几何特点看,上式可理解为与节点 i 相连的三角形的数量与节点 i 相连的三元组的数量的比.

表 9.1 为部分典型网络的统计数据.

表 9.1　部分典型网络的统计性质[2]

	网络	类型	n	m	$\langle k \rangle$	ℓ	α	C	r
社会网络	电影演员	无向	449913	25516482	113.43	3.48	2.3	0.20	0.208
	公司董事	无向	7673	55392	14.44	4.60	—	0.59	0.276
	数学合作者	无向	253339	496489	3.92	7.57	—	0.15	0.120
	物理合作者	无向	52909	245300	9.27	6.19	—	0.45	0.363
	生物合作者	无向	1520251	11803064	15.53	4.92	—	0.088	0.127
	电话网络	无向	47000000	80000000	3.16		2.1		
	邮件网络	有向	59912	86300	1.44	4.95	1.5/2.0		
	邮件地址网络	有向	16881	57029	3.38	5.22	—	0.17	0.092
	学生关系网络	无向	573	477	1.66	16.01	—	0.005	−0.029
	性关系网络	无向	2810				3.2		
信息网络	万维网 (nd.edu)	有向	269504	1497135	5.55	11.27	2.1/2.4	0.11	−0.067
	万维网 (Alta Vista)	有向	203549046	2130000000	10.46	16.18	2.1/2.7		
	引文网络	有向	783339	6716198	8.57		3.0/—		
	Roget 词典	有向	1022	5103	4.99	4.87	—	0.13.	0.157
	词汇共现网络	无向	460902	17000000	70.13		2.7		
技术网络	互联网	无向	10697	31992	5.98	3.31	2.5	0.035	−0.189
	电力网络	无向	4941	6594	2.67	18.99	—	0.10	−0.003
	火车路线网络	无向	587	19603	66.79	2.16	—		−0.033
	软件包往网络	有向	1439	1723	1.20	2.42	1.6/1.4	0.070	−0.016
	软件类别网络	有向	1377	2213	1.61	1.51	—	0.033	−0.119
	电路网络	无向	24097	53248	4.34	11.05	3.0	0.010	−0.154
	点对点网络	无向	880	1296	1.47	4.28	2.1	0.012	−0.366

续表

	网络	类型	n	m	$\langle k \rangle$	ℓ	α	C	r
	新陈代谢网络	无向	765	3686	9.64	2.56	2.2	0.090	−0.240
	蛋白质相互作用网络	无向	2115	2240	2.12	6.80	2.4	0.072	−0.156
生物网络	海生食物链	有向	135	598	4.43	2.05	—	0.16	−0.263
	淡水食物链	有向	92	997	10.84	1.90	—	0.20	−0.326
	神经网络	有向	307	2359	7.68	3.97	—	0.18	−0.226

注：n 表示节点数量；m 表示边数量；$\langle k \rangle$ 表示平均度；ℓ 表示平均路径长度；网络类型为有向或无向网络；α 表示度分布分布指数（如果服从幂率分布，否则为"—"，对有向网络则分别给出出度入度及入度相应指数）；C 表示集聚系数；r 表示度相关系数；—表示数据未知

9.2 复杂网络模型

9.2.1 随机网络

Euler 富有启发性的工作完成两个多世纪以后,科学界才从研究不同图形的属性转到研究图形或网络的形成原因上.真正的网络是如何形成的? 控制网络外观和结构的规则是什么? 直到 20 世纪 50 年代,两个匈牙利的数学家 Erdös 和 Renyi 对图论做出了革命性的贡献后,才提出这些问题,以及针对问题的第一个解答.他们合作发表了 8 篇论文,在历史上首次探讨了理解我们所处的相互关联的宇宙最基本的问题:网络是如何形成的? 他们的解答奠定了随机网络理论的基础,这一理论对人们思考网络产生了深远的影响.

科学家的最终目标是找到非常复杂现象的最简单的解释.为此,Erdös 和 Renyi 用一个单一的结构描述复杂的网络图.不同系统遵循各自完全不同的规则来建立网络,Erdös 和 Renyi 忽略它们之间的相异性,得到了自然界所能提供的最简单解答:随机连接节点.Erdös 和 Renyi 认为网络图和它们所代表的世界从根本上来讲是随机的.

Erdös 和 Renyi 在他们第一篇关于随机图的经典文献中,将随机图定义为具有 N 个有标号的节点,以及从所有理论可能 $N(N-1)/2$ 条边中选出 n 条边组成的图.具有 N 个节点与 n 条边的图共有 $C_{N(N-1)/2}^n$ 个,构成了一个概率空间,其中每一个具体的图均是等可能出现的.该模型被称为 ER 随机图模型[3].

随机图的一个等价定义为二项模型.我们从 N 个节点出发,假定任意两个节点之间相连的概率为 p(图 9.2),则边的总数为一个随机变量,其期望为 $E(n) = p\dfrac{N(N-1)}{2}$.如果 G_0 表示具有节点 $P_1, P_2, \cdots, P_N$ 与 n 条边的图,那么得到这样一张图的概率为 $P(G_0) = p^n (1-p)^{\frac{N(N-1)}{2}-n}$.

自从 1959 年随机网络理论问世以来,它就主宰了有关网络的科学思考,随机网络成了网络模型的主导.人们认为真实的复杂网络从根本上来讲都是随机的,复杂性等同于随机性.作为参考,表 9.1 展示了部分公开网络的基本统计性质.

9.2.2 小世界网络

20 世纪 60 年代,美国哈佛大学社会心理学家 Milgram 做了一个有趣的社会实验[4].他首先选定了两个目标对象,一个是美国马萨诸塞州莎朗的一位神学院研究生的妻子,另一位是波士顿的一个证券经纪人.然后在遥远的堪萨斯州和内布拉斯加州招募了一批志愿者,要求这些志愿者通过自己所认识的人,用自己认为尽可

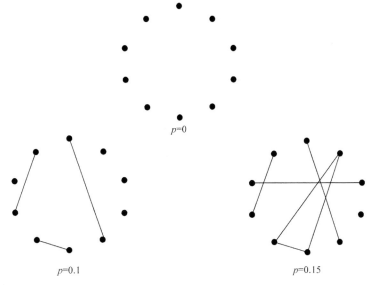

$p=0$

$p=0.1$

$p=0.15$

图 9.2 随机图

能少的传递次数将信转交到一个目标对象手中. Milgram 通过对成功送达的信件统计分析发现, 志愿者平均需要 6 步传递即可将信送达目标对象. Milgram 的实验结果某种程度上反映了人际关系的"小世界"特征.

Granovetter 的博士学位论文对一个社会学问题进行微观研究:人们如何获取工作? Granovetter 想起了基础化学课上学到的较弱的氢键是如何将巨大的水分子结合在一起的, 激发了他的灵感, 于是写了第一篇论文《弱关系的力量》[5], 探讨了较弱的社会关系对于我们生活的重要性. 如今, 这篇论文已经被公认为最有影响力的社会学论文之一.

20 世纪 90 年代中期, Watts 和他的导师 Strogatz 开始研究一个问题:我的两个朋友相互认识的可能性有多大? Watts 和 Strogatz 引入了群集系数以说明你的朋友圈有多紧密. 社会系统中确实存在群集现象. 社会网络的某个属性, 只有当它能反映出自然界大多数网络的某种一致属性的时候, 科学家才会对它感兴趣. 因此, Watts 和 Strogatz 最重大的发现, 就在于指出了群集现象不只存在于社会关系网络中. 在研究仅仅拥有 302 个神经细胞的线虫的神经网络图中, Watts 和 Strogatz 发现这个网络的群集系数也很高——任意神经细胞的相邻神经细胞相互链接的可能性是随机网络的五倍. 群集现象无所不在(万维网、互联网、公司合资关系网、物种捕食关系的食物链、细胞中分子构成的网络), 这使得群集现象由以前认为的独一无二的社会网络特性, 变成了复杂网络的共同特性, 并对真实的网络都是随机的这一观点提出了挑战.

真实网络与 ER 模型构造的网络一样具有较小的平均路径, 然而在大量真实网络特别是社会网络中,作为网络节点的个体通常具有群体意识,也就是说实际网络具有较大的聚类系数.为了构造出能够模拟真实网络特性的网络模型,1998 年,Watts 和 Strogatz 引入了一个有趣的小世界网络模型,称为 WS 小世界模型[6].

WS 小世界模型的构造算法,通过随机化重连,可实现规则网络与随机网络之间的转换,如图 9.3 所示,具体算法如下:

(1) 从规则图开始:考虑一个含有 N 个点的最近邻耦合网络,它们围成一个环,其中每个节点都与它左右相邻的各 $K/2$ 节点相连,K 是偶数.

(2) 随机化重连:以概率 p 随机地重新连接网络中的每个边,即将边的一个端点保持不变,而另一个端点取为网络中随机选择的一个节点.其中规定,任意两个不同的节点之间至多只能有一条边,并且每一个节点都不能有边与自身相连.

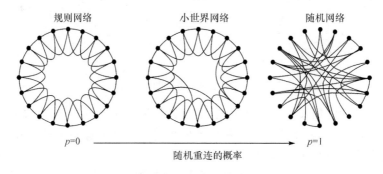

图 9.3   小世界网络模型

9.2.3   无尺度网络

研究者发现许多现实的复杂网络都不同程度地带有幂律度分布特征,无尺度网络就是以所谓的幂律度分布为特征的网络,在网络中随机选取一个节点,其度为 k 的概率在 k 值较大时随着 k 增加而减少,即 $p(k) \sim k^{\lambda}$,其中 $\lambda > 0$ 是幂律分布指数.网络中节点度的分布服从幂律分布,也就是说某个特定度的节点数目与这个特定的度之间的关系可以用一个幂函数近似地表示,这种节点度的幂律分布为无尺度特性.我们把具有幂律度分布的网络称为无尺度网络.若干典型无尺度网络分布如图 9.4 所示.

在任何存在中心节点的网络中,它们都对网络结构起到了关键作用,使该网络呈现小世界的特点.中心节点和异乎寻常的多的节点之间存在链接,为系统中任意两个节点创造了联系捷径.从中心节点来观察世界,它的确非常小.我们迄今为止提到的两种模型都无法解释中心节点的存在.因此,中心节点迫使我们重新思考关于网络的知识,并且提出三个根本性的问题:中心节点是如何出现的?在某一个既定网络中,可能出现多少个中心节点?为何先前的模型都无法预见中心节点的存在?

中心节点并不是相互联系的宇宙中的罕见的偶然现象.相反,它们的存在符合严格的数学定律,它们的普遍存在迫使我们以全新的思路考虑网络的问题.

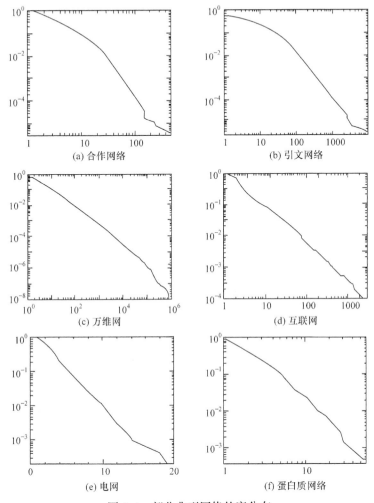

图 9.4　部分典型网络的度分布

1999 年,Barabási 和 Albert 提出了一个无尺度网络模型,称为 BA 无尺度网络模型[7],其构造算法如下:

(1) 增长(growth):从一个具有 m_0 个节点的网络开始,每一时间步,增加一个有 $m(\leqslant m_0)$ 条边的新节点,与网络中已有的 m 个不同的节点相连;

(2) 择优连接(preferential attachment):新节点与已存在的节点 i 的相连接的概率正比于该节点的度 k_i,概率如下:

$$\prod(k_i) = \frac{k_i}{\sum\limits_{j} k_j} \tag{9.5}$$

无尺度网络具有良好的健壮性,随着 Internet 和 WWW 的出现,对于网络稳定性的要求尤其突出,网络系统局部的少许差错或局部受到的攻击可能导致整个网络系统的崩溃,但是无尺度网络演化的机制保证了整个网络体系度分布维持一种定态.对自然界社会中许多大型网络研究的结果显示他们都是无尺度网络,都具有同样的定态特性.

Barabási 与 Albert 通过引入连续场方法来分析 BA 无尺度网络的演化过程.在 BA 无尺度模型中,每添加一个新节点时,会引入 m 个新的连接,新节点会相应连接已有的 m 个节点,连接到节点 i 的概率为 $\prod(k_i)$.假定 k_i 为连续实变量,并且 k_i 关于时间的变化与 $\prod(k_i)$ 成正比,则 k_i 满足动力学方程:

$$\frac{\partial k_i}{\partial t} = m \prod(k_i) = m \frac{k_i}{\sum_{j=1}^{N-1} k_j} \tag{9.6}$$

(9.6)式中 m 为每个新节点引入的连接数,因此已有的节点具有 m 次机会被选中连接.上式分母求和取遍除新加入节点之外的所有节点,为 $\sum_{j=1}^{N-1} k_j = 2mt - m$,则有

$$\frac{\partial k_i}{\partial t} = \frac{k_i}{2t-1} \tag{9.7}$$

对较大的 t,(9.7)式右边分母中 -1 项可以忽略,因此有

$$\frac{\partial k_i}{k_i} = \frac{1}{2} \frac{\partial t}{t} \tag{9.8}$$

由于每个节点 i 在加入网络的 t_i 时的度均为 m,故有 $k_i(t_i) = m$,则(9.8)式方程的解为

$$k_i(t) = m \left(\frac{t}{t_i}\right)^{\beta} \tag{9.9}$$

其中 β 称为网络的动力学指数,并且有 $\beta = \frac{1}{2}$.

该结果表明:

(1) 每个节点度的增长方式均服从幂率,并且具有相同动力学指数 $\beta = \frac{1}{2}$,即所有节点均以相同方式进行演化;

(2) 节点度的增长是亚线性的 $\beta < 1$,这种亚线性特性根源在于 BA 无尺度模型的增长机制,模型中供每个新节点选择连接的节点数均超过之前加入的节点,因此模型中每个节点均在不断增长的节点池中竞争新连接;

(3) 越早加入模型的节点,度 $k_i(t)$ 越高,因此枢纽节点度较高的原因是其加入较早,该现象称为先到者优势;

（4）节点获得连接的速率为 $\dfrac{dk_i(t)}{dt}=\dfrac{m}{2}\dfrac{1}{\sqrt{t_i t}}$，表明越早加入的节点越有可能获得新连接（因为具有较小的 t_i），并且获得连接的能力随时间 $t^{-1/2}$ 降低.

根据（9.7）式，节点 i 的度 $k_i(t)$ 小于 k 的概率为

$$P(k_i(t)<k)=P\left(t_i>\frac{m^{1/\beta}t}{k^{1/\beta}}\right) \tag{9.10}$$

假定新节点以相等的时间间隔加入网络，根据该均匀分布特性，则有节点 i 加入网络时间 t_i 概率密度为

$$P(t_i)=\frac{1}{m_0+t} \tag{9.11}$$

代入

$$P(k_i(t)<k)=P\left(t_i>\frac{m^{1/\beta}t}{k^{1/\beta}}\right)$$

可得节点度的累积分布函数：

$$P(k)=P\left(t_i>\frac{m^{1/\beta}t}{k^{1/\beta}}\right)=1-\frac{m^{1/\beta}t}{k^{1/\beta}(t+m_0)} \tag{9.12}$$

对累积分布函数 $P(k)$ 求导可得分布函数：

$$p(k)=\frac{\partial P(k)}{\partial k}=\frac{2m^{1/\beta}t}{m_0+t}\frac{1}{k^{1/\beta+1}} \tag{9.13}$$

令 $t\to\infty$，则有

$$p(k)\propto 2m^{1/\beta}k^{-\gamma} \tag{9.14}$$

其中 $\gamma=\dfrac{1}{\beta}+1=3$.

从分析结果可知，幂律分布指数 γ 独立于 m，且数值与绝大多数真实网络的幂指数值相接近[1].

9.2.4　适应度网络

2001 年，Bianconi 与 Barabási 提出了一个适应度网络模型，称为 BB 适应度模型[8]，其构造算法如下：

（1）增长：每一时间步，增加一个有 m 条边且适应度为 η_j 的新节点 j，其中 η_j 为服从分布 $\rho(\eta)$ 的随机数. 节点的适应度一旦指定将不再更改；

（2）择优连接：新节点与已存在的节点 i 的相连接的概率正比于该节点的度 k_i 及其适应度 η_i，概率如下：

$$\prod_i=\frac{\eta_i k_i}{\sum_j \eta_j k_j} \tag{9.15}$$

同样可以运用连续场理论来分析适应度网络的演化过程,节点 i 的度 k_i 满足动力学方程:

$$\frac{\partial k_i}{\partial t} = m \frac{\eta_i k_i}{\sum_j \eta_j k_j} \tag{9.16}$$

假定 k_i 服从某个幂指数依赖于适应度 $\beta(\eta_i)$ 的幂率分布:

$$k(t, t_i, \eta_i) = m \left(\frac{t}{t_i}\right)^{\beta(\eta_i)} \tag{9.17}$$

将(9.17)代入(9.16),可以得到

$$\beta(\eta) = \frac{\eta}{C} \tag{9.18}$$

其中

$$C = \int \beta(\eta) \frac{\eta}{1 - \beta(\eta)} d\eta$$

进一步可得度分布为

$$p(k) \approx C \int \frac{\rho(\eta)}{\eta} \left(\frac{m}{k}\right)^{\frac{C}{\eta}+1} d\eta \tag{9.19}$$

适应度反映的是网络对节点相对其他节点的重要性的整体感知. 如果我们已知单个节点演化的动力学信息,即可利用 BB 适应度模型的框架来确定不同节点的适应度.

9.3   网络鲁棒性

大多数网络的功能均依赖于它们本身的连通性,亦即节点之间连接路径的存在. 如果部分节点从网络中移除,则路径的长度将会增加,直至最终部分节点之间将没有连接,它们之间的通信也无法继续. 因此,节点的移除会导致网络连通性的变化.

有许多不同的移除节点的方法,不同的网络对节点移除所表现出的稳健性亦有不同. 例如,可以随机移除网络中节点,也可以移除特定类别的节点,如具有较高度数的节点. 网络的稳健性对流行病学尤其重要,其中接触网络中节点的"移除"可以对应着个体对某一种疾病的免疫. 因为免疫不仅可以帮助个体不会感染疾病,而且可以破坏疾病传播的途径. 理解网络对于节点移除的稳健性大有益处. 认真考虑不同免疫策略的有效性能够对公共健康服务与管理带来实质性的进步.

9.3.1   Malloy-Reed 准则

基于简单的观察可知,对于拥有一个巨组元的网络而言,大部分属于该巨组元

的节点均至少连接两个以上其他节点,即随机选取巨组元中某个节点 i 的度 k_i 至少为 2. 我们用 $P(k_i|i\leftrightarrow j)$ 表示网络中度为 k_i 的节点 i 连接到巨组元中某个节点 j 的概率,则节点 i 的度的期望为

$$\langle k_i \mid i\leftrightarrow j\rangle = \sum_{k_i} k_i P(k_i \mid i\leftrightarrow j) = 2 \tag{9.20}$$

其中 $P(k_i|i\leftrightarrow j)$ 可根据贝叶斯定理表示为

$$P(k_i|i\leftrightarrow j) = \frac{P(k_i, i\leftrightarrow j)}{P(i\leftrightarrow j)} = \frac{P(i\leftrightarrow j|k_i)P(k_i)}{P(i\leftrightarrow j)} \tag{9.21}$$

对于度分布为 p_k 的网络,若不考虑网络的度相关性,则有

$$P(i\leftrightarrow j) = \frac{2L}{N(N-1)} = \frac{\langle k\rangle}{N-1}$$

$$P(i\leftrightarrow j|k_i) = \frac{k_i}{N-1} \tag{9.22}$$

(9.22)式表示节点 i 以均等概率从剩余 $N-1$ 个节点中选择进行连接,概率即为 $1/(N-1)$,并且有 k_i 次选择机会. 进一步有

$$\sum_{k_i} k_i P(k_i \mid i\leftrightarrow j) = \sum_{k_i} k_i \frac{P(i\leftrightarrow j \mid k_i)P(k_i)}{P(i\leftrightarrow j)} = \frac{\sum\limits_{k_i} k_i{}^2 P(k_i)}{\langle k\rangle} = \frac{\langle k^2\rangle}{\langle k\rangle} \tag{9.23}$$

至此,我们得到网络具有巨组元的条件,即 Malloy-Reed 准则[9]:

$$\kappa \equiv \frac{\langle k^2\rangle}{\langle k\rangle} > 2 \tag{9.24}$$

Malloy-Reed 准则表明,当 $\kappa < 2$ 时,网络缺失巨组元,将成为若干互不相连的组元. Malloy-Reed 准则可以很好地解释网络的完整性,即网络中是否存在巨组元. 对于任意度分布的网络,由于 $\langle k\rangle$ 与 $\langle k^2\rangle$ 的计算具有一般性,因此均可以通过 Malloy-Reed 准则来判断网络中巨组元的存在性.

对于随机网络而言,已知 $\langle k^2\rangle = \langle k\rangle(1+\langle k\rangle)$,则随机网络具有巨组元的条件为

$$\kappa = \frac{\langle k^2\rangle}{\langle k\rangle} = \frac{\langle k\rangle(1+\langle k\rangle)}{\langle k\rangle} = 1+\langle k\rangle > 2 \tag{9.25}$$

即为

$$\langle k\rangle > 1 \tag{9.26}$$

(9.26)式表明,对于随机网络而言,网络中节点仅需平均连接一个其他节点,该网络即会产生巨组元.

9.3.2 随机失效

网络随机失效是指通过随机移除网络中的节点来分析网络的鲁棒性,重点在

于推导得出网络在随机移除节点情况下崩溃的临界值. 对于一个网络, 随机移除比例为 f 的节点, 新的网络与原始网络相比有如下改变:

(1) 改变了部分节点的度, 移除节点的邻居节点的度由 k 变为 $k'(<k)$;

(2) 改变了网络的度分布, 网络的度分布由 p_k 变为 p'_k.

原始网络通过移除比例为 f 的节点之后, 度为 k 的节点变为度为 k' 的概率为

$$\binom{k}{k'}f^{k-k'}(1-f)^{k'}, \quad k' \leqslant k \tag{9.27}$$

(9.27) 式中 $f^{k-k'}$ 表示度为 k 的节点移除 $(k-k')$ 个连接, 每个连接移除的概率为 f; $(1-f)^{k'}$ 表示度为 k 的节点剩余 k' 个连接未移除, 每个连接保留的概率为 $(1-f)$.

在原始网络中, 度为 k 的节点的概率为 p_k. 移除操作后得到的新的网络中, 设度为 k' 的节点的概率为 $p'_{k'}$, 则有

$$p'_{k'} = \sum_{k=k'}^{\infty} p_k \binom{k}{k'} f^{k-k'} (1-f)^{k'} \tag{9.28}$$

(9.28) 式表示度为 $k \in [k', \infty)$ 的节点均有可能通过邻居节点移除成为度为 k' 的节点, 相应概率为 $\binom{k}{k'}f^{k-k'}(1-f)^{k'}$, 进一步, 对所有 $k \in [k', \infty)$ 累加即得到 $p'_{k'}$.

假设原始网络度分布 p_k 及其一阶矩 $\langle k \rangle$、二阶矩 $\langle k^2 \rangle$ 均已知, 我们的目标是计算通过移除比例为 f 的节点之后的新网络的度分布 p'_k 以及 $\langle k' \rangle$ 与 $\langle k'^2 \rangle$, 则有

$$\begin{aligned}
\langle k' \rangle_f &= \sum_{k'=0}^{\infty} k' p'_{k'} \\
&= \sum_{k'=0}^{\infty} k' \sum_{k=k'}^{\infty} p_k \binom{k}{k'} f^{k-k'} (1-f)^{k'} \\
&= \sum_{k'=0}^{\infty} k' \sum_{k=k'}^{\infty} p_k \frac{k!}{k'!(k-k')!} f^{k-k'} (1-f)^{k'}
\end{aligned} \tag{9.29}$$

由于 $\sum\limits_{k'=0}^{\infty}\sum\limits_{k=k'}^{\infty} = \sum\limits_{k=0}^{\infty}\sum\limits_{k'=0}^{k}$, 因此通过改变累加顺序可得新的网络的平均度为

$$\begin{aligned}
\langle k' \rangle_f &= \sum_{k=0}^{\infty} p_k \sum_{k'=0}^{k} k' \frac{k!}{k'!(k-k')!} f^{k-k'} (1-f)^{k'} \\
&= \sum_{k=0}^{\infty} p_k \sum_{k'=0}^{k} \frac{k!}{(k'-1)!(k-k')!} f^{k-k'} (1-f)^{k'} \\
&= \sum_{k=0}^{\infty} (1-f) k p_k \sum_{k'=0}^{k} \frac{(k-1)!}{(k'-1)!(k-k')!} f^{k-k'} (1-f)^{k'-1} \\
&= \sum_{k=0}^{\infty} (1-f) k p_k \sum_{k'=0}^{k} \binom{k-1}{k'-1} f^{k-k'} (1-f)^{k'-1} \\
&= \sum_{k=0}^{\infty} (1-f) k p_k \\
&= (1-f) \langle k \rangle
\end{aligned} \tag{9.30}$$

新的网络度的二阶矩可通过如下方式得到:

$$\langle k'^2 \rangle_f = \langle k'(k'-1)+k' \rangle_f = \langle k'(k'-1) \rangle_f + \langle k' \rangle_f$$

$$= \sum_{k'=0}^{\infty} k'(k'-1) p'_{k'} + \langle k' \rangle_f \quad (9.31)$$

再一次通过改变累加顺序可得

$$\langle k'(k'-1) \rangle_f = \sum_{k'=0}^{\infty} k'(k'-1) p'_{k'}$$

$$= \sum_{k'=0}^{\infty} k'(k'-1) \sum_{k=k'}^{\infty} p_k \binom{k}{k'} f^{k-k'} (1-f)^{k'}$$

$$= \sum_{k=0}^{\infty} k'(k'-1) \sum_{k'=0}^{k} p_k \frac{k!}{k'!(k-k')!} f^{k-k'} (1-f)^{k'}$$

$$= \sum_{k=0}^{\infty} \sum_{k'=0}^{k} p_k \frac{k!}{(k'-2)!(k-k')!} f^{k-k'} (1-f)^{k'}$$

$$= \sum_{k=0}^{\infty} (1-f)^2 k(k-1) p_k \sum_{k'=0}^{k} \frac{(k-2)!}{(k'-2)!(k-k')!} f^{k-k'} (1-f)^{k'-2}$$

$$= \sum_{k=0}^{\infty} (1-f)^2 k(k-1) p_k \sum_{k'=0}^{k} \binom{k-2}{k'-2} f^{k-k'} (1-f)^{k'-2}$$

$$= \sum_{k=0}^{\infty} (1-f)^2 k(k-1) p_k$$

$$= (1-f)^2 \langle k(k-1) \rangle \quad (9.32)$$

因此新的网络度的二阶矩为

$$\langle k'^2 \rangle_f = \langle k'(k'-1)+k' \rangle_f$$

$$= \langle k'(k'-1) \rangle_f + \langle k' \rangle_f$$

$$= (1-f)^2 \langle k(k-1) \rangle + (1-f) \langle k \rangle$$

$$= (1-f)^2 (\langle k^2 \rangle - \langle k \rangle) + (1-f) \langle k \rangle$$

$$= (1-f)^2 \langle k^2 \rangle - (1-f)^2 \langle k \rangle + (1-f) \langle k \rangle$$

$$= (1-f)^2 \langle k^2 \rangle + f(1-f) \langle k \rangle \quad (9.33)$$

根据 Malloy-Reed 准则有

$$\kappa \equiv \frac{\langle k'^2 \rangle_f}{\langle k' \rangle_f} = 2 \quad (9.34)$$

可解得网络随机失效的临界值为

$$f_c = 1 - \frac{1}{\frac{\langle k^2 \rangle}{\langle k \rangle} - 1} \quad (9.35)$$

由(9.35)式可知,该临界值仅依赖于 $\langle k \rangle$ 与 $\langle k^2 \rangle$,即仅取决于网络的度分布 p_k.

对于随机网络而言,已知$\langle k^2 \rangle = \langle k \rangle (1 + \langle k \rangle)$,则该临界值为

$$f_c^{ER} = 1 - \frac{1}{\langle k \rangle} \tag{9.36}$$

(9.36)式表明,对于随机网络而言,网络平均度越大,即网络连接越密集,网络随机失效临界值越大,亦即需要随机移除更大比例的节点才能使得网络崩溃.

对于无尺度网络而言,由于真实网络的最大度均为有限值,因此这里考虑有限无尺度网络随机失效临界值. 首先计算幂率分布 m 阶矩:

$$\begin{aligned}
\langle k^m \rangle &= (\gamma - 1) k_{\min}^{\gamma-1} \int_{k_{\min}}^{k_{\max}} k^{m-\gamma} dk \\
&= \frac{\gamma - 1}{m - \gamma + 1} k_{\min}^{\gamma-1} \cdot \left[k^{m-\gamma+1} \right] \Bigg|_{k_{\min}}^{k_{\max}} \\
&= \frac{\gamma - 1}{m - \gamma + 1} k_{\min}^{\gamma-1} \cdot (k_{\max}^{m-\gamma+1} - k_{\min}^{m-\gamma+1})
\end{aligned} \tag{9.37}$$

若要计算 f_c,则首先需要计算:

$$\kappa = \frac{\langle k^2 \rangle}{\langle k \rangle} = \frac{2 - \gamma}{3 - \gamma} \frac{k_{\max}^{3-\gamma} - k_{\min}^{3-\gamma}}{k_{\max}^{2-\gamma} - k_{\min}^{2-\gamma}} \tag{9.38}$$

当 N 较大时(相应地有 $k_{\max}$ 较大)有

$$\kappa = \frac{\langle k^2 \rangle}{\langle k \rangle} = \left| \frac{2 - \gamma}{3 - \gamma} \right| \begin{cases} k_{\min}, & \gamma > 3 \\ k_{\max}^{3-\gamma} k_{\min}^{\gamma-2}, & 2 < \gamma < 3 \\ k_{\max}, & 1 < \gamma < 2 \end{cases} \tag{9.39}$$

根据 $f_c = 1 - \dfrac{1}{\kappa - 1}$,则有

$$f_c \approx 1 - \frac{C}{N^{\frac{3-\gamma}{\gamma-1}}} \tag{9.40}$$

9.3.3　有意攻击

网络有意攻击是指通过有目的移除网络中的节点来分析网络的鲁棒性,重点在于推导得出网络在有目的的移除节点情况下崩溃的临界值. 设无尺度网络的度分布为 $p_k = Ck^{-\gamma}$,其中 $k = k_{\min}, \cdots, k_{\max}$,则有

$$\int_{k_{\min}}^{k_{\max}} p_k dk = \int_{k_{\min}}^{k_{\max}} Ck^{-\gamma} dk = 1 \tag{9.41}$$

可解得常数 C 为

$$C = \frac{1}{\displaystyle\int_{k_{\min}}^{k_{\max}} k^{-\gamma} dk} = \frac{1 - \gamma}{k_{\max}^{1-\gamma} - k_{\min}^{1-\gamma}} \tag{9.42}$$

网络的平均度为

$$\langle k \rangle = \int_{k_{\min}}^{k_{\max}} k p_k dk$$

$$= \int_{k'_{\max}}^{k_{\max}} C k^{1-\gamma} dk$$

$$= \frac{1-\gamma}{k_{\max}^{1-\gamma} - k_{\min}^{1-\gamma}} \cdot \left[\frac{k^{2-\gamma}}{2-\gamma} \right] \Bigg|_{k_{\min}}^{k_{\max}}$$

$$= \frac{1-\gamma}{2-\gamma} \cdot \frac{k_{\min}^{2-\gamma} - k_{\max}^{2-\gamma}}{k_{\min}^{1-\gamma} - k_{\max}^{1-\gamma}} \tag{9.43}$$

不妨设 $k_{\max} \gg k_{\min}$,故(9.43)式中可忽略 $k_{\max}^{1-\gamma}$ 项,则有

$$\langle k \rangle \approx \frac{1-\gamma}{2-\gamma} \cdot \frac{k_{\min}^{2-\gamma}}{k_{\min}^{1-\gamma}} = \frac{1-\gamma}{2-\gamma} k_{\min} \tag{9.44}$$

依据节点度对网络节点进行降序排列,移除前 f 比例的节点,导致如下两个结果:

(1) 网络节点最大度发生改变,由 $k_{\max}$ 变为 $k'_{\max}$;

(2) 网络度分布发生改变,由 p_k 变为 $p'_{k'}$.

首先考虑(1)的影响,新的网络节点最大度为

$$f = \int_{k'_{\max}}^{k_{\max}} p_k dk$$

$$= \int_{k'_{\max}}^{k_{\max}} C k^{-\gamma} dk$$

$$= \frac{\gamma-1}{k_{\min}^{1-\gamma} - k_{\max}^{1-\gamma}} \cdot \left[\frac{k^{1-\gamma}}{1-\gamma} \right] \Bigg|_{k'_{\max}}^{k_{\max}}$$

$$= \frac{k'^{1-\gamma}_{\max} - k_{\max}^{1-\gamma}}{k_{\min}^{1-\gamma} - k_{\max}^{1-\gamma}} \tag{9.45}$$

不妨设 $k_{\max} \gg k'_{\max}$ 与 $k_{\max} \gg k_{\min}$,故上式中可忽略 $k_{\max}^{1-\gamma}$ 项,则有

$$f = \left(\frac{k'_{\max}}{k_{\min}} \right)^{1-\gamma} \tag{9.46}$$

进一步有

$$k'_{\max} = k_{\min} f^{\frac{1}{1-\gamma}} \tag{9.47}$$

(9.47)式给出了通过移除网络中 f 比例的中心节点后网络节点的最大度.

其次考虑(2)的影响,设 $\widetilde{f}$ 表示移除网络中 f 比例的中心节点后网络连接的减少比例,则有

$$\widetilde{f} = \frac{\int_{k'_{\max}}^{k_{\max}} k p_k dk}{\langle k \rangle}$$

$$= \frac{1}{\langle k \rangle} \cdot c \int_{k'_{\max}}^{k_{\max}} k^{1-\gamma} dk$$

$$= \frac{1}{\langle k \rangle} \cdot \frac{1-\gamma}{2-\gamma} \cdot \frac{k_{\max}'^{\,2-\gamma} - k_{\max}^{2-\gamma}}{k_{\min}^{1-\gamma} - k_{\max}^{1-\gamma}} \tag{9.48}$$

同样(9.48)式中忽略 $k_{\max}^{1-\gamma}$ 项,并利用 $\langle k \rangle = \dfrac{1-\gamma}{2-\gamma} k_{\min}$,可得

$$\widetilde{f} = \left(\frac{k_{\max}'}{k_{\min}} \right)^{2-\gamma} \tag{9.49}$$

进一步有

$$\widetilde{f} = f^{\frac{2-\gamma}{1-\gamma}} \tag{9.50}$$

根据(9.50)式,当 $\gamma \to 2$ 时,有 $\widetilde{f} \to 1$,表明只需要移除一小部分中心节点就可以移除所有连接,即毁掉整个网络.

一般来讲,对于剩下的网络有

$$p'_{k'} = \sum_{k=k_{\min}}^{k_{\max}} p_k \binom{k}{k'} f^{k-k'} (1-f)^{k'} \tag{9.51}$$

具体而言,对于节点度为 $k_{\min}$ 到 $k_{\max}'$ 的无尺度网络,

$$\kappa = \frac{2-\gamma}{3-\gamma} \frac{k_{\max}'^{\,3-\gamma} - k_{\min}^{3-\gamma}}{k_{\max}'^{\,2-\gamma} - k_{\min}^{2-\gamma}} \tag{9.52}$$

代入 $k_{\max}' = k_{\min} f^{\frac{1}{1-\gamma}}$,可得

$$\kappa = \frac{2-\gamma}{3-\gamma} \frac{k_{\min}^{3-\gamma} f^{(3-\gamma)/(1-\gamma)} - k_{\min}^{3-\gamma}}{k_{\min}^{2-\gamma} f^{(2-\gamma)/(1-\gamma)} - k_{\min}^{2-\gamma}}$$

$$= \frac{2-\gamma}{3-\gamma} k_{\min} \frac{f^{(3-\gamma)/(1-\gamma)} - 1}{f^{(2-\gamma)/(1-\gamma)} - 1} \tag{9.53}$$

通过变换可得

$$f_c^{\frac{2-\gamma}{1-\gamma}} = 2 + \frac{2-\gamma}{3-\gamma} k_{\min} \left(f_c^{\frac{3-\gamma}{1-\gamma}} - 1 \right) \tag{9.54}$$

9.3.4　无尺度网络的鲁棒性

Albert,Jeong 与 Barabási 研究了两个实际网络对随机故障和蓄意攻击的鲁棒性[10]:一个是含有 6000 个节点的自治层互联网,另一个是含有 326000 个网页的万维网.根据他们的结论,互联网与万维网均近似服从幂率分布.他们采用随机移除节点与移除高度节点两种方式,测量网络节点到节点之间的平均距离随移除节点数的变化(图 9.5).他们发现对互联网与万维网两种网络的距离几乎不会受到随机移除节点的影响,表明上述两种网络对随机移除节点具有高度的稳健性.这点结果非常合理,因为两种网络中大多数节点的度较低,故随机移除节点几乎不会影响网络整体的实际通信能力.另一方面,如果有意移除具有较高度数的节点,则会造成毁灭性的后果.随着移除节点比例增加,网络平均路径长度迅速增加.通常仅

需少部分高度数节点被移除后,整个网络的通信能力就基本被破坏了. Albert,
Jeong 与 Barabási 从网络节点失效的角度阐述他们的结果. 互联网与万维网对网
络节点的随机失效具有较高的稳健性,但面对较高节点的有意攻击则相当脆弱.

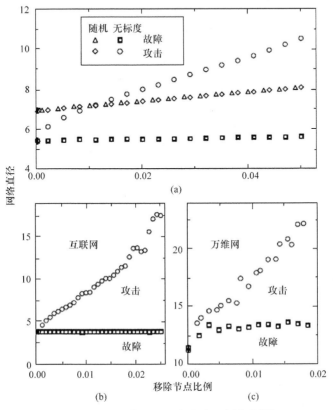

图 9.5　网络直径随节点移除比例变化[10]

　　大多数具有高容错性的系统都具有一个共性:系统的功能由系统背后高连通
的复杂网络保证. 例如,细胞稳定是由复杂的调控网络与新陈代谢网络支持的;社
会的适应力是根植于成员之间联系的社会网络;经济稳定是由精心设计的金融和
调节构成的网络保证;生态系统的稳定是通过不同物种之间精心编制的交互作用
网络获得的;自然界通过相互连通性来达到高稳健性.

　　2001 年发生的"9·11"恐怖袭击事件同时表明了两点:一是中心节点的强大
影响力;二是网络的承受力."9·11"事件使我们知道我们远远没有理解稳健性和
脆弱性之间的相互关系.

9.4　网络传播

　　回顾人类的历史长河,任何一次传染病(疟疾、天花、麻疹、鼠疫、伤寒)的大流行,都是人类文明进程所带来的;反过来,每一次大规模的传染病又对人类文明本身产生深远的影响. 人类社会的日益网络化促进了现代公共卫生体系的不断完善,以努力减小瘟疫的威胁;但另一方面,这种网络化的进程也使得人员和物资流动日益频繁和便捷,从而极大地加快了传染病的扩散速度. 例如,全球至今已有数千万人死于艾滋病;近年来的疯牛病、口蹄疫和禽流感等也给全球造成了巨大的经济损失.

与生物病毒相比,计算机病毒借助于庞大的 Internet,更轻易地跨越国界而时时刻刻、无孔不入地侵入到世界上每个角落. 据统计,2004 年仅中国就有超过 80% 的计算机用户感染了计算机病毒,而这一年臭名昭著的"振荡波"蠕虫病毒在十几天内攻击感染了全球数千万台计算机. 有学者甚至惊呼,如果不加干预,整个 Internet 可以在几十秒至几十分钟内因为计算机病毒的蔓延而完全崩溃! 一次次严峻的考验让人们不得不重新思考如下的问题:在拥有发达医疗水平和生物技术的现代公共卫生体系的今天,为什么新的病毒还能迅速地蔓延? 为什么在每年投入了巨额费用的防治病毒措施之后,Internet 上计算机病毒的传播依然防不胜防?

我们可以将生物种群和计算机网络中的个体(单个生物或单个计算机)定义为(抽象的)节点,而将个体之间存在的关联途径定义为节点之间的边. 迅速发展的复杂网络理论正有效地增进人们对爆发大规模生物和计算机病毒流行的传染机制的认识. 特别地,传统的理论认为只有当有效传播速率超过一个正的临界值时,大规模传播才有可能,而 Pastor-Satorras 和 Vespignani 等的研究表明[11],当网络规模无限增大时,无尺度网络的临界值趋于零. 这意味着即使是很微小的传染源也足以在庞大的网络中蔓延.

9.4.1　经典传播模型

经典传播理论基于如下两个基本假设.

一是划分假设,即将个体划分如下三个基本状态:

易感状态(susceptible,S):未被病毒感染,但未来可能会被病毒感染.

感染状态(infectious,I):已感染到病毒,并可将病毒传染给其他个体.

恢复状态(recovered,R):曾经感染过病毒,但已从病毒中恢复,并且之后不会再被感染.

通常用这些状态之间的转换过程来命名不同的传染模型. 例如,若易感个体被感染后恢复健康且具有免疫性,则称之为 SIR 模型;若易感个体感染后又恢复到易感状态,则称之为 SIS 模型;若易感个体被感染后不再恢复到易感或健康且免疫状态,则称之为 SI 模型.

二是均匀混合假设,又称充分混合假设,即每个个体与感染者接触的机会均相等. 该假设的好处是无须知道疾病传播的接触网络的精确结构,即任何人都可以传播给任何人.

基于上述两种假设,我们引入经典的疾病传播模型,包括 SI,SIS 与 SIR 模型,这些模型将有助于我们理解疾病传播建模的基本过程.

SI 模型

考虑一种疾病在规模为 N 的群体中进行传播,我们令 $S(t),I(t)$ 分别表示 t 时刻群体中易感个体与感染个体的数量,那么自然有 $S(0)=N$ 与 $I(0)=0$,即初始时刻易感个体与感染个体的数量分别为 N 与 0.假设典型个体平均接触到 $\langle k\rangle$ 个其他个体,单位时间内疾病从感染个体传播到易感个体的概率为 β.我们考虑如下问题:如果某一个体在 0 时刻被感染,那么 t 时刻会有多少感染者?

基于均匀混合假设可知,感染个体遇到易感个体的概率为 $S(t)/N$,因此单位时间内感染个体将接触到 $\langle k\rangle S(t)/N$ 个易感个体.由于感染个体 $I(t)$ 将以概率 β 传播病毒,则感染个体数量变化可表示为

$$\frac{dI(t)}{dt}=\beta\langle k\rangle\frac{S(t)I(t)}{N} \tag{9.55}$$

为表示方便,我们令

$$s(t)=S(t)/N,\quad i(t)=I(t)/N \tag{9.56}$$

为简便起见,我们省略 $s(t),i(t)$ 中 (t) 项,则感染个体在群体中比例变化可表示为

$$\frac{di}{dt}=\beta\langle k\rangle si=\beta\langle k\rangle i(1-i) \tag{9.57}$$

其中 $\beta\langle k\rangle$ 表示传播速率或传染率.

解(9.57)式可得

$$\frac{di}{i}+\frac{di}{(1-i)}=\beta\langle k\rangle dt \tag{9.58}$$

两边同时积分可得

$$\ln i-\ln(1-i)+C=\beta\langle k\rangle t \tag{9.59}$$

利用初始条件 $i_0=i(t=0)$,可得 $C=i_0/(1-i_0)$,进一步得到感染个体比例随时间变化表达式为

$$i=\frac{i_0 e^{\beta\langle k\rangle t}}{1-i_0+i_0 e^{\beta\langle k\rangle t}} \tag{9.60}$$

(9.60)式表明:

(1) 感染个体比例最初呈指数增长.事实上,最初感染个体接触到的均是易感个体,因此病毒可以很容易传播.

(2) 达到传播群体中 $1/e$ 比例的个体的特征时间为

$$\tau=\frac{1}{\beta\langle k\rangle} \tag{9.61}$$

其中 τ 表示病毒传播速度的倒数.(9.61)式表明无论是提高网络链接密度 $\langle k \rangle$,还是提高传播概率 β,均可以提高病毒传播的速度,同时降低传播时间.

(3) 随着时间发展,感染个体遇到的易感个体将会越来越少,因此对于较大的时间 t,感染个体比例 i 的增长将变慢.当所有个体均被传染时,传播过程终止,系统达到终态,即 $i(t \to \infty) = 1$,$s(t \to \infty) = 0$.

SIS 模型

大部分病毒可以被免疫系统或医学治疗打败,为捕捉到这一特征,模型应该允许感染个体从疾病中恢复,称为 SIS 模型.与 SI 模型区别在于,感染个体将以固定的速率 μ 恢复健康,再次成为易感个体.对(9.57)式进行扩展,感染个体在群体中比例变化可表示为

$$\frac{di}{dt} = \beta \langle k \rangle i(1-i) - \mu i \tag{9.62}$$

其中 μ 表示恢复速率,μi 表示感染人群从疾病恢复的速率.可解得感染个体比例随时间变化表达式为

$$i = \left(1 - \frac{\mu}{\beta \langle k \rangle}\right) \frac{Ce^{(\beta \langle k \rangle - \mu)t}}{1 + Ce^{(\beta \langle k \rangle - \mu)t}} \tag{9.63}$$

其中由初始条件 $i_0 = i(t=0)$,可得 $C = i_0/(1 - i_0 - \mu/\beta \langle k \rangle)$.

在 SI 模型中,最终所有易感个体均变成感染个体,但在 SIS 模型中,病毒传播有两种结果:

(1) 病毒传播终止($\mu < \beta \langle k \rangle$).

对较低的恢复速率,感染个体比例 i 的变化遵循 Logistic 曲线,类似于 SI 模型结果.但并不是所有个体均被感染,i 仅能达到某一常数 $i(\infty) < 1$,该现象表明任意时刻仅有一部分群体被感染.在此稳态或终态下,新感染个体的数量与恢复的个体的数量相等,保持了平衡,因此感染个体比例不再变化.可以令 $di/dt = 0$,则有

$$i(\infty) = 1 - \frac{\mu}{\beta \langle k \rangle} \tag{9.64}$$

(2) 病毒自由传播($\mu > \beta \langle k \rangle$).

对充分大的恢复速率,感染个体比例 i 随时间指数下降,表明最初的感染将会随时间指数级消亡,原因在于单位时间内恢复个体的数量超过新感染个体的数量,导致病毒最终在群体中消失.

换句话说,SIS 模型中,有些病毒将会持续存在,而有些病毒则会很快消亡.要理解上述两种结果的区别,让我们如下表示特征时间:

$$\tau = \frac{1}{\mu(R_0 - 1)} \tag{9.65}$$

其中

$$R_0 = \frac{\beta\langle k\rangle}{\mu} \tag{9.66}$$

表示基本再生数,它代表在充分混合的群体中易感个体在其感染周期内被感染的平均数量. 换句话说,R_0 表示每个感染个体造成的新感染个体的数量. 基本再生数具有重要的应用价值,体现在其重要的预测作用:

(1) 如果 $R_0 > 1$,即 $\tau > 0$,则病毒将传播开来. 事实上,如果每个感染个体均感染一个以上易感个体,那么病毒将在群体中持续存在. 并且 R_0 越大,病毒传播越快.

(2) 如果 $R_0 < 1$,即 $\tau < 0$,则病毒传播将终止. 事实上,如果每个感染个体均感染少于一个易感个体,那么病毒将自然消亡.

对传染病学家来讲,再生数是评估一种病毒的最重要的参数之一.

SIR 模型

对有些病毒,人们感染并恢复之后会产生抗体,未来就会对这些病毒免疫,即不会再感染这些病毒. SIR 模型就描述了这类病毒传播的动力学过程,其动力学方程为

$$\frac{di}{dt} = \beta\langle k\rangle i(1-r-i) - \mu i$$

$$\frac{ds}{dt} = -\beta\langle k\rangle i(1-r-i) \tag{9.67}$$

$$\frac{dr}{dt} = \mu i$$

SIR 模型没有封闭解.

依据病毒的特性不同,需要不同的传播模型来描述. 在病毒传播的早期,SI, SIS 与 SIR 三种模型具有相同的性质:当感染个体较少时,病毒可以自由传播,感染个体数量指数上升. 但在病毒传播的后期,SI 模型中每个个体均被感染;SIS 模型也会到达终态,即其中一定比例的个体保持为感染个体或感染消亡;SIR 模型中每个个体最终均会恢复. 再生数能够预测传播的长期趋势:当 $R_0 > 1$ 时,病毒将在群体中持续存在;但当 $R_0 < 1$,病毒将自然消亡.

到目前为止,我们对模型的讨论均忽略了一个事实,即在一个接触网络中,个体仅能够接触到网络邻居. 之前的均匀混合假设认为感染个体可以感染其他任何个体,亦即感染个体通常仅可感染 $\langle k\rangle$ 个其他个体,而忽略了网络节点度的差异性. 为了更精确地预测传播动力学,我们需要考虑接触网络在传播中扮演的重要角色.

9.4.2　网络上的传播

由于均匀混合假设的不合理性,2001 年,Pastor-Satorras 与 Vespignani 合作

对经典传播模型进行了根本性改变[11],使得传播过程适应于接触网络的拓扑特征. 接下来,我们正式引入网络传播动力学.

网络 SI 模型

如果某个病毒在网络上传播,拥有更多链接的节点将更有可能接触到感染节点,自然更有可能被感染. 因此,网络上的传播模型需要将节点的度看作一个重要的隐变量. 可以根据节点的度将节点进行分类,并且假设具有相同度的节点在统计上是相等的. 我们令

$$i_k = \frac{I_k}{N_k} \tag{9.68}$$

表示网络中度为 k 的感染节点数与所有度为 k 的节点数之比. 自然地,整个网络中感染节点的比例即为

$$i = \sum_k p_k i_k \tag{9.69}$$

针对不同的节点度,可以将 SI 模型动力学方程分别写成

$$\frac{di_k}{dt} = \beta(1 - i_k)k\Theta_k \tag{9.70}$$

(9.70)式与(9.57)式基本一致:感染速率与 β 及度为 k 的未感染节点的比例 $(1 - i_k)$ 成正比. 同时也有明显的区别:

(1) 平均度 $\langle k \rangle$ 变成真实的节点度 k;

(2) 密度函数 Θ_k 表示度为 k 的易感节点的邻居节点中感染节点的比率.

我们首先考虑病毒传播早期 i_k 的变化,这样考虑兼具理论与实际意义. 在病毒传播早期 i_k 较小,因此可忽略(9.69)式中 $\beta i_k k \Theta_k$ 项,则有

$$\frac{di_k}{dt} \approx \beta k \Theta_k \tag{9.71}$$

下面重点分析如何求得密度函数 Θ_k. 在一个忽略度相关性的网络中,度为 k 的节点的一条边连接到度为 k' 的节点的概率与度 k 无关. 因此,随机选择一条边连接到度为 k' 的节点的概率为

$$\frac{k' p_{k'}}{\sum_k k p_k} = \frac{k' p_{k'}}{\langle k \rangle} \tag{9.72}$$

与此同时,对于每一个感染节点,该节点至少有一条边与另一感染节点相连,故未来可进行传染的边数为 $(k' - 1)$,因此有

$$\Theta_k = \frac{\sum_{k'} (k' - 1) p_{k'} i_{k'}}{\langle k \rangle} = \Theta \tag{9.73}$$

换句话说,由于忽略度相关性,Θ_k 独立于 k. 对 Θ 求导可得

$$\frac{d\Theta}{dt} = \sum_k \frac{(k-1)p_k}{\langle k \rangle} \cdot \frac{di_k}{dt} \tag{9.74}$$

将(9.70)式代入(9.73)式可得

$$\frac{d\Theta}{dt} = \beta \sum_k \frac{(k^2 - k) p_k}{\langle k \rangle} \Theta \tag{9.75}$$

即为

$$\frac{d\Theta}{dt} = \beta \left(\frac{\langle k^2 \rangle}{\langle k \rangle} - 1 \right) \Theta \tag{9.76}$$

(9.76)式的解为

$$\Theta(t) = C e^{t/\tau} \tag{9.77}$$

其中 τ 表示病毒传播的特征时间,其表达式为

$$\tau = \frac{\langle k \rangle}{\beta(\langle k^2 \rangle - \langle k \rangle)} \tag{9.78}$$

利用初值条件:

$$\Theta(t=0) = C = i_0 \frac{\langle k \rangle - 1}{\langle k \rangle} \tag{9.79}$$

(9.79)式表示初始时刻有 i_0 比例的节点被均匀感染,故对所有的 k 有 $i_k(t=0) = i_0$. 因此

$$\Theta(t) = i_0 \frac{\langle k \rangle - 1}{\langle k \rangle} e^{t/\tau} \tag{9.80}$$

将(9.80)式代入(9.71)式可得

$$\frac{di_k}{dt} \approx \beta k i_0 \frac{\langle k \rangle - 1}{\langle k \rangle} e^{t/\tau} \tag{9.81}$$

对(9.81)式求积分可得度为 k 的节点中感染节点比例为

$$i_k = i_0 \left(1 + \frac{k(\langle k \rangle - 1)}{\langle k^2 \rangle - \langle k \rangle} (e^{t/\tau} - 1) \right) \tag{9.82}$$

根据(9.69),网络中感染节点的比例随时间 t 变化为

$$i = \int_0^{k_{\max}} i_k p_k dk = i_0 \left(1 + \frac{\langle k \rangle^2 - \langle k \rangle}{\langle k^2 \rangle - \langle k \rangle} (e^{t/\tau} - 1) \right) \tag{9.83}$$

由(9.78)式可知,特征时间 τ 依赖于 $\langle k \rangle$ 与 $\langle k^2 \rangle$,我们可以针对具体的网络进一步分析.

对于随机网络有 $\langle k^2 \rangle = \langle k \rangle(\langle k \rangle + 1)$,可知

$$\tau_{\text{ER}}^{\text{SI}} = \frac{1}{\beta \langle k \rangle} \tag{9.84}$$

对于幂指数 $\gamma \geqslant 3$ 的无尺度网络,$\langle k \rangle$ 与 $\langle k^2 \rangle$ 均为有限值,故 τ^{SI} 也为有限值,其传播动力学与随机网络的情形类似.

对于幂指数 $\gamma \leqslant 3$ 的无尺度网络,当 $N \to \infty$ 时,$\langle k^2 \rangle \to \infty$,因此 $\tau^{\text{SI}} \to 0$. 也就是说,病毒在这种无尺度网络中的传播是即时性的. 特征时间 τ^{SI} 的消失体现了中心

节点在传播中的重要角色.在无尺度网络中,中心节点由于具有非常多的链接,更有可能与感染节点接触,因此往往首先就会被感染.一旦中心节点被感染,它将快速将病毒"广播"到网络剩余部分,成为超级传播者.

对于非均匀网络,由于网络度的异质性的影响,网络并不需要必须是严格的无尺度网络,只要$\langle k^2 \rangle > \langle k \rangle (\langle k \rangle + 1)$,就会降低$\tau^{SI}$,因此异质网络可以提高病毒的传播速度.

在 SI 模型中,病毒最终将感染网络中的所有个体,因此网络度的异质性影响的仅是特征时间,进一步决定了病毒的传播速度.为深入理解网络拓扑的作用,我们还需要探讨网络上的 SIS 模型.

网络 SIS 模型

对(9.70)式进行扩展,可得 SIS 模型中感染节点比例的动力学方程为

$$\frac{di_k}{dt} = \beta(1-i_k)k\Theta_k(t) - \mu i_k \tag{9.85}$$

(9.85)式与(9.70)式的区别在于多了恢复项$-\mu i_k$.

对于 SIS 模型,其感染节点密度函数计算却有不同.在 SI 与 SIR 模型,若有一个节点被感染,则至少有一个其邻居节点已被感染或免疫,因此至多其$(k-1)$个邻居节点是易感节点.然而,在 SIS 模型中,之前被感染的邻居节点可以重新变成易感节点,故节点所有k条边均可能传播感染.因此有

$$\Theta_k = \frac{\sum_{k'} k' p_{k'} i_{k'}}{\langle k \rangle} = \Theta \tag{9.86}$$

当时间t较小时,感染节点比例非常低,即$i_k \ll 1$,可以忽略,故有

$$\frac{di_k}{dt} = \beta k \Theta - \mu i_k \tag{9.87}$$

进一步有

$$\frac{d\Theta}{dt} = \left(\beta \frac{\langle k^2 \rangle}{\langle k \rangle} - \mu\right)\Theta \tag{9.88}$$

(9.88)式的解为

$$\Theta(t) = Ce^{t/\tau} \tag{9.89}$$

其中

$$\tau = \frac{\langle k \rangle}{\beta \langle k^2 \rangle - \mu \langle k \rangle} \tag{9.90}$$

仅当$\tau > 0$时才有可能全局爆发,故可得出全局爆发的条件为

$$\lambda = \frac{\beta}{\mu} > \frac{\langle k \rangle}{\langle k^2 \rangle} \tag{9.91}$$

(9.91)式中λ表示传播速率,仅依赖于病毒的生物特征,即病毒的传播概率β与恢

复速率 μ. λ 越大,病毒越有可能传播开来. 然而,感染个体数量并不是随着 λ 递增,只有当病毒的传播速率超过某一临界值 λ_c 时,病毒才能传播开来.

根据(9.91),可得传播临界值为

$$\lambda_c = \frac{\langle k \rangle}{\langle k^2 \rangle} \tag{9.92}$$

对于随机网络有 $\langle k^2 \rangle = \langle k \rangle(\langle k \rangle + 1)$,可知

$$\lambda_c = \frac{1}{\langle k \rangle + 1} \tag{9.93}$$

由于 $\langle k \rangle$ 总是有限值,因此随机网络总是具有非零的传播临界值. 通过传播临界值可以判断一种病毒是否会爆发,同时提高传播临界值也是阻止病毒爆发的最基本手段之一.

对于无尺度网络,当 $N \to \infty$ 时,$\langle k^2 \rangle \to \infty$,因此 $\lambda_c \to 0$. 也就是说,病毒在无尺度网络中的传播临界值趋近于零,即再弱的病毒也可以在无尺度网络中成功传播.

网络 SIR 模型

对(9.85)式进行扩展,可得 SIR 模型中感染节点比例的动力学方程为

$$\frac{di_k}{dt} = \beta(1 - i_k - r_k)k\Theta - \mu i_k \tag{9.94}$$

其中 r_k 表示度为 k 的节点中已免疫节点的比例. 当时间 t 较小时,感染节点比例与免疫节点比例均非常低,即 $i_k \ll 1$ 且 $r_k \ll 1$,均可以忽略,故有

$$\frac{di_k}{dt} = \beta k\Theta - \mu i_k \tag{9.95}$$

进一步有

$$\frac{d\Theta}{dt} = \left(\beta \frac{\langle k^2 \rangle - \langle k \rangle}{\langle k \rangle} - \mu \right)\Theta \tag{9.96}$$

上式的解为

$$\Theta(t) = Ce^{t/\tau} \tag{9.97}$$

其中

$$\tau = \frac{\langle k \rangle}{\beta\langle k^2 \rangle - (\beta + \mu)\langle k \rangle} \tag{9.98}$$

仅当 $\tau > 0$ 时才有可能全局爆发,故可得出全局爆发的条件为

$$\lambda = \frac{\beta}{\mu} > \frac{\langle k \rangle}{\langle k^2 \rangle - \langle k \rangle} \tag{9.99}$$

可得传播临界值为

$$\lambda_c = \frac{1}{\frac{\langle k^2 \rangle}{\langle k \rangle} - 1} \tag{9.100}$$

对于随机网络有 $\langle k^2 \rangle = \langle k \rangle (\langle k \rangle + 1)$，可知

$$\lambda_c = \frac{1}{\langle k \rangle} \tag{9.101}$$

由于 $\langle k \rangle$ 总是有限值，因此随机网络总是具有非零的传播临界值.

对于无尺度网络，当 $N \to \infty$ 时，$\langle k^2 \rangle \to \infty$，因此 $\lambda_c \to 0$. 也就是说，病毒在无尺度网络中的传播临界值趋近于零，即再弱的病毒也可以在无尺度网络中成功传播.

传播临界值的消失是因为中心节点的存在. 在随机网络中，大部分节点具有基本相同的度 $k \approx \langle k \rangle$，因此一旦传播速率小于传播临界值，则病毒无法传播开来. 然而在无尺度网络中，即使病毒传染性非常弱，但是一旦传染了中心节点，中心节点会将病毒传染给大量节点，使得病毒传播开来.

综上所述，网络拓扑极大地影响了传播模型的预测能力，得出如下两个基本结论：

(1) 在规模较大的无尺度网络中 $\tau = 0$，即病毒可以即时到达大多数节点；

(2) 在规模较大的无尺度网络中 $\lambda_c = 0$，即病毒的传播速率再小，也能够传播开来.

上述两个结论均由于中心节点对病毒的"广播"能力. 需要说明的是，上述结论并不局限于无尺度网络，由于无论 τ 还是 λ_c 均依赖于 $\langle k^2 \rangle$，因此只要具有高度异质性的网络均成立. 换句话说，只要 $\langle k^2 \rangle$ 大于随机网络中的 $\langle k \rangle (\langle k \rangle + 1)$，就可以观察到加速的传播过程，导致得到与传统传播模型相比更小的 τ 与 λ_c. 两者之间的这种区别对传播过程的控制等非常重要.

9.4.3 网络免疫

免疫的主要目的是保护免疫个体再次受到传染，与此同时，也可以减缓病毒在人群中的传播速度.

随机免疫

以 SIS 模型为例，考虑随机选取比例为 g 的节点进行免疫，免疫后的节点对病毒不可见，故仅有剩下 $(1-g)$ 比例的节点能够接触和传播病毒. 相应地，每个易感节点的有效度由 $\langle k \rangle$ 变为 $\langle k \rangle (1-g)$，将病毒的传播速率由 $\lambda = \beta / \mu$ 降为 $\lambda' = \lambda(1-g)$. 下面我们分别探讨随机免疫在随机网络与无尺度网络中的效果.

随机网络. 如果病毒在随机网络中传播，对充分大的 g，传播速率 λ' 将小于传播临界值. 为得到必要的免疫比例 g_c，可以令

$$\frac{(1-g_c)\beta}{\mu} = \frac{1}{\langle k \rangle + 1} \tag{9.102}$$

进一步可得

$$g_c = 1 - \frac{\mu}{\beta} \frac{1}{\langle k \rangle + 1} \tag{9.103}$$

因此,当免疫个体比例超过 g_c 时,将使传播速率小于传播临界值 λ_c.

异质网络. 如果病毒在具有较大 $\langle k^2 \rangle$ 异质网络中传播,随机免疫将 λ 变为 $\lambda(1-g)$ 对充分大的 g,传播速率 λ' 将小于传播临界值. 为得到必要的免疫比例 g_c,可以令

$$\frac{(1-g_c)\beta}{\mu}=\frac{\langle k \rangle}{\langle k^2 \rangle} \tag{9.104}$$

进一步可得

$$g_c=1-\frac{\mu}{\beta}\frac{\langle k \rangle}{\langle k^2 \rangle} \tag{9.105}$$

对于幂指数 $\gamma \leqslant 3$ 的无尺度网络,当 $N \to \infty$ 时,$\langle k^2 \rangle \to \infty$,因此 $g_c \to 1$. 换句话说,如果网络具有较高的 $\langle k^2 \rangle$,我们几乎需要免疫所有节点才能够阻止传播.

无尺度网络的免疫策略

随机免疫无效的根源在于消失的传播临界值. 因此,要想成功清除异质网络中的病毒,必须提高传播临界值. 这就需要降低网络的 $\langle k^2 \rangle$,而中心节点是引起较大的 $\langle k^2 \rangle$ 的根本原因. 如果我们免疫中心节点,即度大于某一给定值 $k'_{\max}$ 的所有节点,就会降低 $\langle k^2 \rangle$ 并提高传播临界值. 事实上,如果所有度 $k > k'_{\max}$ 的节点均被免疫,传播临界值将变为

$$\lambda'_c \approx \frac{\gamma-2}{3-\gamma}\frac{k_{\min}^{2-\gamma}}{(k'_{\max})^{\gamma-3}} \tag{9.106}$$

由(9.106)式可知,$\gamma < 3$ 时,免疫的中心节点越多($k'_{\max}$ 越小),传播临界值越大. 通过免疫充分大比例的中心节点,可以使得 λ_c 小于 $\lambda = \beta/\mu$. 上述过程相当于改变了网络,即通过免疫中心节点,达到了分裂网络的目的,使得病毒更难以到达其他网络部分的节点.

中心节点免疫代表着免疫方面一种观点的改变,与其通过随机免疫降低传播速率,不如改变网络的拓扑结构,从而提高网络的传播临界值 λ_c.

基于中心节点的免疫策略的问题在于:我们缺乏网络的详细拓扑地图. 例如,我们无法获知群体中每个个体具体的接触者的数量,也无法准确确定某次流感爆发过程中的"超级传播者". 换句话说,我们很难识别出中心节点. 然而,仍然可以通过探索网络拓扑来设计更有效的免疫策略. 为达成此目的,我们利用朋友悖论,即平均来讲,一个节点的邻居节点比该节点本身具有更高的度. 因此,通过免疫某一随机选择节点的邻居节点,我们就可以在不知道中心节点的情况下来定位中心节点. 此过程包括如下步骤:

(1) 随机选择比例为 p 的节点,称这些节点为集合 0;

(2) 对集合 0 中的每个节点均随机选择一个链接,称这些链接指向的节点为集合 1;

(3) 免疫集合 1 中的个体.

上述策略不需要知道网络的全局结构信息. 然而,具有 k 个链接的节点属于集合 1 的概率正比于 kp_k,因此平均来讲,集合 1 的个体的度要高于集合 0 中的个体.

鲁棒性与免疫的关系　无尺度网络对节点与链接的随机失效具有极强鲁棒性,与此同时,对有意攻击却表现得非常脆弱,即通过移除连接最紧密的节点,无尺度网络就会崩溃. 这种现象与免疫问题非常类似,随机免疫并不能根除疾病,但选择免疫通过免疫中心节点,可以恢复得到有限的传播临界值. 这种相似性并不是偶然的,网络的鲁棒性与免疫问题均与发散的 $\langle k^2 \rangle$ 向联系. 事实上,消失的传播临界值相当于随机节点失效问题中失效比例趋近于 1. 类似地,中心节点免疫使得再次涌现出传播临界值相当于无尺度网络在有意攻击下的需要攻击的节点比例非常小. 因此,有意攻击与目标免疫代表着一枚硬币的两面.

9.5　应用案例:时态网络上的源头定位[12]

疾病在人群中的传播、蠕虫病毒在互联网上的扩散、思想观念在社交网络中的传播以及系统的相继故障,这些都可以看成服从某种规律的传播行为. 对这些传播行为的分析和精确建模,能够帮助我们有效制定防御和控制策略,因此传播动力学行为的研究具有重要的理论意义和实际应用价值. 源头定位作为传播动力学的反问题也受到越来越多的关注,源头定位就是指根据已知的网络结构信息以及观测到的部分节点的信息找到传播的源头的问题. 其中 Pinto 等通过建立观察者间被感染时间的时间差与理论时间差的似然估计函数关系,从而根据少数观察者推断传播源头;Fabrizio 等针对 SIR 及 SIS 模型,通过观察 t 时刻所有节点的状态,构建贝叶斯条件概率,利用置信传播理论求解函数的边缘概率分布,发现源头节点. Dirk 等基于最短有效距离,计算每个点到其他各点的有效距离和传染时间实现源头定位. 北京师范大学的狄增如教授团队在源头定位方面取得了显著的研究成果.

实际生活中我们有很多带有时间属性的网络,或者说网络的结构并不是一成不变的,我们将这种节点之间的连接关系随时间变化的网络称为时序网络. 时序网络的建模方法有很多. 最早,我们将时序网络抽象成静态网络,这种方式虽然简单,但使得网络存在的链接数量增加,而由于网络变得稠密,节点之间最短路径的长度却缩短. Petter Holme 等提出了一种用线图的方式来刻画时序网络,将时序特性转化为网络拓扑结构来研究. 随着时序网络概念的提出和研究,时序网络中传播动力行为建模以及源头定位问题研究也越来越受到重视,比如 Karsai 等研究了时序阵发性对于传播过程的影响. 我们课题组也就时序网络上的源头定位问题展开研究与分析.

9.5.1　时序传播行为建模

1. 时序网络的定义

一个静态网络我们用一个二元组表示：$G=(V,E)$，其中 V 是所有节点的集合，E 表示所有边的集合. 而时序网络就是在静态网络的基础上增加时间信息，即链路的发生和持续有一定的先后顺序和时间间隔. 我们将两个节点发生相互作用看作一个事件，每一条路径可能对应很多个事件. 在时序网络中，我们用 $e_{ij}=(i,j,t_{ij},\Delta t_{ij})$ 来表示一个事件，意思是节点 i 和节点 j 在时刻 t_{ij} 产生链接并持续了 Δt_{ij}. 比如，在手机通话网络中，用户 A 在时刻 t_1 打了电话给用户 B，而在时刻 t_2 通话结束，则这个时间可以表示为：(A,B,t_1,t_2-t_1). 则所有的通话过程都可以表示为一个事件，所有事件构成的序列就可以看作时序的手机通话网络. 如果两个节点之间发生连接是一个瞬时的过程或者持续的时间可以忽视，这样一个事件就可以简化为一个三元组 $e_{ij}=(i,j,t_{ij})$，如手机短信网络. 图 9.6 是瞬时网络和非瞬时网络的示意图.

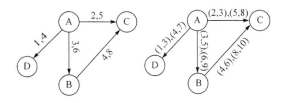

图 9.6　瞬时网络(左)和非瞬时网络(右)示意图

因此，我们也可以用二元组 $G=(V,E)$ 表示一个时序网络，区别在于 E 是所有事件 $e_{ij}=(i,j,t_{ij},\Delta t_{ij})$ 构成的集合. 在时序网络中，信息的传播不仅受到传播延迟的影响，也受到连边发生的时刻以及持续时间的影响. 我们将信息在时序网络传播的路径称为有效时序路径，有效时序路径定义为信息从一个节点经过一系列的事件 $e_1,e_2,\cdots,e_n$ 传播到另一个节点. 这些事件前后之间满足后一个事件发生的时间要迟于前一个事件结束的时间，即 $t_{e_i} \geqslant t_{e_{i-1}} + \Delta t_{e_{i-1}}$，$1\leqslant \forall i \leqslant n$. 一般而言，两个节点之间的有效路径往往有很多，我们将其中时间最短的称为两个节点的时序最短路径.

2. 时序传播模型

静态网络中，有两种基于网络结构的传播动力学行为的建模方法，即扩散过程和共识动力学，这两种方法同样可以运用到时序网络中. 这里介绍的传播过程都是包含传播延迟的，即信息在节点之间传播需要一定的时间. 首先介绍基于传播延迟的简单扩散模型,假设信息从一个传播源头开始传播,由于存在传播延迟,因此,经过一段时间,信息从传播源头传播到当前时刻的它的所有邻居节点.由于网络的拓扑结构随时间变化,因此当信息传播到它的邻居节点的时候,信息只能继续传播到当前时刻或者在未来时刻能够与该邻居节点发生关联的其他节点.在简单扩散模型中,信息的传播遵循有效时序路径,即通过一系列满足条件 $t_{e_i} \geqslant t_{e_{i-1}} + \Delta t_{e_{i-1}}$,$1 \leqslant \forall i \leqslant n$ 的事件 $e_1, e_2, \cdots, e_n$ 进行传播,直到网络中所有的节点都受到感染或者接收到信息.

静态网络中,我们介绍了基于传播延迟的共识动力学模型用以刻画信息的传播过程.共识动力学模型是指节点状态的变化情况相互影响并能达到一个共识,其具体形式为

$$\dot{x}_i = \sum_{j=1}^{N} a_{ij} [x_j(t - \tau_{ij}) - x_i(t)] \tag{9.107}$$

其中 $x_i(t)$ 为节点 i 的状态,表示节点 i 的状态变化情况,τ_{ij} 是节点 i 和 j 之间的传播延迟,$A = (a_{ij})_{N \times N}$ 则表示网络的链接矩阵,其元素为 0 或 1. 而时序网络区别于静态网络的数学表示就是其链接矩阵不是一个恒定的形式,而是一个随时间变化的函数,定义为:$A(t) = (a_{ij}(t))_{N \times N}$. 从而我们可以将上述基于传播延迟的共识动力学模型扩展到时序网络中,形式为

$$\dot{x}_i = \sum_{j=1}^{N} a_{ij}(t) [x_j(t - \tau_{ij}) - x_i(t)] \tag{9.108}$$

9.5.2 时序网络源头定位研究

源头定位问题就是指能够通过已知的网络结构利用有限的可观察到的信息找到导致疾病或者信息传播的源头.我们提出一种反演时序扩散过程(backward temporal diffusion process,BTDP)的模型[12],有效解决了时序网络中的源头定位问题.

1. 反演时序扩散模型

我们提出的源头定位方法是基于两个重要的前提,即时序网络的结构完全已知以及部分节点被感染或者接收到信息的时间已知.在实际网络中,节点之间的传播延迟很难探测到,即使探测到,因为受到许多随机因素的影响而并不精确.我们通常假设节点之间的传播延迟服从于一个特定的分布,比如常用的高斯分布、均匀分布等.这两种分布的均值和方差都是有限的,实际操作中也很容易测量得到.因此在反演扩散过程中,我们用分布的均值作为传播延迟进行推断.从而反演时序传播过程进行源头定位主要包含两个步骤:

第一步:从已知的部分观测节点,即 $o_1, o_2, \cdots, o_m$,反演扩散过程. 令已知的部分观测节点被感染的时间为:$t_{o_1}, t_{o_2}, \cdots, t_{o_m}$,从而我们可以推断信息从网络中每个节点 i 到观测节点 o_k 所需的最短时间,可以通过寻找节点 i 到观测节点 o_k 的最短时序距离 $t(i, o_k)$ 得到. 从而对于每个节点我们可以得到一个向量:

$$T_i = \left[t_{o_1} - t(i, o_1), t_{o_2} - t(i, o_2), \cdots, t_{o_m} - t(i, o_m) \right]$$

该向量表示信息从节点 i 传播到所有已知的观测节点所需的最短时间. 其中最为困难的是如何找到两个节点之间的时序最短路径.

第二步:对网络中的所有节点可以得到上述的向量,计算其向量的方差,即 $T_1, T_2, \cdots, T_N$. 从而方差最小的那个节点就是传播的源头.

如果每条边所需的传播延迟都能够准确得到,那么可以证明根据上述步骤得到的向量的方差为零的点就是我们的传播源头. 这是因为通过计算得到信息从源头传播到某一观测节点所需的最短时间延迟就是我们极端的最短时序路径的长度,即 $t_{o_k} - t_s = t(s, o_k)$. 从而对于源头节点,其向量里面的元素应该是相等的,因为

$$t_{o_1} - t(s, o_1) = t_{o_2} - t(s, o_2) = \cdots = t_{o_m} - t(s, o_m) = t_s$$

也就是向量的方差应该为 0. 因此这里我们通过上述计算步骤,搜索向量方差最小的点定位传播的源头的是合理的.

2. 时序最短距离计算

在静态网络中最短路径的计算方法有很多,例如 Dijkstra 算法、Floyd 算法、Bellman-Ford 算法以及 SPFA 算法. 然而这些方法在时序网络中都不适用. 这里我们提出了一个简单的计算时序最短路径的方法. 时序路径一般定义为信息通过一系列事件传播的 $e_{v_0 v_1}, e_{v_1 v_2}, \cdots, e_{v_{n-2} v_{n-1}}, e_{v_{n-1} v_n}$. 如果节点 v_0 与 v_n 之间存在一条时序路径 P,则其有一系列的时间构成,即 $e_{v_0 v_1} = (v_0, v_1, t_1, \Delta t_1)$,$e_{v_1 v_2} = (v_1, v_2, t_2, \Delta t_2)$,$\cdots$,$e_{v_{n-1} v_n} = (v_{n-1}, v_n, t_n, \Delta t_n)$,则该条时序路径的距离为 $dist(P) = t_n + \Delta t_n - t_0$,从而两个节点之间的最短时序距离就是所有节点 v_0 与 v_n 之间有效时序路径的长度取最小值 $\min dist(P)$. 很显然,时序最短路径是不对称的,也就是说 $dist(v_0, v_n) \neq dist(v_n, v_0)$. 因此,通过将时序网络表示成按时间排列的一系列事件,我们可以通过搜索的方法找到两个节点之间的最短时序距离.

算法 1:计算时序最短距离

输入:时序网络 $G = (V, E)$ 用一系列按时间排列的事件 e,以及传播源头 s

输出:从源头到网络中任意一个其他节点 $v \in V \backslash s$ 之间的时序最短距离

初始化:$t_s = t_0$,对于任意的 $v \in V \backslash s, t_v = \infty$

循环:按照时间顺序读取事件 $e=(u,v,t_{uv},\Delta t_{uv})$

    if $t_{uv}\geqslant t_u$

       if $t_{uv}+\Delta t_{uv}-t_0<t_v$ then

               $t_v\leftarrow t_{uv}+\Delta t_{uv}-t_0$

    else

               break the for-loop

返回:从源头 s 到网络中其他节点 $v\in V\backslash s$ 的所有最短时序距离

---

3. 观测节点选择策略

当网络结构已知,我们有很多度量网络节点重要性的方法,而网络节点重要性的度量往往对于传播动力学行为有重要的影响.在上述的源头定位模型中,我们观测节点的选择是随机的,即随机地从网络的所有节点中选择一部分的节点测量并记录它们被感染或接收到信息的时间.如果我们对网络中节点的重要性进行度量,就可以根据节点重要性的排序选择需要观测的节点,从而提高源头定位的精确性.静态网络中,常用的节点重要性度量指标有:度(degree)、接近中心性(closeness centrality)以及 PageRank 等.在时序网络中,我们同样可以定义这些指标.

度:静态网络中,往往度大的节点在网络研究中起到重要的作用.如果网络结构是恒定的,则每个节点的度也是一个特定的值,即 De_i. 对于时序网络来说,网络结构随时间变化,则每个节点的度也是随时间变化的,则对于每个节点,我们可以得到一个度序列,$(De_{i1},De_{i2},\cdots,De_{iT})$. 将其转化为一个可以对比的数值,常用的处理方法是求和 $De_i=\sum_{t=1}^{T}De_{it}$ 或者取最值 $De_i=\max_{i=1,\cdots,T}De_{it}$. 本节,我们选用第二种方法,认为节点度的节点在传播的某一个过程极大地推动了传播过程.

接近中心性:接近中心性度量的是某个节点与网络中其他节点的距离的远近.在静态网络中,定义为

$$C_i=\frac{N-1}{\sum_j d_{ij}} \tag{9.109}$$

其中 d_{ij} 表示节点 i 和节点 j 之间的最短距离.在前面我们介绍了时序网络中最短距离的计算方法,如果最短时序距离定义为 τ_{ij},从而时序网络中的接近中心性可以定义为

$$C_i=\frac{N-1}{\sum_j \tau_{ij}} \tag{9.110}$$

PageRank 值:PageRank 算法是一种搜索算法,其思想是一个节点的重要性取决于与之相连的节点以及这些节点的重要性.该算法是一个迭代过程,首先,给网络中的每个节点赋予一个初始 PR_i 值,在 $k-1$ 步,每个节点将其 PR 值平均分

给它的邻居节点,直到所有的节点的 PR 值趋于稳定,迭代过程就停止.因此,每一步的迭代公式为

$$PR_i(k) = \sum_{j=1}^{N} a_{ji} \frac{PR_j(k-1)}{d_j^{out}} \tag{9.111}$$

式中 a_{ji} 表示节点 i 和节点 j 之间的链接状态,如果节点 i 与节点 j 相连,则 $a_{ji}=1$,否则 $a_{ji}=0$. d_j^{out} 则表示节点 j 的出度.同样地,在静态网络中,每个节点有特定的 PR 值,而对于时序网络来说,每个节点得到一个 PR 序列(PR_{i1}, PR_{i2}, $\cdots$, PR_{iT}). 对该序列的处理办法类似于度的处理,即取最值 $PR_i = \max\limits_{i=1,\cdots,T} PR_{it}$.

9.5.3　实验结果分析

为了验证这里提出的基于反演时序扩散过程的源头定位算法,我们构造了三种基本的网络模型,即随机网络、小世界网络以及无尺度网络.首先在网络中随机选择一个传播源头,基于简单扩散模型和共识动力学模型模拟了信息或者疾病在三种时序网络结构上的传播过程,然后利用提出的基于反演时序扩散过程的方法进行源头定位.

1. 源头定位结果

本案例对不同结构的网络,即随机网络、小世界网络以及无尺度网络,都随机产生了 10 组,即时间序列的长度设定为 10,即 $T=10$,从而生成时序网络.为了对比不同的网络结构中源头定位的效果,我们要保证网络规模一致,其中网络的节点数设为 100,并保持不变,即 $N=100$,网络的平均度为 8,即 $\langle k \rangle = 8$.至于传播过程,我们用简单扩散模型和共识动力学模型分别进行模拟,而传播延迟假设服从于均值为 1 以及方差为 0.25 的高斯分布或者范围在 (0.5, 1.5) 的均匀分布.在反演时序传播过程的源头定位模型中,则用均值,也就是 1 作为传播延迟进行推断.本案例,定位精确性的计算是通过进行 500 次独立的实验计算其中定位正确的次数所占的比例,而不同比例观测节点的定位效果又是进行 20 次的独立实验平均得到的.

从图 9.7 我们可以看出,无论选择哪种传播模型或者传播延迟服从哪种分布,反演时序传播过程的源头定位模型在随机网络中定位效果最好,而在无尺度网络中定位效果相对较差.具体来看,如果要达到 90% 的定位精确性,即在 100 次独立的实验过程中,定位正确的次数是 90 次,对于简单扩散模型的传播过程,当传播延迟服从高斯分布时,在随机网络、小世界网络以及无尺度网络三种不同结构的网络中,分别需要 23%,23% 以及 34% 的观测节点;当传播延迟服从均匀分布时,分别需要 24%,24% 以及 35% 的观测节点.对于共识动力学模拟的传播过程,对于两种传播延迟以及三种网络结构中,所需要的观测节点的百分比为:24%/23%,23%/21% 以及 29%/30%(表 9.2).从而,在用简单扩散模型比模拟扩散过程中,我们的定位算法的效果比在用共识动力学模型模拟的扩散过程中要好.

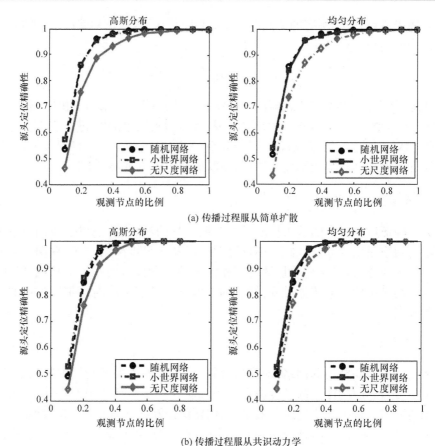

(a) 传播过程服从简单扩散

(b) 传播过程服从共识动力学

图 9.7　三种构造网络中定位精确性对比图

表 9.2　三种构造网络中达到 90% 的定位精确性所需要的观测节点所占的百分比

（单位：%）

网络 分布	随机网络		小世界网络		无尺度网络	
	高斯	均匀	高斯	均匀	高斯	均匀
简单扩散	23	24	23	24	34	35
共识动力学	24	23	23	21	29	30

2. 选择策略影响

根据上面的分析，在一般网络中，大约需要 30% 的观测节点才能够得到 90% 的定位精确性. 也就是说在实际生活中，如果我们要找到疾病或者谣言传播的源头，我们需要测量并记录整个网络 20% 到 35% 个体的信息，这对于大规模的网络来说，往往工作量较大，并不实际. 因此，我们分析了节点重要性在源头定位过程中的作用，通过定义的三种时序网络中节点重要性的度量指标，即度、接近中心性以

及 PageRank 值,从而能改变观测节点的选择策略.代替之前模型中所采用的随机
选择策略,根据节点重要性的排序选择观测节点,从而在同等比例的观测节点的前
提下,提高定位的精确性.图 9.8 以及图 9.9 对比了四种选择策略的定位效果.

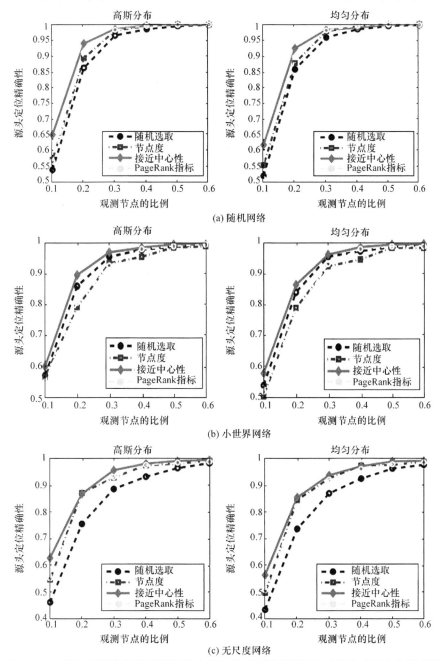

图 9.8　三种构造网络简单扩散传播过程中基于不同观测节点选择策略的定位精确性

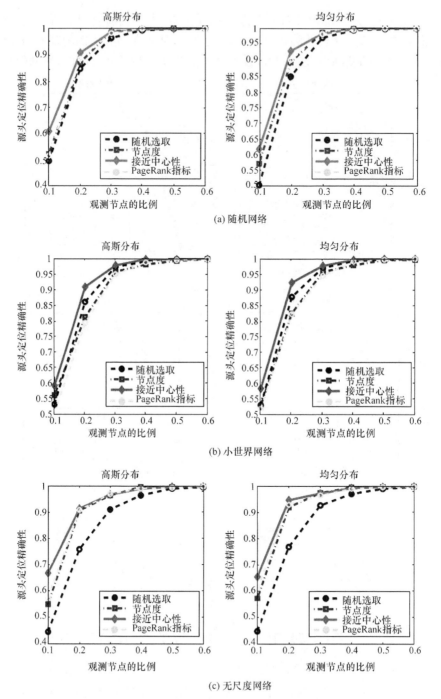

图 9.9　三种构造网络共识动力学传播过程中基于不同观测节点选择策略的定位精确性

　　分析结果显示,在两种类型传播过程中,三种改进的观测节点选择策略在随机网络和小世界网络中对于定位精确性的提高作用不大,而在无尺度网络中却有很明显的提高效果,这可能与无尺度网络的结构以及特殊的属性有关. 而我们生活中大部分的网络都具有无尺度特性,因此改变观测节点的选择策略从而提高定位精确性的方法还是有很广泛的实际运用价值和意义的. 具体来说,根据表 9.3 中所列,在简单扩散的传播模型中要得到 90% 的定位精确性,基于节点接近中心性所需要的观测节点的数量最少. 这是因为在时序网络中,节点的接近中心性与它到其他节点的时序最短路径有关,而我们的源头定位模型也是一个包含找时序最短路径的算法,因此接近中心性的选择策略对于该源头定位模型有更明显的提升效果. 在无尺度网络中,对于简单扩散模拟的传播过程,观测节点的数量从 34% 降到 24%,而对于共识动力学模拟的传播过程来说,观测节点的需要也从 29% 降到了 18%. 另外一个明显的趋势是,当所选择的观测节点的比例越少时,选择策略的改变对于定位效果的提升越明显,随着观测节点数量的增多,选择策略的作用也相对减弱了.

表 9.3　不同观测节点选择策略下达到 90% 的定位精确性所需要的节点的百分比

（单位: %）

选取策略	随机	度	接近中心性	PageRank 指标
随机网络	23	21	18	20
小世界网络	23	26	21	27
无尺度网络	34	24	24	26

3. 模型参数分析

在我们提出反演时序扩散过程的源头定位模型中,需要考虑两个参数的影响: 一个是网络的平均度 $\langle k \rangle$,即网络的稀疏性;另一个是时间序列的长度 T,即网络的演化过程. 首先,对于三种不同的网络结构,我们都模拟了不同稀疏情况,令网络的平均度分别为 6,8 和 10. 从图 9.10 我们可以看出,当传播延迟服从高斯分布的情

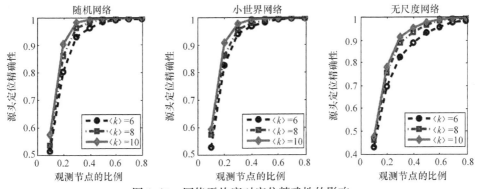

图 9.10　网络平均度对定位精确性的影响

况下,对于简单扩散模拟的传播过程,三种构造网络,选择同等比例的观测节点,都有平均度越大的网络中,我们的定位模型的精确性越高.平均度越高说明网络越稠密,则网络中节点之间的时序距离也越短,从而在定位过程中对于传播延迟的估计误差也就越少.

至于时间序列长度的影响,对于三种不同的网络结构,我们分别构造长度为 10,15 以及 20 的结构随时间变化的时序网络.图 9.11 显示,无论是何种模型模拟的传播过程以及传播延迟服从哪种分布,时间序列的长度对于定位算法的影响不大.这是因为当网络规模一定以及网络中均不存在孤立节点时,网络中节点之间的时序最短路径往往不会超过我们的网络的时间序列的长度.这也是实际生活中,疾病或者信息传播的速度往往比我们网络演化的速度要快.时间序列长度对于定位模型的影响不大,也说明了本案例的模型具有一定的稳定性和适用性.

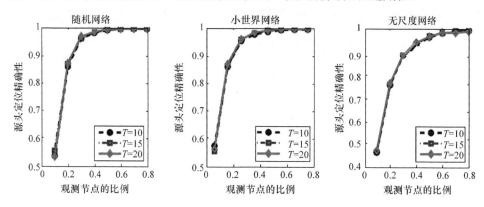

图 9.11　时间序列长度对定位精确性的影响

9.6　应用案例:时态网络上的中心性度量[13]

了解复杂网络的拓扑结构是我们研究网络动力学行为的基础.而度量网络中的关键节点是研究网络结构的一个重要内容,且具有广泛的应用背景.例:寻找传播过程中重要节点、发现交通网络的关键枢纽以及控制基因规则网络的核心基因等.目前,网络中关键节点的度量方法可以分为三类.第一类是基于网络局部拓扑特征,比如度中心性、聚类排名等.这一类方法往往只需要考虑网络的局部信息,因此计算较为简单但精确性也不高.第二类是基于网络的全局信息,比如接近中心性、介数中心性等,这一类指标不仅要考虑网络的局部信息,也要考虑网络全局的路径信息,其计算较为复杂但精确性较高.第三类方法介于前两者之间,比如特征向量中心性、权威值和枢纽值、PageRank 指标、Katz 指标等,由于这一类指标都是基于网络的邻接矩阵以及其函数形式的主特征向量计算得到,所以又统称为基于特征向量中心性的度量方法. 目前, 对于网络节点的重要性度量大多局限于静态网络的前提. 随着信息技术的发展, 我们知道生活中的网络数据都不是一成不变的, 网络的拓扑结构是随时间变化的, 称为时态网络. 这里, 通过对时态网络进行建模, 拓展了基于特征向量的中心性度量方法, 提出了一种时态网络中节点重要性的度量模型.

9.6.1　时态网络的矩阵建模

实际生活中我们有很多带有时间属性的网络, 或者说网络的结构并不是一成不变的, 我们将这种节点之间的连接关系随时间变化的网络称为时态网络. 例如手机通信网络、演员合作网络、神经元网络等. 时态网络的建模方法有很多. 最早, 我们将时态网络聚合静态网络, 通过将随时间变化的边叠加到一起, 但这个方法明显忽视边的权重随时间的演化关系, 而只是简单的叠加. 也有一部分人, 利用观测窗口将时序网络划分为一个一个的时间段, 并将每个时间段内的网络抽象为静态图研究. 这里我们将时态网络看作一种特殊的多层网络, 通过构建超演化矩阵, 对时态网络进行建模.

假设时态网络不会有节点的突然出现和消失. 我们考虑离散的情况, 将时态网络划分为 T 个时间片刻, 如果在每个时间片, 网络的结构都可以用邻接矩阵 $\boldsymbol{A}^{(t)}$ 表示. 而层与层之间的相互关系我们可以用矩阵 $\boldsymbol{W}_{t_1 t_2}$ 表示, 从而我们可以用如下一个 $NT \times NT$ 的超演化矩阵表示时变网络的所有的关联关系.

$$\boldsymbol{A} = \begin{bmatrix} \boldsymbol{A}^{(1)} & \boldsymbol{W}_{12} & \cdots & \boldsymbol{W}_{1T} \\ \boldsymbol{W}_{21} & \boldsymbol{A}^{(2)} & \cdots & \boldsymbol{W}_{2T} \\ \vdots & \vdots & \ddots & \vdots \\ \boldsymbol{W}_{T1} & \boldsymbol{W}_{T2} & \cdots & \boldsymbol{A}^{(T)} \end{bmatrix} \tag{9.112}$$

图 9.12 是时变网络的小例子, 该时变网络包含四个节点, 被分成 3 个事件片段, 我们假设不同时间层之间网络的节点只与其上一个时刻的本身相关. 从而, 该时变网络的超演化矩阵构造如下.

$$\boldsymbol{A} = \begin{bmatrix} \boldsymbol{A}^{(1)} & 0 & 0 \\ w_1 \boldsymbol{I} & \boldsymbol{A}^{(2)} & 0 \\ 0 & w_2 \boldsymbol{I} & \boldsymbol{A}^{(3)} \end{bmatrix}_{4 \times 3, 4 \times 3} \tag{9.113}$$

$$\boldsymbol{A}^{(1)} = \begin{bmatrix} 0 & 0 & 1 & 1 \\ 0 & 0 & 0 & 1 \\ 1 & 0 & 0 & 0 \\ 1 & 1 & 0 & 0 \end{bmatrix}, \quad \boldsymbol{A}^{(2)} = \begin{bmatrix} 0 & 1 & 1 & 0 \\ 1 & 0 & 0 & 0 \\ 1 & 0 & 0 & 0 \\ 0 & 0 & 0 & 0 \end{bmatrix}, \quad \boldsymbol{A}^{(3)} = \begin{bmatrix} 0 & 0 & 0 & 1 \\ 0 & 0 & 0 & 1 \\ 0 & 0 & 0 & 1 \\ 1 & 1 & 1 & 0 \end{bmatrix}$$

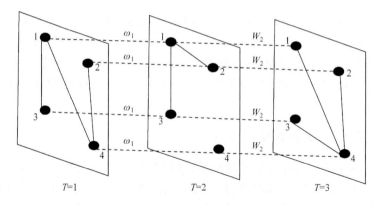

图 9.12　时变网络的小例子

9.6.2　时间序列分析方法

利用超演化矩阵刻画时态网络的结构,其中,网络的层内关系用每个时刻的邻接矩阵 $A^{(t)}$ 表示,也可以简单地获取.但是网络层与层之间的相互关联关系就没有那么直观.本节基于的一个前提假设就是,层与层之间,网络的节点只与其本身的过去时刻有关,而不受其周围节点演化的影响.时间序列分析是一种常用的用于分析时间序列关联关系的方法.这里,我们将时态网络节点的度,看作随时间变化的一条序列,即 $(d_{i1}, d_{i2}, \cdots, d_{iT})$.从而我们可以用时间序列分析方法对其进行建模,来刻画网络节点的度随时间的具体演化关系,并以此构建节点在不同时间层之间的关联关系.利用时间序列分析方法建模,首先需要对该时间序列进行检验,判断其是否平稳.如果不平稳,我们可以采用差分的方法,将其转化为平稳的时间序列,再用经典的自回归滑动平均模型(Auto-Regressive and Moving Average Model, ARMA)对其进行建模.利用 ARMA(p, q) 对网络节点的度进行建模的表达式如下:

$$d_{i,t} = \phi_{i,1} d_{i,t-1} + \phi_{i,2} d_{i,t-2} + \cdots + \phi_{i,p} d_{i,t-p} + e_t - \theta_{i,1} e_{t-1} - \theta_{i,2} e_{t-2} - \cdots - \theta_{i,q} e_{t-q}$$

(9.114)

这里,e_t 表示高斯白噪声;$(\phi_{i,1}, \phi_{i,2}, \cdots, \phi_{i,p})$ 和 $(\theta_{i,1}, \theta_{i,2}, \cdots, \theta_{i,q})$ 是模型的参数;p,q 是模型的阶.

通过对每个节点的度随时间的变化进行演化关系建模,我们就可以以此建立时态网络中节点层与层之间的关联关系.$(\phi_{i,1}, \phi_{i,2}, \cdots, \phi_{i,p})$ 表示节点 i 在当前时刻与其过去 p 个时刻之间的关联关系.从而层与层之间的关联矩阵 $W_{t_1 t_2}$ 具体如下:

$$W_{21} = W_{32} = \cdots = W_{T, T-1} = \begin{pmatrix} \phi_{1,1} & 0 & \cdots & 0 \\ 0 & \phi_{2,1} & \cdots & 0 \\ \vdots & \vdots & \ddots & \vdots \\ 0 & 0 & \cdots & \phi_{N,1} \end{pmatrix}$$

(9.115)

$$W_{t,t-1} = (\phi_{i,1})_{N \times N}, \quad i = 1, 2, \cdots, N$$
$$W_{t,t-2} = (\phi_{i,2})_{N \times N}, \quad i = 1, 2, \cdots, N$$
$$\cdots$$

很显然,当 $t_1 < t_2$ 时,$W_{t_1 t_2} = 0$,这是由时间上的先后关系造成的. 从而很明显,时态网络的超演化矩阵是一个下三角矩阵,形式如下:

$$A = \begin{bmatrix} A^{(1)} & 0 & \cdots & 0 \\ W_{21} & A^{(2)} & \cdots & 0 \\ \vdots & \vdots & \ddots & \vdots \\ W_{T1} & W_{T2} & \cdots & A^{(T)} \end{bmatrix} \tag{9.116}$$

9.6.3　特征向量中心性

静态网络中,我们常用基于特征向量的中心性度量网络节点的重要性,即网络邻接矩阵的最大特征值对应的特征向量. 常用的基于特征向量中心性度量指标有特征向量中心性、权威值和枢纽值(HITS)、Katz 指标、PageRank 指标. 通过上述构造了超演化矩阵刻画时态网络结构,我们可以将这些基于特征向量中心性的度量指标拓展到时态网络中,就以特征向量中心性为例:

$$Av = \lambda v \tag{9.117}$$

这里,v 是一个 $NT \times 1$ 的特征向量,

$$v = (v_{11}, \cdots, v_{N1}, v_{12}, \cdots, v_{N2}, \cdots, v_{1T}, \cdots, v_{NT})^T_{NT \times 1}$$

其中 v_{it} 表示节点 i 在时刻 t 的中心性. 当网络的规模较大时,超演化矩阵的维度也很高,要想直接计算矩阵的特征向量复杂性较高,我们可以根据超演化矩阵下三角的特殊形式,简化特征值特征向量的计算. 这里,我们发现如下结论.

定理 9.1　超演化矩阵 A 的特征值就是其对角线上的所有块矩阵 $A^{(t)}$ 特征值的集合,则 A 的最大特征值也就是所有 $A^{(t)}$ 的特征值中取最大值.

证明　超演化矩阵 A 的所有特征值和特征向量满足如下方程:

$$\begin{bmatrix} A^{(1)} & 0 & \cdots & 0 \\ W_{21} & A^{(2)} & \cdots & 0 \\ \vdots & \vdots & \ddots & \vdots \\ W_{T1} & W_{T2} & \cdots & A^{(T)} \end{bmatrix} \begin{bmatrix} v^{(1)} \\ v^{(2)} \\ \vdots \\ v^{(T)} \end{bmatrix} = \lambda \begin{bmatrix} v^{(1)} \\ v^{(2)} \\ \vdots \\ v^{(T)} \end{bmatrix} \tag{9.118}$$

λ 是矩阵 A 的一个特征值,$v = (v^{(1)}, v^{(2)}, \cdots, v^{(T)})^T$ 是其对应的特征向量,其中 $v^{(i)} = (v_{i1}, v_{i2}, \cdots, v_{iN})$. 则分量相乘,我们可以得到一系列方程组:

$$\begin{cases} A^{(1)} v^{(1)} = \lambda v^{(1)} \\ W_{21} v^{(1)} + A^{(2)} v^{(2)} = \lambda v^{(2)} \\ \qquad\qquad \cdots \\ W_{T1} v^{(1)} + W_{T2} v^{(2)} + \cdots + A^{(T)} v^{(T)} = \lambda v^{(T)} \end{cases} \tag{9.119}$$

假设 $\lambda^{(1)}$ 也是 $A^{(1)}$ 的一个特征值,则有 $A^{(1)} v^{(1)} = \lambda^{(1)} v^{(1)}$. 我们也很容易证明,$\lambda^{(1)}$ 满足上述一系列方程,也就是说 $\lambda^{(1)}$ 也是超矩阵 A 的一个特征值,其对应的特征向量可以一步步计算得到. 假设 $\lambda^{(2)}$ 也是 $A^{(2)}$ 的一个特征值,则有 $A^{(2)} v^{(2)} = \lambda^{(2)} v^{(2)}$. 只需要令 $v^{(1)} = 0$,也就是 v 的第一个分量为 0,就能使得 $\lambda^{(2)}$ 也满足上述的一系列方程. 也就是说,$A^{(2)}$ 的一个特征值也都是超矩阵 A 的特征值. 以此类推,对于 $\forall i = 3, 4, \cdots, T$,只要令 $v^{(1)} = v^{(2)} = \cdots = v^{(i-1)} = 0$,就可以得到 $A^{(i)} v^{(i)} = \lambda^{(i)} v^{(i)}$,也就是说 $\lambda^{(i)}$ 就是 $A^{(i)}$ 的特征值,也是矩阵 A 的特征值,$v^{(i+1)}, \cdots, v^{(T)}$ 也可以逐步计算得到. 归纳来说,超矩阵 A 的特征值就是其对角线上矩阵 $\{A^{(i)}\}$ 的所有特征值的集合. 从而,超矩阵 A 的主特征值也就是其对角线上矩阵 $\{A^{(i)}\}$ 所有特征值中取最大值. 证毕.

根据这个定理,我们就可以将高维超矩阵 A 的特征值计算问题转化为其对角线上那些矩阵 $\{A^{(i)}\}$ 的特征值计算问题,其对角线上的矩阵也就是每个时间片,网络的邻接矩阵,从而可以大大降低计算的复杂度,超矩阵 A 的主特征向量 v 也可以根据上述一系列的方程组层层求解. 求得超演化矩阵 A 的主特征向量 $v = (v_{11}, \cdots, v_{1N}, v_{21}, \cdots, v_{2N}, \cdots, v_{T1}, \cdots, v_{TN})^{\mathrm{T}}$,也就是节点 i 在任意时刻 t 的特征向量中心性为 v_{ti},从而时态网络中节点的 i 的特征项链中心性定义为:$c_i = \sum_{t=1}^{T} v_{ti}$. 我们基于超演化矩阵的时态网络中节点特征向量中心性度量算法总结如下.

算法 2:基于超演化矩阵的时态网络特征向量中心性度量算法

输入:时态网络不同时间片的邻接矩阵序列,$(A^{(1)}, A^{(2)}, \cdots, A^{(T)})$

第一步:计算得到每个节点的度序列 $(d_{i1}, d_{i2}, \cdots, d_{iT})$,利用时间序列分析方法对每个节点的度序列进行建模,从而得到节点层与层之间的演化关联 $W_{t_1 t_2}$;

第二步:根据已知的层内的邻接矩阵 $(A^{(1)}, A^{(2)}, \cdots, A^{(T)})$ 以及层与层之间的关联矩阵 $W_{t_1 t_2}$,得到时态网络的超演化矩阵 A;

第三步:计算超演化矩阵 A 的主特征值和主特征向量;

第四步:计算每个节点的特征向量中心性 $c_i = \sum_{t=1}^{T} v_{ti}$.

输出:节点的特征向量中心性度量,$c_1, c_2, \cdots, c_N$

9.6.4 实验结果分析

本节选取了两个真实的网络数据——安然邮件通信网络和 DBLP 科学家合作网络,来验证我们提出时态网络中的特征向量中心线度量方法更加符合实际. 考虑的一个前提是,这两个网络都是无向非加权的情况,计算其超演化矩阵所对应的主特征向量中心线.

(1)安然邮件网络:安然邮件数据是网络科学研究领域最常用的实验数据之

一. 本案例着重关注安然公司内部一部分领导层和员工的通信网络,包含 260 个邮件地址,对应 150 个员工,从 1999 年 5 月至 2002 年 6 月共发送了 6680 封邮件. 我们可以将这段时间的数据划分为 38 个月,从而构造时态网络.

为了验证模型的有效性,我们同样计算了聚合静态网络的特征向量中心性,即通过将时间演化的网络链路叠加聚合成一个静态网络,再根据其邻接矩阵计算特征向量中心性. 表 9.4 和表 9.5 罗列了安然公司内,基于聚合网络的邻接矩阵以及时态网络的超演化矩阵计算的特征向量中心性排名前 10 的员工. 众所周知,安然欺诈事件就是其公司高层为了个人利益通过虚报假账,从而使得公司走向破产. 通过对安然公司内部员工之间的邮件通信网络的分析,我们发现利用基于时态网络超演化矩阵度量的特征向量中心性,排名前 10 的基本上都是公司的高层领导,比如 CEO 以及副总裁. 然而将网络通过叠加成静态网络度量特征向量中心性,没有体现这些高层领导的重要性. 由此,可以说明,时态网络中包含的时间演化信息也是十分重要的,不能通过简单的叠加进行处理.

表 9.4　安然邮件的叠加静态网络中特征向量中心性排名前 10 的员工

邮件	员工	职位	中心性度量
218	K. Symes	普通员工	0.4226
228	T. Jones	无职位	0.3914
191	S. Shackleton	无职位	0.3426
25	C. Stclair	无职位	0.2581
68	M. Haedicke	经理	0.2193
94	E. Sager	普通员工	0.2114
173	J. Hodge	经理	0.2023
111	K. Carol	无职位	0.1949
155	M. Heard	无职位	0.1844
48	R. Sanders	副总裁	0.1832

表 9.5　安然邮件的时态网络中特征向量中心性排名前 10 的员工

邮件	员工	职位	中心性度量
109	J. Lavorato	安然美国分公司 CEO	0.5743
127	M. Grigsby	经理	0.5370
62	I. Kitchen	安然电子平台总裁	0.5113
82	J. Arnold	副总裁	0.4598
57	S. Neal	副总裁	0.4501
170	B. Tycholiz	副总裁	0.4473

邮件	员工	职位	中心性度量
258	P. Allen	无职位	0.4369
159	S. Kean	副总裁	0.4153
42	H. Shively	副总裁	0.4153
72	P. Allen	无职位	0.4149

　　我们将安然公司内的员工分为三类：高层领导、中层管理者以及普通员工. 高层领导包括公司 CEO、总裁以及副总裁之类；而中层管理者包括经理和主管一类. 图 9.13 分别画出了根据叠加静态网络和时态网络的特征向量中心性排名前 50 的员工中这三类员工的人数比的变化，其中黑色代表的是高层领导，白色区域代表的是中层管理者，我们发现利用基于时态网络超演化矩阵的特征向量中心性的排名，这两类员工排名较为靠前. 也就是说对于叠加的静态网络，我们的模型能够有效发现网络中的重要节点. 图 9.14 选取了根据时态网络特征向量中心性前 6 的节点，其特征向量中心性随时间的演化情况. 可以看出，利用时态网络分析时，节点的特征向量中心性度量初期都为 0，在 $t=30$ 时刻陡升，然后又降落为较小的一些波动. 这与我们的理论分析也是一致的，说明时态网络的超矩阵的最大特征值就是 $t=30$ 时刻的网络邻接矩阵 $A^{(30)}$ 的特征值，才使得节点的中心性度量出现这样的一个趋势，而利用简单叠加方法，则没有明显的趋势.

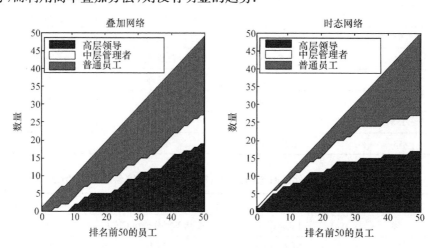

图 9.13　安然邮件网络中基于叠加的静态网络和时态网络特征向量中心性排名前 50 的节点中高层领导、中层管理者以及普通员工的人数

　　(2) DBLP 科学家合作网络：DBLP 科学家合作网络是根据计算科学领域的一系列参考文献的作者合作情况绘制的网络数据，即如果两个科学家合作发表了至

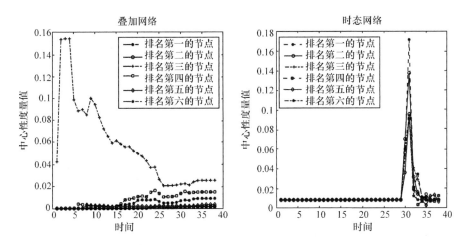

图 9.14 安然邮件网络中基于时态方法排名前 6 的节点在叠加的
静态网络和时态网络中特征向量中心性的演化趋势

少一篇论文, 则它们之间就存在关联. 完整的网络数据包含 1938 年至 2014 年间的
所有论文, 涉及 1314050 个作者, 然而其中的大部分作者就发表了一篇文章. 所以
我们提取了相对较为活跃的一些作者之间的合作网络, 包含 1262 个作者, 228564
篇论文, 时间跨度从 1979 年至 2014 年, 按年份我们将数据划分为 36 个时间片段
的网络数据.

通过对 DBLP 科学家合作网络分析, 我们得到了与安然邮件网络类似的结
论. 首先, 正如表 9.6 和表 9.7 所分别列出的基于叠加的静态网络的邻接矩阵和时
态网络超演化矩阵度量的特征向量中心性排名前 10 的节点, 我们也统计了 DBLP
网页上每个作者的文章发表总数, 发现基于时态网络的排名, 排名靠前的作者发表
的文章数量明显多于简单叠加的静态网络. 一般地, 我们认为在某一研究领域发表
的文章的数量越多, 该作者越活跃, 影响力越大. 所以, 基于时态网络超演化矩阵的
分析, 我们能够发现更加重要的节点. 而且还发现, 我们度量的中心性指标与合作
者的数量之间不成正比, 也就是说节点的特征向量中心性与节点度是不相关的.

表 9.6 DBLP 科学家合作的叠加静态网络中特征向量中心性排名前 10 的作者

节点	作者	文章数量	合作者数量	中心性指标
967	E. Birney	64	440	0.3055
1199	R. Durbin	63	317	0.2910
1245	T. J. P. Hubbard	47	272	0.2879
1261	S. M. J. Searle	22	193	0.2844
1237	A. Kahari	21	165	0.2630

续表

节点	作者	文章数量	合作者数量	中心性指标
1259	G. Coates	14	143	0.2621
1260	D. Keefe	11	135	0.2569
1248	F. Cunningham	20	179	0.2484
557	Y. Chen	156	397	0.2450
1255	G. Proctor	13	138	0.2445

表 9.7　DBLP 科学家合作的时态网络中特征向量中心性排名前 10 的作者

节点	作者	文章数量	合作者数量	中心性指标
838	J. M. Hellerstein	207	240	0.2917
661	G. Weikun	485	361	0.2909
1103	Y. E. Ioannidis	333	272	0.2893
765	R. Agrawal	231	233	0.2890
425	M. Stonebraker	342	165	0.2883
1107	M. J. Franklin	335	143	0.2879
1106	A. Y. Halevy	251	266	0.2868
999	H. G. Molina	295	179	0.2867
333	D. Maier	266	369	0.2866
806	M. J. Carey	230	294	0.2864

　　图 9.15 分别统计了基于叠加的静态网络和时态网络特征向量中心性,排名前 50 的作者的文章发表数量,并且基于文章发表数量的多少,我们将作者分为三类:

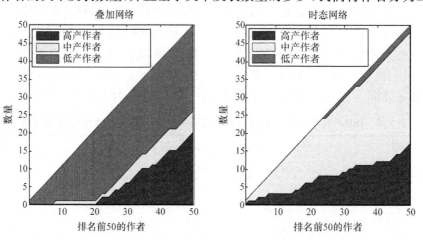

图 9.15　DBLP 科学家合作网络中基于叠加的静态网络和时态网络
特征向量中心性排名前 50 的节点中高产作者、中产作者以及低产作者的数量

发表文章数量大于 300 篇的称为高产作者,发表文章数量在 150 篇到 300 篇之间的称为中产作者,而发表的文章数量少于 150 的称为低产作者. 对比这两幅图,我们可以发现,时态网络特征向量中心性度量的排名靠前的节点多为高产和中产作者,而叠加的静态网络中则不然. 同样地,我们也分析了排名前 6 的作者,其特征向量中心性随时间的演化趋势,得到了与安然邮件网络类似的现象,即在时态网络中,节点的中心性在时刻 $t=27$ 达到最大值,说明时态网络的超演化矩阵的最大特征值取得是其对角线上 $t=27$ 时刻网络邻接矩阵 $A^{(27)}$ 的最大特征值,而在叠加的静态网络中就没有这样的趋势.

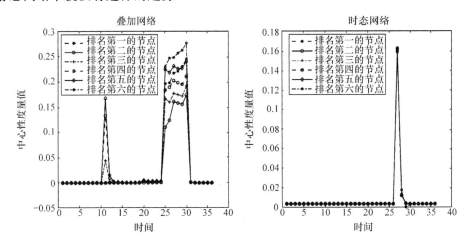

图 9.16　DBLP 科学家合作网络中基于时态方法排名前 6 的
节点在叠加的静态网络和时态网络中特征向量中心性的演化趋势

9.7　应用案例:社会网络上的传播影响力极大化问题[14]

9.7.1　影响力极大化问题

传播现象在人们的日常生活中无处不在,例如传染病在人群中的传播,谣言在社交媒体上的传播,以及电力网络的级联故障,等等. 研究复杂网络中节点的传播影响力,对于人们更好地了解复杂网络的结构和功能具有重要作用. 对于一个新产品的广告营销而言,如何选取少量的种子用户作为产品代言人,并利用口口相传的方式提高产品在更大范围人群中的知名度,具有重要的商业价值. 特别地,在社交网络的研究中,这种选取少量节点作为初始节点,以极大化这些节点在整个网络中的传播影响力的问题,称为影响力极大化问题.

对于影响力极大化问题,一个直观的想法是,如果我们能够对于节点在网络中的重要性进行排序,那么依次选取排名靠前的节点,它们在整个网络中的影响力应该不会小. 例如,我们可以利用度中心性、介数中心性、紧密度中心性、网页中心性、领袖中心性、半局部中心性、K 壳中心性等指标来对节点进行排序,依次选取排序中靠前的部分节点作为种子节点来极大化它们在整个网络中的影响力. 事实上,这种选取方式存在一个严重的问题——由于节点在网络中的影响力存在着相互重叠的区域,节点间的相对位置必然会对它们的集群影响力造成重要的影响.

Kempe 等首次利用社会网络分析的方法研究了这个问题,他们发现,网络中的影响力极大化问题的实质是个 NP 难题的组合优化问题,其精确求解非常困难,进一步地,他们给出了一个基于贪婪思想的算法以近似求解影响力极大化问题,并证明了该算法的精确度下界. 然而,由于该算法十分耗时,往往只能应用在不大的网络上进行求解. 基于类似的贪婪思想,Leskovec 等通过对影响力极大化问题的子模块性质进行研究,提出了高效贪婪选择算法(cost-effective lazy forward selection,CELF),提高了 Kempe 算法的效率. 在 CELF 算法的基础上,Goyal 对于部分算法步骤进行了优化,提出 CELF++算法,进一步提高了 CELF 算法的效率.

虽然基于贪婪思想的算法大多可以取得较为满意的结果,但是较高的算法复杂度往往成了限制它们应用的一个关键,因此,越来越多的学者开始尝试提出启发式算法来近似求解影响力极大化问题. 通过分析节点的相对关系,陈伟等提出了折扣度算法,很好地平衡了算法的计算效率和精度,取得了不弱于贪婪算法的结果. 赵翔宇等受到地图着色问题的启发,提出了一种基于着色的算法. Narayanam 等另辟蹊径,通过引入博弈论中的 Shapely 值的概念,提出了基于 Shapely 值的重要节点选择算法(Shapley value based influential nodes,SPIN). 张建雄等提出了基于迭代的投票排名算法,可以有效地识别出一组影响力较大的离散节点. 此外,通过将网络中的传播问题与渗流问题进行类比,胡延庆等提出了一种基于渗流的算法,取得了不错的效果.

9.7.2 局部有效传播路径算法

大量社会学的研究表明,谣言在人群中的传播通过人们之间的联系而发生,并且随着联系跳数的增大而快速减弱. 在复杂网络中,一个 r 跳的联系可以类比为一条长度为 r 的路径,也即一个节点的序列$(v_0,v_1,\cdots,v_r)$,其中任意相邻节点对之间都存在一条边. 通常地,一条路径可以自交,也即多次访问同一个节点,这样对于传递信息并没有实际的贡献. 因此,在这里我们只关注那些不交路径. 一条从节点 v 到节点 u 的长度为 r 的不交路可以表示为

$$L_{v\to u}^r=\{(v_0,v_1,\cdots,v_r)\,|\,v_0=v,v_r=u,v_iv_{i+1}\in E,\forall\,i\neq j,v_i\neq v_j\}\quad(9.120)$$

实际上,并不是所有的不交路都对网络上的传播过程有所贡献. 假设传播者的集合为 S,如果从 v 到 u 的一条不交路上的某个节点是个传播者 $v_s\in S$,它反而会

阻塞信息的传播. 从而我们可以考虑一种新的不交路, 我们称它为有效传播路 $\widetilde{L}_{v \to u}^r$,

$$\widetilde{L}_{v \to u}^r = \{ l_{v \to u}^r \in L_{v \to u}^r \mid \forall v_s \in l_{v \to u}^r, v_s \notin S \} \tag{9.121}$$

假设网络上信息传播的概率为 p, 首先估计节点 v 通过路径 $l_{v \to u}^r$ 感染节点 u 的概率 $p_{v \to u}^r$. 显然地, 当网络中没有其他传播者时, 感染概率 $p_{v \to u}^r = p^r$. 然而, 当网络中还有其他的传播者时, 由于这些节点会以一定的概率感染路径上的节点, 情况会发生一定的变化. 实际上, 一个候选节点受到其他传播者感染的概率并不是它受到每个节点感染概率的简单求和. 因此, 估计一个候选节点的潜在传播范围需要综合考虑它自己的影响力以及其他已选择传播者对它的影响.

记一个候选节点 v 受到其他传播者影响的概率为 p_v. 如果所有的 p_v 均已知, 那么路径感染概率 $p_{v \to u}^r$ 就等于路径上所有 p_v 的乘积. 然而, 对于 p_v 的计算涉及大计算量数值仿真, 在这里利用一个近似的方式对于 p_v 进行估计. 记 t_v^{in} 为节点 v 入邻居中的传播者数量, 那么 p_v 可以估计为 $p_v \approx 1 - (1-p)^{t_v^{in}}$, 从而路径感染概率为

$$p_{v \to u}^r = p^r \sum_{l_{v \to u}^r \in \widetilde{L}_{v \to u}^r} \prod_{v_i \in L_{v \to u}^r} (1 - p_{v_i}) \approx p^r \sum_{l_{v \to u}^r \in \widetilde{L}_{v \to u}^r} \prod_{v_i \in L_{v \to u}^r} (1-p)^{t_{v_i}^{in}} \tag{9.122}$$

进一步地, 节点 v 感染节点 u 的概率为

$$p_{v \to u} = \sum_r p_{v \to u}^r \tag{9.123}$$

因此, 节点 v 的潜在感染范围为

$$E_v = \sum_{u \in N-S} p_{v \to u} = \sum_{u \in N-S} \sum_r p_{v \to u}^r \tag{9.124}$$

忽略长程连接, (9.124) 式等价于

$$E_v \approx \sum_{r=0,1,2} \sum_{u \in N-S} p_{v \to u}^r$$

$$= (1-p)^{t_v^{in}} + p \sum_{u \in \Gamma_v^{out}-S} (1-p)^{t_v^{in}+t_u^{in}} + p^2 \sum_{u \in \Gamma_v^{out}-S} \sum_{s \in \Gamma_u^{out} \setminus \{v\}-S} (1-p)^{t_v^{in}+t_u^{in}+t_s^{in}} \tag{9.125}$$

通过进一步地简化, 可以得到一个更好地估计

$$E_v \approx 1 + (k_v^{out} - t_v^{in} - t_v^{out})p - (k_v^{out} - t_v^{out})t_v^{in} p^2 - w_v^{ai} p^2$$

$$+ \sum_{u \in \Gamma_v^{out}-S} ((k_u^{out} - t_u^{out} - A_{uv})(1 - (t_v^{in} + t_u^{in})p) + (w_u^{ai} - A_{uv}t_v^{in})p)p^2 \tag{9.126}$$

其中 $w_v^{ai} = \sum_{u \in \Gamma_v^{out}-S} t_u^{in}$.

由于只考虑了短程连接, 我们称该算法为局部有效传播路径算法. 在每一个节点选择步骤中, 具有最大的潜在传播范围的节点被选为传播者, 然后我们重新计算其他节点的潜在传播范围, 依次循环, 直至找到足够数量的传播者.

9.7.3 实验结果分析

1. 疾病传播模型

当传播者已经选出之后,需要一个传播模型来评估这些节点在网络上的传播影响力. 在这里我们考虑传染病传播的 SIR 模型,在该模型中,每个节点可以处于三个状态:易感状态 S,感染状态 I,以及恢复状态 R. 易感节点指的是那些尚未被感染的节点,它们可能以一定的概率 p 被周围的感染节点感染. 对于感染节点,它们代表那些已经感染了疾病的节点,在下一个时间片上,它们以一定得概率 q 康复,也即转为恢复节点.

在经典的 SIR 模型中,每个感染节点可以同时尝试感染所有的易感邻居. 然而,在现实生活中,一个更加常见的现象是一个处于感染状态的节点仅仅可以尝试感染一个处于易感状态的邻居(例如握手行为). 因此,这里使用有限感染的 SIR 模型进行仿真. 在初始时刻,传播者被标记为感染状态,其他节点标记为易感状态,此后,在每一个时刻,每个感染者以概率 p 随机选取一个邻居节点进行感染,然后以概率 q 恢复,有效传播率可以定义为 $\lambda = p/q$. 当网络中没有感染者时,整个传播过程结束,传播的节点数目越多,说明初始传播者的传播范围越大.

2. 无向网络上的传播结果

对于无向网络上的影响力极大化问题,选取六个真实网络来比较不同算法的优劣,它们分别是:合作网络 I 是一个在预印本网站 arXiv 上的相对论力学和量子力学学科投稿的科学家合作网络;自治网络是一个 Oregen 网关上的交换机连接网络;合作网络 II 同样是来自预印本网站 arXiv 上的科学家合作网络,只是它描述的是属于凝聚态物理学家的合作关系;邮件网络反映了 Enron 公司内部近五十万封邮件的收发关系;合作网络III是隶属于计算机科学的科学家合作网络;购物网络是一个共同购买网络,来自于购物网站 Amazon 上的共同购买信息. 为了简化起见,在下面的实验中,仅考虑所有网络的最大弱联通分支,并且去掉网络中的多边和自环. 这六个网络的拓扑性质如表 9.8 所示.

表 9.8 六个无向网络的基本拓扑性质

网络	类型	节点数	边数	平均度	平均局部聚类系数
合作网络 I	无向网络	4 千	13 千	6.45	0.56
自治网络	无向网络	10 千	22 千	4.12	0.30
合作网络 II	无向网络	21 千	91 千	8.55	0.64
邮件网络	无向网络	33 千	180 千	10.73	0.51
合作网络III	无向网络	317 千	1.0 百万	6.62	0.63
购物网络	无向网络	334 千	925 千	5.53	0.40

图 9.17 显示了无向网络上随时间变化的传播范围,其比较方法分别为度中心、K 壳中心、局部排名、聚类排名、投票排名、折扣度,以及我们的方法局部有效传播路径. 在实验中,设定有效传播率为 $\lambda = 1.5$,恢复率为 $q = 1/\langle k \rangle$. 在不同网络中选择的传播者数量由网络的尺度所决定,分别为 $0.03, 0.006, 0.006, 0.006, 0.003, 0.003$. 从图中可以看出,局部有效传播路径方法选取的传播者的传播速度比其他方法更快. 在所有的网络中,K 壳中心算法的结果最差,这可能是两方面的原因:首先,K 壳中心算法的判别能力较差,它指派了很多节点一个相同的排名;其次,在同一层上的节点联系往往较为紧密,这会导致严重的影响力重叠问题.

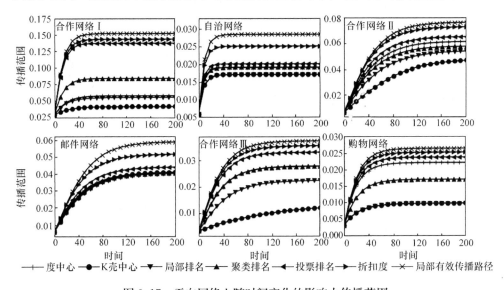

图 9.17 无向网络上随时间变化的影响力传播范围

图 9.18 和图 9.19 分别显示了无向网络上不同传播者数量,以及不同有效传播率时的最终影响力传播范围. 与前一个实验相似,局部有效传播路径算法可以取得最好的效果. 更重要的是,与另外两个启发式算法投票排名、折扣度相比,局部有效传播路径算法随着传播者数量的增加或者有效传播率的增加,算法的效果越来越好. 特别是在邮件网络上,四个基于排名的算法结果非常相似,而局部有效传播路径算法却可以取得明显更优的结果.

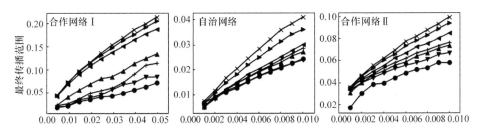

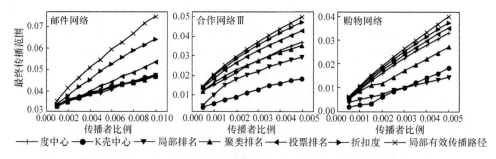

图 9.18　无向网络上不同传播者比例时的最终影响力传播范围

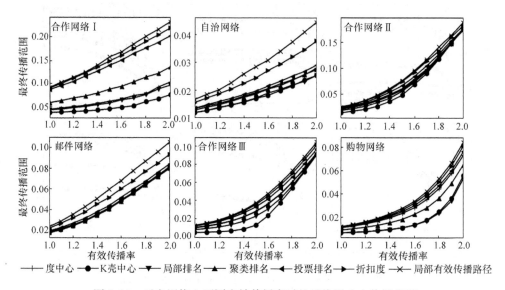

图 9.19　无向网络上不同有效传播率时的最终影响力传播范围

3. 有向网络上的传播结果

对于有向网络上的影响力极大化问题,同样选取六个真实网络(表 9.9)来比较不同算法的优劣,它们分别是:分享网络是文件分享网站 Gnutella 上的 p2p 网络;信任网络是一个在线评价网站 Epinions 上的用户信任网络;社交网络 I 是 Twitter 上的在线社交网络;社交网络 II 是 Slashdot 网络上的朋友关系网络;通信网络是从大部分欧洲科研机构研究学者们的通信记录中收集而来的;网页网络是一个包含有斯坦福大学校园所有网站链接关系的网页网络. 为了简化起见,在下面的实验中,仅考虑所有网络的最大弱联通分支,并且去掉网络中的多边和自环.

表 9.9　六个有向网络的基本拓扑性质

网络	类型	节点数	边数	平均度	平均局部聚类系数
分享网络	有向网络	8 千	20 千	3.21	0.01
信任网络	有向网络	76 千	508 千	6.70	0.09
社交网络 I	有向网络	81 千	1.7 百万	21.75	0.31
社交网络 II	有向网络	82 千	870 千	10.59	0.05
通信网络	有向网络	224 千	394 千	1.75	0.06
网页网络	有向网络	255 千	2.2 百万	8.75	0.42

图 9.20 显示了有向网络上随时间变化的传播范围,其比较方法分别为出度中心、网页排名、领袖排名、聚类排名、投票排名、折扣度,以及我们的方法. 在实验中,设定有效传播率为 $\lambda = 1.5$,恢复率为 $q = 1/\langle k \rangle$. 在不同网络中选择的传播者比例由网络的尺度所决定,分别为 0.03, 0.006, 0.006, 0.006, 0.003, 0.003. 可以看出,在有向网络中,局部有效传播路径算法也取得了最好的结果,仅次于它的为折扣度算法以及投票排名算法,它们在信任网络、社交网络 I、社交网络 II、通信网络上都可以取得不错的结果. 相对应地,虽然聚类排名算法在无向网络中的表现很好,它在有向网络的表现却非常糟糕. 另外,虽然领袖排名算法是网页排名算法的改进,在影响力极大化问题上,前者的表现并没有能够明显优于后者:在分享网络上,领袖排名比网页排名效果好,然而在信任网络、社交网络 I、网页网络上,后者则可以取得优于前者的结果.

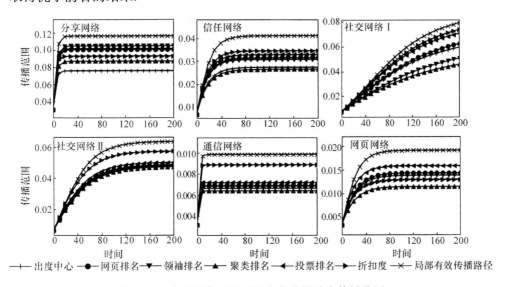

—— 出度中心 —●— 网页排名 —▼— 领袖排名 —▲— 聚类排名 —◀— 投票排名 —▶— 折扣度 —✕— 局部有效传播路径

图 9.20　有向网络上随时间变化的影响力传播范围

图 9.21 和图 9.22 分别显示了有向网络上不同传播者数量,以及不同有效传播率时的最终影响力传播范围.随着传播者数量以及有效传播率的增大,局部有效传播路径算法的优势越来越显著.在社交网络 II 上,四个基于排名的算法表现非常接近,而局部有效传播路径算法却可以取得明显的优势.在实验中,一个值得关注的现象是在通信网络上,当有效传播率 λ>1.7 时,最终传播范围几乎保持不变,这可能是由通信网络的特殊性质引起的:由于这个网络的平均出度很低,信息很难传播一个比较大的范围.

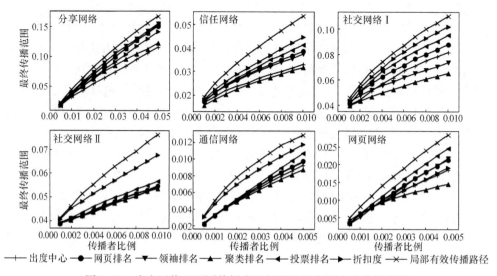

图 9.21　有向网络上不同传播者比例时的最终影响力传播范围

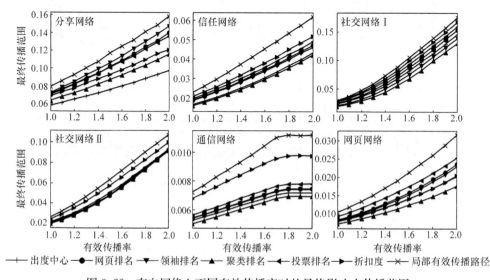

图 9.22　有向网络上不同有效传播率时的最终影响力传播范围

4. 其他传播模型下的传播结果

在前述研究中,主要报告的是不同算法在有限感染情况下的 SIR 模型传播结果.其实除了这种模型之外,还有很多种模型可以用来进行传播仿真.在这里主要讨论另外两种常用的模型:完全 SIR 模型以及 SI 模型.

在完全 SIR 模型中,每个感染节点可以尝试感染它的所有邻居,然后以一定的概率转化为恢复节点.在本实验中,设置恢复概率为 $q=1$,感染率 $p=1.5p^c$,其中 p^c 为疾病阈值.选取的传播者比例分别为 $0.01, 0.002, 0.002, 0.002, 0.001, 0.001$,所有的结果为 200 次实验的平均值.从表 9.10 和表 9.11 中可以看出,局部有效传播路径算法的表现近似最好,特别是在规模较大的网络中,局部有效传播路径的表现更为优异.

在 SI 模型中,则不存在恢复态,当一个节点感染之后,它将一直保持感染态.对于这样的感染过程,由于不存在恢复态,疾病会以很快的速度蔓延开来,因此这里只讨论疾病早期的传播结果,设置采样的时间片为 $t=5$,感染率 $p=1.5p^c$,其中 p^c 为疾病阈值.选取的传播者比例分别为 $0.01, 0.002, 0.002, 0.002, 0.001, 0.001$,所有的结果为 200 次实验的平均值.从表 9.12、表 9.13 中可以看出,局部有效传播路径算法依然可以取得较好的结果.

表 9.10　无向网络上的完全 SIR 模型传播结果

网络	度中心	K 壳中心	局部排名	聚类排名	投票排名	折扣度	局部有效传播路径
合作网络 I	0.0469	0.0354	0.0358	0.0596	0.0982	0.0986	0.0991
自治网络	0.0135	0.0122	0.0123	0.0128	0.0135	0.0136	0.0136
合作网络 II	0.1189	0.1136	0.1140	0.1162	0.1247	0.1273	0.1278
邮件网络	0.0245	0.0226	0.0228	0.0232	0.0249	0.0247	0.0248
合作网络 III	0.0720	0.0701	0.0703	0.0711	0.0735	0.0741	0.0734
购物网络	0.0504	0.0106	0.0281	0.0440	0.0534	0.0545	0.0571

表 9.11　有向网络上的完全 SIR 模型传播结果

网络	出度中心	网页排名	领袖排名	聚类排名	投票排名	折扣度	局部有效传播路径
分享网络	0.0498	0.0450	0.0559	0.0550	0.0542	0.0530	0.0619
信任网络	0.0190	0.0200	0.0200	0.0178	0.0201	0.0201	0.0202
社交网络 I	0.0502	0.0553	0.0520	9.0485	0.0572	0.0574	0.0581
社交网络 II	0.0237	0.0237	0.0237	0.0228	0.0242	0.0244	0.0243
通信网络	0.0073	0.0073	0.0073	0.0069	0.0074	0.0078	0.0079
网页网络	0.0158	0.0102	0.0105	0.0123	0.0162	0.0158	0.0182

表 9.12 无向网络上的 SI 模型传播结果

网络	度中心	K 壳中心	局部排名	聚类排名	投票排名	折扣度	局部有效传播路径
合作网络 I	0.0961	0.0784	0.0797	0.1435	0.2392	0.2350	0.2370
自治网络	0.0314	0.0198	0.0294	0.0298	0.0313	0.0314	0.0315
合作网络 II	0.2176	0.1162	0.1872	0.2035	0.2264	0.2266	0.2261
邮件网络	0.0935	0.0815	0.0837	0.0877	0.0935	0.0940	0.0938
合作网络 III	0.1238	0.0289	0.0698	0.1266	0.1478	0.1470	0.1472
购物网络	0.1098	0.0058	0.0380	0.0921	0.1177	0.1200	0.1253

表 9.13 有向网络上的 SI 模型传播结果

网络	出度中心	网页排名	领袖排名	聚类排名	投票排名	折扣度	局部有效传播路径
分享网络	0.1724	0.2038	0.2018	0.1919	0.1861	0.1821	0.2223
信任网络	0.0594	0.0612	0.0615	0.0552	0.0617	0.0613	0.0615
社交网络 I	0.1232	0.1289	0.1091	0.1122	0.1451	0.1429	0.1429
社交网络 II	0.0899	0.0906	0.0900	0.0865	0.0897	0.0905	0.0905
通信网络	0.0284	0.0285	0.0285	0.0264	0.0288	0.0290	0.0281
网页网络	0.0492	0.0424	0.0373	0.0374	0.0520	0.0484	0.0563

思 考 题

1. 从网络科学历史发展的角度解释复杂网络概念的涌现,是否有某种必然性?
2. 证明随机网络的度分布服从泊松分布.
3. 为什么称度分布服从幂率分布的网络为无尺度网络?
4. 随机网络、小世界网络与无尺度网络的关系是什么?
5. 是否有另外的统计分布用来描述复杂网络的结构?
6. 网络动力学具有普遍共性吗?
7. 网络动力学过程是如何重塑网络拓扑的?
8. 如何理解网络科学中"结构决定功能"的含义?
9. 请用自己的语言说明网络与复杂性的关系.

参 考 文 献

[1] Barabási A L. Network Science. Cambridge:Cambridge University Press,2006.

[2] Newman M E J. The structure and function of complex networks. SIAM Review, 2003,

45:167.

[3] Erdös P,Renyi A. On random graphs, I. Publicationes Mathematicae(Debrecen),1959,6:290-297.

[4] Milgram S. The Small World Problem. Psychology Today,1967,2:60-67.

[5] Granovetter M S. The strength of weak ties. American Journal of Sociology,1973,78:1360.

[6] Watts D J,Strogatz S H. Collective dynamics of "small-world"networks. Nature,1998,393:409-410.

[7] Barabási A L, Albert R. Emergence of scaling in random networks. Science, 1999, 286:509-512.

[8] Bianconi G,Barabási A L. Competition and multiscaling in evolving networks. Europhysics Letters,2001,54:436-442.

[9] Molloy M,Reed B. A criticial point for random graphs with a given degree sequence. Random Structures and Algorithms,1995,6:161.

[10] Albert R,Jeong H,Barabási A L. Attack and error tolerance of complex networks. Nature,2000,406:378.

[11] Pastor-Satorras R,Vespignani A. Epidemic spreading in scalefree networks. Physical Review Letters,2001,86:3200-3203.

[12] Huang Q,Zhao C,Zhang X,et al. Locating the source of spreading in temporal networks. Physica A Statistical Mechanics & Its Applications,2016,468(2017):434-444.

[13] Huang Q,Zhao C,Zhang X,et al. Centrality measures in temporal networks with time series analysis. Epl. ,2017,118(3):36001.

[14] Wang X,Zhang X,Yi D,et al. Identifying influential spreaders in complex networks through local effective spreading paths. Journal of Statistical Mechanics:Theory and Experiment,2017,5:053402.

第 10 章　复杂系统模拟与优化

借鉴群体智慧和进化特点,近年来系统科学发展了元胞自动机、神经网络、进化算法、遗传算法、蚁群优化、智能体等多种复杂系统模拟与优化的方法.本章着重介绍几种常用的典型复杂系统模拟与优化方法[1-3].10.1 节讲述可模拟复杂系统演化的元胞自动机;10.2 节介绍一类从智能观点模拟生物智能的计算理论与方法——遗传算法;10.3 节与 10.4 节分别介绍模仿蚁群迁徙与觅食过程以及模拟鸟类群体行为而建立起来的蚁群算法和粒子群算法的基本概念、理论与方法;10.5 节小结了人工生命和智能算法的特点.

10.1　元胞自动机[1]

元胞自动机(cellular automato,CA),由冯·诺依曼(von Neumann)最早提出用于模拟生命系统所具有的自复制功能,是一个在时间和空间都离散的动力系统.散布在规则格网(lattice grid)中的每一元胞(cell)都取有限的离散状态,遵循同样的作用规则,依据确定的局部规则作同步更新.元胞自动机可归结为一种仿真模型,不是由严格的物理或函数定义,而是由一系列模型构造的规则构成,用于描述局部规则明确,而全局或整体规律未知的系统变化,可认为是一种确定性的仿真方法.

10.1.1　历史发展

人工生命被认为是走向 21 世纪的科学.

阿兰·图灵是人工科学的第一个先驱.他在 20 世纪 50 年代早期发表了一篇蕴意深刻的论形态发生(生物学形态发育)的数学论文(1952).在这篇论文中,他提出了人工生命的一些萌芽思想.他证明了相对简单的化学过程可以从均质组织产生出新的秩序.两种或更多的化学物质以不同的速率扩散可以产生不同密度的"波纹",如果是在一个胚胎或生长的有机体中,很可能产生重复的结构,比如腺毛、叶芽、分节等.扩散波纹可以在一维、二维或三维中产生有序的细胞分化.在三维空间中,可以产生原肠胚,其中,球形的均质细胞发育出一个空心(最终变为管状).就像图灵自己所强调的那样,进一步发展他的思想需要更好的计算机,而他自己只有很原始的计算机帮助,所以,他的论文尽管对分析生物学是一个重大的贡献,但并没有立刻产生作为一门计算学科的人工生命.

冯·诺伊曼也是人工科学的先驱. 20 世纪 40 年代和 50 年代,他在数字计算机设计和人工智能领域做了很多开创性的工作. 与图灵一样,他也试图用计算的方法揭示出生命最本质的方面. 但与图灵关注生物的形态发生不同,他则试图描述生物自我繁殖的逻辑形式. 在发现 DNA 和遗传密码之前,他已认识到,任何自我繁殖系统的遗传物质,无论是自然的还是人工的,都必须具有两个不同的基本功能:一方面,它必须起到计算机程序的作用,是一种在繁衍下一代过程中能够运行的算法;另一方面,它必须能够复制和传到下一代. 为了避免当时电子管计算机技术的限制,他提出了元胞自动机(CA)的设想:把一个长方形平面分成很多个网格,每一个格点表示一个细胞或系统的基元,每一个细胞都是一个很简单、很抽象的自动机,每个自动机每次处于一种状态,下一次的状态由它周围细胞的状态、它自身的状态以及事先定义好的一组简单规则决定. 冯·诺依曼证明,确实有一种能够自我繁殖的元胞自动机存在,虽然它复杂到了当时的计算机都不能模拟的程度. 冯·诺依曼的这项工作表明:一旦把自我繁衍看作生命独有的特征,机器也能做到这一点.

冯·诺依曼的人工生命观念,与图灵关于形态发生的观念一样,被研究者忽视了许多年. 研究者注意力集中在人工智能、系统理论和其他研究上,因为这些领域的内容在早期计算技术的帮助下可以得到发展. 而探讨图灵和冯·诺依曼的人工生命研究的进一步含义则需要相当的计算能力,由于当时没有这样的计算能力,它的发展不可避免地受到了限制.

冯·诺依曼未完成的工作,在他去世多年后由康威(John Conway)、沃尔弗拉姆(Stephen Wolfram)和兰顿(Chris Langton)等进一步发展. 1970 年,剑桥大学的约翰·康威编制了一个名为"生命"的游戏程序,该程序由几条简单的规则控制,这几条简单的规则的组合就可以使元胞自动机产生无法预测的延伸和变形等复杂的模式. 这一意想不到的结果吸引了一大批计算机科学家研究"生命"程序的特点. 最后证明元胞自动机与图灵机等价. 即给定适当的初始条件,元胞自动机可以模拟任何一种计算机.

在此之后,以元胞自动机为代表的人工生命迅猛发展.

10.1.2　定义及结构

元胞自动机(也有人译为点格自动机、分子自动机或单元自动机),是在时间和空间上都离散的动力系统. 散布在规则格网中的每一元胞取有限的离散状态,遵循同样的作用规则,依据确定的局部规则作同步更新. 大量元胞通过简单的相互作用,随时间作同步演化就可以描述复杂非线性系统的动态演化. 其数学构造非常简单,根据简单的局部规则同时运行而得到所有元胞在某时刻的状态全体,即元胞自动机的一个构形,其随时间变化呈现出丰富而复杂的瞬时演化过程,因此元胞自动机可作为一个无穷维动力系统. 不同于一般的动力学模型,元胞自动机不是由严格定义的物理方程或函数确定,而是用一系列模型构造的规则构成.凡是满足这些规则的模型都可以算作元胞自动机模型.因此,元胞自动机是一类模型的总称,或者说是一个方法框架.其特点是时间、空间、状态都离散,每个变量只取有限多个状态,且其状态改变的规则在时间和空间上都是局部的.

定义 10.1　元胞自动机

在一个由具有离散、有限状态的元胞组成的元胞空间上,并按照一定局部规则,在离散的时间维上演化的动力学系统.

一个元胞在某时刻的状态取决于上一时刻该元胞的状态以及该元胞的所有邻居元胞的状态;元胞空间内的元胞依照这样的局部规则进行同步的状态更新,整个元胞空间则表现为在离散的时间维上的变化.

美国数学家 L. P. Hurd 等对元胞自动机从集合论角度进行了描述.

设 d 代表空间维数,k 代表元胞的状态,并在一个有限集合 S 中取值,r 表示元胞的邻居半径.Z 是整数集,表示一维空间,t 代表时间.

为简单起见,不妨在一维空间上考虑元胞自动机,即假定 $d=1$.那么整个元胞空间就是在一维空间整数集 Z 上的状态集 S 的分布,记为 S^Z.元胞自动机的动态演化就是在时间上状态组合的变化,可记为

$$F:S_t^Z \rightarrow S_{t+1}^Z \qquad\qquad (10.1)$$

这个动态演化又由各个元胞的局部演化规则 f 所决定.局部函数 f 通常被称为局部规则.对于一维空间,元胞及其邻居可以记为 S^{2r+1},局部函数可记为

$$f:S_t^{2r+1} \rightarrow S_{t+1}^{2r+1} \qquad\qquad (10.2)$$

对于局部规则 f,函数的输入、输出集均为有限集合.对元胞空间内的元胞,独立作用上述局部函数,则可得到全局的演化:

$$F(c_{t+1}^i) = f(c_t^{i-r}, \cdots, c_t^i, \cdots, c_t^{i+r}) \qquad\qquad (10.3)$$

c_t^i 表示在位置 i 处的元胞,至此,就得到了一个元胞自动机模型.

1. 元胞自动机的构成

元胞自动机最基本的组成:元胞、邻居、元胞空间及规则四部分.元胞自动机可视为由一个元胞空间和定义于该空间的变换函数所组成:

$$A = (Ld, S, N, f)$$

其中,A 为一个元胞自动机;Ld 为元胞空间;d 为元胞空间的维数;S 为元胞的有限状态集;N 表示一个所有邻域内元胞的组合,为包含 n 个不同元胞的空间矢量,表示为 $N=(s_1, s_2, \cdots, s_n)$,$n$ 是邻居元胞个数,$s_i \in Z$(整数集),$i=1,2,\cdots,n$;f 表示将 S_n 映射到 S 上的一个状态转换函数.

(1)元胞和元胞空间:元胞又可称为基元,是元胞自动机的最基本的组成部分,分布在离散的一维、二维或多维欧几里得空间的格点上.而元胞所分布的空间

网格集合就是元胞空间,它可以是任意维数欧几里得空间的规则划分.由于计算机显示问题,目前研究集中在一维和二维,对于一维元胞自动机,元胞空间的划分只有一种,而对于二维元胞自动机,元胞空间通常可以按三角、四边形或六边形三种网格排列.见图 10.1.

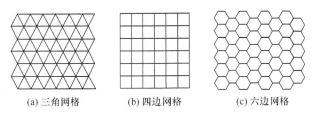

(a)三角网格　　　　　(b)四边网格　　　　　(c)六边网格

图 10.1　元胞自动机的网格排列

(2) 状态:取值于一个有限的离散集.严格意义上,元胞自动机的元胞只能有一个状态变量,以二进制的形式表示,如:(0,1),(生,死),(黑,白)等,但在实际应用中,往往可进行扩展.

(3) 邻居:在给出规则之前,必须定义一定的邻居规则,明确哪些元胞属于该元胞的邻居.在一维元胞自动机中,通常以半径 r 来确定邻居,距离一个元胞 r 内的所有元胞均被认为是该元胞的邻居.二维元胞自动机的邻居定义较为复杂,但通常有图 10.2 所示的冯·诺依曼型、Moore 型及扩展 Moore 型等.

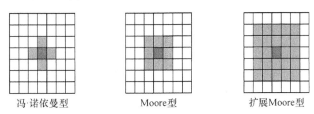

冯·诺依曼型　　　　　Moore型　　　　　扩展Moore型

图 10.2　元胞自动机的邻居模型示意图

(4) 局部规则(local rule):根据元胞当前状态以及邻居状况确定下一时刻该元胞状态的函数,也称为状态转移函数.

2. 元胞空间边界条件

理论上,元胞空间是无限的;实际应用中无法达到这一理想条件.常用的边界条件如下:周期型、定值型、绝热型、反射型.见图 10.3.

周期型边界条件是指相对边界连接起来的元胞空间,对一维空间,首尾相接形成一个圆环;对二维空间,上下相接,左右相接,而形成一个拓扑圆环面,形似车胎.周期型空间与无限空间最为接近,因而在理论探讨时,常以此类空间作实验.

定值型边界条件是指所有边界外元胞均取某一固定常量.

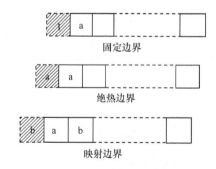

图 10.3　元胞自动机边界类型

绝热型边界条件是指边界外邻居元胞的状态始终和边界元胞的状态保持一致,即具有状态的零梯度.

反射型边界条件是指边界外邻居的元胞状态以边界元胞为轴的镜面反射.

3. 元胞自动机的分类

沃尔弗拉姆(Wolfram)详细研究了元胞自动机的演化行为,并将它们按其结构定性地分为以下四大类,即元胞自动机的稳定行为只能是下述几类之一:

第一类:均匀状态,即点吸引子;

第二类:简单的周期性结构,即周期吸引子;

第三类:混沌的非周期性模式,即混沌吸引子;

第四类:具有某种局部结构的复杂模式.

从研究元胞自动机的角度讲,最具研究价值的是第四类行为,因为这类元胞自动机被认为具有涌现计算功能,可以用作通用计算机来仿真复杂的计算过程.而我们所关心的是这类自动机网络作为一类系统的动态模型确实能反映所描述的系统的状态和演化过程.

10.1.3　经典元胞自动机模型

在元胞自动机的发展过程中,科学家们构造了各种各样的元胞自动机模型.以下几个典型模型对元胞自动机的理论方法的研究起到了极大的推动作用,因此,它们又被认为是元胞自动机发展历程中的几个里程碑.

1. 康威和"生命游戏"

生命游戏(game of life)是康威(Conway)在 20 世纪 60 年代末设计的一种单人玩的计算机游戏.其与现代的围棋游戏在某些特征上略有相似:围棋中有黑白两种棋子.生命游戏中的元胞有{"生","死"}两个状态 {0,1};围棋的棋盘是规则划分的网格,黑白两子在空间的分布决定双方的死活,而生命游戏也是规则划分的网格(元胞似国际象棋分布在网格内.而不像围棋的棋子分布在格网交叉点上).根据元胞的局部空间构形来决定生死.只不过规则更为简单.下面介绍生命游戏的构成及规则:

(1) 元胞具有 0,1 两种状态,0 代表"死",1 代表"生".

(2) 元胞以相邻的 8 个元胞为邻居,即 Moore 邻居形式;边界采用定值型均为 0.

　　（3）一个元胞的生死由其在该时刻本身的生死状态和周围八个邻居的状态（确切讲是状态的和）决定：在当前时刻，如果一个元胞状态为"生"，且八个相邻元胞中有两个或三个的状态为"生"，则在下一时刻该元胞继续保持为"生"，否则"死"去；在当前时刻，如果一个元胞状态为"死"，且八个相邻元胞中正好有三个为"生"．则该元胞在下一时刻"复活"．否则保持为"死"．

　　演化规则：1）若 $S^t=1$，则 $S^{t+1}=\begin{cases}1, & S=2,3,\\ 0, & S\neq 2,3;\end{cases}$

　　2）若 $S^t=0$，则 $S^{t+1}=\begin{cases}1, & S=3,\\ 0, & S\neq 3.\end{cases}$

　　生命游戏模型已在多方面得到应用．其演化规则近似地描述了生物群体的生存繁殖规律：在生命密度过小（相邻元胞数之 2）时，由于缺乏繁殖机会、缺乏互助也会出现生命危机，元胞状态值由 1 变为 0；在生命密度过大（相邻元胞数＞3）时，由于环境恶化、资源短缺以及相互竞争而出现生存危机，元胞状态值由 1 变为 0；只有处于个体适中（相邻元胞数为 2 或 3）位置的生物才能生存（保持元胞的状态值为 1）和繁衍后代（元胞状态值由 0 变为 1）．正由于它能够模拟生命活动中的生存、灭绝、竞争等等复杂现象，因而得名"生命游戏"（示例见图 10.4）．康威还证明，这个元胞自动机具有通用图灵机的计算能力，与图灵机等价，也就是说给定适当的初始条件，生命游戏模型能够模拟任何一种计算机．

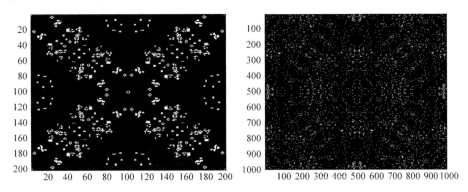

图 10.4　生命游戏元胞自动机的运行示例

左图初始条件为对角元素为 1，200×200 元胞空间，运行 200 次；右图初始条件为
对角元素为 1，1000×1000 的元胞空间，运行 1000 次

　　尽管它的规则看上去很简单，但生命游戏是具有产生动态图案和动态结构能力的元胞自动机模型．它能产生丰富的、有趣的图案．生命游戏的优化与初始元胞状态值的分布有关，给定任意的初始状态分布，经过若干步的运算，有的图案会很快消失；而有的图案则固定不动；有的周而复始重复两个或几个图案；有的蜿蜒而行；有的则保持图案定向移动，形似阅兵阵，……其中最为著名的是"滑翔机"的图案．

2. 沃尔弗拉姆和初等元胞自动机

初等元胞自动机(elementary cellular automata,ECA)是状态集 S 只有两个元素 $\{s_1,s_2\}$,即状态个数 $k=2$,邻居半径 $r=1$ 的一维元胞自动机. 它几乎是最简单的元胞自动机模型. 通常我们将其状态记为 $\{0,1\}$. 此时,邻居集 N 的个数 $2r=2$,局部映射 $f:S_3\to S$ 可记为

$$S_i^{t+1}=f(S_{i-1}^t,S_i^t,S_{i+1}^t)$$

其中变量有三个,每个变量取两个状态值,那么就有 $2\times2\times2=8$ 种组合,只要给出在这八个自变量组合上的值,f 就完全确定了. 例如,以下映射便是其中的一个规则:

t	111	110	101	100	011	010	001	000
$t+1$	0	1	0	0	1	1	0	0

通常这种规则也可表示为以下图形方式(■代表 1,□代表 0):

这样,对于任何一个一维的 0,1 序列,应用以上规则,可以产生下一时刻的相应的序列. 以下序列就是应用以上规则产生的:

$$t:010111110101011100010$$
$$t+1:1010001010101010001$$

以上八种组合分别对应 0 或 1,因而这样的组合共有 $2^8=256$ 种,即初等元胞自动机只可能有 256 种不同规则. 其各类吸因子所占比例见表 10.1. 沃尔弗拉姆定义由上述八种构形产生的八个结果组成一个二进制(注意高低位顺序),如上可得 01001100,然后计算它的十进制值 R:

$$R=\sum_{i=0}^{i=1}S_i2^i=76$$

表 10.1 一维元胞自动机中各类吸引子所占比例

吸引子的类型	$k=2,r=1$	$k=2,r=2$	$k=2,r=3$	$k=3,r=4$
1	0.50	0.25	0.09	0.12
2	0.25	0.16	0.11	0.19
3	0.25	0.53	0.73	0.60
4	0	0.06	0.06	0.07

示例及分析如下:

(1) 若在 256 种演化规则中施加两个限定条件:①组合 000 对应 0;②演化规则对称映射部分的元胞演化要一致,即 110 与 011,100 与 001,要演化成相同的元胞.加上以上两个条件之后,256 种演化规则只保留了其中的 32 种.

(2) 沃尔弗拉姆对这 256 种模型一一进行了详细而深入的研究.研究表明,尽管初等元胞自动机是如此简单,但它们表现出各种各样的高度复杂的空间形态.经过一定时间,有些元胞自动机生成一种稳定状态,或静止,或产生周期性结构,那么,有些产生自组织、自相似的分形结构.沃尔弗拉姆借用分形理论计算了它们的维数约为 1.59 或 1.69.

(3) 随机初始条件下的元胞演化性态(图 10.5).

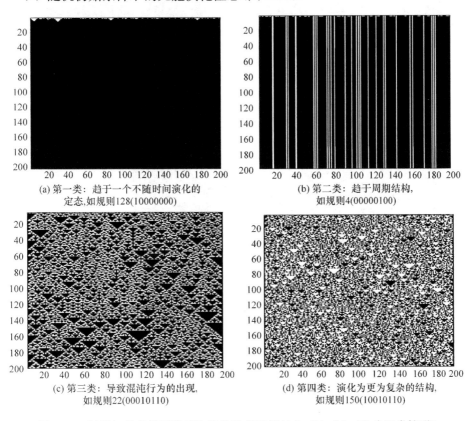

图 10.5　随机初始条件下的元胞演化性态示例((a),(b),(c),(d)为四类情形)

3. 总和规则模型

总和规则模型的构成及规则如下:

(1) 元胞具有 0,1 两种状态.

(2) 元胞的下一状态由周围 $2 \times r + 1$ 个元胞决定,定值型边界.

(3) $s = a(i, j-2) + a(i, j-1) + a(i, j) + a(i, j+1) + a(i, j+2)$,$s$ 取值为 6, 5,4,3,2,1,0,分别对应 0 或 1. 则共有 64 种总和规则.

示例及分析如图 10.6 所示.

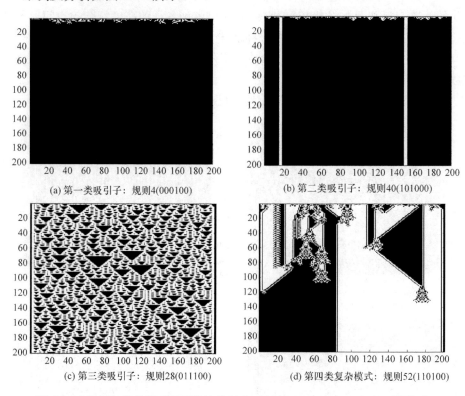

(a) 第一类吸引子: 规则4(000100)

(b) 第二类吸引子: 规则40(101000)

(c) 第三类吸引子: 规则28(011100)

(d) 第四类复杂模式: 规则52(110100)

图 10.6　随机初始条件下的元胞演化性态示例((a),(b),(c),(d)为四类情形)

4. 奇偶规则模型

奇偶规则模型的构成及规则:

(1) 元胞空间:经典方格空间.

(2) 邻域:冯·诺依曼邻域(包含自身在内的存在公共边的五个格子);特殊地,如果细胞在空间的边界上、邻域不足五个,我们就视对边为同一条边,跨越边界取对边对应区域的细胞补充进邻域,以及周期型边界.

(3) 状态集:黑色的格子对应 1;白色的格子对应 0.

(4) 规则函数:若在空邻域内的"1"的数量为奇数,则该元胞状态反转;若不然,则状态保持.

示例及分析如图 10.7 所示.

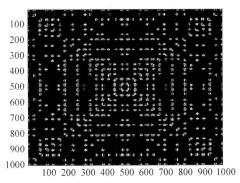

(a) 初始条件为$(1,1,1)=(1000,1,1)=(1,1000,1)=$
$(1000,1000,1)=1$,其余均为$0,1000×1000$的
元胞空间运行1000次之后的结果

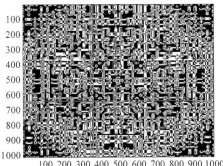

(b) 初始条件为$(0.25×n{:}0.75n,1,1)=1$,
$(1,0.25×n{:}0.75×n,1)=1$,其余为$0,1000×1000$的
元胞空间运行1000次之后的结果

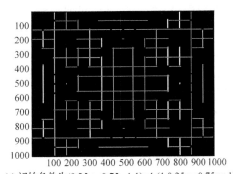

(c) 初始条件为$(0.25×n{:}0.75n,1,1)=1$,$(1,0.25×n{:}0.75×n,1)=1$,
其余为$0,1000×1000$的元胞空间运行450次之后的结果

图 10.7　奇偶规则下的元胞演化性态示例((a),(b),(c)为三类情形)

如果改变初始条件,若干次演化之后将产生完全不一样的图形,同时演化过程中图形复杂多样.

10.1.4　元胞自动机与混沌分形的联系

1. 元胞自动机与"混沌的边缘"

"混沌的边缘"是当前复杂性科学研究的一个重要成果和标志性口号,指生命等复杂现象和复杂系统存在和产生于"混沌的边缘". 有序不是复杂,无序同样也不是复杂,复杂存在于无序的边缘."混沌的边缘"这个概念是 Packard 和兰顿在对元胞自动机深入研究的基础上提出的,在此做简要介绍.

　　沃尔弗拉姆对元胞自动机(CA)做了全面的研究(1984).他将元胞自动机分成四种类型:类型Ⅰ,CA 演化到一个均质的状态;类型Ⅱ,CA 演化到周期性循环的模式;类型Ⅲ,CA 的行为变成混沌,没有明显的周期性呈现,并且后续的模式表现为随机的,随着时间的变化,没有内在的或持续的结构;类型Ⅳ,CA 的行为呈现出没有明显周期的复杂模式,但是,展现出局域化和持续的结构,特别是,其中有些结构具有通过 CA 的网格传播的能力.

　　类型Ⅰ和Ⅱ的 CA 产生的行为,在生物学的模型建构中显得太平淡而失去了研究兴趣.虽然类型Ⅲ的 CA 产生了丰富的模式,但是,类型Ⅲ那里没有涌现的行为,就是说,没有连贯、持久的、超出单一细胞层次的结构出现.在类型Ⅳ的 CA 中,我们确实发现了涌现的行为:从纯粹局部相互作用的规则中涌现出秩序.

　　为什么有些元胞自动机能够产生很有意义的结构,而另外一些却不能呢?这个问题吸引了当时还在读研究生的兰顿.兰顿定义了一个参数 λ 作为元胞自动机活动性的一个测量.λ 的值越高,元胞自动机的细胞转换为活的状态的概率也就越高,反之,元胞自动机转为活的状态的概率就越低.兰顿用不同的 λ 值做了一系列试验,结果发现,沃尔弗拉姆的四类元胞自动机倾向于完全落入参数 λ 的某些确定范围.他发现,当 $0.0 < \lambda < 0.2$ 时,类型Ⅰ的元胞自动机发生;当 $0.2 < \lambda < 0.4$ 时,类型Ⅱ和类型Ⅳ的元胞自动机发生;当 $0.4 < \lambda < 1.0$ 时,类型Ⅲ的元胞自动机发生.这就是说,当活动水平非常低时,元胞自动机倾向于收敛到单一的、稳定的模式;如果活动性非常高,无组织的、混沌的行为就会发生;只有对于中间层次的活动性,局域化的结构和周期的行为(类型Ⅱ和类型Ⅳ)发生.类型Ⅱ和类型Ⅳ的差别是,类型Ⅱ中的局域化的、周期性的结构并不在空间中移动,而类型Ⅳ的局域化的结构可以通过网格传播.兰顿推测,在类型Ⅳ中,传播结构的存在意味着局域化的周期性结构和传播性的周期结构之间可能有任意复杂的相互作用.

　　兰顿因此把类型Ⅳ的 CA 看作是表达了部分发展了的混沌行为,并把具有这种行为状态的 CA 称为处于"混沌边缘"的 CA.在混沌的边缘,既有足够的稳定性来存储信息,又有足够的流动性来传递信息,这种稳定性和流动性使得计算成为可能.在此基础上,兰顿作了一个更为大胆的假设,认为生命或者智能就起源于混沌的边缘.兰顿构造了一些具体的第四类 CA,它们非常像"真实的"生命的一些方面.例如,在 $\lambda = 0.218$ 的一个模拟中,两个相互作用的物种形成一种"催化周期",其中两个物种都图谋维护彼此的群体水平.

　　根据 λ 的连续变化能够得到四种元胞自动机之间的过渡转化图景:

$$Ⅰ → Ⅱ → Ⅳ → Ⅲ,即:固定点→周期→复杂→混沌$$

　　因此我们说,复杂的结构诞生于混沌的边缘.混沌的边缘是一种处于凝固的周期状态与活跃的混沌之间的一种过渡过程,或者我们称其为"相变过程".所谓的

"相变"就是指系统从量变到质变的飞跃.就像煮开水,当温度达到 100 摄氏度左右的时候,水会突然沸腾,这种状态就是相变,因为从此水由液态变成了气态.

元胞自动机系统的连续变化过程就好像水的固、液以及固态到液态之间的变化过程.如下:

$$I \& II \rightarrow IV \rightarrow III$$

固体 → 相变 → 液体

I 和 II 两种类型可以被看作固态,就像冰一样凝固在一起非常有秩序但同时也没有活性.元胞自动机的第 III 类型如液态水:完全流动、随机,没有一个时刻能停留下来,然而由于这类系统过于松散,它也不可能产生有价值的结构.第 IV 类元胞自动机就刚好存在于从固态的冰到液态的水转变的瞬息之间狭小的空间里.在这里,复杂的结构形成了神奇的王国,你会不断地看到若干水分子结合成有趣的结构与秩序,但同时这些结构和秩序永远不会被冻结,它们会偶尔被破坏,但新的结构马上又会生成.这样的状态被"人工生命"之父兰顿称为混沌与秩序的边缘.科学家们已经对固体、液体的性质研究得比较清楚了,然而对于固体到液体转变这样一种相变的过程则仍然没有认识得足够清楚,原因就在于这样的状态具有太多复杂的结构,很难预言它的具体性质.第 IV 类元胞自动机也是这样,除了按照它的"物理规律"运行外别无它法,因为复杂的元胞自动机的行为难以预测.

将混沌边缘的概念推广,也就是把秩序、周期这些动态的情况看作一种凝固的吸引力,它保证了系统能够固定于某一种结构;而另一方面,随机、混沌则形成了另一种张力,它使得系统趋于不稳定,但同时为系统提供了创新的动力.仅当这两种力处于一种恰到好处的平衡态的时候,也就是系统处于混沌的边缘条件下,该系统才会更加有活力,并且演变得越来越复杂.

对于元胞自动机的分类以及混沌边缘的概念不仅仅适用于一维元胞自动机,对于二维甚至多维的元胞自动机仍然适用.显然我们熟悉的"生命游戏"也正是处于一种"混沌边缘"的状态.经计算,"生命游戏"对应的 $\lambda = 0.25$.

简言之,兰顿在对沃尔弗拉姆动力学行为分类的分析和研究基础上,提出"混沌的边缘"这个名词,认为元胞自动机,尤其是第四类元胞自动机是最具创造性的动态系统,其复杂状态恰恰界于秩序与混沌之间,在大多数的非线性系统中,往往存在一个相应于从系统由秩序到混沌变化的转换参数.例如,我们日常生活中的水龙头的滴水现象,随着水流速度的变化而呈现不同的稳定的一点周期、两点或多点周期乃至混沌、极度紊乱的复杂动态行为,显然,这里的水流速度,或者说水压就是这个非线性系统的状态参数.兰顿则相应地定义了一个关于转换函数的参数,从而将元胞自动机的函数空间参数化.该参数变化时,元胞自动机可展现不同的动态行为,得到与连续动力学系统中相图相类似的参数空间,兰顿的方法如下:

首先定义元胞的静态(quiescent state). 元胞的静态具有这样的特征,如果元胞所有邻域都处于静态,则该元胞在下一时刻将仍处于这种静态(类似于映射中的不动点). 现考虑一元胞自动机,每个元胞具有 k 种状态(状态集为 Σ),每个元胞与 n 个相邻元胞相连. 则共存在 kn 种邻域状态. 选择 k 种状态中任意一种 $s \in \Sigma$ 并称之为静态 s_q. 假设对转换函数而言,共有 n_q 种变换将邻域映射为该静态,剩下的 $k^n - n_q$ 种状态被随机地、均匀地映射为 $\Sigma - \{s_q\}$ 中的每一个状态,则可定义

$$\lambda = \frac{k^n - n_q}{k^n}, \quad 0 \leqslant \lambda \leqslant 1$$

这样,对任意一个转换函数,定义了一个对应的参数值 λ. 随着参数 λ 由 0 到 1 地变化,元胞自动机的行为可从点状态吸引子变化到周期吸引子,并通过第四类复杂模式达到混沌吸引子. 因此,第四类具有局部结构的复杂模式处于"秩序"与"混沌"之间,被称之为"混沌的边缘",在上述的参数空间中,元胞自动机的动态行为(定性)具有点吸引子→周期吸引子→"复杂模式"→混沌吸引子的演化模式.

同时,给元胞自动机的动力学行为的分类赋予了新涵义,即 λ 低于一定值(这里约为 0.6),那么系统将过于简单. 换句话说,太多的有序使得系统缺乏创造性;另外一个极端情况,λ 接近 1 时. 系统变得过于紊乱,无法找出结构特征,那么,λ 只有在某个值附近,所谓"混沌的边缘",系统变得极为复杂. 也只有在此时,"生命现象"才可能存在. 在这个基础上,兰顿提出和发展了人工生命科学. 在现代系统科学中,耗散结构学指出"生命"以负熵为生,而兰顿则创造性地提出生命存在于"混沌的边缘". 从另外一个角度对生命的复杂现象进行了更深层次的探讨.

2. 元胞自动机与分形

元胞自动机与分形理论有着密切的联系. 元胞自动机的自复制、混沌等特征,往往导致元胞自动机模型在空间构形上表现出自相似的分形特征,即元胞自动机的模拟结果通常可以用分形理论来进行定量的描述. 同时,在分形的经典范例中,有些模型本身就是或者很接近元胞自动机模型,例如凝聚扩散模型. 因此,某些元胞自动机模型本身就是分形动力学模型. 但是,究其本质,元胞自动机与分形理论有着巨大的差别.

元胞自动机重在对现象机理的模拟与分析;分形重在对现象的表现形式的表达研究. 元胞自动机建模时,从现象的规律入手,构建具有特定涵义的元胞自动机模型;而分形多是从物理或数学规律、规则构建模型,而后应用于某种特定复杂现象,其应用方式多为描述现象的自相似性和分形特征.

此外,两者都强调一个从局部到整体的过程,但在这个过程的实质上,二者却存在巨大的差异. 分形论的精髓是自相似性. 这种自相似性不局限于几何形态而具有更广泛更深刻的含义;它是局部(部分)与整体在形态、功能、信息和结构特性等

方面而具有统计意义上的相似性.因此,分形理论提供给我们分析问题的方法论就是从局部结构推断整体特征.相反,元胞自动机的精华在于局部的简单结构在一定的局部规则作用下,所产生的整体上的"涌现"性复杂行为,即系统(整体)在宏观层次上,其部分或部分的加和所不具有的性质.因此,分形理论强调局部与整体的相似性和相关性,但元胞自动机重在表现"涌现"特征,即局部行为结构与整体行为的不确定性、非线性关系.

10.2　遗　传　算　法[2]

遗传算法(genertic algorithm,GA)是一类模拟达尔文生物进化论的自然选择和遗传学机理的计算模型,是一种通过模拟自然进化过程搜索最优解的方法.它最初由美国密歇根大学 Holland 教授于 1975 年提出来,在他的颇有影响的专著 *Adaptation in Natural and Artificial Systems* 出版后,GA 这个名称逐渐为人所知,Holland 教授所提出的 GA 通常为标准遗传算法(SGA),后续遗传算法有很多的改进内容.

10.2.1　遗传算法的基本原理

遗传算法的工作过程是模仿生物的进化过程得到的,因此,首先需要确定一种编码方法,使得所讨论的问题中的任何一个潜在的可行解都能表示为一个"数字"染色体.然后创建一个由随机的染色体组成的初始群体(不是一个单一的初始值,每个染色体代表一种不同的选择);在一段时间内,通过适应度函数给每个个体一个数值评价,淘汰适应度低的个体(该过程称为选择),经过复制、交叉、变异等遗传操作的个体集合形成一个新的种群,对这个种群进行下一轮进化,从而达到最优化的目的,这便是遗传算法的基本原理.

在遗传算法的实施过程中,首先通过随机方式产生问题的初始种群,并将问题编码为染色体,即将优化变量 $X=(x_1,x_2,\cdots,x_n)^{\mathrm{T}}$ 对应到生物中的个体,一般用字符串表示为:$A=a_1a_2\cdots a_L$,该字符串称为编码.从生物学的角度来看,编码相当于遗传物质的选择,每一个字符串与一个染色体对应.为了便于在计算机进行表示和处理,在遗传算法设计中,最为常见的方式为 0/1 二进制编码体制.初始种群的规模与数量对遗传算法的操作影响较大,种群数量大,搜索范围广,但是每一次进化所需的时间也越长,若初始种群数目较少,尽管每一次进化过程时间短,但搜索空间也会越小.在遗传算法中,为了衡量每一个个体的优劣,我们通过定义适应度对其进行评价,对每一个个体计算适应度,实现个体的"优胜劣汰".与生物一代代进化类似,遗传算法的运算过程本质上为利用迭代产生种群的过程.例如,设第 t 代种群为 $X(t)$,则通过遗传和进化操作后,得到第 $t+1$ 代种群 $X(t+1)$,该种群由多个更优异的个体组成.该个体不断重复,按照选择、交叉与变异以及"优胜劣汰"规则产生新的个体.为了对遗传算法有一个更加清晰的理解,下面用数学语言介绍编码、遗传编码、适应度、选择算子、交叉算子以及变异算子的概念.

定义 10.2　编码　把一个问题的可行解从其解空间转换到遗传算法所能处理的搜索空间的方法称为编码.

在基本的遗传算法中,采用固定的二进制符号串来表示群体中元素的个数,其等位基因由二值符号集$\{0,1\}$组成.

定义 10.3　遗传编码　将变量 $X=(x_1,x_2,\cdots,x_n)^{\mathrm{T}}$ 转换成有限长字符串 $A=a_1a_2\cdots a_L$,称 A 为 X 的一个遗传编码(或染色体编码),记为 $e(X)$,L 称为编码长度,而 X 称为 A 的解码,记为 $X=e^{-1}(A)$.

定义 10.4　适应值函数与适应度　考虑优化问题

$$\max_{X\in Q} f(X) \tag{10.4}$$

若函数 $F(X)$ 与函数 $f(X)$ 有相同的全局极大值,且满足

$$f(X_1)\geqslant f(X_2)\Rightarrow F(X_1)\geqslant F(X_2)\geqslant 0$$

则称 $F(X)$ 是问题(10.4)的适应值函数.

显然存在无穷多种适应度函数,例如,设 C,α 为满足

$$\min_{X\in Q}\alpha f(X)+C\geqslant 0$$

的常数,则 $F(X)=\alpha f(X)+C$ 是一种适应度函数.

对于每一个适应值函数 $F(X)$,定义 $J(A)=F(e^{-1}(A))$,称之为个体的适应度.

在遗传算法中,适应度是描述个体性能的主要指标.根据适应度的大小,对个体实行优胜劣汰,遗传算法只依靠适应度指导搜索过程,因此它的好坏直接决定了遗传算法的性能.适应度作为驱动遗传算法的动力,在遗传过程中具有重要意义.遗传算法中目标函数的使用通过适应度来体现,因此,需要将目标函数以某种形式进行转换.根据定义 10.3 不难看到,将目标函数转换成适应度函数必须遵循下面几条原则:①非负性:适应度非负;②一致性:优化过程中目标函数的变化方向与群体进化过程中适应度函数变化方向一致;③计算量小;④通用性强.

下面讨论适应度的几种常见取法,首先看如何对适应度进行转换.

假设目标函数为最大值问题,否则,对于最小值问题可以进行如下转换:

$$F(X)=\begin{cases} C_{\max}-G(X), & C_{\max}>G(X) \\ 0, & 其他 \end{cases}$$

其中,$F(X)$ 为转换后的适应度,$C_{\max}$ 为充分大的常数,保证 $F(X)\geqslant 0$,$G(X)$ 为最小值问题的适应度.

为了保证适应度不出现负值,对于有可能产生负值的最大值问题,可采用下面

的形式进行转换

$$F(X)=\begin{cases} C_{\min}+G(X), & C_{\min}+G(X)>0 \\ 0, & 其他 \end{cases}$$

其中，$F(X)$ 为转换后的适应度，$C_{\min}$ 为充分小的常数，只要满足 $F(X) \geqslant 0$ 即可，$G(X)$ 为最大值问题的适应度.

现在再来讨论适应度函数的几种尺度变换方法.

1. 线性变换

假设原适应度函数为 F，变换后的适应度函数为 F'，则线性变换可以表示为

$$F'(X)=\alpha F(X)+\beta$$

其系数 α, β 的确定需要满足下列条件：

（1）原适应度平均值要等于定标后的适应度平均值，以保证适应度为平均值的个体在下一代的期望复制数为 1，即

$$F'(X)_{\text{avg}}=F(X)_{\text{avg}}$$

（2）变换后适应度最大值应等于原适应度平均值的指定倍数，以控制适应度最大的个体在下一代的复制数.

2. 幂函数变换

$$F'(X)=F(X)^k$$

上式中幂指数 k 与所求的优化问题相关，需要具体问题具体分析.

3. 指数变换

$$F'(X)=F(X)^{-\alpha F(X)}$$

上述变换的思想来自于模拟退火过程，其中系数 α 决定了复制的强制性，其值越小，复制的强制性越趋向于那些具有最大适应度的个体.

定义 10.5　选择算子　根据每一个个体的适应度，按照一定的规则或方法，从 t 代种群 $X(t)$ 中选择出优秀的个体.

选择算子是一种按照"优胜劣汰"的自然法则模拟自然选择的操作.

定义 10.6　交叉算子　将从群体 $X(t)$ 中选出的每一对父代，按照交叉概率交换它们之间的部分基因.

交叉算子是一种模仿有性繁殖的基因重组操作.

定义 10.7　变异算子　对种群的每一个个体，按照变异概率改变某一个或某一些基因上的基因值为其他的等位基因.

变异算子是一种模拟基因突变的遗传操作.

根据上面的讨论，我们可以建立遗传算法的基本框架，如表 10.2 所示.

表 10.2　遗传算法流程

开始

　　　1. 初始种群(随机产生,记为 $X(0)$,并对其编码)

　　　2. 个体评价与种群进化

种群 $X(t)$

个体适应度检测与评价

选择

交叉

变异

新种群 $X(t+1)$

　　　3. 停止检验(是否满足停止条件)

若不满足停止条件,转移到第 2 步

若满足停止条件,解码染色体,输出问题的解

　　　在上述算法中,第一步初始化种群要求确定出种群规模 N、交叉概率 P_c、变异概率 P_m 以及终止进化的准则等,而初始种群 $X(0)$ 一般采用服从均匀分布的随机数得到. 在种群进化过程中,选择一个偶数 $M \geqslant N$ 以及 $\dfrac{M}{2}$ 对父代,对所选择的 $\dfrac{M}{2}$ 对母体,按照概率 P_c 进行交叉,形成 M 个中间体,然后对 M 个中间体按照概率 P_m 进行变异,形成 M 个候选体. 为了在候选体中选择出下一代新种群,从 M 个候选体中依照适应度选择出 N 个个体组成新一代种群 $X(t+1)$. 直到选择出来的新种群符合终止准则时停止,一般情况下,完成一个遗传算法大约需要迭代 50 到500 次.

10.2.2　遗传算法的实施

　　　前一小节虽然介绍了遗传算法的基本步骤,但这只是一种框架,本节介绍具体实施过程. 首先介绍模式的基本概念.

1. 模式

　　　我们来认识一下个体编码串之间存在着的关系. 个体空间种群中的每个个体都是由字母表中的相同数量的字符组合而成的. 每个个体就对应于空间中的一个点. 个体中的每个基因位上的码值表示空间中的各个坐标轴上的取值. 具有若干位相同基因的个体总是集中在空间中的某个超平面中. 以三维空间为例,所有的个体中,第一位基因是"1"的个体就全部分布在立方体的右侧平面中,而第二和第三位基因是"01"的个体则分布在前下方的直线上. 通过图形表示可以更直观地发现具有某些相同基因的个体之间存在着某种联系. 为了揭示这种联系,引进模式及相关概念.

定义 10.8　模式　种群中的个体间所具有的相似性样板(similarity template).

模式表示的是个体编码串中某些特征位相同的结构,所以模式也可以解释为一种相同的基因构形.

下面通过一个实例对模式进行说明.设用以描述函数变量的四个个体编码串,这些位串及其适应值分别为:

位串 1:0 0 1 0 0　适应值:8

位串 2:0 1 1 1 0　适应值:14

位串 3:1 0 0 1 0　适应值:34

位串 4:0 0 0 1 1　适应值:3

通过观察发现,基因位越高的位置出现码值"1",该个体的适应值一般就越大.相反地,码值"0"出现的位置越靠前,则该个体的适应值就越小.这就是一种关于个体编码串上的基本联系.遗传算法正是将这种联系加以利用,才把适应值和个体编码的模式建立起了关系,从而引导算法的搜索.

为了表示模式,在用于编码的字母表中加入一个通配符"*",组成新的字母表.如在二进制编码中,通配符"*"可以表示字母表中的任意一个字符,如模式"1 * 0 0 *"可以表示四个编码串.

需要注意的是,"*"只是一个元符号,它不能被遗传算法直接处理,因为它仅用于代表其他符号,来描述既定长度和既定字母表下的个体编码串中所有位置上的可能符号.

在引入模式的概念后,遗传算法的运算转到模式间的系列运算,即通过选择算子将当前群体中的优良模式遗传到下一代群体中,通过交叉算子进行模式的重组,通过变异算子进行模式的突变.通过这些遗传运算,一些劣解所对应的模式被淘汰,而具有优良特性的模式逐步被遗传和进化,最终得到问题的最优解.

关于模式有两个重要的概念,即模式的阶和模式的定义矩.

定义 10.9　模式的阶　模式中的所有确定位的个数.

对于二进制编码字符串而言,模式阶就是模式中所含有的 0 和 1 的数目.模式阶用来反映不同模式间确定性的差异,当字符串的长度确定以后,模式阶数越高,能与之匹配的字符串数就越少,因而该模式的确定性也越好.

定义 10.10　定义矩　模式中第一个确定基因的位置和最后一个确定基因的位置间的距离,记为 $\delta(H)$.

例如,$\delta(0\ 1\ *\ 1\ *\ *)=3$,$\delta(0\ 1\ *\ 1\ 1\ *\ *)=4$,但是,若模式中只有一位确定基因,例如,$H=*\ *\ *\ 0\ *$,$H=*\ *\ 1\ *\ *$,此时定义矩规定其长度为 1.

从定义矩的概念不难看到,模式的定义矩反映了不同模式阶和相同模式阶的模式性质上的差异.

下面来看模式在遗传算法实施过程中的作用.

定理 10.1　模式定理　在选择算子的作用下,对于平均适应度高(低)于群体平均适应度的模式,其样本数将呈指数级增长(减少).

模式定理揭示了遗传算法中“优胜劣汰”的机理,在遗传算法中能够保存下来的模式均具有定义矩短、阶次低、平均适应度高于群体平均适应度等特点. 遗传算法正是充分利用这些优良模式逐步进化得到最优解.

正是因为低阶、定义矩短的模式在群体中呈指数增长,所以遗传算法与传统算法相比具有更强的处理能力. 但是,模式定理的有效性仅限于二进制编码体制,同时,从模式定理无法判断遗传算法是否具有收敛性质.

2. 编码

编码是可行解到遗传空间解的一种表示方法. 编码需要建立可行解空间和遗传空间的对应,为了不产生歧义,这种对应最好是一一的,同时为了计算简便,编码应尽量简明. 编码是遗传算法设计中首先需要解决的问题,在遗传算法中起到重要的作用,这种作用主要表现在:①它不仅决定个体染色体的排列形式(从而决定选择、交叉及变异等操作的运行方式),而且决定了个体从搜索空间的基因型到解空间的表现时的解码方法(从而获得基于遗传算法的解的理解);②它决定了遗传算法进化运算的效率(编码方法的好坏直接决定了交叉与变异等遗传操作的计算效率和执行难度,一个差的编码方法可能导致无效解的出现);③它决定了问题求解的精度(一个好的编码方法首先应该具有保持解空间拓扑连续性的特点). 下面对编码方法进行具体讨论.

一个好的编码方法首先需要具备下列性质.

完备性　问题中所有的候选解都能够作为遗传算法空间中的染色体来体现.

健全性　遗传算法空间中的染色体能够对应所有问题中的候选解.

完备性与健全性实质上说明了一个好的编码方法应该是非冗余的,即候选解与染色体之间具有一一对应的关系.

上述性质对于遗传算法的设计具有普遍的指导意义,但是不能有效指导具体实施.

根据模式定理知道,一个好的编码方法必须要反映问题的性质,具有字符串长度达到最短、模式阶次最高、模式数目最大等特点. 因此,编码设计应使用易于产生与所求问题相关的且具有低阶、短定义模式的编码方案以及能使问题得到自然表示或描述的具有最小编码字符集的编码方案. 目前,人们已经提出多种编码方案.

这里仅介绍最常用的二进制编码(binary encoding)方法.

二进制编码是以二进制字符 0 与 1 为等位基因的定长字符串编码,是当今数字计算机普遍采用的数字表示方法.

二进制编码字符串的长度与所求解问题的精度要求有关,设
$$X=(x_1,x_2,\cdots,x_n)^{\mathrm{T}}, \quad x_i\in[a_i,b_i], \quad i=1,2,\cdots,n$$
给定编码精度 ε,取 l_i 满足
$$\varepsilon_i=\frac{b_i-a_i}{2^{l_u}-1}\leqslant\varepsilon$$
的最小整数,指定对应关系

$$
\begin{array}{ccccc}
00000000 & \cdots & 00000000 & \rightarrow & a_i\\
00000000 & \cdots & 00000001 & \rightarrow & a_i+\varepsilon_i\\
\vdots & & \vdots & & \vdots\\
11111111 & \cdots & 11111111 & \rightarrow & b_i
\end{array}
$$

则任何 l_i 长的 $\{0,1\}$ 字符串 $A_i=b_{l_i}b_{l_i-1}\cdots b_2 b_1$ 唯一对应一个实数 X_i,定义为

$$X_i = e^{-1}(A_i) = a_i + \left(\sum_{j=1}^{l_i} b_j 2^{j-1}\right)\frac{b_i-a_i}{2^{l_i}-1}$$

现在令 $L=l_1+l_2+\cdots+l_n$,对于任意长度为 L 的字符串 A,设

$$A=\underbrace{b_{1l_1}b_{1,l_1-1}\cdots b_{12}b_{11}}_{A_1}\underbrace{b_{2l_2}b_{2,l_2-1}\cdots b_{22}b_{21}}_{A_2}\cdots\underbrace{b_{nl_n}b_{n,l_n-1}\cdots b_{n2}b_{n1}}_{A_n}$$

指定其解码 $e^{-1}(A)$ 为
$$e^{-1}(A)=(e^{-1}(A_1),e^{-1}(A_2),\cdots,e^{-1}(A_n))^{\mathrm{T}}$$
上式给出了 $e^{-1}(A)$ 所对应的唯一实数.

二进制编码具有通用、简明、易于各种进化操作等优点,与十进制以及英文字母相比,在执行交叉和变异操作时具有更多的变化,但是,与二进制编码不等的实数可以对应同一定长二进制表示,并且有可能破坏可行解空间的拓扑连续性:两个在解空间上非常接近的点在编码后可以相隔非常远,例如,在 0 到 8 的整数集中,7 与 8 是最邻近的,而其 4 位二进制编码分别为 0111 与 1111,它们在汉明(Hamming)距离(不同数值的位数个数)下是最大的. 因此,有必要研究保持拓扑连续性质的新的编码方法.

对于多维、高精度的连续函数优化问题,使用二进制编码进行表示时存在一些不利之处. 首先,二进制编码存在连续函数离散化产生的映射误差. 个体编码长度较短,可能达不到精度要求,而个体编码长度加长时,尽管能够提高精度,但是搜索空间急剧扩大时会带来算法计算复杂度过大. 另外,二进制编码不便于反映所求问题的特定信息(特别是以连续性为基础的信息),也不便于开发针对专门问题的进化算子,人们在研究经典优化算法中积累的经验很难在此时发挥作用,为了改进这些缺陷,人们提出采用实数编码(又称浮点数编码),即对任何 $X=(x_1,x_2,\cdots,x_n)^{\mathrm{T}}\in Q$,或直接取染色体编码 $A=e(A)=x_1 x_2\cdots x_n$,或取一个同胚映射
$$A=e(X)=\varphi(X)=[\varphi(X)]_1[\varphi(X)]_2\cdots[\varphi(X)]_n$$

其中$[\varphi(X)]_i$ 表示 $\varphi(X)$ 的第 i 个分量.

除了上述实数编码外,人们还提出了可分解/可拼接编码、可拼接/可分解编码以及符号编码等.限于篇幅,本节不再叙述.

　　3. 选择算子

选择操作从染色体中选择某些染色体用于创建下一代个体的基因库(新的候选解),有时,某些选出的染色体不作任何修改直接进入下一代作为种子(精英),但是更为常见的是,某些被挑选出来的染色体作为父代,通过交叉、变异等过程产生子代.因此,如何挑选父代非常重要,它对遗传算法收敛性有很大的影响.直观上看,适应度较大(优良)的个体应该有较大生存机会,而适应度较小(劣质)的个体生存机会也相对变小,标准遗传算法采用的轮盘赌选择技术采用的便是上述思想.

设 $\boldsymbol{X}=(X_1,X_2,\cdots,X_N)^{\mathrm{T}}\in H^N$,定义

$$B(\boldsymbol{X})=\{X_i\,|\,J(X_i)\geqslant J(X_j),j=1,2,\cdots,N\}, \quad J_{\max}(\boldsymbol{X})=J(B(\boldsymbol{X}))$$

分别表示种群 $\boldsymbol{X}$ 中最大适应度个体的全体以及种群 $\boldsymbol{X}$ 所含个体的最大适应度.若用 $|\boldsymbol{X}|$ 表示种群 $\boldsymbol{X}$ 含个体的数目,下面给出选择算子的定义.

定义 10.11　选择算子　若随机映射 $S:H^N\rightarrow H^M$ 满足

(1) 对任何 $\boldsymbol{X}\in H^N$,构造集合 $V(\boldsymbol{X})=\{X_i,i=1,2,\cdots,N\}$,则有

$$V(S(\boldsymbol{X}))\subseteq V(\boldsymbol{X})$$

(2) 对任何满足 $|B(\boldsymbol{X})|<N$ 的种群 $\boldsymbol{X}$,下面的概率满足

$$P\{\,|B(S(\boldsymbol{X}))|+(N-M)>|B(\boldsymbol{X})|\,\}>0$$

则称 S 为选择算子.

上述定义中条件(1)的意思是被选择的个体应该是被选择的种群中的一部分,而条件(2)说明,只要所有个体的适应度不完全相同,除选择后个体与原种群的数目存在差异外,选择算子的作用应该有可能增加种群中最优个体(即具有最高适应度的个体)的数目.

上述两条刻画了选择算子的基本特征.

下面讨论选择算子的取法.

(1) 比例型选择法.

首先讨论一种基于比例方法的选择算子——轮盘赌选择法.

设 J_i 表示种群中第 i 个染色体的适应度值,$\sum J_i$ 为种群总的适应度之和,则第 i 个染色体产生后代的能力定义为其适应度在总的适应度中所占的比重 $\dfrac{J_i}{\sum J_i}$,

在具体的实施过程中,个体适应度按比例转化为选中概率,为了选择交配个体,需要进行多轮(设 n 轮)选择,此时将轮盘分为 n 个扇区,每一轮产生一个$[0,1]$上服从均匀分布的随机数,将该随机数作为选择指针,指针停止在哪个扇区,该扇区代表的个体即被选中. 轮盘赌方法过程简单、易于操作,但是,该方法存在明显的缺点. 由于轮盘赌方法采用产生随机数来完成,而遗传算法中种群比较小时,分配给个体的数目可能远低于应有的值,更坏的情形是,轮盘赌方法可能将所有的最优染色体丢掉,为了克服简单轮盘赌方法的缺陷,人们提出了多种轮盘赌方法的改进方案. 下面介绍一般的比例选择方法.

例 10.1(比例选择)　给定种群 $\boldsymbol{X} \in H^N$,以概率$(6.2.2)$独立、重复地从 $\boldsymbol{X}$ 中选择 M 个个体组成 $\boldsymbol{Y}=S(\boldsymbol{X})=(Y_1,Y_2,\cdots,Y_M)^{\mathrm{T}}$:

$$P\{Y_i = X_j\} = \frac{n(X_j)\sigma(J(X_j))}{\sum\limits_{k=1}^{N}\sigma(J(X_k))} \tag{10.5}$$

其中 $n(X_j)$ 表示 X_j 在 $\boldsymbol{X}$ 中重复的次数,$\sigma(\lambda)$ 是定义在实数域上满足 $\sigma(0)=0$ 的严格单调递增函数.

在(10.5)式中,一个常见的比例选择算子是整体退火选择算子,此时 $\sigma(\lambda)=\exp\left\{\dfrac{\lambda}{T}\right\}$,以及

$$P\{Y_i = X_j\} = \frac{n(X_j)\exp\left\{\dfrac{J(X_j)}{T}\right\}}{\sum\limits_{k=1}^{N}\exp\left\{\dfrac{J(X_k)}{T}\right\}}$$

其中 T 称为退火温度. 另一个常见的比例选择算子是乘幂适应值选择算子,此时尺度 $\sigma(\lambda)=\lambda^{\alpha}$ 以及

$$P\{Y_i = X_j\} = \frac{n(X_j)J^{\alpha}(X_j)}{\sum\limits_{k=1}^{N}J^{\alpha}(X_k)} \tag{10.6}$$

例 10.2(杰出者选择)　杰出者选择 S_E 是以概率为 1 的形式强制性选择种群中适应度最高的个体,其概率分布为

$$P\{Y_i=X_j\}=\begin{cases}1, & X_j \in B(\boldsymbol{X}) \\ 0, & X_j \notin B(\boldsymbol{X})\end{cases} \tag{10.7}$$

在遗传算法中,上述选择的实施过程为:首先根据父代种群 $\boldsymbol{X}(t)$ 执行繁殖操作 E_1,生成中间种群 $\boldsymbol{X}^{(1)}(t)=E_1\boldsymbol{X}(t)$,然后从中间种群 $\boldsymbol{X}^{(1)}(t)$ 中选择(例如以比例选择 S_p)$N-1$ 个个体,从 $\boldsymbol{X}(t)$ 中选择一个最优个体共同组成新一代种群 $\boldsymbol{X}(t+1)$,上述过程可以通过下面的数学表达式进行描述:

$$X(t+1) = \begin{bmatrix} S_p & 0 \\ 0 & S_E \end{bmatrix} \cdot \begin{bmatrix} E_1 & 0 \\ 0 & I \end{bmatrix} \cdot LX(t) \qquad (10.8)$$

其中 $S_p: H^N \to H^{M-1}$ 是比例算子,$S_E: H^N \to H$ 是杰出者选择算子,$E_1: H^N \to H^M$ 是繁殖算子,I 是复制算子,$L: H^N \to H^{2N}$ 是扩展算子,定义为

$$LX = \binom{X}{X}, \quad \forall X \in H^N$$

例 10.3(期望生存数选择)　该选择基于对当前群体中每个个体在下一代中的期望生存数作个体选择,具体方法是:

(a) 计算种群 X 中各个体在下一代种群中的期望生存数:令

$$N_i = M \frac{J(X_i)}{\sum\limits_{k=1}^{N} J(X_k)}, \quad i = 1, 2, \cdots, N$$

X_i 在下一代的期望生存数取为 N_i 的整数部分.

(b) 根据上述计算值选择出 $\sum\limits_{i=1}^{N} [N_i]$ 个个体(即如果 $[N_i] = n$,则选择 n 次 X_i).

(c) 用其他方法选择出剩下的 $M - \sum\limits_{i=1}^{N} [N_i]$ 个个体.

(2) 排序法.

排序选择的思想是对个体适应度作降序排列并分别指定其序号,则被选中某个个体 X_j 的概率随 j 的增大而不断递减,递减的速度视问题的需要而定,如果强烈要求优先选择适应度高的个体,则概率函数可以设置为关于变量 j 的急剧递减函数. 目前比较常见的概率函数主要有关于 j 的线性递减函数以及关于 j 的指数函数等.

在排序型选择算子中,还有一类锦标赛选择算子也经常被采用,其思想是:首先在种群中随机选出 n 个个体,然后将适应度最高的个体加入新种群,上述过程不断重复,直至加入的个体数目达到新种群要求的数目. 任何被选中的个体不从原种群中移走,因此,有可能重复多次选中同一个个体. 锦标赛选择法易于实现,它不需要任何预处理技术.

4. 繁殖算子

繁殖算子是遗传算法中所选出的父代生成子代的操作,繁殖算子模拟生物种群的演化过程,在遗传算法中,选择算子负责挑选出优良的父代,而繁殖算子则根据挑选出来的父代培育出更加优良的下一代,从而通过不断的迭代实施选择算子与繁殖算子操作,最终收敛到最优值.

为了从理论上描述繁殖算子,我们先讨论满意集的概念.

定义 10.12　满意集　如果对于任意子集 $X \in B$ 以及 $Y \notin B$,适应度函数 F 都有 $F(X) > F(Y)$,则子集 $B \in \Gamma$ 称为满意集.

根据满意度的概念,满意集中的每一个个体的适应度均高于它之外的任何个体的适应度,因此,问题的全局最优解集 B^* 一定是一个满意集. 另外,根据满意集的概念不难推出,全局最优解集 B^* 是所有满意解集的交集,是最小的满意解集合.

下面定义繁殖算子的概念.

定义 10.13　繁殖算子　对于任意种群 $X \in H^M$,X_b 是 X 的最优个体,令
$$C_b(X) = \{X \in H : F(X) \geqslant F(X_b)\}$$
如果随机映射 $E: H^M \to H^N$ 满足
$$P\{E(X) \cap C_b(X) \neq \varnothing\} > 0 \qquad (10.9)$$
则称 $E: H^M \to H^N$ 是一个繁殖算子.

按照繁殖算子的定义,不难看出,当繁殖算子作用到种群 X 上时,产生新的种群 $E(X)$,而新种群 $E(X)$ 中可能存在比旧种群 X 中更满意的个体,这是保证生物不断进化的最低要求.

5. 变异算子

模仿生物遗传和进化过程中的变异环节,在遗传算法中也引入变异算子来产生新的个体. 变异运算从直观上来看就是将个体染色体编码串中的某些基因座上的基因值用该基因座的其他等位基因来替换,从而形成一个新的个体. 在遗传算法中使用变异算子有两个主要目的:①改善遗传算法的局部搜索能力;②维持群体的多样性,防止出现早熟现象.

下面从理论的角度讨论变异算子的概念与性质,首先通过数学语言给出变异算子的严格定义.

定义 10.14（变异算子）　如果对问题的全局最优解集 B^* 以及任意的种群 $X \in H^N$,随机映射 $M(X)$ 满足
$$P\{M(X) \cap B^* \neq \varnothing\} > 0 \qquad (10.10)$$
则称该映射 $M(X)$ 为变异算子.

由上式直接推出,$P\{M(X) \cap B \neq \varnothing\} \geqslant P\{M(X) \cap B^* \neq \varnothing\} > 0$,这表明:

(a) $P\{M(X) \cap B = \varnothing\} \mid X \cap B \neq \varnothing\} < 1$,因此,如果当前种群含有满意个体,则变异后的种群也应该含满意个体;

(b) 如果当前种群不含满意个体,则变异后的种群有可能含满意个体.

下面讨论变异算子的几种典型形式.

定义 10.15　点变异　点变异是指以某一概率独立地改变个体中等位基因值

的进化操作,以二进制编码为例. 设 $X = x_1 x_2 \cdots x_n$, $M(X) = Y = y_1 y_2 \cdots y_n$, 第 i 位的变异概率为 $P_i > 0$, 定义

$$P\{y_i = x_i\} = 1 - P_i, \quad P\{y_i = 1 - x_i\} = P_i \quad (10.11)$$

即改变的概率为 P_i, 不改变的概率为 $1 - P_i$. 特别地, 下面的讨论中假设 P_i 为一个常数值, 记为 $P_i = p, i = 1, 2, \cdots, n$, 于是对个体 $Y = y_1 y_2 \cdots y_n$ 有

$$P\{M(X) = Y\} = (1 - p)^{n - d(X,Y)} p^{d(X,Y)}$$

上式中 $d(X,Y)$ 为汉明距离, 表示个体 X 与 Y 含不同基因位的个数.

记 $M(\boldsymbol{X}) = (M(X_1), M(X_2), \cdots, M(X_l))^{\mathrm{T}}$, 由定义 10.14 推出

$$P\{M(\vec{X}) \bigcap B^* \neq \varnothing\} = P\{\exists X^* \in B^* \text{ s.t. } X^* \in M(\boldsymbol{X})\}$$

$$= \sum_{i=1}^{l} (1 - p)^{n - d(X_i, X^*)} p^{d(X_i, X^*)} > 0$$

这表明点变异算子属于变异算子.

对应于点变异, 下面引入均匀变异的概念.

定义 10.16(均匀变异) 均匀变异要求对不同的等位基因, 产生均匀分布的随机数, 以某一较小概率 P_i 来替代个体编码串各个基因座上的原有基因值.

上面描述的两种变异方式强调在搜索空间自由移动, 从而增加种群的多样性. 下面讨论两种加强局部搜索能力的变异方式.

例 10.4(正态变异) 正态变异用于实数编码, 是用服从正态分布的随机数 $N(X_i, \sigma^2)$ 代替原有基因 X_i 的变换, 即 $Y_i = X_i + \varepsilon, \varepsilon \sim N(0, \sigma)$. 当 σ 较小时, 正态变异用于局部搜索比较有效.

定义 10.17(非一致变异) 非一致变异是另一种强调局部化操作的变异方式. 设

$$X(t) = X_1 X_2 \cdots X_N$$

是遗传算法在 t 代产生的个体, $X_i \in [a_i, b_i]$, 则非一致变异作用到 $X(t)$ 所产生的变异个体 $Y(t) = MX(t) = Y_1 Y_2 \cdots Y_N$ 定义为

$$Y_i = \begin{cases} X_i + \Delta(t, b_i - X_i), & \text{random}(0,1) = 0 \\ X_i - \Delta(t, b_i - X_i), & \text{random}(0,1) = 1 \end{cases} \quad (10.12)$$

其中 random$(0,1)$ 是取 $0,1$ 的随机数, $\Delta(t,x) \in [0,x]$ 为服从均匀分布的随机数, 随着 t 变大, $\Delta(t,x)$ 单调递减趋近于 0. 例如, $\Delta(t,x)$ 可以定义为

$$\Delta(t,x) = x \cdot (1 - r^{(1 - \frac{t}{T})^b}) \quad (10.13)$$

其中 r 为 $[0,1]$ 内服从均匀分布的随机数, T 是最大进化代数(迭代次数), b 是可调参数, 它决定了随机扰动对进化代数的依赖程度.

在初始解阶段, 代数 t 较小, 非一致变异实施均匀随机搜索, 而当代数 t 变大, 尤其是当 t 接近 T 时, 非一致变异执行局部搜索.

6. 交叉算子

交叉操作是指对于两个相互配对的染色体按照某种方式相互交换其中的部分基因,从而形成新的个体.交叉运算是遗传算法区别于其他进化算法的一个重要特征,它在遗传算法中起着非常重要的作用,是产生新个体的主要方法.

首先我们讨论一种最简单的交叉算子——单点交叉.

单点交叉的基本操作是:等概率地指定一个基因值作为交叉点,再把父代对中两个个体从交叉点分为前、后两部分,以某个确定概率 $P_c>0$ 交换两个个体的后半部分,得到两个新个体,取第一个个体为杂交结果.例如,取 $A=a_1a_2\cdots a_N$,$B=b_1b_2\cdots b_N$,设 $P_c=1$,交叉点位置为 $n(n=0,1,2,\cdots,N-1)$,则对父代 (A,B) 实施交叉操作后变为

$$C(A,B)=a_1a_2\cdots a_n b_{n+1}\cdots b_N$$

相应于单点交叉,可以类似定义多点交叉的概念.

多点交叉的基本操作是:首先在父代对的基因串中随机设置多个交叉点,然后按照一定的概率在交叉点所分割的基因段中进行交换.例如,两点交叉是将父代的基因串分成三部分,交换中间部分,即为交叉结果.

单点交叉与多点交叉的重要特点是:若邻接基因座之间的关系能够提供较好的个体形状和较高的个体适应度,则这种单点交叉操作破坏这种个体形状和降低个体适应度的可能性最小.

除了上面描述的单点与多点交叉操作外,常见的还有均匀交叉、算术交叉、部分匹配交叉、顺序交叉、循环交叉等.

7. 进化技巧

遗传算法中进化技巧对算法有重要影响,这些技巧体现在算法的每一步中,主要包括:编码、初始种群、适应值函数、复制、交叉、变异、终止进化代数的执行技巧以及上述每一步运算过程中参数的设计等.

编码方式与编码长度对问题的求解密切相关,为了克服二进制编码所带来的精度与效益偏低、过早收敛等问题,有人提出动态参数编码,即动态地改变参变量的定义域,当群体收敛到一定的区域时,再将参变量限制在该区域,这样可以达到在全局最优点附近进行高精度搜索的目的.对编码长度,使用二进制进行编码时,通常根据问题的求解精度而定,精度要求高,则编码长度要适当加长,另外,也可以根据算法进程使用变长度的编码表示个体.在初始种群的产生过程中,为了防止近亲繁殖,人们常采用汉明距离控制个体差异,当产生的新个体与前面已经产生的旧个体的汉明距离小于某一个给定值时,则重新产生个体,直到得到的个体之间都存在一定的差距时停止,这样做的优点就是可以避免局部最优,另外一种方法就是利

用先验知识产生一部分优良个体,其余个体采用其他规定的方式生成,这也有助于快速找到全局最优解.另外,种群规模 N 表示每一代种群所含的个体数目,当 N 取值较大时,会增加遗传算法的计算复杂性,而当 N 取值较小时,尽管运算量较低,但是会降低种群的多样性,容易发生假收敛等早熟现象,种群规模 N 一般限制在 $20\sim100$ 的范围内.在遗传算法中,对于有约束参数的优化问题,可采用罚函数的方法将目标函数与约束条件结合,表示成为一个无约束问题的优化问题,然后再将目标函数转换成适合遗传算法的适应值函数.在遗传操作中,复制操作的原理相对简单,一般采取最优个体保护策略,即父代群体中的最优个体将直接进入子代群中,或者将父代与子代一起排序,按种群规模截取前 M 个个体进入匹配集,作为下一步交叉操作的对象,从而保护每一代的优良个体以及淘汰不良个体.交叉算子作为遗传操作主要的搜索算子,需要根据算法来确定交叉方式,交叉操作除了指定基本规则外,还需要不断了解算法的进程,在不同的进程中加入人工作用成分.例如,限定适应度高的个体按照某种规则进行交叉,以达到"优""优"交叉,产生更优的目的;或者在种群中只对一部分适应值较差的个体进行交叉与变异操作,产生更好的新个体代替这部分个体.在交叉操作中还需要充分发挥交叉概率的作用,对于交叉概率 P_c,一般而言,较大的 P_c 容易破坏群体中已经形成的优良模式,搜索随机性变大,而较小的 P_c 导致发现新个体,尤其是具有优良特性的新个体的速度变慢,在遗传算法中,P_c 的取值一般控制在 $0.4\sim0.9$ 的范围内,交叉算子的取值采取非一致策略,在算法的前期使用较小的 P_c.变异概率 P_m 的取值决定了遗传算法的搜索形式,当变异概率 P_m 较大时,遗传算法搜索呈现大步长的跳跃方式,而当变异概率 P_m 逐步变小时,遗传算法有可能陷入局部搜索的陷阱,在不使用交叉算子的情况下,P_m 取值较大,控制在 $0.4\sim1$ 的范围内,当与交叉算子联合使用时,P_m 取值较小,控制在 $0.0001\sim0.3$ 的范围内.近来人们采取了一种自适应遗传算法,使 P_c 和 P_m 能够随适应度函数值自动改变.当种群个体适应度值趋于一致或者趋于局部最优时,P_c 和 P_m 值增加;当种群适应度值比较分散时,P_c 和 P_m 值减少.同时,适应度值高于群体平均值的个体对应于较低的 P_c 和 P_m,使该解得以被保护从而进入下一代;低于群体平均值的个体,对应于较高的 P_c 和 P_m,使该解被淘汰.因此,自适应的 P_c 和 P_m 能够提供相对某个解较佳的 P_c 和 P_m.自适应遗传算法在保持群体多样性的同时,保证遗传算法的收敛性.当适应度最大时,交叉概率和变异概率的值为零.这种调整方法对处于进化后期的群体比较合适,但对处于进化初期的群体不利,很容易使进化走向局部最优解.为此,对算法作进一步的改进,使群体中适应度最大的个体的交叉概率和变异概率不为零,分别从 P_{c1} 和 P_{m1} 提高到 P_{c2} 和 P_{m2},这就相应地提高了群体中表现优良个体的交叉概率和变异概率,使得它们不会处于一种近似停滞不前的状态.终止进化代数 T 的取值取决于问题的精度要求,事先指定的终止进化代数只能在给定的有限时间内找到问题的相对满意解,但不一定是问题的最优解或高精度近似解.

　　下面以含 8 座城市的 TSP 问题为例,讨论相关的遗传算法步骤:

　　此时,TSP 问题中的两个路径与编码分别为

　　周游路线二进制编码

3 4 0 7 2 5 1 6　　011 100 000 111 010 101 001 110

2 5 0 3 6 1 4 7　　010 101 000 011 110 001 100 111

　　如果在第四个城市之后设立一个杂交点(用一个 x 表示)

　　父辈 1 011 100 000 111x 010 101 001 110

　　父辈 2 010 101 000 011x 110 001 100 111

　　则杂交后有

　　子辈 1 011 100 000 111 110 101 001 110

　　子辈 2 010 101 000 011 010 001 100 111

　　解码后分别为

　　3,4,0,7,6,1,4,7

　　2,5,0,3,2,5,1,6

　　两个后代均包含重复的后代,这不是有效的路径,可更新杂交点或调整相关杂交操作以保证不包含重复后代.

　　变异时先从群体中随机选择一个个体,对于选中的个体以一定的概率随机改变串结构数据中某个串的值.遵循生物学的规律,GA 中发生变异的概率很低,通常介于 0.001~0.01,例如,TSP 问题中,将

　　　　　　3 4 0 7 2 5 1 6　　011 100 000 111 010 101 001 110

变异为

　　　　　　6 1 5 2 7 0 4 3 110 001 101 010 111 000 100 011

即倒序运算.

　　而 TSP 问题完整示例表示如下:

　　考虑 8 个城市 0,1,2,3,4,5,6,7,一个旅行路线

　　　　　　　　5—1—0—3—2—6—4—7

可以简单地表示成(51032647),遗传算法步骤为:

　　随机初始化种群 $P(0)$,$t=0$,计算种群中个体的适应度

　　while(不满足中止条件)

　　{ for ($k=0;k<N;k+=2$)//设 N 为偶数

　　{

　　随机从 $P(t)$ 产生两个父体交叉后产生两个后代

　　将这两个后代加入中间群体 $P_1(t)$ 去}

　　对中间群体 $P_1(t)$ 中的每个个体进行变异操作

计算 $P(t)$ 中每个个体的适应度

从 $P(t)$ 和 $P_1(t)$ 进行选择操作得到 N 个体并加入到新群体 $P(t+1)$ 中去

$t++$

}

其中,交叉与变异非常重要,其方法也多种多样,如交叉算子(OX 算子)通过在一个父代中选择一个子序列旅行并保持另一个父代中的城市相对次序,从而构造出后代. 例如,两个父代设为

$$p_1=(012\,|\,345\,|\,67), \quad p_2=(452\,|\,137\,|\,06)$$

将按照下面的方式产生后代. 首先,切割点之间的部分保持在新的个体中

$$o_1=(xxx\,|\,345\,|\,xx), \quad o_2=(xxx\,|\,137\,|\,xx)$$

为了得到 o_1,移走 P_2 中已在 o_1 中的城市得到

$$2—1—7—0—6$$

该序列顺次放入 o_1 中得到 $o_1=(217\,|\,345\,|\,06)$,相似地得到另一个后代为

$$o_2=(024\,|\,137\,|\,56)$$

变异算子(倒序算子)

在染色体上随机选取两点,将两点间的子串翻转,例如,

原个体:(01234567)

随机选择两点:(01\,|\,2345\,|\,67)

倒序后的个体:(01\,|\,5432\,|\,67)

选择算子

在求解 TSP 问题中常采用锦标赛选择算子,即随机在群体中选择 k 个个体进行比较,适应度最好的个体将被选择复制到下一代,参数 k 常称之为竞赛规模,常取 $k=2$.

10.2.3 遗传算法的改进

使用上述基本遗传算法可以求解一些规模较小的优化问题,但是,对于规模较大或有一定难度的 NP 完全优化问题,使用遗传算法可能变得比较困难. 因此,众多学者对遗传算法进行了深入的研究,提出了多种改进方案. 下面简单介绍几种改进的遗传算法思想.

1. 分层遗传算法

分层遗传算法与基本遗传算法的区别在于其多种群特性,由于多层遗传算法中含有子种群,因此,算法性能上一般优于基本遗传算法.

分层遗传算法的步骤是首先随机生成 $N\times n(N\geqslant2,n\geqslant2)$ 个初始个体,然后将

它们分成 N 个子种群,对每个子种群独立进行遗传操作,得到的结果记为 GA_i,$i=1,2,3,\cdots,N$,在独立运行遗传算法中,为了产生优良种群模式,在算法参数设计以及在编码、初始种群选择、适应值函数以及交叉与变异等方面均体现多种不同特性,这样当每一个子种群的遗传算法运行到一定代数时,将 N 个遗传算法的结果记录到二维数组 $Q[1:N;1:n]$ 中,则

$$Q(i,j)\quad(i=1,2,\cdots,N;j=1,2,\cdots,n)$$

表示 GA_i 中的第 j 个个体. 利用数学期望的思想,计算 N 组结果种群适应度的平均值并设 GA_i 的结果种群的适应度平均值为 $RA_i(i=1,2,\cdots,N)$.

分层遗传算法的操作与普通遗传算法类似,分为三个步骤.

(1) **选择**　基于数组 $A[1,\cdots,N]$,对数组 Q 代表的结果种群进行选择操作. 种群平均适应度值高的被复制;种群平均适应度值低的被淘汰.

(2) **交叉**　若 $Q[i;1,2,\cdots,n]$ 和 $Q[j;1,2,\cdots,n]$ 被随机地匹配到一起,而且从位置 x 进行交叉 $(1\leqslant i,j\leqslant N;1\leqslant x\leqslant n-1)$,则 $Q[i;x+1,\cdots,n]$ 和 $Q[j;x+1,\cdots,n]$ 相互交换相应的部分.

(3) **变异**　以很小的概率用少量的随机生成的新个体替换 $Q[1,2,\cdots,N;1,\cdots,n]$ 中随机抽取的个体.

至此,分层遗传算法的第一轮运行结束. 新生成的 N 个子种群再独立运行各自的遗传算法.

在 N 个 GA_i 再次各自运行到一定代数后,再次更新数组 $Q[1,2,\cdots,N;1,\cdots,n]$ 和 $RA[1,2,\cdots,N]$,并开始分层遗传算法的第二轮运行. 如此循环操作,直至得到满意的结果.

在分层遗传算法中,N 个低层遗传算法中的每一个经过一段时间后均可以获得位于各个子种群中优良的新个体,通过高层遗传算法可以获得包含不同种类的新子种群,从而为各子种群提供更加平等的竞争机会. 与基本遗传算法相比,分层遗传算法的显著优点是:分层遗传算法可以获得具有不同优良模式的新个体,避免局部收敛和早熟的产生,从而提高算法的收敛速度和结果精度.

2. 并行遗传算法

标准的遗传算法以个体的集合为运算对象,对个体所进行的各种遗传操作都有一定的相对独立性,所以它具有一种天然的并行结构. 另一方面,虽然遗传算法对一个个体编码串的搜索意味着它同时搜索了多个个体模式,即对个体结构模式的处理具有并行的含义,但这个并行性是一种隐含的并行性,其运行过程及实现方法在本质上仍是串行的. 这种串行的遗传算法在解决一些实际问题时,由于它一般具有较大的群体规模,需要对较多的个体进行大量的遗传和进化操作,特别是要对大量的个体进行适应度计算或评价,从而使得算法的进化运算过程进展缓慢,难以

达到计算速度上的要求,因而遗传算法的并行计算问题就受到了较大的重视. 另一方面,由于遗传算法的天然并行性,人们认识到对其进行并行处理的可能性,从而基于各种并行计算机或局域网,开发出了多种并行遗传算法.

基本遗传算法模型是一个反复迭代的进化计算过程,通过对一组表示候选解的个体进行评价、选择、交叉、变异等操作,来产生新一代的个体,这个迭代过程直到满足某种结束条件为止. 对应于基本遗传算法的运行过程,为实现其并行化要求,可以从下面三种并行性方面着手对其进行改进和发展.

(1) 适应度评价的并行性.

由于群体中各个个体的适应度之间无相互依赖关系,各个个体适应度的评价或计算过程就可以相互独立、相互并行地在不同的处理机上同时进行,因此,不同个体的适应度评价或计算过程可以在不同的处理机上同时进行.

(2) 子代群体产生过程的并行性.

在从父代群体产生下一代种群的遗传操作过程中,选择操作只与个体的适应度有关,因此,产生子代群体的选择、交叉、变异等遗传操作可以相互独立地并行进行.

(3) 基于群体分组的并行性.

从总体上来说,遗传算法的操作对象是由多个个体所组成的一个群体. 从原理上讲,多个这样的群体应该能共用同一个遗传算法. 换一种说法,同一个遗传算法应该可以同时处理多组群体. 这些多组群体可看作是由一个大的群体划分而成的,若对它们进行进化处理的遗传算法分别置于不同的处理机上,肯定能够提高运行效率.

在上述三种并行方式中,前两种方式并未从总体上改变标准遗传算法的特点,最后一种并行方式却对标准遗传算法的结构有较大的改变,并且这种方式也最自然,在并行机或局域网环境下实现起来也最简单,所以受到了人们较大的重视.

目前人们在并行机或局域网环境下开发了一些并行遗传算法,但最基本的类型大体可分为如下两类.

(1) 标准并行方法(standard parallel approach).

这种方法并不改变标准遗传算法的基本结构特点,即群体中的全部都在统一的环境中进化. 其基本出发点是从局部的角度开发个体进化的并行性. 在应用遗传算法进行优化计算时,各个个体的适应度计算、选择、变异等操作是可以相互独立进行的. 这样,利用共享存储器结构的并行机就可对群体的进化过程进行并行计算以达到提高遗传算法运行速度的目的. 这类方法在适应度计算量较大的场合是比较有效的. 上面所介绍的前两种并行性都可以通过这类方法来实现. 但另一方面,由于并行机之间通信等的限制,选择、交叉、变异等遗传操作的对象集中在一个处理机上较为方便,所以这类方法的应用受到一些限制,在有些场合应用效果不太明显. 这种并行方法的一个典型例子是由 T. C. Fogarty 等开发的一个基于共享存储器方式的并行遗传算法,该算法将全部群体存放在一个共享的存储器中,各处理机并行评价各个个体的适应度.

(2) 分解型并行方法(decomposition parallel approach).

这种方法是将整个群体划分为几个子群体,各个子群体分配在各自的处理机或局域网工作站上独立地进行标准遗传算法的进化操作,在适当的时候各个子群体之间相互交换一些信息. 其基本出发点是从全局的角度开发群体进化的并行性. 这种方法改变了标准遗传算法的基本特点,各子群体独立地进行进化,而不是全部群体采用同一机制进化. 第三种并行方式可以通过分解型并行方法实现. 该方法是一个简单常用、易于实现的方法,不仅能够提高遗传算法的运算速度,而且由于保持了各处理机上子群体进化的局部特性,还能够有效地回避遗传算法的早熟现象.

3. 混合遗传算法

理论上已经证明,遗传算法中的主要执行策略能够在概率的意义下收敛到问题的最优解,是模拟自然界生物进化过程与机制而求解优化与搜索问题的一种行之有效的全局概率优化搜索方法. 但是,不可否认的是,遗传算法也有其本身的不足,如求解精度不尽如人意、难以控制、局部搜索能力较差,随之而来的问题就是算法的稳定性较差、算法的收敛速度较慢、对模式欺骗问题求解能力较弱. 这些不足都妨碍了它的进一步推广. 因此,如何提高算法的精度、稳定性以及算法摆脱局部最优的能力,成了当前遗传算法研究的难点与热点.

另一方面,在一些实际应用中,存在许多含有针对该问题的有效知识型启发式算法,这些算法可以克服遗传算法局部搜索能力弱的缺陷,通常具有局部搜索能力强、计算效率较高的优点(例如,神经网络算法、模拟退火算法、共轭梯度法等),因此,在遗传算法的搜索过程中融入这些专门领域知识或高效局部算法的思想,构成一种混合遗传算法(hybrid genetic algorithm, Hybrid GA),从而达到提高遗传算法效率和算法质量的一种行之有效的手段.

混合遗传算法的主要特点体现在下面两个方面:

(1) 在遗传算法的执行步骤中增加局部搜索过程. 基于种群 $\vec{X}(t)$ 中各个个体的表现形态,进行局部搜索,从而接受为新一代个体的是 $\vec{X}(t)$ 中个体所对应在当前环境下的局部最优解.

(2) 在遗传算法的设计(如编、解码过程、交叉与变异操作)中融入与问题相关的启发式信息.

10.2.4　遗传算法的特征

遗传算法具有如下典型特征:

（1）与自然界相似，遗传算法对求解问题的本身一无所知，对搜索空间没有任何要求（如函数可导、光滑性、连通性等），只以决策编码变量作为运算对象并对算法所产生的染色体进行评价，可用于求解无数值概念或很难有数值概念的优化问题，应用范围广泛．

（2）搜索过程不直接作用到变量上，直接对参数集进行编码操作，操作对象可以是集合、序列、矩阵、树、图、链和表等；

（3）搜索过程是一组解迭代到另一组解，采用同时处理群体中多个个体的方法，因此，算法具有并行特性；

（4）遗传算法利用概率转移规则，可以在一个具有不确定性的空间寻优，与一般的随机性优化方法相比，它不是从一点出发按照一条固定路线寻优，而是在整个可行解空间同时搜索，可以有效避免陷入局部极值点，具有全局最优特性；

（5）遗传算法有很强的容错能力．由于遗传算法初始解是一个种群，通过选择、交叉、变异等操作能够迅速排除与最优解相差较大的劣解．

10.3　蚁群优化算法[2]

蚁群优化算法（ant colony optimization，ACO），又称蚁群算法，是一种用来在图中寻找优化路径的概率型算法．它由意大利学者 Marco Dorigo 于 20 世纪 90 年代初期最早提出的一种源于大自然的新的仿生类算法，其灵感来源于蚂蚁在寻找食物过程中发现路径的行为．蚁群算法主要是借鉴蚂蚁群体之间的信息传递方法达到寻优的目的，最初也称之为蚁群优化方法，在计算机模拟仿真中由于采用了人工"蚂蚁"的概念，因此，也称蚂蚁系统（ant system，AS）．

10.3.1　蚁群算法的仿生学基础

蚁群算法是一种受自然界生物的行为启发而产生的"自然"算法．它是从对蚁群行为的研究中产生的．其基本原理如图 10.8 所示．

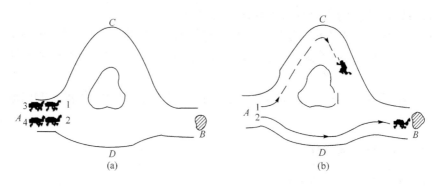

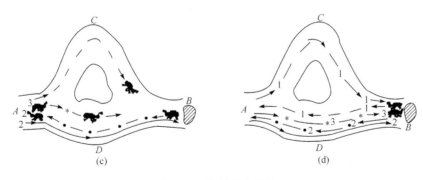

图 10.8　蚁群觅食路线

上图表示蚂蚁觅食的线路,A 为蚁穴,B 为食源,从 A 到 B 有两条线路可走,$A-C-B$ 是长路径,$A-D-B$ 是短路径. 蚂蚁走过一条路线以后,在地面上会留下信息素气味,后来蚂蚁就是根据留在地面上这种气味的强度选择移动的方向. 图 10.8(a)表示起始情况,假定蚁穴中有 4 只蚂蚁,分别用 1,2,3,4 表示,B 为食源. 开始时蚁穴中蚂蚁 1,2 向食源移动,由于路线 $A-C-B$ 和 $A-D-B$ 上均没有蚂蚁通过,在这两条路线上都没有信息素气味,因此蚂蚁 1,2 选择这两条线路的机会均等. 令蚁 1 选择 $A-C-B$ 线路,蚁 2 选择 $A-D-B$ 线路,假定蚂蚁移动的速度相同,当蚁 2 到达食源 B 时,蚁 1 还在途中,如图 10.8(b). 蚁 2 到达食源以后就返回,这时从 B 返回也有两条线路选择,哪一条线路上信息素的气味重就选择哪一条. 因为蚁 1 还在途中,没有到达终点,这时在 $B-C-A$ 线路上靠近 B 端处,蚁 1 还没有留下信息素气味,所以蚁 2 返回蚁穴的线路只有一个选择,就是由原路返回. 当蚁 2 返回 A 时,蚁 3 开始出发,蚁 3 的线路选择必定是 $A-D-B$,因为这时 $A-D-B$ 上气味浓度比 $A-C-B$ 上重($A-D-B$ 上已有蚂蚁两次通过),如图 10.8(c)所示. 当蚁 1 到达食源 B 时,蚁 1 返回线路必然选择 $B-D-A$,如图 10.8(d)所示. 如此继续下去,沿 $A-D-B$ 线路上移动的蚂蚁越来越多,这就是巢穴到食源的最短路线,蚂蚁根据线路上留下信息素浓度的大小,确定在路线上移动的方向,蚁群向信息素浓度重的线路集聚的现象称为正反馈. 蚂蚁算法正是基于正反馈原理的启发式算法.

下面我们再来讨论蚂蚁觅食过程中的简单规则.

每只蚂蚁并不是像我们想象的需要知道整个信息,他们其实只关心很小范围内的局部信息,而且根据这些局部信息利用几条简单的规则进行决策,这样,在蚁群这个集体里,复杂性的行为就会凸现出来. 这就是人工生命、复杂性科学解释的规律. 那么,这些简单规则是什么呢? 下面给出比较详细的说明.

(1)范围:蚂蚁观察到的范围是一个方格世界,蚂蚁有一个参数为速度半径(一般是 3),那么它能观察到的范围就是 3×3 个方格世界,并且能移动的距离也在这个范围之内.

（2）环境：蚂蚁所在的环境是一个虚拟的世界，其中有障碍物，有别的蚂蚁，还有信息素，信息素有两种：一种是找到食物的蚂蚁洒下的食物信息素；二种是找到窝的蚂蚁洒下的窝的信息素. 每个蚂蚁都仅仅能感知它范围内的环境信息. 环境以一定的速率让信息素消失.

（3）觅食规则：在每只蚂蚁能感知的范围内寻找是否有食物，如果有就直接过去. 否则看是否有信息素，并且比较在能感知的范围内哪一点的信息素最多，这样，它就朝信息素多的地方走，并且每只蚂蚁多会以小概率犯错误，从而并不总是往信息素最多的点移动. 蚂蚁找窝的规则和上面一样，只不过它对窝的信息素做出反应，而对食物信息素没反应.

（4）移动规则：每只蚂蚁都朝向信息素最多的方向移，并且，当周围没有信息素指引的时候，蚂蚁会按照自己原来运动的方向惯性的运动下去，并且，在运动的方向有一个随机的小的扰动. 为了防止蚂蚁原地转圈，它会记住最近刚走过了哪些点，如果发现要走的下一点已经在最近走过了，它就会尽量避开.

（5）避障规则：如果蚂蚁要移动的方向有障碍物挡住，它会随机地选择另一个方向，并且如果有信息素指引，它会按照觅食的规则行为.

（6）播撒信息素规则：每只蚂蚁在刚找到食物或者窝的时候散发的信息素最多，并随着它走的距离越远，播撒的信息素越来越少.

根据这几条规则，蚂蚁之间并没有直接的关系，但是每只蚂蚁都和环境发生交互，而信息素这个纽带，实际上把各个蚂蚁之间关联起来了. 比如，当一只蚂蚁找到了食物，它并没有直接告诉其他蚂蚁这儿有食物，而是向环境播撒信息素，当其他的蚂蚁经过它附近的时候，就会感觉到信息素的存在，进而根据信息素的指引找到了食物.

在蚁群算法中，需要定义人工蚂蚁的概念，人工蚂蚁具有双重特性，首先，它们是真实蚂蚁行为特征的一种抽象，通过对真实蚂蚁行为的观察，将蚁群行为中的智能化因素赋予人工蚂蚁；另一方面，为了解决实际问题，人工蚂蚁必须具备真实蚂蚁一些所不具备的特性. 归纳起来看，它有如下的主要特征.

（1）人工蚁与真实蚁一样，都是一个需要合作的群体.

问题的解决需要通过人工蚁的合作来完成，人工蚁群通过相互协调与合作从而有可能找到全局最优方案，而每只人工蚁的单独行动只可能找到局部最优解.

（2）人工蚁和真实蚁一样，都要完成一个共同的任务.

人工蚁与真实蚁一样，都要寻找一个从源节点（巢穴）到目的节点（食物源）之间的最短路径（或最小代价），人工蚂蚁与真实蚂蚁一样都不能跳跃，必须在相邻节点之间移动，直至遍历所有可能路径，为了减少计算复杂度并寻找出最短路径，需要记录当前路径.

（3）人工蚁与真实蚁一样都通过使用信息素进行间接通信.

真实蚂蚁在经过的路径上留下信息素,人工蚁则不断修改更新在其所经过的路径上存储的信息,是一种模拟自然界中的信息素轨迹更新的过程.

（4）人工蚁利用真实蚁觅食行为中的自催化机制——正反馈.

当一些路径上通过的蚂蚁越来越多时,路径上留下的信息素轨迹也越来越多,使得信息素强度变大,根据蚂蚁群倾向于选择信息强度大的特点,后来的蚂蚁选择该路径的概率也越高,从而增加了该路径的信息素强度,这称之为自催化过程,自催化机制利用信息素作为反馈,通过对系统演化过程中较优解的增强作用,使得问题的解向着全局最优的方向逐步接近.

（5）信息素的挥发机制.

在蚁群算法中设置一种挥发机制,类似于真实信息素的挥发,这种机制需要蚂蚁忘记过去,不受过去经验的过分约束,有利于指引蚂蚁朝着新的方向搜索,避免早熟收敛.

（6）利用当前信息进行路径选择的随机选择策略.

人工蚁与真实蚁都是利用概率选择策略实现一个节点到相邻节点的移动,选择策略只利用当前的信息去预测未来的情况,而不能利用未来的信息,因此,人工蚁与真实蚁所使用的选择策略在时间和空间上都具有局部特性.

人工蚁具备一些真实蚁所不具备的特征,主要体现在下列五个方面:

（1）人工蚁存在于离散空间中,它们的移动实质上是由一个离散状态到另一个离散状态的转移;

（2）人工蚁具有一个记录其过去自身行为的内在状态;

（3）人工蚁存在于与时间无关联的环境之中;

（4）人工蚁并非完全盲从,它受到问题特征的启发,例如,有的问题中人工蚂蚁产生一个解后改变信息量,而在有的问题中人工蚂蚁每做一次选择便改变信息量;

（5）为了提升人工蚁系统的性能,改进算法效率,人工蚁可增加一些性能,如预测未来、局部优化、回溯等. 在很多具体应用中,人工蚁可以在局部优化的过程中交换信息以及实行简单预测等.

10.3.2　基本蚁群算法模型的建立

（1）蚂蚁个体的抽象:抽象出能够为建立模型起作用的真实蚁群的机理,摒弃与建立模型算法无关的因素.

（2）问题空间的描述:蚂蚁轨迹可以看成二维平面上的活动,其活动过程为一个状态到另一个状态的迁移,因此,利用蚁群算法求解的问题其数学模型采用图论语言来描述就显得非常自然,另一方面,在实际问题中的许多应用问题可以通过图的语言来描述,这就使得蚁群算法的广泛应用成为可能.

（3）寻找路径的抽象:把真实蚂蚁的觅食过程抽象成算法中解的构造过程,将信息素抽象成存在于图边上的轨迹,信息素的大小可以通过设置权重来体现,并根据权重的值决定走向下一个节点的概率.用任何两个节点分别表示蚂蚁的巢穴(初始节点)和食物源(终止节点),人工蚂蚁按照一定的状态转移概率从初始节点移动到邻近的节点,以此类推,最终选择行走到目标节点,从而得到问题的一个可行解.

（4）信息素挥发的抽象:自然界中真实蚂蚁在所经过的路径上会连续不断地留下信息素,而信息素也会随着时间的推移连续不断地挥发,在人工蚁群算法中,蚂蚁完成从某一节点到相邻节点的一次移动后(相应于经过一个时间单位),进行一次信息素挥发,这有利于避免陷入局部最优的陷阱.

（5）启发因子的引入:为了设计有效的蚁群算法,在决定蚂蚁行走方向的状态转移概率时,引入一个随机搜索的过程,即引入一个启发因子,根据所求问题空间的具体特征,给蚁群算法一个初始的引导,从而极大地增加算法的有效性,使蚁群算法的有效应用成为可能.

为了说明蚂蚁系统模型,下面讨论基于蚁群算法的旅行商问题的解.首先将旅行商问题用图论的语言进行描述.

哈密顿回路:天文学家哈密顿提出,在一个有多个城市的地图网络中,寻找一条从给定的起点到给定的终点沿途恰好经过所有其他城市一次的路径.

这个问题和著名的过桥问题的不同之处在于,某些城市之间的旅行不一定是双向的.比如 $A \to B$,但 $B \to A$ 是不允许的.

换一种说法,对于一个给定的网络,确定起点和终点后,如果存在一条路径,穿过这个网络,我们就说这个网络存在哈密顿路径.哈密顿路径问题在 20 世纪 70 年代初,终于被证明是"NP 完备"的.具有这样性质的问题,难于找到一个有效的算法.实际上对于某些顶点数不到 100 的网络,也需要花费难以承受的时间才能确定是否存在一条这样的路径.

从图中的任意一点出发,路途中经过图中每一个节点当且仅当一次,则成为哈密顿回路.

哈密顿回路需要满足两个条件:①封闭的环;②是一个连通图,且图中任意两点可达.

经过图(有向图或无向图)中所有顶点一次且仅一次的通路称为哈密顿通路.

经过图中所有顶点一次且仅一次的回路称为哈密顿回路.

具有哈密顿回路的图称为哈密顿图,具有哈密顿通路但不具有哈密顿回路的图称为半哈密顿图.

基于上述讨论,可用哈密顿回路模型来描述旅行商问题.

TSP 问题的图论模型　给定图 $G = (V, A)$,其中 V 为顶点集,A 为各定点相互连接组成的边集,已知各顶点间的连接距离,要求确定一条最短的哈密顿回路,即遍历所有顶点当且仅当一次的最短回路.

选择旅行商问题作为蚁群算法实例的主要原因是:①它是一个最短路径问题,从上面描述的蚁群算法特点来看,蚁群算法适合求解 TSP 问题;②很容易理解,问题模型与算法过程不需要用过多的数学语言来描述;③TSP 是一个典型的组合优化问题,是一种通用的用于验证算法有效性的问题,便于与其他算法进行比较.

在模型建立与求解过程中,我们需要首先引入下列符号.

用 $b_i(t)$ 表示 t 时刻位于城市 i 的蚂蚁数目,m 为蚁群中蚂蚁的总数目,n 为 TSP 问题的规模,即城市的个数. 显然,$m = \sum_{i=1}^{n} b_i(t)$,$\tau_{ij}(t)$ 表示 t 时刻路径 (i,j) 上的信息量,$\Gamma = \{\tau_{ij}(t) \mid c_i, c_j \in V\}$ 是 t 时刻集合 V 中元素(城市)两两连接 l_{ij} 上残留信息量的集合,在初始时刻各路径上的信息量都相等,即设 $\tau_{ij}(0) = C$(常数),基本蚁群算法的寻优是通过有向图 $g = (V, A, \Gamma)$ 来实现的.

蚂蚁 $k(k=1,2,3,\cdots,m)$ 在运动过程中,根据各条路径上留下的信息量决定其转移方向. 此处采用禁忌表 $tabu_k(k=1,2,3,\cdots,m)$ 来记录蚂蚁 k 当前所走过的城市. 集合随着进化过程作动态调整,而 $allowed_k$ 用来表示蚂蚁 k 下一步允许访问的城市位置,显然 $allowed_k = V - tabu_k$. 若用 d_{ij} 表示城市 i 和城市 j 之间的距离,则 t 时刻图中边 (i,j) 反映由城市 i 转移到城市 j 的启发程度,即能见度,可以取为 $\eta_{ij}(t) = \dfrac{1}{d_{ij}}$,这是一个与时间无关的常数. 在搜索过程中,蚂蚁根据各条路径上的信息量以及路径的启发信息(主要是路径长度)来计算状态转移概率,如用 $p_{ij}^k(t)$ 表示蚂蚁 k 在 t 时刻由城市 i 转移到城市 j 的状态转移概率,则可以定义

$$p_{ij}^k(t) = \begin{cases} \dfrac{[\tau_{ij}(t)]^\alpha [\eta_{ij}(t)]^\beta}{\sum_{s \in allowed_k} [\tau_{is}(t)]^\alpha [\eta_{sj}(t)]^\beta}, & j \in allowed_k \\ 0, & \text{否则} \end{cases} \tag{10.14}$$

在上式中,α 与 β 分别反映了路径轨迹与路径能见度的相对重要性. α 作为信息启发式因子,反映了蚂蚁在运动过程中所积累的信息在蚂蚁运动时所起的作用,其值越大,则该蚂蚁越倾向于选择其他蚂蚁经过的路径,蚂蚁之间的协作性越强,β 作为启发式因子,反映了蚂蚁在运动过程中启发因素在选择路径时的受重视程度,其值越大,则该状态转移越接近贪心规则. 在两种极端情形:$\alpha = 0$ 与 $\beta = 0$ 下,则分别退化为传统的贪心算法与纯粹的正反馈启发式方法.

上述状态转移概率的计算用到 t 时刻各条路径上信息量的计算,下面我们讨论 $\tau_{ij}(t)$ 的计算方法. 在初始时刻,$t = 0$,可以选择 $\tau_{ij}(0) = const$(常数),蚂蚁完成一次循环后各路径上的信息量更新方程设为

$$\begin{cases} \tau_{ij}(t+1) = \rho\tau_{ij}(t) + \Delta\tau_{ij}(t,t+1) \\ \Delta_{ij}\tau(t,t+1) = \sum_{k=1}^{m} \Delta\tau_{ij}^{k}(t,t+1) \end{cases} \tag{10.15}$$

其中,ρ 表示信息素的持久系数(即信息的挥发度),而 $1-\rho$ 则表示信息素的衰减系数,因此一般选择 $0<\rho<1$ 比较合适. 从上式可以看出,在已知 $\tau_{ij}(0)$ 的情况下,为了计算 $\tau_{ij}(t)$,需要计算出全体蚂蚁在时刻 t 到时刻 $t+1$ 内留在路径(i,j)上信息素量的增量 $\Delta\tau_{ij}(t,t+1)$,因此,需要计算出每只蚂蚁 k 在时刻 t 到时刻 $t+1$ 内留在路径(i,j)上信息素量的增量 $\Delta\tau_{ij}^{k}(t,t+1)$. 根据更新策略的不同,Marco Dorigo 提出了三种计算 $\Delta\tau_{ij}^{k}(t,t+1)$ 不同的方法,从而得到三种不同的蚁群算法模型,分别称之为 Ant-Quantity(蚁量)模型、Ant-Density(蚁密)模型以及 Ant-Cycle(蚁周)模型.

在蚁量模型中

$$\Delta\tau_{ij}^{k}(t,t+1) = \begin{cases} \dfrac{Q}{d_{ij}}, & \text{若蚂蚁 } k \text{ 在时间 } t \text{ 到时间 } t+1 \text{ 内经过}(i,j) \\ 0, & \text{否则} \end{cases} \tag{10.16}$$

其中,Q 表示信息素强度,为蚂蚁循环一周释放的总信息量.

在蚁密模型中

$$\Delta\tau_{ij}^{k}(t,t+1) = \begin{cases} Q, & \text{若蚂蚁 } k \text{ 在时间 } t \text{ 到时间 } t+1 \text{ 内经过}(i,j) \\ 0, & \text{否则} \end{cases} \tag{10.17}$$

从上面的定义不难看到,在蚁密模型中,一只蚂蚁从城市 i 转移到城市 j 的过程中路径(i,j)上信息素的增量与边的长度 d_{ij} 无关,而在蚁量模型中,它与 d_{ij} 成反比,就是说,在蚁量模型终端路径对蚂蚁更具有吸引力,因此,更一步加强了状态转移概率方程中能见度因子 η_{ij} 的值.

在上述两种基本蚁群算法模型中,蚂蚁完成一步后即更新路径上的信息素,即在建立方案的同时释放信息素,采用的是局部信息,为了充分利用整体信息从而得到全局最优算法,下面介绍一种蚁周模型.

蚁周模型与上述两种模型的主要区别在于 $\Delta\tau_{ij}^{k}$ 的不同,在蚁周模型中,$\Delta\tau_{ij}^{k}(t,t+n)$ 表示蚂蚁经过 n 步完成一次循环后更新蚂蚁 k 所走过的路径,具体更新值满足

$$\Delta\tau_{ij}^{k}(t,t+n) = \begin{cases} \dfrac{Q}{L_k}, & \text{若蚂蚁 } k \text{ 在本次循环中经过}(i,j) \\ 0, & \text{否则} \end{cases} \tag{10.18}$$

其中,L_k 表示蚂蚁 k 在本次循环中所走路径的长度.

由于蚁周系统中,要求蚂蚁已经建立了完整的轨迹后再释放信息,信息素轨迹根据如下公式进行更新

$$
\begin{cases}
\tau_{ij}(t+n) = \rho_1 \tau_{ij}(t) + \Delta\tau_{ij}(t,t+n) \\
\Delta_{ij}\tau(t,t+n) = \sum_{k=1}^{m} \Delta\tau_{ij}^{k}(t,t+n)
\end{cases}
\tag{10.19}
$$

10.3.3　基本蚁群算法的实现

以 TSP 为例,基本蚁群算法的具体实现步骤描述如下:

(1) 参数初始化令时间 $t=0$,循环次数计数器初值 $N_c=0$,轨迹强度增量的初值设为 0,即 $\Delta\tau_{ij}(0)=0$,初始阶段禁忌表设为空集,即 $tabu_k=\varnothing$,$\eta_{ij}(t)$ 由某种启发式算法规则确定,在 TSP 中一般取为 $\dfrac{1}{d_{ij}}$,将 m 只蚂蚁随机置于 n 个元素(城市)上,并令有向图上每条边 (i,j) 的初始信息量为常数,即 $\tau_{ij}(0)=$ const;

(2) 循环次数 $N_c \leftarrow N_c+1$;蚂蚁禁忌表索引号 $k=1$;蚂蚁数目 $k \leftarrow k+1$;

(3) 蚂蚁个体根据状态转移概率公式(10.14)计算的概率并沿元素(城市)j 前进,$j \in \{V-tabu_k\}$;

(4) 修改禁忌指针表,即将选择好之后的蚂蚁移动到新的元素(城市),并将该元素(城市)移到该蚂蚁个体的禁忌表中;

(5) 信息素更新的计算:

在蚁密模型中,$\Delta\tau_{ij}^{k}(t,t+1) := \Delta\tau_{ij}^{k}(t,t+1)+Q$;

在蚁量模型中,$\Delta\tau_{ij}^{k}(t,t+1) := \Delta\tau_{ij}^{k}(t,t+1)+\dfrac{Q}{d_{ij}}$;

对于每一个路径 (i,j),设置持久因子 ρ,并按照(10.15)计算 $\tau_{ij}(t+1)$.

在蚁周模型中,对于 $1 \leqslant k \leqslant m$,根据禁忌表的记录计算 L_k,对于 $1 \leqslant s \leqslant m-1$,设 $(h,l) := (tabu_k(s), tabu_k(s+1))$,即 (h,l) 为蚂蚁 k 的禁忌表中连接城市 $(s, s+1)$ 的路径,计算 $\Delta\tau_{hl}(t+n) := \Delta\tau_{hl}(t+n)+\dfrac{Q}{L_k}$,对于每一条路径 (i,j),按照(10.19)计算 $\tau_{ij}(t+n)$.

(6) 记录到目前为止的最短路径,如果 $N_c \geqslant N_{\max}$,则计算终止,循环结束并输出计算结果,否则,清空禁忌表并返回步骤(2).

一系列仿真试验表明,在求解 TSP 问题时,蚁周算法的性能优于蚁密与蚁量算法,因此,人们更多地关注于蚁周算法的研究.

下面我们讨论基本蚁群算法的计算复杂度问题.

算法计算复杂度由时间复杂度和空间复杂度构成.根据蚁群算法所列参数,以及每一步算法描述,其算法每一步运算量主要包括:初始化参数,含赋值运算量为 $O(n^2+m)$,设置禁忌表赋值运算量为 $O(m)$,每只蚂蚁单独求解需要算术运算量

为 $O(n^2m)$,而信息素轨迹浓度的更新需要 $O(n^2)$ 次算术运算,因此,算法总的运算量为 $O(N_{max}n^2m)$.基本蚁群算法的求解通过有向图来描述,因此需要一个 n 阶二维距离矩阵来描述问题本身的特征;为了表示有向图上的信息量,需要用另外一个 n 阶二维距离来表示图上的信息素浓度;同时,在求解 TSP 问题的过程中,为了保证 TSP 城市不出现重复的现象,需要为每只蚂蚁设置一个 n 阶一维数组的禁忌表;为了保存蚂蚁寻找到的解,还需为每只蚂蚁设置一个数组;为了便于更新轨迹,需要利用二维数组保存每条边上的信息素更新量,等等.整个计算过程所耗的空间复杂度为 $O(n^2+nm)$.

由于蚁群算法是一种比较新的模拟进化智能算法,目前还没有形成非常严格的系统理论,包括算法中的许多参数设置、信息素量的更新策略等都仍然有许多值得研究的地方.另外,蚁群算法可以用来有效求解较小规模的 TSP 问题,但是,对较大规模的 TSP 问题,蚁群算法存在需要循环次数偏大等问题.针对这些问题,近年来研究者进行了大量深入的研究,提出了许多改进的蚁群优化算法,这些改进算法主要集中在性能的改进等方面.例如,精英策略,其思想是在算法开始后便对到目前为止所发现的最佳路径给以记录,并将随之得到的行程标记为全局最优行程,一旦对信息进行搜索更新,则对所得到的行程加权处理,而经过上述行程的蚂蚁记为"精英",这样做的目的可以增加选择较好行程的机会,从而可能以更快的速度收敛到更好的解.在精英策略中,需要注意的是:若选择的精英过多,则算法可能因为陷入局部最优解的陷阱而过早出现搜索停滞现象.

极大-极小系统(MAX-MIN system)是另一种有代表性的改进算法,该算法要求每次迭代后授权一只蚂蚁对蚂蚁系统的信息素进行更新修改以获取更好的解.为了增强算法初始阶段的搜索能力,信息素的初始值被设置为取值上限 MAX,为了避免搜索停滞,路径上的信息素浓度被限制在区间[MIN,MAX]内.另外,基于秩权限(rank-based version)的改进 AS 算法也是一种有效算法,与精英算法相似,在该算法中总是更新更好路径上的信息素.以求解大型 TSP(最多包含132 座城市)为例,研究表明,基于 AS 的算法性能均优于前面两章描述的模拟退火算法(SA)和遗传算法(GA),而基于秩权限的改进 AS 算法可以得到比精英策略 AS 算法更优的解.

蚁群算法进化计算过程实际上是计算机通过程序不断迭代来实现的,由于蚁群算法在构造解的过程中利用了随机选择策略,因此,算法是否收敛就成为人们关心的问题.1999 年,Gutjahr 最早从有向图的角度对一种改进的蚁群算法——图搜索蚁群系统(GBAS)的收敛性进行了证明.此后,改进的蚁群算法及其收敛分析的工作一直是研究的重点和难点问题.

10.4　粒子群算法[2]

　　生命在经过了亿万年的进化后,蕴含了大量新奇的东西. 蚂蚁、蜜蜂、鸟群和鱼群等群居生物虽然每个个体的智能不高,行为简单,只有局部信息,没有集中的指挥,但由这些单个个体组成的群体,在一定内在规律的作用下,却表现出异常复杂而有序的群体行为,诸如可以依靠整个集体的行为完成觅食、清扫、搬运、御敌等高效的协同工作,可以建立起坚固、漂亮和精确的巢穴,可以在高速运动过程中保持和变换优美有序的队形等许多令人匪夷所思的事情;也正是基于这些奇特的现象,人们提出了群搜索概念,利用它们来解决现实中所遇到的优化问题,并取得了良好的效果. 粒子群优化算法就是群体智能中的一种算法.

　　动物学家 Reynoldsf 对鸟群的飞翔和群舞行为很感兴趣,而动物学家Heppner则对于大数目的鸟群为什么能如此一致地朝一个方向飞行、突然同时转向、分散、再聚集很感兴趣,这些研究者通过对每个个体的行为建立简单的数学模型,然后在计算机上模拟和再现这些群体行为. 在其他动物群体中,比如畜群、鱼群以至于人类群体,社会生物学家 Wilson 认为:"至少从理论上说,群体中的单个成员在搜寻食物的过程中能够利用其他成员曾经勘测和发现的关于食物位置的信息,当事先不确定食物位于什么地方时,这种信息的利用是至关重要的,这种信息分享的机制远远超过了由群体成员之间的竞争而导致的不利之处." 以上对于动物群体的观察说明了群体成员之间的信息分享是非常重要的,这一点也是粒子群优化算法赖以建立的基本原理之一. 研究者的另一个动机是希望模拟人的社会行为,即单个的人是怎样通过调节个人的行为以便与其他社会成员和谐一致,并取得最有利于自己的位置. 粒子群算法是一种演化计算技术,是一种基于迭代的优化工具,系统初始化为一组随机解,通过迭代搜寻最优值,将鸟群运动模型中栖息地类比为所求问题空间中可能解的位置,利用个体间的传递,导致整个群体向可能解的方向移动,逐步发现较好解.

10.4.1　基本粒子群算法

　　粒子群算法,其核心思想是对生物社会性行为的模拟. 最初粒子群算法是用来模拟鸟群捕食的过程,假设一群鸟在捕食,其中的一只发现了食物,则其他一些鸟会跟随这只鸟飞向食物处,而另一些会去寻找更好的食物源. 在捕食的整个过程中,鸟会利用自身的经验和群体的信息来寻找食物. 粒子群算法从鸟群的这种行为得到启示,并将其用于优化问题的求解. 若把在某个区域范围内寻找某个函数最优值的问题看作鸟群觅食行为,区域中的每个点看作一只鸟,称之为粒子(particle). 每个粒子都有自己的位置和速度,还有一个由目标函数决定的适应度值. 但每次迭代也并不是完全随机的,如果找到了新的更好的解,将会以此为依据来寻找下一个解. 图 10.9 给出了粒子运动的路线图.

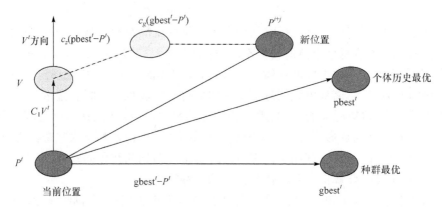

图 10.9　粒子运动的路线图

下面给出粒子群算法的数学描述.

假设搜索空间是 D 维的,群中的第 i 个粒子能用如下 D 维矢量所表示:

$$X_i = (x_{i1}, x_{i2}, \cdots, x_{iD})^{\mathrm{T}} \tag{10.20}$$

每个粒子代表一个潜在的解,这个解有 D 个维度. 每个粒子对应着 D 维搜索空间上的一个点. 粒子群优化算法的目的是按照预定目标函数找到使得目标函数达到极值的最优点. 第 i 个粒子的速度或位置的变化可用如下的 D 维向量表示:

$$V_i = (v_{i1}, v_{i2}, \cdots, v_{iD})^{\mathrm{T}} \tag{10.21}$$

为了更准确地模拟鸟群,在粒子群优化中引入了两个重要的参量. 一个是第 i 个粒子曾经发现过的自身历史最优点(personal best, pbest),可以表示为

$$P_i = (p_{i1}, p_{i2}, \cdots, p_{iD})^{\mathrm{T}} \tag{10.22}$$

另一个是整个种群所找到的最优点(global best, gbest),可以表示为

$$P_g = (p_{g1}, p_{g2}, \cdots, p_{gD})^{\mathrm{T}} \tag{10.23}$$

粒子群优化算法(particle swarm optization, PSO)初始化为一群随机粒子(随机解),然后通过迭代找到最优解. 在每一次的迭代中,粒子通过跟踪两个"极值"(P_i 和 P_g)来更新自己. 在找到这两个最优值后,粒子通过下面的公式来更新自己的速度和位置:

$$v_{id}(t+1) = wv_{id}(t) + c_1 r_1(t)(p_{id}(t) - x_{id}(t))$$
$$+ c_2 r_2(t)(p_{gd}(t) - x_{id}(t)) \quad (\text{速度更新公式}) \tag{10.24}$$

$$x_{id}(t+1) = x_{id}(t) + v_{id}(t+1) \quad (\text{位置更新公式}) \tag{10.25}$$

其中 w 称为惯性因子,在一般情况下,取 $w=1, t=1,2,\cdots,G$ 代表迭代序号,G 是预先给出的最大迭代数;$d=1,2,\cdots,D, i=1,2,\cdots,N, N$ 是群的大小;c_1 和 c_2 是正

的常数,分别称为自身认知因子和社会认知因子,用来调整 P_i 和 P_g 的影响强度.
r_1 和 r_2 是区间 $[0,1]$ 内的随机数.由 (10.24) 和 (10.25) 构成的粒子群优化称为原
始型粒子群优化.

从社会学的角度来看,公式 (10.24) 的第一部分称为记忆项,表示上次优化中
的速度的影响;公式第二部分称为自身认知项,可以认为是当前位置与粒子自身最
优位置之间的偏差,表示粒子的下一次运动中来源于自己经验的部分;公式的第三
部分称为社会认知项,是一个从当前位置指向种群最佳位置的矢量,反映了群内粒
子的协作和知识共享.可见,粒子就是通过自己的经验和同伴中最好的经验来决定
下一步的运动.随着迭代进化的不断进行,粒子群逐渐聚集到最优点处,图 10.10
给出了某个优化过程中粒子逐渐聚集的示意图.

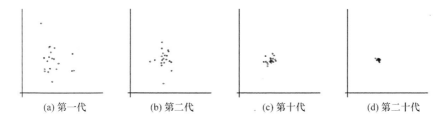

(a) 第一代　　　　　　(b) 第二代　　　　　　(c) 第十代　　　　　　(d) 第二十代

图 10.10　粒子群在优化过程聚集示意图

综上所述,我们得到如下基本粒子群算法流程:

(1) 设定参数,初始化粒子群,包括随机位置和速度;

(2) 评价每个粒子的适应度;

(3) 对每个粒子,将其当前适应值与其曾经访问过的最好位置 pbest 作比较,
如果当前值更好,则用当前位置更新 pbest;

(4) 对每个粒子,将其当前适应值与种群最佳位置 gbest 作比较,如果当前值
更好,则用当前位置更新 gbest;

(5) 根据速度和位置更新公式更新粒子;

(6) 若未满足结束条件则转第二步,否则停止迭代.

迭代终止条件根据具体问题一般选为迭代至最大迭代次数或粒子群搜索到的
最优位置满足预定的精度阈值.

10.4.2　粒子群算法的轨迹分析

本节采用差分方程思想分别讨论单个粒子在一维以及二维空间的轨迹问题.
为了便于讨论,首先将其简化为一维问题,在 (10.23) 中记 $\varphi_1 = c_1 r_1$,$\varphi_2 = c_2 r_2$,将其
代入 (10.23) 式并结合 (10.24) 和 (10.25) 得到

$$x_{id}(t) = k_1 + k_2 \lambda_1^t + k_2 \lambda_2^t$$

$$v_{id}(t+2)=wv_{id}(t+1)-(\varphi_1+\varphi_2)(x_{id}(t)+v_{id}(t+1))+\varphi_1 p_{id}+\varphi_2 p_{gd}$$

由(10.24)可知,$-(\varphi_1+\varphi_2)x_{id}(t)=v_{id}(t+1)-wv_{id}(t)-\varphi_1 p_{id}-\varphi_2 p_{gd}$,代入上式得到

$$v_{id}(t+2)+(\varphi_1+\varphi_2-w-1)v_{id}(t+1)+wv_i(t)=0 \tag{10.26}$$

上式是一个反映粒子速度变化的二阶差分方程,类似可得粒子的位置变化过程所满足的方程为

$$x_{id}(t+2)=(1+w-\varphi_1-\varphi_2)x_{id}(t+1)-wx_{id}(t)+\varphi_1 p_{id}+\varphi_2 p_{gd} \tag{10.27}$$

可知粒子的位置变化过程也满足二阶差分方程. 从(10.27)可以看出,速度变化与 p_{id},p_{gd}无关.

下面通过对方程(10.26)以及(10.27)的讨论,从微观层面探讨单个粒子的运动轨迹情况.

由差分方程理论可知,(10.26)对应的特征方程为

$$\lambda^2+(\varphi_1+\varphi_2-w-1)\lambda+w=0 \tag{10.28}$$

为了对(10.27)作稳定性分析,作双线性变换 $z=\dfrac{\mu+1}{\mu-1}$ 并代入上式整理得

$$(\varphi_1+\varphi_2)\mu^2+(2-2w)\mu+(2w+2-\varphi_1-\varphi_2)=0 \tag{10.29}$$

由 Routh 判据可知,二阶线性系统稳定的充分必要条件是特征方程的所有零点均位于 z 平面上以圆点为中心的单位圆内,对应于上述二次方程中各项系数为正值,即有

$$\begin{cases} \varphi_1+\varphi_2>0 \\ 1-w>0 \\ 2w+2-\varphi_1-\varphi_2>0 \end{cases} \tag{10.30}$$

由于 φ_1,φ_2 均为正实数,所以在不考虑随机量且假设个体最优值与全局最优值位置不发生改变的情况下,粒子运动速度过程稳定的条件为

$$\begin{cases} 1-w>0 \\ 2w+2-\varphi_{11}-\varphi_2>0 \end{cases} \tag{10.31}$$

由特征方程(10.28)求得其两个根满足

$$\begin{cases} \lambda_1=\dfrac{-(\varphi_1+\varphi_2-w-1)+\sqrt{(\varphi_1+\varphi_2-w-1)^2-4w}}{2} \\ \lambda_2=\dfrac{-(\varphi_1+\varphi_2-w-1)-\sqrt{(\varphi_1+\varphi_2-w-1)^2-4w}}{2} \end{cases} \tag{10.32}$$

当(10.31)的条件满足时,可以推得 $|\lambda_1|<1$,$|\lambda_2|<1$,而此时(10.26)的解为

$$v_{id}(t)=a_1\lambda_1^t+a_2\lambda_2^t$$

不难得到单个粒子的运动速度将趋向于 0,即 $\lim\limits_{t\to\infty} v_{id}(t)=0$.

现在再来看粒子运动时的位置变化情况.

将(10.26)的讨论过程平行推广到(10.27)上来,得到其解为

$$x_{id}(t) = k_1 + k_2\lambda_1^t + k_3\lambda_2^t \tag{10.33}$$

其中,λ_1,λ_2 的意义与(10.32)相同,k_1,k_2,k_3 是与粒子初始状态相关的常数. 记粒子第 0,1,2 步的位置为 $x_{id}(0)$,$x_{id}(1)$,$x_{id}(2)$,由初始条件得到

$$\begin{bmatrix} x_{id}(0) \\ x_{id}(1) \\ x_{id}(2) \end{bmatrix} = \begin{bmatrix} 1 & 1 & 1 \\ 1 & \lambda_1 & \lambda_1^2 \\ 1 & \lambda_2 & \lambda_2^2 \end{bmatrix} \begin{bmatrix} k_1 \\ k_2 \\ k_3 \end{bmatrix} \tag{10.34}$$

求解上式可得

$$k_1 = \frac{\varphi_1 p_{id} + \varphi_2 p_{gd}}{\varphi_1 + \varphi_2}$$

而当条件(10.30)满足时,类似于(10.31)的讨论知 $|\lambda_i| < 1$,$i = 1, 2$,因此,由(10.33)得到

$$\lim_{t \to \infty} x_{id}(t) = k_1 = \frac{\varphi_1 p_{id} + \varphi_2 p_{gd}}{\varphi_1 + \varphi_2}$$

其中 p_{id},p_{gd} 分别为个体与全局最优值.

前面所讨论的粒子运动的稳定性分析均建立在不考虑随机变量,运动过程中 p_{id} 和 p_{gd} 固定的情况下,当这两个条件不满足时,粒子群的运动与位置最终会呈现怎样的情形呢? 假设 pbest 与 gbest 分别代表粒子的“自身经验”与“社会经验”,当 pbest 与 gbest 分别发生变化时,$p_{id}(t)$,$p_{gd}(t)$ 是关于时间的变量,可得到结论:粒子群在多数实际寻优过程中无论是找到了最优解或是陷入某个局部最优解,还是算法停滞,整个过程中 $p_{gd}(t)$ 的变化将逐步减少,最终趋于停止,$p_{id}(t)$ 将逐步趋向于 $p_{gd}(t)$. 因此,当搜索空间无限时,所有粒子的位置将逐步靠近并停止于

$$\frac{\varphi_1 p_{id}(t) + \varphi_2 p_{gd}(t)}{\varphi_1 + \varphi_2} \to p_{gd}(t)$$

处.

该结论可以通过仿真实验来验证. 考虑优化问题:$f(x) = x^2 + \sin^2 x$,搜索空间为 $[-100, 100]$,粒子数为 3 个,PSO 参数组合:$w = 0.8$,$\varphi_1 = 1$,$\varphi_2 = 2$,满足(10.31)中的条件. 见图 10.11. 图 10.11 给出了某次运算中单个粒子位置的变化过程,其中粗实线表示

$$\frac{\varphi_1 p_{id}(t) + \varphi_2 p_{gd}(t)}{\varphi_1 + \varphi_2}$$

的变化过程,而细实线表示去掉随机因素影响后粒子的运动轨迹. 可以看出,再不考虑随机因素的前提下,粒子位置可以逐步跟上并最终到达

$$\frac{\varphi_1 p_{id}(t) + \varphi_2 p_{gd}(t)}{\varphi_1 + \varphi_2} \to p_{gd}(t)$$

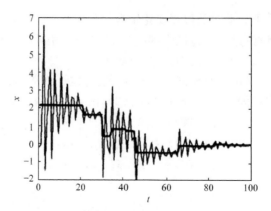

图 10.11　pbest,gbest 变化对粒子运动轨迹的影响

再来看随机量对粒子运动轨迹的影响.

由于随机量存在于 $\varphi_1 = c_1 rand()$, $\varphi_2 = c_2 rand()$ 中,代入方程(10.28)中得到一个非线性系统,欲分析其稳定性非常困难,下面通过仿真揭示其相关规律.

仍然考虑优化问题: $f(x) = x^2 + \sin^2 x$,搜索空间为 $[-100,100]$,粒子数为 3 个,第一种情况下参数取为: $w = 0.9$, $\varphi_1 = rand()$, $\varphi_2 = 2rand()$,此时参数满足条件(10.31),图 10.12(a),(b),(c)分别描述了三个粒子的运动轨迹,不难看出,

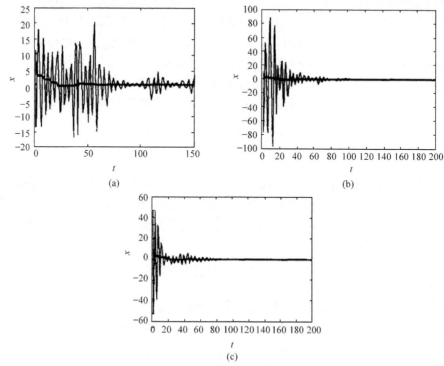

图 10.12　随机量对粒子运动的影响

图 10.12 中的(a)的粒子由于随机量的影响一直处于运动状态中,而图 10.12 的 (b),(c)中粒子都能快速跟踪上 $p_{gd}(t)$ 并与该全局最优值保持高度一致.

上面的仿真表明,随机性的存在使得粒子运动的轨迹是否收敛到固定点有一定的随机性(图 10.12). 不过大量的实验研究发现,粒子群中粒子运动的轨迹收敛到固定点的概率与参数的选择有着密切的关系,大部分粒子的运动轨迹都不收敛到固定值,且振幅很大,导致发散;而当参数满足条件(10.31)时,参数越接近条件的边界粒子反而越不容易收敛到固定值,但其振荡幅值较小,控制在一定的范围内. 一般而言,w,$c_1 + c_2$ 越大越不收敛,振幅也越大,其中参数 w 的影响显得比参数 $c_1 + c_2$ 更大一些.

实际上,粒子运动的收敛性与算法收敛性之间并不存在必然的关系. 算法的收敛性指的是在时间无限时找到最优解的概率是 1,它显然与粒子运动过程收敛是不同的概念,因此不能用粒子运动的稳定性分析代替算法的收敛性分析.

Holland 曾提出两个重要的概念:"开拓"(exploration)能力和"开掘"(expolitation)能力,开拓能力指算法在搜索空间探索新的领域的能力,而开掘能力是指算法能在某个小的区域进行彻底搜索的能力,这两种能力都很重要,与粒子运动轨迹的振荡有着密切的联系,粒子运动轨迹振幅越大说明算法的开拓能力越强,而振幅越小说明算法的开掘能力越大. 只有很好地平衡两者之间的关系才能使算法最终收敛或提高收敛概率. 粒子运动轨迹处于发散振荡状态显然不利于算法收敛,此时粒子的位置将趋向于无限大,无法对有限问题空间进行有意义的搜索,而处于幅值有限的振荡状态对算法有重要意义,有利于粒子群在有限问题空间内进行充分的搜索. 在上面的讨论中我们已经知道,粒子运动轨迹的振幅又与参数 w,$\varphi_1 + \varphi_2$ 有一定联系,因此算法的开拓能力和开掘能力与参数的设置也有一定的联系. 粒子运动轨迹振荡的阻尼因子 ε 与参数 w,$\varphi_1 + \varphi_2$ 之间存在下面的关系:

$$\varepsilon = \frac{1 - w}{(\varphi_1 + \varphi_2)\sqrt{2w + 2 - (\varphi_1 + \varphi_2)}} \tag{10.35}$$

阻尼系数 ε 越小,系统的振幅越大,式(10.35)表明,尽管存在随机变量,但是只要 PSO 满足稳定性条件(10.31),则通过选择和调节参数可以实现对粒子振幅值的控制.

10.4.3 改进的粒子群算法

与模拟退火算法采用单个个体进行进化不同的是,遗传算法、蚁群算法与粒子群算法都是基于多个智能体的仿生优化算法,具有不确定性、概率全局优化、不依赖于优化问题本身的严格数学特性以及分布式并行等共同点. 作为一种模拟鸟类迁徙觅食过程建立起来的智能算法,粒子群算法与其他智能算法相比具有非常鲜明的特色,其特点主要表现在:①粒子群算法没有遗传算法所需要的交叉和变异运算,仅依靠通过确定粒子的方向和速度完成搜索,并且在迭代进化过程中通过当前搜索到的最优点 gbest(或 lbest)向其他的粒子传递信息,从而达到信息共享,这是一种单向信息共享机制,整个搜索更新过程紧跟当前最优解,因此,搜索速度快,实验证明,在许多应用问题中,粒子群算法具有比遗传算法更快的收敛速度;②粒子群算法具有记忆特性,可以记忆粒子群的历史最佳位置并传递给其他粒子;③相比于其他仿生群智能算法,粒子群算法是一种原理相当简单的启发式方法,与其他仿生优化算法相比,需要的代码和参数更少;④采用实数编码,问题解的变量数直接作为粒子维数,求解过程直观. 但是基本粒子群算法存在:①容易陷入局部最优,收敛早熟以及求解精度低;②不能有效解决离散与组合问题以及很难求解非直角坐标系下表示的实际问题等缺点.

针对上述基本粒子群算法的缺陷,人们提出了许多改进方案,可以归结为三个方面:第一种改进是将各种先进的理论引入到粒子群算法中,得到改进的粒子群算法,第二种则是将粒子群算法和其他智能优化算法相结合,研究各种混合优化算法,达到取长补短、改善算法某方面性能的效果. 另外,基本粒子群算法主要针对连续函数进行搜索运算,但许多的实际问题都呈现为离散的组合优化形式,因此,粒子群算法的离散化就成为第三类改进方法. 粒子群算法的离散化又存在两条不同的途径:第一种途径是以标准的连续粒子群算法为基础,将所研究的离散问题映射到连续的粒子运动空间,仍然采用标准的粒子群算法速度以及位置更新策略,适当修改标准 PSO 算法从而得到问题的解;另一种途径是针对离散优化问题,在保持标准粒子群算法基本思想、算法框架以及信息更新本质机理不变的前提下,重新定义合适的粒子群离散表示方式与操作算子以求得问题的解. 这两种方法存在一定的区别,首先,第一种途径将实际离散问题映射到粒子连续运动空间后,在连续空间中计算求解;第二种途径则将 PSO 算法映射到离散空间,在离散空间中求解. 因此上述两种方法经常被称为基于连续空间的 DPSO 与基于离散空间的 DPSO.

10.5 小 结

人工生命和智能算法包括以下观念:

(1) 所用的研究方法是集成的方法. 人工生命和智能算法不是用分析的方法,即不是用分析解剖现有生命的物种、生物体、器官、细胞、细胞器的方法来理解生命,而是用综合集成的方法,即将简单的零部件组合在一起使之产生似生命的行为的方法来研究生命.

(2) 自下而上和自上而下的建构. 人工生命的合成实现,最好的方法是通过以计算机为基础的被称为"自下而上编程"的信息处理原则来进行:在底层定义许多小的单元和几条关系到它们内部的、完全是局部的相互作用的简单规则,从这种相互作用中产生出连贯的"全体"行为,这种行为不是根据特殊规则预先编好的.自下而上的编程与人工智能(AI)中主导的编程原则是完全不同的.在智能算法中,是根据从上到下的编程手段建构智力机器:总体的行为是先验地通过把它分解成严格定义的子序列编程的,子序列依次又被分成子程序、子子程序……直到程序自己的机器语言.人工生命中的自下而上的方法则相反,它模仿或模拟自然中自我组织的过程,力图从简单的局部控制出发,让行为从底层涌现出来.

(3) 并行处理.经典的计算机信息处理过程是接续发生的,在人工生命和智能算法中,信息处理原则是基于发生在实际生命中的大量并行处理过程的.在实际生命中,大脑的神经细胞彼此并行工作,不用等待它们的相邻细胞"完成工作";在一个鸟群中,是很多鸟的个体在飞行方向上的小的变化给予鸟群动态特征的.

(4) 涌现是人工生命和智能算法的突出特征.复杂系统涌现的规律或结论无法预先设计好,这与经典机械化系统的设计大相径庭.人工生命和智能算法的最有趣例子是展示出"涌现"的行为,即系统的表现型不能从它的基因型中推导出来.这里,基因型是指系统运作的简单规则,比如,生命游戏中的两个规则;表现型是指系统的整体涌现行为,比如"滑翔机"在生命格子中沿对角线方向往下扭动,允许在上层水平涌现出新的不可预测的现象,这种现象对生命系统来说是关键的.人工生命和智能算法正是模拟了这些特征.

思　考　题

1. 讨论元胞自动机的特点和性能.

2. 为杂交率、突变率、群体尺寸、染色体长度等参数设置各种不同的值,通过仿真实验讨论上述因素对遗传算法效率的影响.在模型中假设只有杂交操作或只有突变率,讨论对算法效率的影响.

3. 描述蚁群算法的数学模型,自适应蚁群算法对基本蚁群算法改进的主要区别是什么?

4. 描述粒子群算法的数学模型,通过实际例子说明基本粒子群算法的重要参数如何设置.针对基本粒子群算法存在的缺点,探讨可能的改进方案.

5. 使用计算机模拟蚂蚁寻找下图中 S 点至 T 点的最短路的过程,并对算法进行分析.

6. 比较遗传算法、蚁群算法以及粒子群算法各自的特点,探讨利用上述智能算法的结合解决实际应用问题.

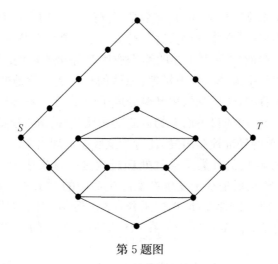

第 5 题图

参 考 文 献

[1] Stephen Wolfram. A New Kind of Science. Champaign：Wolfram Media，2002.

[2] 吴孟达，成礼智，吴翊，等. 数学建模教程. 北京：高等教育出版社，2013.

[3] 李士勇，等. 非线性科学与复杂性科学. 哈尔滨：哈尔滨工业大学出版社，2006.

彩　　图

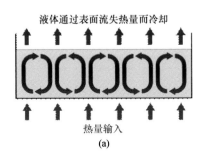

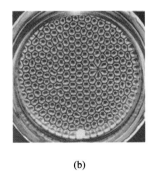

(a)　　　　　　　　　　　　　　　　　　　　(b)

图 4.1　贝纳德对流（维基百科）

(a) 来源于 http://antipasto. union. edu/~andersoa/mer332/FLuidsPicturesHaiku. htm；

(b) 来源于 http://wiki. swarma. net/index. php/File:200885112249130. jpj

图 4.2　一个 B-Z 反应随着时间而出现的演示变化

$t=0$s 和 $t=30$s 是红色，$t=10$s 和 $t=40$s 为蓝色，其他为中间渐变色